Norbert Herz

Wahrscheinlichkeits- und Ausgleichsrechnung

Norbert Herz

Wahrscheinlichkeits- und Ausgleichsrechnung

ISBN/EAN: 9783955622145

Auflage: 1

Erscheinungsjahr: 2013

Erscheinungsort: Bremen, Deutschland

@ Bremen-university-press in Access Verlag GmbH, Fahrenheitstr. 1, 28359 Bremen. Alle Rechte beim Verlag und bei den jeweiligen Lizenzgebern.

Sammlung Schubert XIX

Wahrscheinlichkeits-

und

Ausgleichungsrechnung

von

Dr. Norbert Herz

Leipzig
G. J. Göschensche Verlagshandlung
1900

Inhaltsverzeichnis.

	Seite
Einleitung	1
I. Kapitel. Grundlehren der Wahrscheinlichkeitsrechnung	5
Zufall; objektive, subjektive Wahrscheinlichkeit	6
Fundamentalsatz der Wahrscheinlichkeitsrechnung	9
Dasselbe, erste Annahme	10
Mathematischer Ausdruck für die Wahrscheinlichkeit	12
Günstige, mögliche Fälle	14
Gewißheit, Unentschiedenheit, entgegengesetzte Wahrscheinlichkeit	15
Absolute, alternative, relative Wahrscheinlichkeit	18
Die zusammengesetzte Wahrscheinlichkeit	24
Wahrscheinlichkeit a posteriori	42
Fundamentalsätze der Wahrscheinlichkeit, zweite Annahme	43
II. Kapitel. Allgemeine Theoreme über die Wahrscheinlichkeit von Ereignissen	49
Wahrscheinlichkeit der Ursachen	49
Wahrscheinlichste Werte der Ursachen	51
Wahrscheinlichkeit zukünftiger Ereignisse	57
Bernoullis Theorem	60
Satz von Bayes	70
III. Kapitel. Anwendungen auf Glücksspiele	74
Wahrscheinlichkeiten über das Werfen mit Würfeln	75
Werfen von Summen mit 2 und 3 Würfeln	78
Moivres Problem	87
Ziehungen aus Urnen	90
Anwendungen auf Kartenspiele	113
Teilungsproblem; erzeugende Funktion	125
Allgemeines Teilungsproblem	130

Inhaltsverzeichnis.

	Seite
Andere Beispiele	135
Mathematische Hoffnung	150
Moralische Hoffnung	162
IV. Kapitel. Anwendungen auf das menschliche Leben	180
Mortalität und Vitalität	184
Probleme, das Leben einer Person betreffend	185
Die mittlere Lebensdauer	187
Wahrscheinlichkeiten über das Leben oder Absterben zweier Personen	203
Die mittlere Ehedauer	206
Über Bevölkerungszunahme	208
Versicherungen	213
V. Kapitel. Über die Wahrscheinlichkeit der Zeugenaussagen, Urteilssprüche und Ahnungen	230
Wahrscheinlichkeit von Zeugenaussagen	230
Wahrscheinlichkeit von Urteilssprüchen	241
Wahrscheinlichkeit von Ahnungen	252
VI. Kapitel. Anwendung auf die Naturgesetze, Ausgleichungsrechnung	259
Beobachtungsfehler	259
Wahrscheinlichkeitsfunktion aus dem arithmetischen Mittel nach Gaufs	266
Ableitung von Hagen	272
Ableitung von Laplace	276
Mafs der Präcision	301
Das Wahrscheinlichkeitsintegral	303
Der wahrscheinliche Fehler	304
Der durchschnittliche und mittlere Fehler	308
Gewichte der Beobachtungen	312
Wahrscheinliche Fehler v. Funktionen v. Beobachtungen	319
Wahrscheinlichste Werte und Gewichte von Unbekannten	321
Ausgleichung von einander unabhängiger Beobachtungen	323
Normalgleichungen	327
Auflösung der Normalgleichungen	334
Normalorte	356
Ausgleichung bedingter Beobachtungen	365
Mortalitätstabelle	378
Tafel der Wahrscheinlichkeitsintegrale	382

Einleitung.

1. Die Erscheinungen, welche sich uns in der Natur darbieten, stehen zu einander in der Beziehung von Ursache und Folge; jede Erscheinung ist die Folge einer vorhergehenden und die Ursache einer folgenden. Hieran schliefst sich dann die unmittelbare Frage, ob hierbei eine Notwendigkeit obwaltet oder nicht. Die Beobachtung kann uns hierüber keinen Aufschlufs geben, da sie nur die Verbindung, nicht aber die Verknüpfung derselben darthut. Aber aus der stets wiederkehrenden Folge erschliefsen wir die Zusammengehörigkeit, und damit die Notwendigkeit der Folge bis zu einem Grade, welcher uns gestattet, bei dem Auftreten der Ursache auch die Wirkung vorauszusehen, und je öfter sich uns diese Thatsache offenbart, mit desto gröfserer Wahrscheinlichkeit können wir die letztere voraussehen.

Nicht alle Erscheinungen bieten jedoch dieselben Verhältnisse dar. Qualitativ gilt wohl für alle Erscheinungen dasselbe; quantitativ zeigen sich jedoch die mannigfachsten Unterschiede. Während bei einigen Erscheinungen die Wahrscheinlichkeit sich zur Gewifsheit steigert, wird dieselbe bei anderen selbst nur zur blofsen Möglichkeit. Aber selbst die Gewifsheit ist keine apodiktische, keine absolute, sondern nur eine relative. Das Attraktionsgesetz hat die denkbar höchste empirische Gewifsheit, weil die Erfahrung lehrt, dafs die Sonne die Erde und die übrigen Planeten, die Erde den Mond, die Planeten ihre Satelliten, die Erde den Stein und die lebenden Körper anziehen, weil sich aus genauen Messungen ergab, dafs auch die Steine auf der Erde sich untereinander anziehen; dafs das Gravitationsgesetz auch für die entferntesten Fixsterne gilt. Ähnliches gilt für viele andere Naturgesetze. Diesen stehen aber andere gegenüber, bei denen man von einer solchen Gewifsheit nicht sprechen kann. Beispiele für derartige empirische Gewifsheit bieten das Boyle-Mariottesche, das Gay-Lussacsche, das Avogadrosche und das Roaultsche Gesetz; endlich und vielleicht noch viel mehr die van t'Hoffschen Gesetze; erst mit der Häufung der Thatsachen, welche die Gesetze bestätigen, vergröfsert sich ihre Wahrscheinlichkeit, mit dem Auftreten von nicht erklärten Abweichungen vermindert sich dieselbe.

Neben diesen giebt es eine grosse Reihe von Erscheinungen, bei denen man einen kausalen Zusammenhang überhaupt noch nicht zu konstatieren vermochte, so dafs man bei der Prognose der einer Erscheinung folgenden anderen auf Analogieschlüsse angewiesen ist. Dieses findet bei der weitaus gröfsten Mehrzahl der lokalen meteorologischen Prozesse und den damit zusammenhängenden Einflüssen der Witterung auf die organische Natur, endlich bei den Erscheinungen der organischen Natur selbst, speziell bei den biologischen Prozessen statt.*)

In dieser Form ausgedrückt, bleibt es dem Ermessen jedes Einzelnen überlassen, den Grad der Wahrscheinlichkeit für das Eintreffen eines Ereignisses durch Vergleichung oder, um einen gebräuchlichen Ausdruck zu wählen, durch das Gefühl zu bestimmen. Thatsächlich aber verhält es sich nicht so, und es mufs offenbar ein objektives, allgemein gültiges Kriterium für die Wahrscheinlichkeit geben. Die Wahrscheinlichkeit für irgend ein Ereignis wird dann selbst als ein Korrelat dieses Ereignisses, als eine mit demselben verknüpfte Eigenschaft desselben aufzufassen sein und wird sich dann in derselben Form ausdrücken lassen, wie andere Eigenschaften desselben; als eine dem „mehr oder minder" unterworfene Eigenschaft wird sie sich daher den übrigen Mafsbestimmungen anreihen und sich daher durch Zahlen ausdrücken lassen.

Der Begriff der Wahrscheinlichkeit erhält so eine ganz bestimmte, der Rechnung zugängliche Bedeutung; aus dem

---

*) Auch Laplace hatte schon in seinem „Essai philosophique sur les probabilités" S. 1 dieselbe Meinung ausgesprochen: „On peut même dire à parler en rigueur, que presque toutes nos connaissances ne sont que probables." Vgl. auch Buffon: „Essai d'Arithmetique morale"; Oeuvres complètes Bd. XII, S. 155.

den bloſsen Schlüssen entnommenen allgemeinen Begriffe der gröſseren oder geringeren Wahrscheinlichkeit eines Ereignisses, wie derselbe sich jedem denkenden Menschen beim Vergleiche des Eintreffens oder Nichteintreffens verschiedener Ereignisse unmittelbar aufdrängt, entsteht ein wohl definierter, unzweideutiger Begriff, die „mathematische Wahrscheinlichkeit." Nur diese kann Gegenstand der mathematischen Analyse sein, wenngleich sie nichts anderes als eine quantitative Relation für gegebene qualitative Verhältnisse ist.*)

Die in der Natur auftretenden Ereignisse sind so mannigfacher Art und durch so verschiedene Ursachen einerseits, andererseits aber auch durch die Konkurrenz der verschiedenartigsten Ursachen bedingt, daſs die mathematische Verfolgung derselben nicht leicht ist. Die Schwierigkeit liegt aber keineswegs immer in den zur Lösung der Aufgaben nötigen mathematischen Operationen, sondern in erster Linie in der mathematischen Formulierung der Prämissen, in dem sogenannten Ansatz der Aufgabe.

Von den zur Durchführung der Rechnung nötigen analytischen Operationen, die nicht wesentlich in das Bereich der Wahrscheinlichkeitsrechnung gehören (Auflösung von Gleichungen, Differentiationen und Integrationen u. s. w.), abgesehen, ist es vorzugsweise einige wenige fundamentale Grundsätze der Wahrscheinlichkeitsrechnung, welche zur Lösung der einschlägigen Aufgaben dienen. Es wäre aber gefehlt, hieraus schlieſsen zu wollen, daſs damit das Gebiet der Theorie erschöpft wäre. Wenn auch alles weitere eigentlich nur Anwendung dieser Prinzipien auf mehr oder weniger umfangreiche Beispiele zu sein scheint, so sind es gerade diese, welche das ganze Gebäude der Wahrscheinlichkeitsrechnung komplettieren. Sie dienen daher nicht nur zur Illustration der Prinzipien, sondern sie bilden Abschnitte der Disziplin; genau so, wie die Rektifikation der Kurven, die Komplanation der Oberflächen und die Kubatur der Körper, die Variationsrechnung, die Integration der Differentialgleichungen u. s. w. nur als verschieden umfangreiche Beispiele für die Grundprinzipien der Integralrechnung angesehen

---

*) „La Theorie du probabilité n'est au fond que le bon sens réduit au calcule." Laplace, „Theorie des probabilités", Introduction S. CLXIX.

werden können. Wenn nichtsdestoweniger in den Lehrbüchern der Wahrscheinlichkeitsrechnung die verschiedenen Probleme mehr aphoristisch behandelt werden, und manche auch direkt als Beispiele behandelt werden müssen, so liegt der Grund nicht so sehr in der Verschiedenheit des wesentlichen Inhaltes gegenüber anderen Disziplinen, als vielmehr in dem Umstande, daſs bei der sehr groſsen Anzahl von Fällen bisher eine erschöpfende systematische Bearbeitung nicht durchführbar scheint.

Da Fälle derselben Art oft scheinbar isoliert stehen, Fälle scheinbar verschiedener Art in ihrer Lösung als zusammenhängend erscheinen, so kann eine prinzipielle Einteilung nach dem gegenwärtigen Stande überhaupt nicht festgehalten werden, und dient jede Einteilung mehr oder weniger nur dem Zwecke, eine gröſsere Übersichtlichkeit in die Fülle des Stoffes zu bringen. In diesem Sinne habe ich in dem vorliegenden Buche die folgende Einteilung gewählt:

1. Kapitel. Grundlehren der Wahrscheinlichkeitsrechnung.
2. Kapitel. Allgemeine Theoreme über die Wahrscheinlichkeit von Ereignissen.
3. Kapitel. Anwendungen auf Glücksspiele.
4. Kapitel. Anwendungen auf das menschliche Leben.
5. Kapitel. Über Zeugenaussagen, Urteilssprüche, Ahnungen.
6. Kapitel. Anwendungen auf Naturgesetze; Ausgleichungsrechnung.

Nebst den erwähnten Motiven konnte jedoch der didaktische Zweck nicht auſser acht gelassen werden, und aus diesem Grunde schien es unerläſslich an einzelnen Stellen, den späteren Kapiteln vorgreifend, leichte, das Verständnis fördernde Beispiele aufzunehmen.

I. Kapitel.

Grundlehren der Wahrscheinlichkeitsrechnung.

2. Grad der Wahrscheinlichkeit. Die einfachsten, der Rechnung zugänglichen Ereignisse sind jene, welche einer einzigen Ursache entspringen; als solche kann der Zug einer Kugel aus einer Urne angesehen werden, in welcher sich mehrere Kugeln befinden. Viele scheinbar viel kompliziertere Ereignisse lassen sich auf diese zurückführen; jedenfalls hat die Betrachtung derselben den Vorteil, daſs sich an ihnen die Grundlehren am leichtesten und kürzesten darstellen und auch verstehen lassen, weshalb sie von jeher zur Grundlage der Darstellung gewählt wurden.

In einer Urne mögen sich zwei Kugeln befinden: eine weiſse und eine schwarze; die in die verdeckte Urne eingeführte Hand soll, ohne Zuhilfenahme des Gesichtssinnes, eine Kugel ziehen. Offenbar ist hier die Wahrscheinlichkeit für das Ziehen der weiſsen Kugel genau gleich derjenigen für das Ziehen der schwarzen Kugel, wenn vorausgesetzt wird, daſs der Tastsinn die beiden Kugeln nicht unterscheiden kann, d. h. daſs die Kugeln genau gleich groſs, ohne Fehler in der Form (genau kugelförmig abgedreht) und aus demselben Materiale sind, so daſs ihr Gewicht, ihre Oberflächenbeschaffenheit usw. genau dieselben sind. Sei die Wahrscheinlichkeit für das Ziehen der weiſsen Kugel w_1 und für das Ziehen der schwarzen Kugel w_2, so ist offenbar unter diesen Voraussetzungen:

$$w_1 = w_2.$$

Sind in der Urne *n* Kugeln, von denen jede anders gefärbt ist, so gilt dasselbe; seien z. B. eine weiße, eine schwarze, eine rote, eine gelbe, eine grüne, eine blaue, und seien die Wahrscheinlichkeiten für das Ziehen derselben bezw. w_1, w_2, w_3, w_4, w_5 und w_6, so wird unter den gemachten Voraussetzungen wieder

$$w_1 = w_2 = w_3 = w_4 = w_5 = w_6.$$

Allein offenbar wird jede dieser Wahrscheinlichkeiten in diesem Falle geringer sein als im vorigen.

Das Erscheinen der weißen Kugel schließt bei einem einmaligen Zuge natürlich dasjenige der schwarzen Kugel aus; der Zug der weißen und der Zug der schwarzen sind daher zwei Ereignisse, die sich gegenseitig ausschließen; solche nennt man **entgegengesetzte Ereignisse**. Wird angenommen, daß ein Zug unter allen Umständen gemacht wird, so wird, wenn nur diese beiden Kugeln in der Urne sind, notwendig eine der beiden Kugeln gezogen, welche derselben, ist aber a priori unbekannt; der Zug einer gewissen der beiden Kugeln ist im strengsten Sinne des Wortes Zufall.

3. Der Zufall; objektive, subjektive Wahrscheinlichkeit. Das Wort Zufall hat bekanntlich zwei verschiedene Deutungen erfahren, welche aus den philosophischen Schriften entnommen, auch in das allgemeine Bewußtsein übergegangen sind. Unter der Annahme der „Freiheit des Willens" werden alle nicht durch den „freien" menschlichen Willen beeinflußten Handlungen und Erscheinungen der Menschen als zufällig erklärt. Dahin gehören alle Arten von Schicksalsfällen, glücklichen und unglücklichen: Krankheiten, Glücks- und Unglücksfälle u.s.w. Diese Anschauungsweise ist bis auf wenige philosophische Schulen vollständig verlassen. Der menschliche Wille ist determiniert, und zwar durch äußere Ursachen sowohl, d. i. durch eine Kette von nach dem Gesetze der Ursache und Wirkung aufeinanderfolgenden, außerhalb des Menschen gelegenen Erscheinungen und durch innere Ursachen, d. i. durch die auf den Intellekt wirkenden Vorstellungen und die durch dieselben hervorgerufene Wahlentscheidung. Diese Annahme führte dann zur Leugnung jedes Zufalls: jede Erscheinung ist durch die vorhergehenden Ursachen bedingt; als zufällig wird dann jede Erscheinung betrachtet, die in Folge der Unkenntnis von einzelnen Ursachen unvorhergesehen auftritt.

Hierher gehört die seit den ältesten Zeiten ventilierte Streitfrage über den Buridanschen Esel. Ein Esel befindet sich genau in der Mitte zwischen zwei genau gleich grofsen Heubündeln derselben Güte; zu welchem Heubündel wird er sich wenden? Hieraus wurde nun einerseits deduziert, dafs hierbei die Wahl des Esels eine rein zufällige sein müfste. Allein die Deterministen leugnen dieses; er wird gar nicht wählen, weil absolut kein Motiv da ist, welches die Wahl zu gunsten eines der beiden Heubündel entscheidet, und folgerichtig wird der Esel verhungern. Wenn dies nicht geschieht, so ist es nur die Folge der wechselnden Umstände, die Heubündel können nicht absolut gleich sein; der Esel steht nicht genau in der Mitte, und wenn dieses doch der Fall ist, so wird ein geringfügiger Anlafs, ein Windstofs, eine geringe Bewegung des Esels die supponierte Gleichheit der Umstände verändern. Allein, da die Aufgabe nichts Widersinniges enthält, die Annahme der absoluten Gleichheit der Heubündel, der absoluten Gleichheit der Entfernungen, wenn auch nur eine Fiktion, so doch nichts Naturwidriges enthalten, so mufs sich diese Fiktion bis zu Ende führen lassen. Die Philosophie bleibt die Antwort schuldig, aber die Wahrscheinlichkeitsrechnung giebt sie: die Wahrscheinlichkeiten, dafs eines oder das andere Bündel gewählt wird, sind einander gleich, und die Wahl eines derselben bleibt ein Zufall.

Als Zufall im strengsten Sinne des Wortes hat man daher das Eintreffen eines von zwei oder mehreren Ereignissen anzusehen, bei welchen die Wahrscheinlichkeiten für das Eintreffen derselben absolut gleich ist.

Dazu bedarf es noch zweier Bemerkungen. Zunächst ist klar, dafs sich nicht alle Ursachen in genaues mathematisches Gewand kleiden lassen. Wie soll man die manuelle Geschicklichkeit oder die intellektuellen Fähigkeiten in einer den übrigen extensiven Gröfsen adäquaten Weise in eine stets den Thatsachen entsprechende Form kleiden, aus der kontinuierlichen Wertreihe derselben gerade den richtigen Wert herausgreifen? Zweitens aber kann es sein, dafs man bei der Berechnung der Wahrscheinlichkeiten für mehrere Ereignisse mit Berücksichtigung aller bekannten Umstände, selbst in dem allerdings nicht immer erfüllbaren Falle, daſs sich jede in mathematisches Gewand kleiden läſst, wirklich absolut gleiche Zahlen erhält, und daſs man es dennoch nicht mit dem Zufall im obigen Sinne des Wortes zu thun hat.

Was wir nämlich in Rechnung stellen können, das sind Ursachen, die uns bekannt sind; Ursachen, die uns entgehen, uns unbekannt sind, können wir natürlich nicht berücksichtigen. Die aus der Berücksichtigung aller möglichen, denkbaren Umstände resultierende Wahrscheinlichkeit nennt man die **objektive Wahrscheinlichkeit**. Sind einzelne Umstände unbekannt, so daſs die Wahrscheinlichkeit nur aus den uns bekannten Ursachen berechnet werden kann, so nennt man die hieraus resultierende die **subjektive Wahrscheinlichkeit**. In sehr vielen Fällen kann man von vorn herein sagen, dass das Resultat nur die subjektive Wahrscheinlichkeit darstellt, indem gewisse Umstände, deren Vorhandensein wir kennen, aber deren Gröſse wir nicht numerisch bestimmen können, unberücksichtigt bleiben muſsten, oder doch nur nach Maſsgabe einer unseren Kenntnissen entnommenen Schätzung Berücksichtigung fanden; in anderen Fällen kann das Resultat wohl für die objektive Wahrscheinlichkeit gelten, sie ist aber nichts destoweniger eine subjektive Wahrscheinlichkeit, weil auſser den berücksichtigten noch unbekannte Einflüsse anderer Art obwalten, die sich unserer Kenntnis entziehen, und in den allerwenigsten Fällen hat man es thatsächlich mit der objektiven Wahrscheinlichkeit zu thun. Man kann den obigen Satz nunmehr präziser folgendermaſsen aussprechen:

Als Zufall im strengsten Sinne des Wortes hat man das Eintreffen eines von zweien oder mehreren Ereignissen anzusehen, bei welchen die objektive Wahrscheinlichkeit für das Eintreffen derselben absolut gleich ist.

Daſs dieses in der Natur höchst selten vorkommt, ist selbstverständlich; in den beiden oben betrachteten Fällen waren diese Bedingungen erfüllt, das Ziehen einer Kugel war ein Zufall. Und will man in gegebenen Fällen den Zufall herbeiführen, d. h. sich von den Umständen unabhängig machen, die Wahrscheinlichkeiten für das Eintreffen verschiedener Ereignisse wirklich völlig gleich erhalten, so nimmt man seine Zuflucht zum Auslosen.

4. Fundamentalsatz der Wahrscheinlichkeitsrechnung.

Alle Ereignisse in der Natur sind durch Ursachen bestimmt, und jedes derselben hat eine gewisse Wahrscheinlichkeit. Ist diese Null, so wird das Ereignis gewiss nicht eintreffen. Beispiele hierfür sind z. B. das Ziehen einer schwarzen Kugel aus einer Gruppe, in welcher sich nur weifse Kugeln befinden, die Wahrscheinlichkeit, mit drei Würfeln, deren 6 Seiten je die Zahlen 1, 2, 3, 4, 5, 6 haben, die Summe 19 zu werfen; die Wahrscheinlichkeit, aus drei ungleich langen Stäben ein gleichseitiges Dreieck zu bilden u. s. w.

Das Maximum der Wahrscheinlichkeit ist selbstverständlich die Gewissheit; denn eine gröfsere Wahrscheinlichkeit als diejenige für ein gewifs einzutreffendes Ereignis kann man sich nicht denken. Es werde zunächst die Gewifsheit durch das Symbol G bezeichnet. Zwischen der Wahrscheinlichkeit Null und der Gewifsheit G kann man sich alle möglichen Zwischengrade der Wahrscheinlichkeit denken; diese ist demnach eine kontinuierliche zwischen Null und der Gewissheit verlaufende Grösse; für jede beliebige Wahrscheinlichkeit W hat man daher die Beziehung

(1) $$0 < W < G.$$

Daraus folgt auch, dafs man allen Wahrscheinlichkeiten dasselbe Zeichen beilegen kann, und dafs, wenn man G positiv annimmt, alle Wahrscheinlichkeiten als positive Zahlen anzusehen sind.

Um nun zu einem analytischen Ausdrucke für den Wert von W zu gelangen, kann man verschiedene Wege einschlagen; immer aber ist eine gewisse Voraussetzung nötig, auf welche man sich bei der Ableitung stützen mufs.*)
Als Lemma soll der folgende Satz angenommen werden:

---

*) Man kann direkt annehmen, dass die Wahrscheinlichkeiten für zwei Ereignisse proportional sind den ihnen günstigen Fällen; man könnte aber ebensogut annehmen, dass sie proportional sind einer gewissen Potenz der ihnen günstigen Fälle oder den Logarithmen derselben, oder Potenzen einer gewissen Basis, deren Exponenten die Zahl der günstigen Fälle sind. Jede dieser Annahmen, sowie beliebige andere würden zu ganz verschiedenen Darstellungen führen, und es würde erst die weitere Rechnung lehren, ob in einer derselben ein Widerspruch gelegen ist. Die obige Durchführung ist von diesem Mangel frei.

I. Kapitel.

Lemma: Die Wahrscheinlichkeit für das Eintreffen eines oder des andern (aber beliebig welches) von zwei Ereignissen ist gleich der Summe der Wahrscheinlichkeiten für das Eintreffen jedes der beiden Ereignisse.

In der That läfst sich zeigen, dafs aufser dieser Annahme noch eine zweite den Thatsachen genügt, und in einfacher Weise thatsächlich nur diese zwei:

Die Wahrscheinlichkeit W für das Eintreffen eines von zwei Ereignissen E_1 und E_2, d. h. entweder des einen oder des andern, setzt sich aus den Wahrscheinlichkeiten W_1 für das Eintreffen des einen Ereignisses E_1 und der Wahrscheinlichkeit W_2 für das Eintreffen des andern Ereignisses E_2 in irgend einer Weise zusammen. Der Natur der Sache nach ist W gröfser als W_1 und gröfser als W_2. Die Verbindung mufs aber kommutativ sein, d. h. in der Verbindung der beiden Wahrscheinlichkeiten W_1 und W_2 müssen diese vertauschbar sein, weil in der Voraussetzung nichts gelegen ist, was einem der beiden Ereignisse, daher auch den sie darstellenden Wahrscheinlichkeiten eine besondere Stellung einräumen würde. Die Verbindung kann daher nur einfach additiv und multiplikativ sein, oder aber eine Funktion der Summe oder des Produkts. Zu untersuchen sind daher die beiden Fälle:

a) Die Wahrscheinlichkeit für das Eintreffen irgend eines von zwei Ereignissen ist gleich einer Funktion der Summe der Wahrscheinlichkeiten jedes der beiden Ereignisse.

b) Die Wahrscheinlichkeit für das Eintreffen irgend eines von zwei Ereignissen ist gleich einer Funktion des Produkts der Wahrscheinlichkeiten jedes der beiden Ereignisse.

5. Untersuchung des Falles *a*). Dieser Fall drückt sich analytisch aus durch die Formel:

(1) $$W = f(W_1 + W_2).$$

Sei zunächst

(2) $$f(W_1 + W_2) = a(W_1 + W_2),$$

wobei a irgend eine positive ganze oder gebrochene Zahl

Grundlehren der Wahrscheinlichkeitsrechnung. 11

ist. (Dafs a nicht negativ sein kann, folgt daraus, dafs sämtliche W positiv sind.) Es wäre also
(3) $$W = a(W_1 + W_2).$$
Da diese Formel für alle Fälle gültig sein mufs, so müfste sie auch für den Fall anwendbar sein, wenn nur zwei Ereignisse in Betracht kommen, von denen eines eintreffen mufs (z. B. es regnet oder es regnet nicht; man gewinnt ein Spiel oder man verliert es, wenn Remispartien nicht vorkommen können; eine Zahl kann nur gerade oder ungerade sein u. s. w.). Dann tritt an Stelle von W die Gewifsheit G. Man kann nun einen Fall voraussetzen, in welchem W_1 von W_2 sehr wenig oder aber beträchlich verschieden ist, und man kann sich auch Fälle denken, in denen W_1 sehr grofs, nahe gleich G, W_2 sehr klein, nahe Null ist; dann sieht man sofort, dafs $a = 1$ sein mufs. Denn wäre a ein unechter Bruch, so könnte unter solchen Umständen W gröfser werden als G, und wäre a ein echter Bruch, so könnte $W < W_1$ werden, woraus folgt, dafs
(4) $$W = W_1 + W_2$$
sein mufs. Genau dieselbe Schlufsweise hat man unter der Annahme
$$W = (W_1 + W_2)^n$$
und ebenso für
$$W = a(W_1 + W_2)^n.$$
Auch hier findet man auf dieselbe Weise, dafs $a = n = 1$ sein mufs, so dafs das eingangs erwähnte Lemma resultiert, welches in mathematisches Gewand gekleidet die Formel (4) giebt.

Vollständig ist dieser Beweis nicht; denn man kann sich ganz wohl komplizierte Funktionen f denken, z. B. die algebraische Funktion
(5) $$f(W_1 + W_2) = a(W_1 + W_2)^m - b(W_1 + W_2)^n,$$
welche den Anforderungen genügen. Allerdings kann man für eine algebraische Funktion
$$f(W_1 + W_2) = a(W_1 + W_2)^n$$
$$+ a_1(W_1 + W_2)^{n-1} + a_2(W_1 + W_2)^{n-2} + \ldots,$$
von welcher Formel (5) ein spezieller Fall ist, beweisen, dafs

diese innerhalb der Grenzen $-\infty < W_1 + W_2 < +\infty$ alle möglichen Werte zwischen 0 und $\pm \infty$ erlangen kann, demnach die Funktion $f(W_1 + W_2)$ einen unter einer gewissen Grenze G befindlichen Wert nicht darstellen muſs; aber einerseits ist für G noch nicht festgesetzt, daſs es einen endlichen Wert haben muſs, und andererseits kann auch $(W_1 + W_2)$ nicht alle Werte zwischen $-\infty$ und $+\infty$ annehmen, und wie sich die Funktion $f(W_1 + W_2)$ innerhalb der Grenzen $0 < W_1 < G; \; 0 < W_2 < G$ verhält, ist hieraus noch nicht zu ersehen. Doch soll von derartigen komplizierten Darstellungen abgesehen werden, und zunächst die Formel (4) als eine den thatsächlichen Verhältnissen entsprechende den weiteren Erörterungen zu Grunde gelegt werden.

6. Mathematischer Ausdruck für die Wahrscheinlichkeit. Dieselbe Formel gilt auch, wenn es sich um mehr als zwei Ereignisse handelt; es kann eines der beiden Ereignisse E_1 oder E_2 oder beide selbst wieder Gruppen von mehreren Ereignissen umfassen; z. B. E_1 setzt sich zusammen aus Ereignissen e_1 und e_2 (eine gerade Zahl ist gerad-gerade oder ungerad-gerade u. s. w.), dann ist

$$W_1 = W_1' + W_1''$$
$$W = W_1' + W_1'' + W_2$$

u. s. w., so daſs ganz allgemein der Satz gilt:

Die Wahrscheinlichkeit für das Eintreffen eines beliebigen von mehreren Ereignissen ist gleich der Summe der Wahrscheinlichkeiten für das Eintreffen jedes der verschiedenen Ereignisse.

Haben die Ereignisse $E_1, E_2, \ldots E_n$ bez. die Wahrscheinlichkeiten $W_1, W_2, \ldots W_n$, so ist die Wahrscheinlichkeit W für das Eintreffen irgend eines dieser n Ereignisse

(1) $$W = W_1 + W_2 + \ldots + W_n.$$

Dieses reicht aus, um zu einem analytischen Ausdrucke für die Wahrscheinlichkeit zu kommen.

Seien in einer Urne n Kugeln, von denen jede anders gefärbt ist, weiſs, schwarz, rot, gelb ..., und seien: w_1 die Wahrscheinlichkeit für das Ziehen einer weiſsen, w_2 für das Ziehen einer schwarzen Kugel u. s. w., so ist, da von jeder Art nur eine Kugel vorhanden ist:

und
$$w_1 = w_2 = \ldots = w_n$$
$$w_1 + w_2 + \ldots + w_n = G$$
demnach
(2) $\quad w_1 = w_2 = \ldots = w_n = \dfrac{G}{n}.$

Seien nun aber in der Urne a weiße Kugeln, die aber nicht völlig gleich weiß sind, sondern in geringen Nuancen des Lichtgrau voneinander verschieden, und seien die Wahrscheinlichkeiten für das Ziehen der einen Kugel w_1', für das Ziehen einer zweiten w_1'', einer dritten w_1''' ... der a^{ten} $w_1^{(a)}$; sei ähnlich für b schwarze Kugeln, welche durch verschiedene Nuancen des Tiefdunkelgrau bis zum Schwarz repräsentiert werden*) w_2', w_2'' ... $w_2^{(b)}$; ebenso für c rote Kugeln, die in derselben Weise zu verstehenden Wahrscheinlichkeiten (für jede einzelne derselben) w_3', w_3'', w_3''' ... $w_3^{(c)}$, weiter für d gelbe w_4', w_4'' ... $w_4^{(d)}$ ... endlich für k Kugeln der letzten noch vertretenen Farben w_ϱ', w_ϱ'' ... $w_\varrho^{(k)}$, so ist:

(3)
$$\begin{aligned}w_1' = w_1'' = w_1''' = \ldots &= w_1^{(a)} = \\ = w_2' = w_2'' = w_2''' = \ldots &= w_2^{(b)} = \\ \cdots \cdots \cdots \cdots \cdots \cdots \cdots \cdots \cdots& \\ = w_\varrho' = w_\varrho'' = w_\varrho''' = \ldots &= w_\varrho^{(k)} = w,\end{aligned}$$

wenn Kürze halber jede dieser Wahrscheinlichkeiten mit w bezeichnet wird. Sind dann $w_1, w_2 \ldots w_\varrho$ die Wahrscheinlichkeiten für das Ziehen irgend einer der Kugeln einer Gruppe, also w_1 für das Ziehen einer weißen Kugel, gleichgültig welcher Nuance, so ist:

(3a)
$$\begin{aligned}w_1' + w_1'' + w_1''' + \ldots + w_1^{(a)} &= w_1 \\ w_2' + w_2'' + w_2''' + \ldots + w_2^{(b)} &= w_2 \\ w_3' + w_3'' + w_3''' + \ldots + w_3^{(c)} &= w_3 \\ \cdots \cdots \cdots \cdots \cdots \cdots \cdots \cdots & \\ w_\varrho' + w_\varrho'' + w_\varrho''' + \ldots + w_\varrho^{(k)} &= w_\varrho.\end{aligned}$$

(3b) $\quad w_1 + w_2 + w_3 + \ldots + w_\varrho = G.$

---

*) Daß hierbei verschiedene Abstufungen des Weiß und Schwarz auftreten, welche in der Wirklichkeit nicht vorkommen, ist natürlich ganz nebensächlich; man kann sich diese Kugeln auch so denken, daß

I. Kapitel.

Aus (3) und (3a) folgt
$$w_1 = aw;\ w_2 = bw;\ w_3 = cw;\ \ldots\ w_\varrho = kw$$
und dieses in (3b) substituiert:
$$(a+b+c+\ldots+k)w = G$$

$$w = \frac{G}{a+b+c+\ldots+k}$$

$$w_1 = \frac{a}{a+b+c+\ldots+k}G$$

(4) $$w_2 = \frac{b}{a+b+c+\ldots+k}G$$

$$\cdots\cdots\cdots\cdots\cdots$$

$$w_\varrho = \frac{k}{a+b+c+\ldots+k}G.$$

Die Formeln (4) enthalten die Wahrscheinlichkeiten für das Ziehen irgend einer der Kugeln aus der Gruppe der (in verschiedenen Nuancen vorhandenen) weißen, schwarzen, roten Kugeln; diese Wahrscheinlichkeiten bleiben aber dieselben, wenn jetzt die geringen Unterschiede in den Kugeln der einzelnen Gruppen fallen gelassen werden, und man annimmt, daß in der Urne a (einander vollkommen gleiche) weiße, b schwarze, c rote, d gelbe, ... Kugeln sich befinden.

7. Günstige, mögliche Fälle. Die Wahrscheinlichkeit w für jede einzelne Kugel ist hierbei eliminiert; statt derselben tritt der Ausdruck G, der numerische Wert für den Ausdruck der Gewißheit als Faktor auf. Es sind demnach alle Wahrscheinlichkeiten als aliquote Teile des numerischen Ausdruckes für die Gewißheit ausgedrückt. Setzt man $G = 1$, d. h. nimmt man an, daß die Wahrscheinlichkeit 1 als Ausdruck der Gewißheit anzusehen ist, so wird jede Wahrscheinlichkeit durch einen positiven echten Bruch ausgedrückt, denn es ist für $G = 1$, da die Gesamtzahl der Kugeln

---

sie bezw. durch 1, 2, 3 ... a weiße Punkte, durch 1, 2, 3 ... b schwarze Punkte markiert sind, oder in sonst einer ähnlichen Weise, wodurch zusammengehörige Gruppen auftreten, deren Individuen in gewissen Punkten verschieden sind.

(1) $$a + b + c + \ldots + k = n \text{ ist:}$$
(2) $$w_1 = \frac{a}{n}, \quad w_2 = \frac{b}{n}, \ldots w_\varrho = \frac{k}{n}.$$

Diese Formeln gestatten eine einfache, stets anwendbare Ausdrucksweise für die Berechnung der Wahrscheinlichkeiten.

Es war angenommen worden, dafs in der Urne a weifse, b schwarze, c rote ... k blaue Kugeln, zusammen $a + b + c + \ldots + k = n$ Kugeln waren; man kann demnach, wenn man die aus der Urne entnommene Kugel nicht mehr zurücklegt, n Züge machen; darunter werden a verschiedene Züge sein, in denen jedesmal eine weifse Kugel gezogen wird. Da jeder Zug als der Repräsentant eines Ereignisses angesehen werden kann, so sind daher a Züge als a verschiedene Fälle eines Ereignisses anzusehen. Sieht man den Zug einer weifsen Kugel als ein besonders herausgegriffenes Ereignis an, so sind a Fälle, bei denen dieses Ereignis eintreffen kann, d. h. a diesem Ereignisse günstige Fälle, während die übrigen $n - a$ unter allen möglichen n Fällen dem Ereignisse ungünstig sind; die Wahrscheinlichkeit des Ereignisses ist daher **ausgedrückt durch den Quotienten aus der Zahl der diesem Ereignisse günstigen Fälle zur Zahl der möglichen Fälle überhaupt.**

8. Gewifsheit, Unentschiedenheit, entgegengesetzte Wahrscheinlichkeiten. Sind nur zwei Ereignisse möglich, welche sich gegenseitig ausschliefsen, so ist jedes das Gegenteil des anderen, oder das dem anderen entgegengesetzte. Sind aber mehrere Ereignisse möglich, so ist nicht jedes das Gegenteil des anderen, sondern das Gegenteil ist das Nichteintreffen desselben, also das Eintreffen irgend eines der anderen. Ist die Wahrscheinlichkeit für das Eintreffen des Ereignisses E_1

$$w_1 = \frac{a}{n},$$

so ist die Wahrscheinlichkeit für das Eintreffen irgend eines der anderen Ereignisse $E_2, E_3 \ldots E_\varrho$ aus Formel (2):

$$W' = w_2 + w_3 + \ldots + w_\varrho = \frac{b + c + \ldots + k}{n} = \frac{n-a}{n},$$

also

$$w' = 1 - \frac{a}{n}.$$

Die Wahrscheinlichkeit für das entgegengesetzte Ereignis oder die entgegengesetzte Wahrscheinlichkeit ergänzt daher die Wahrscheinlichkeit des Ereignisses zur Einheit (Gewifsheit).

Ergiebt sich für ein Ereignis E die Wahrscheinlichkeit 1, so ist die Wahrscheinlichkeit für das entgegengesetzte Ereignis Null, das Ereignis E ist daher gewifs; $W = 1$ ist das Symbol der Gewifsheit (wie es nicht anders sein kann, da bei dieser Ableitung von der Voraussetzung $G = 1$ ausgegangen wurde).

Ist die Wahrscheinlichkeit für ein Ereignis $\frac{1}{2}$, so ist dieselbe für das entgegengesetzte Ereignis ebenfalls $\frac{1}{2}$, das Eintreffen des Ereignisses ist daher ebenso wahrscheinlich, wie das Nichteintreffen; $w = \frac{1}{2}$ ist das Symbol der Unentschiedenheit.

Findet sich die Wahrscheinlichkeit für ein Ereignis gröfser als $\frac{1}{2}$, so ist das Ereignis wahrscheinlich; $w > \frac{1}{2}$ ist das Symbol der Wahrscheinlichkeit für das Eintreffen und ebenso ist $w < \frac{1}{2}$ das Symbol für die Unwahrscheinlichkeit des Eintreffens.

Endlich kann man $w = 0$ als das Symbol der Unmöglichkeit betrachten.

Die Unentschiedenheit ist jedoch wohl zu unterscheiden vom Zufall. Die erstere bezieht sich lediglich auf ein Ereignis, die letztere auf mindestens zwei. Ist die Wahrscheinlichkeit für das Eintreffen eines Ereignisses $\frac{1}{2}$, während die Wahrscheinlichkeit für das Nichteintreffen $\left(\text{ebenfalls } \frac{1}{2}\right)$ sich auf mehrere andere Ereignisse verteilt, so ist das Eintreffen immer noch wahrscheinlicher, als das Eintreffen irgend eines der anderen Ereignisse. Andererseits kann die Wahrscheinlichkeit eines Ereignisses sehr klein sein, und dasselbe dann zufällig sein, wenn eben die Wahrscheinlichkeit für das Eintreffen irgend eines der übrigen ebenso klein ist.

Wenn man z. B. in eine Urne behufs Auslosung mehrere Namen legt, einen derselben jedoch zwei oder mehreremal, so ist das Auslosen nicht mehr als unter dem reinen Zufall stehend anzusehen, indem die Wahrscheinlichkeit für das Ziehen eben der letzterwähnten Namen bereits eine gröfsere ist. Dasselbe gilt natürlich, wenn eine der Kugeln besondere Kennzeichen vor den anderen hat, so dafs sich die Wahrscheinlichkeit des Ziehens derselben in diesem Falle durch äufsere Umstände verändert. Dafs auch der Wille des Menschen zu diesen äufseren Umständen gehört, welche die Wahrscheinlichkeit beeinflussen, kann auch in diesem Beispiele leicht entnommen werden; je nachdem nämlich eine besondere Absicht bei dem Ziehenden vorliegt, die besonders bezeichnete Kugel zu ziehen oder nicht zu ziehen, wird für das Ereignis des Ziehens dieser Kugel die Wahrscheinlichkeit erhöht bezw. erniedrigt. Besteht eine solche Absicht für den Ziehenden nicht, so wird bei einem einmaligen Zuge diese Kugel für den Ziehenden dieselbe Bedeutung haben, als wenn sie keine besonderen Kennzeichen hätte. Bei wiederholten Ziehungen wird es von der mit dem Zuge verbundenen Forderung (Geldauszahlung oder Empfang, Wahl u. s. w.) und ferner davon abhängig sein, ob der Wert der Kugeln (Inhalt, Farbe u. s. w.) durch den Zug dem Ziehenden bekannt wird oder nicht.

Hieraus ist zu ersehen, dafs man bei der Berechnung der Wahrscheinlichkeiten auf alle diese beeinflussenden Umstände Rücksicht nehmen mufs, dafs aber manche derselben, namentlich die vorzugsweise vom Intellekt und Willen des Menschen abhängigen sich häufig der Berechnung entziehen oder höchstens schätzungsweise sich unterziehen lassen. In dem Mafse wird dann auch die berechnete Wahrscheinlichkeit unsicher oder selbst unrichtig. Hierher gehören fast alle Wahrscheinlichkeiten, welche sich aus Beziehungen von Lebewesen ergeben: Turniere jeder Art (sowohl die körperlichen als auch die geistigen Fähigkeiten betreffend), also Faustkämpfe und Duelle, Wettrennen, Wetten u. s. w.*)

---

*) Allerdings sind auch bei vielen der sogenannten Glücksspiele mit Würfeln und Karten Intellekt und Wille beteiligt; sie treten aber gegenüber den eigentlichen Spielwechselfällen fast ganz in den Hinter-

I. Kapitel.

9. Absolute, alternative, relative Wahrscheinlichkeit. Betrachtet man aus einer grofsen Zahl von Ereignissen ein einzelnes, so erhält man in dieser Weise seine **absolute Wahrscheinlichkeit**. Betrachtet man aber mehrere aus allen Ereignissen, so ergiebt sich die Wahrscheinlichkeit für das Eintreffen eines derselben direkt aus der Summe der Wahrscheinlichkeiten der einzelnen betrachteten Ereignisse; man bezeichnet diese Wahrscheinlichkeit wohl auch als die **alternative Wahrscheinlichkeit**.

Betrachtet man ferner eine Reihe von Ereignissen nur in ihrer gegenseitigen Beziehung, mit Aufserachtlassung der übrigen noch möglichen, so gelangt man zu dem Begriffe der **relativen Wahrscheinlichkeit**. Beispielsweise gehört hierher die Wahrscheinlichkeit, eine schwarze oder eine weifse Kugel zu ziehen, wenn in einer Urne nebst diesen noch rote, blaue u. s. w. Kugeln sind, deren Züge aber nicht berücksichtigt werden; oder die Wahrscheinlichkeit, im Spiele zu gewinnen, wenn Remispartien nicht zählen u. s. w.

Für die Berechnung der relativen Wahrscheinlichkeit hat man unmittelbar diejenigen Fälle, welche sich nicht auf die betrachteten Ereignisse beziehen, auszuschliefsen. Betrachtet man ein Ereignis E_1, welchem a Fälle günstig sind, ein Ereignis E_2, welchem b Fälle günstig sind, ein Ereignis E_3 mit c günstigen Fällen, ... ein Ereignis E_k mit k günstigen Fällen, und schliefst die sämtlichen übrigen Ereignisse aus, für welche noch l Fälle günstig sind, so dafs die Zahl aller möglichen Fälle für die betrachteten Ereignisse

(1) $$m = a + b + c + \ldots + k$$

ist, hingegen die Zahl aller möglichen Fälle, einschliefslich der ausgeschlossenen Ereignisse

(2) $$n = m + l,$$

so sind die bezüglichen relativen Wahrscheinlichkeiten

---

grund, und wo dieses nicht der Fall ist, sind schon die Spielregeln, d. h. die Grundlagen für die Berechnung der Wahrscheinlichkeiten der Spiele mehr oder weniger verletzt (falsche Würfel, falsche Karten u. s. w.).

(3) $\quad (w_1) = \dfrac{a}{m}, \quad (w_2) = \dfrac{b}{m} \ldots (w_k) = \dfrac{k}{m};$

es sind aber die absoluten Wahrscheinlichkeiten

(4) $\quad w_1 = \dfrac{a}{n}, \quad w_2 = \dfrac{b}{n} \ldots w_k = \dfrac{k}{n},$

während die alternative Wahrscheinlichkeit aller übrigen

(5) $\quad w_l = \dfrac{l}{n}$

(welche, wenn nur noch ein Ereignis möglich ist, in dessen absolute Wahrscheinlichkeit übergeht), nicht weiter betrachtet wird. Da nun

$$w_1 + w_2 + \ldots + w_k = \frac{a+b+c+\ldots k}{n} = \frac{m}{n}$$

ist, und daher

(6) $\quad \begin{aligned} & a = n w_1; \quad b = n w_2; \quad \ldots k = n w_k; \\ & m = n (w_1 + w_2 + \ldots + w_k), \end{aligned}$

so folgt

(7) $\quad \begin{aligned} (w_1) &= \dfrac{w_1}{w_1 + w_2 + \ldots + w_k} \\ (w_2) &= \dfrac{w_2}{w_1 + w_2 + \ldots + w_k} \\ & \cdots \cdots \cdots \cdots \\ (w_k) &= \dfrac{w_k}{w_1 + w_2 + \ldots + w_k}. \end{aligned}$

Kennt man daher die absoluten Wahrscheinlichkeiten für das Eintreffen der betrachteten Ereignisse, so erhält man daraus die relative Wahrscheinlichkeit eines der Ereignisse, indem man dessen absolute Wahrscheinlichkeit durch die Summe der absoluten Wahrscheinlichkeiten aller betrachteten Ereignisse dividiert.

10. Gesetz der grofsen Zahlen. Bezeichnet für ein Ereignis ganz allgemein m die Zahl aller möglichen, g die Zahl der günstigen Fälle, w die Wahrscheinlichkeit, so hat man

I. Kapitel.

(1) $$w = \frac{g}{m}$$

und daraus

(2) $$g = w \cdot m.$$

Die Zahl der günstigen Fälle ist aber diejenige, in denen das Ereignis eintrifft; aus der Anzahl der möglichen Fälle erhält man daher die für das Eintreffen günstigen, d. h. die Fälle, in denen das Ereignis eintreffen wird, durch Multiplikation jener mit der bekannten Wahrscheinlichkeit. Anders ausgesprochen: unter m Fällen wird das Ereignis, dessen Wahrscheinlichkeit w ist,

$$g = wm$$

mal eintreffen.

In der Praxis wird man finden, daſs diese Beziehung nur genähert erfüllt wird, indem die Zahl wirklich eingetroffener Fälle sich von der theoretisch geforderten Zahl ziemlich weit entfernt. Es wird dies stets der Fall sein, wenn m klein ist; je gröſser m ist, desto mehr wird die durch Gleichung (2) ausgedrückte Beziehung erfüllt sein, und zwar aus dem Grunde, weil mit wachsendem m die Umstände für das Eintreffen oder Nichteintreffen der Ereignisse mannigfach variieren, alle möglichen günstigen und ungünstigen Fälle erschöpft werden, und andererseits, weil die in Wirklichkeit auftretenden Abweichungen von den theoretisch geforderten relativ um so geringfügiger werden, wenn sie auch absolut sich innerhalb derselben Grenzen befinden (siehe das 6. Kapitel), je gröſser die Zahl der Beobachtungen ist. Man nennt diese Thatsache das Gesetz der groſsen Zahlen.

Wenn zwei Schachspieler von gleicher Stärke miteinander spielen, so wird jeder die Wahrscheinlichkeit $\frac{1}{2}$ haben, zu gewinnen; von zwei Spielen sollte folgerichtig jeder eins gewinnen. Nichtsdestoweniger kann es vorkommen, daſs der eine zwei und mehr Partien hintereinander gewinnt; unter 1000 Partien wird wahrscheinlich jeder 500 gewonnen haben, und wenn dieses Verhältnis nicht eintrifft, so kann man a posteriori schlieſsen, daſs die Spieler nicht vollkommen gleich spielen (siehe § 20). Auch bei den zum Schlusse des § 8 erwähnten, von Intellekt und Willen der Menschen abhängigen Ereignissen wird dies ersichtlich und zwar in noch erhöhtem Maße; erst bei sehr großen Zahlen erhält man hier ein Bild der Wahrscheinlichkeit für das wirkliche Eintreffen der Ereignisse; für Lebensversicherungen sind daher nur auf ausgedehnte Beobachtungen gestützte Mortalitätstafeln verwendbar; alle auf nur eine geringe Anzahl von Thatsachen gestützten Wahrscheinlichkeiten (Wetten bei Spielen und Rennen u. s. w.) sind trügerisch.

11. Beispiele. Bei der Berechnung der Wahrscheinlichkeiten kommt es stets darauf an, die Anzahl der möglichen und wirklichen Fälle zu ermitteln. Hierzu dient in erster Linie die Permutations-, Kombinations- und Variationsrechnung.

Es genügt hier, die wichtigsten im folgenden gebrauchten Formeln anzuführen; für die Ableitung derselben siehe den V. Band dieser Sammlung.

1) Die Zahl der Permutationen von n Elementen, P_n ist gegeben durch:
$$P_n = 1 \cdot 2 \cdot 3 \ldots n = n!$$

2) Die Zahl der Permutationen von n Elementen, unter denen α, β, γ einander gleich sind, ist:
$$P_n^{\alpha,\beta,\gamma} = \frac{n!}{\alpha!\beta!\gamma!}.$$

3) Die Zahl der Kombinationen von n Elementen zur r^{ten} Klasse, ohne Wiederholung der Elemente ist:
$$C_n^{(r)} = \frac{n(n-1)(n-2)\ldots(n-r+1)}{1 \cdot 2 \cdot 3 \ldots r}$$
$$= \frac{n!}{r!(n-r)!} = \binom{n}{r}.$$

4) Die Zahl der Kombinationen von n Elementen zur r^{ten} Klasse mit Wiederholung ist:
$$_w C_n^{(r)} = \binom{n+r-1}{r}.$$

5) Die Zahl der Variationen von n Elementen zur r^{ten} Klasse ohne Wiederholung der Elemente ist:
$$V_n^{(r)} = \frac{n!}{(n-r)!}.$$

6) Die Zahl der Variationen von n Elementen zur r^{ten} Klasse mit Wiederholung ist:
$${}_w V_n^{(r)} = n^r.$$

Für die hierbei auftretenden Zahlen bestehen die folgenden Beziehungen:

$$0! = 1; \quad \binom{n}{0} = 1; \quad \binom{n}{1} = n; \quad \binom{n}{n} = 1; \quad \binom{n}{r} = \binom{n}{n-r};$$

$$\binom{n}{r} = \binom{n-1}{r-1} \cdot \frac{n}{r}; \quad \binom{n}{r} = \binom{n-1}{r} \frac{n}{n-r};$$

$$\binom{n-1}{r-1} + \binom{n-1}{r} = \binom{n}{r};$$

$$\sum_{k=0}^{n} \binom{a}{k} \binom{b}{n-k} = \binom{a+b}{n}.$$

Beispiel I. Wie groſs ist die Wahrscheinlichkeit, mit einem Würfel auf einen Wurf die Zahl 5 zu werfen?

Auflösung. Der Würfel hat 6 Seiten, deren jede mit einer anderen Ziffer bezeichnet ist; bei jedem Wurf kann jede der 6 Seiten auffallen; die Zahl der möglichen Fälle ist daher $n = 6$.

Die Zahl 5 kommt auf einer und nur auf einer Seite des Würfels vor; unter den angeführten 6 Möglichkeiten ist daher dem Wurfe einer bestimmten Zahl, hier der Zahl 5, nur ein Fall günstig; es ist $g = 1$; demnach ist:

$$w = \frac{1}{6}.$$

Unter sechs Würfen wird daher nach den Gesetzen der Wahrscheinlichkeitsrechnung einmal die Zahl 5 erscheinen müssen; daſs dieses aber in der Wirklichkeit kaum zutreffen wird, indem unter sechs Würfen nicht jede der sechs Zahlen 1 bis 6 einmal erscheinen wird, ist klar. Aber unter 6000 Würfen wird die Zahl 5 (und ebenso jede andere der Zahlen) tausendmal oder wenigstens sehr nahe tausendmal erscheinen.

Grundlehren der Wahrscheinlichkeitsrechnung.

Beispiel II. Wie grofs ist die Wahrscheinlichkeit mit zwei Würfeln die Summe 8 zu werfen?

Auflösung. Jede Seite des einen Würfels kann mit jeder Seite der anderen kombiniert auffallen; die Zahl der möglichen Fälle ist daher

$$n = 6^2 = 36.$$

Die Summe 8 erscheint aber nur dann, wenn die Zahlen 2, 3, 4, 5, 6 des einen Würfels mit den Zahlen 6, 5, 4, 3, 2 des anderen Würfels auffallen; die Zahl der günstigen Fälle ist daher:

$$g = 5,$$

demnach ist

$$w = \frac{5}{36}.$$

Beispiel III. Wie grofs ist die Wahrscheinlichkeit, mit drei Würfeln entweder die Summe 9 oder 10 zu werfen?

Auflösung. Die Zahl der möglichen Fälle ist:

$$n = 6^3 = 216.$$

Die Summe 9 kann auftreten, wenn auf den drei Würfeln die Zahlen:

1, 2, 6	2, 2, 5
1, 3, 5	2, 3, 4
1, 4, 4	3, 3, 3

erscheinen. Die Zahlen 1, 2, 6 können aber auf den drei Würfeln in verschiedener Ordnung auftreten. Denkt man sich für den Augenblick die Würfel mit I, II, III bezeichnet (in dieser Reihenfolge gelegt), so können die Zahlen 1, 2, 6 auch auf den drei Würfeln in der Reihenfolge 1, 6, 2; 2, 1, 6; 2, 6, 1; 6, 1, 2; 6, 2, 1 auftreten, im ganzen also, da keiner dieser Fälle eine besondere Bedeutung hat, sechsmal; allgemein wird die Zahl der verschiedenen Möglichkeiten jeder Gruppe bestimmt durch die Anzahl der Permutationen von drei Elementen, unter denen keine, bezw. zwei oder drei gleiche vorhanden sind. Diese Zahl ist für die obigen sechs Kombinationen bezw. 6, 6, 3, 3, 6 und ·1, also die Gesamtzahl der günstigen Fälle 25. Ebenso findet man für die der Summe 10 günstigen Fälle die Kombinationen:

1, 3, 6   2, 3, 5
1, 4, 5   2, 4, 4
2, 2, 6   3, 3, 4

und zwar in der Anzahl 6, 6, 3, 6, 3, 3; daher die Gesamtzahl der günstigen Fälle 27.

Es ist also die absolute Wahrscheinlichkeit für das Werfen der Summe 9:

$$w_1 = \frac{25}{216}$$

und für das Werfen der Summe 10:

$$w_2 = \frac{27}{216},$$

daher die alternative Wahrscheinlichkeit für das Werfen der Summen 9 oder 10:

$$w = w_1 + w_2 = \frac{52}{216} = \frac{13}{54}.$$

12. Die zusammengesetzte Wahrscheinlichkeit. Die Wahrscheinlichkeit für das Zusammentreffen zweier oder mehrerer Ereignisse nennt man die zusammengesetzte Wahrscheinlichkeit. Die Ereignisse können dabei voneinander völlig unabhängig sein, oder auch nicht. Sie sind voneinander unabhängig, wenn die Wahrscheinlichkeit des einen Ereignisses von dem Eintreffen des anderen nicht beeinflufst wird. Hierher gehört z. B. das Ziehen von Kugeln aus zwei verschiedenen Urnen; oder das Ziehen von Kugeln aus derselben Urne, wenn nach jedem Zuge die Kugel wieder zurückgelegt wird; denn in diesem Falle wird nach dem ersten Zuge durch das Zurücklegen der ursprüngliche Stand wieder hergestellt, so dafs die möglichen Fälle für den zweiten Zug genau dieselben sind, wie sie für den ersten Zug waren. Bei voneinander unabhängigen Ereignissen ist es daher auch gleichgültig, ob dieselben gleichzeitig oder hintereinander stattfinden; im letzteren Falle ist es für die Wahrscheinlichkeit des Zusammentreffens gleichgültig, in welcher Reihenfolge sie auftreten.

Wenn aber durch das Eintreffen oder Nichteintreffen eines Ereignisses die Wahrscheinlichkeit für das zweite Ereignis selbst beeinflufst wird, so sind die Ereignisse nicht mehr voneinander unabhängig. Wird nach dem ersten Zuge der ersten Kugel diese nicht mehr in die Urne zurückgelegt, so wird hierdurch die Zahl der möglichen Fälle eine andere, wie vor dem ersten Zuge (um 1 vermindert); die Wahrscheinlichkeiten im zweiten Zuge sind daher durch den Zug der ersten Kugel beeinflufst.

Für die Berechnung der zusammengesetzten Wahrscheinlichkeit ist dieses jedoch belanglos; wesentlich ist es nur für die Bestimmung der Wahrscheinlichkeiten jedes einzelnen der betrachteten Ereignisse.

Es soll nun angenommen werden, dafs für das Eintreffen der zwei Ereignisse E_1 und E_2 die Wahrscheinlichkeiten w_1 und w_2 bekannt oder unter Berücksichtigung aller Umstände berechnet seien. Gefragt wird nach der Wahrscheinlichkeit, dafs die beiden Ereignisse gleichzeitig (oder hintereinander) auftreten, d. h. für das Zusammentreffen beider Ereignisse.

Die Wahrscheinlichkeit für das Eintreffen des Ereignisses E_1 ist w_1; trifft dieses nicht ein, so kann ein oder es können mehrere andere Ereignisse eintreffen, deren Gesamtheit, das Nichteintreffen des Ereignisses E_1 als ein Ereignis E_1' aufgefafst, die Wahrscheinlichkeit w_1' habe. Da w_1' die entgegengesetzte Wahrscheinlichkeit zu w_1 ist, so mufs

$$w_1 + w_1' = 1$$

sein. Die Wahrscheinlichkeiten w_1 und w_1' gelten aber nur für das Eintreffen der Ereignisse E_1 und E_1' ohne Rücksicht auf das Ereignis E_2. Die alternierende Wahrscheinlichkeit für das Eintreffen dieser beiden Ereignisse ist nach § 6:

(1) $$w_1 + w_1' = W,$$

wenn W die Wahrscheinlichkeit für das Eintreffen irgend eines der beiden Ereignisse ist; ohne Rücksicht auf E_2 ist diese Wahrscheinlichkeit, wie erwähnt, die Gewifsheit, also 1; wenn aber nur jene Fälle berücksichtigt werden sollen, wo die Ereignisse E_1 und E_1' mit dem Ereignisse E_2 zusammentreffen, so tritt an Stelle der Gewifsheit die Wahrscheinlichkeit für das Eintreffen des Ereignisses E_2; denn der Grad der Wahrscheinlichkeit, daſs eines der beiden Ereignisse E_1 oder E_1' (von denen eines eintreffen muſs) mit dem Ereignisse E_2 zusammen eintritt, wird eben durch die Wahrscheinlichkeit von E_2 gegeben. Für das Zusammentreffen der Ereignisse E_1 oder E_1' mit E_2 hat man daher

(2) $$w_1 + w_1' = w_2.$$

Hieraus folgt, daſs unter dieser Voraussetzung in der ganzen Ableitung des § 6 an Stelle von G der Wert w_2 zu setzen ist, und es wird daher die Wahrscheinlichkeit

für das Zusammentreffen der Ereignisse E_1 und E_2:
$$W = \frac{a}{a+b} w_2,$$

für das Zusammentreffen der Ereignisse E_1' und E_2:
$$W' = \frac{b}{a+b} w_2,$$

wenn a und b die dem Eintreffen der beiden Ereignisse E_1 bezw. E_1' günstigen Fälle sind. Da aber
$$\frac{a}{a+b} = w_1$$
ist, so wird die zusammengesetzte Wahrscheinlichkeit für das Zusammentreffen der Ereignisse E_1 und E_2:

(3) $$W = w_1 w_2$$

und gleichzeitig folgt für die Wahrscheinlichkeit, daſs das Ereignis E_2 eintrifft, während das Ereignis E_1 nicht eintrifft:

(4) $$W' = (1 - w_1) w_2,$$

welche Formel übrigens direkt unter (3) subsumiert ist.

Für das Zusammentreffen dreier Ereignisse E_1, E_2, E_3, deren Wahrscheinlichkeiten bezw. w_1, w_2, w_3 sind, ergiebt sich die Wahrscheinlichkeit:

(5) $$W = w_1 w_2 w_3,$$

da nunmehr das Zusammentreffen der Ereignisse E_1 und E_2 als ein mit dem Ereignisse E_3 zusammenzustellendes aufzufassen ist. Demnach folgt ganz allgemein für die Wahrscheinlichkeit des Zusammentreffens von n Ereignissen E_1, E_2, $E_3 \ldots E_n$, deren Wahrscheinlichkeiten bezw. w_1, $w_2 \ldots w_n$ sind.

(6) $$W = w_1 w_2 w_3 \ldots w_n$$

Legt man für die Wahrscheinlichkeiten die in § 7 gefundenen Werte aus den den Ereignissen günstigen und möglichen zu Grunde, so erhält man natürlich dasselbe Resultat. Sind nämlich für das Ereignis E_1 alle möglichen Fälle m_1 und die günstigen Fälle g_1 und ebenso für das Ereignis E_2 dieselben m_2 bezw. g_2, so sind die Wahrscheinlichkeiten

$$\text{für das Ereignis } E_1: w_1 = \frac{g_1}{m_1},$$

$$\text{für das Ereignis } E_2: w_2 = \frac{g_2}{m_2}.$$

Für das Zusammentreffen beider Ereignisse sind natürlich alle möglichen Fälle in der Kombination aller für die beiden Ereignisse E_1 und E_2 möglichen Fälle gelegen, daher die Anzahl der mögliche Fälle

$$m = m_1 m_2;$$

ebenso sind die dem Zusammentreffen beider Ereignisse günstigen Fälle in der Kombination der dem Ereignisse E_1 günstigen mit jedem dem Ereignisse E_2 günstigen Falle gegeben, also

$$g = g_1 g_2;$$

daher ist die Wahrscheinlichkeit für das Zusammentreffen beider Ereignisse

$$W = \frac{g}{m} = \frac{g_1 g_2}{m_1 m_2} = \frac{g_1}{m_1} \cdot \frac{g_2}{m_2} = w_1 w_2.$$

Sind die Ereignisse voneinander abhängig, so wird dieses nur insofern auf die Berechnung von Einfluſs, als deren Wahrscheinlichkeiten erst dann zu berechnen sind, wenn die durch das Eintreffen oder Nichteintreffen der früheren Ereignisse herbeigeführten Umstände berücksichtigt werden können.

13. Beispiele.

Beispiel 1. In einer Urne seien n Kugeln, darunter a weiſse, b schwarze; wie groſs ist die Wahrscheinlichkeit

I. Kapitel.

in zwei aufeinanderfolgenden Zügen zwei weiſse Kugeln zu ziehen, wenn die gezogene Kugel nach dem ersten Zuge wieder zurückgelegt wird?

Die Wahrscheinlichkeit für den Zug der ersten weiſsen Kugel ist

$$w_1 = \frac{a}{n}.$$

Da die Kugel nach dem ersten Zug zurückgelegt wird, so ist die Wahrscheinlichkeit für den Zug der zweiten weiſsen Kugel ebenfalls

$$w_2 = \frac{a}{n}.$$

Daher ist die gesuchte zusammengesetzte Wahrscheinlichkeit

$$w = \left(\frac{a}{n}\right)^2.$$

Die Wahrscheinlichkeit für das wiederholte Eintreffen desselben Ereignisses wird ebenso berechnet, wie diejenige für das Zusammentreffen zweier Ereignisse.

Beispiel II. Wie groſs ist unter denselben Voraussetzungen die Wahrscheinlichkeit, in zwei aufeinander folgenden Zügen weiſse Kugeln zu ziehen, wenn die zuerst gezogene Kugel nicht wieder zurückgelegt wird?

Es ist wie oben

$$w_1 = \frac{a}{n}.$$

Vor dem zweiten Zuge sind in der Urne, da die gezogene Kugel nicht mehr zurückgelegt wird, $n-1$ Kugeln, darunter, da nur jene Fälle zu berücksichtigen sind, in denen im ersten Zuge bereits eine weiſse Kugel gezogen worden war, $a-1$ weiſse, daher die Wahrscheinlichkeit

$$w_2 = \frac{a-1}{n-1}.$$

Demnach ist die gesuchte Wahrscheinlichkeit

$$W = \frac{a(a-1)}{n(n-1)}.$$

Beispiel III. Wie grofs ist unter denselben Voraussetzungen die Wahrscheinlichkeit, in drei aufeinander folgenden Zügen zwei weifse und eine schwarze Kugel zu ziehen, wenn die gezogene Kugel nicht wieder zurückgelegt wird?

Die Wahrscheinlichkeit für das Ziehen zweier weifser Kugeln in zwei aufeinander folgenden Zügen ist

$$\frac{a(a-1)}{n(n-1)}.$$

Die Wahrscheinlichkeit für das Ziehen einer schwarzen Kugel, nachdem bereits zwei weifse Kugeln gezogen sind, ist nunmehr

$$\frac{b}{n-2},$$

daher die Wahrscheinlichkeit für das Ziehen zweier weifser und einer schwarzen Kugel in der gegebenen Reihenfolge

$$\frac{a(a-1)b}{n(n-1)(n-2)}.$$

Hiermit wäre die Aufgabe erledigt, die Wahrscheinlichkeit zu suchen, dafs die drei Kugeln in der gegebenen Reihenfolge gezogen werden. In der hier gestellten Form ist aber diese Beschränkung in der Aufgabe nicht gelegen. Es sind also noch die Wahrscheinlichkeiten dafür zu suchen, dafs die Kugeln in der Reihenfolge weifs—schwarz—weifs, schwarz—weifs—weifs gezogen werden. Diese sind, wie man in derselben Weise leicht findet, ebenso grofs; somit ist die Wahrscheinlichkeit, zwei weifse und eine schwarze Kugel in irgend einer beliebigen Reihenfolge zu ziehen

$$W = 3 \frac{a(a-1)b}{n(n-1)(n-2)}.$$

Beispiel IV. Wie grofs ist die Wahrscheinlichkeit, in $a+\beta$ Zügen a weifse und β schwarze Kugeln in einer bestimmten Reihenfolge zu ziehen, und wie grofs ist die Wahrscheinlichkeit, sie in einer beliebigen Reihenfolge zu ziehen?

Wie immer diese Reihenfolge auch sei, so wird für jeden folgenden Zug die Anzahl aller möglichen Fälle um 1 geringer; sie ist in den aufeinander folgenden Zügen

$$n, \quad n-1, \quad n-2, \ldots n-a-\beta+1,$$

vorausgesetzt jedoch, daſs in der Urne nur weiſse und schwarze Kugeln sind, oder daſs jede anders gefärbte Kugel wieder zurückgelegt wird.

Die Zahl der günstigen Fälle wird nach jedem Zuge einer weiſsen Kugel für diese ebenfalls um 1 geringer, gleichgültig, wie viele schwarze Kugeln inzwischen gezogen wurden, und ebenso wird die Zahl der günstigen Fälle für das Ziehen einer schwarzen Kugel nach jedem Zuge einer solchen um 1 geringer, gleichgültig, wie viele weiſse Kugeln gezogen wurden. Die Wahrscheinlichkeit wird daher

$$W = \frac{a(a-1)\ldots(a-\alpha+1)\,b(b-1)\ldots(b-\beta+1)}{n(n-1)(n-2)\ldots(n-\alpha-\beta+1)},$$

wobei eben eine ganz bestimmte Reihenfolge der Züge angenommen ist. Soll nun zweitens auf diese Reihenfolge nicht Rücksicht genommen werden, sondern die Wahrscheinlichkeit für das Erscheinen in beliebiger Reihenfolge gesucht werden, so wird dieselbe Wahrscheinlichkeit für jede mögliche Reihenfolge gelten. Die Anzahl der Möglichkeiten, in welchen aber die Kugeln erscheinen, ist gleich der Zahl der Permutationen der $(\alpha + \beta)$ weiſsen und schwarzen Kugeln, d. h. die Anzahl der Permutationen von $(\alpha + \beta)$ Elementen, unter denen α gleiche und β gleiche sind, also

$$\frac{(\alpha+\beta)!}{\alpha!\,\beta!},$$

die gesuchte Wahrscheinlichkeit daher

$$W' = \frac{(\alpha+\beta)!}{\alpha!\,\beta!} \frac{a(a-1)\ldots(a-\alpha+1)\,b(b-1)\ldots(b-\beta+1)}{n(n-1)(n-2)\ldots(n-\alpha-\beta+1)}.$$

14. Einige allgemeine Fälle.

I. Die Wahrscheinlichkeit für das Eintreffen eines Ereignisses A sei w_1; die Wahrscheinlichkeit für das Nichteintreffen ist die entgegengesetzte Wahrscheinlichkeit, also gleich $1 - w_1$.

Die Wahrscheinlichkeiten für das Eintreffen bezw. Nichteintreffen eines Ereignisses B seien ebenso w_2 und $1 - w_2$. Dann sind:

Die Wahrscheinlichkeit, daſs A und B eintreffen,
$$w = w_1\,w_2;$$

die Wahrscheinlichkeit, daſs A eintrifft, während B nicht eintrifft, $w_1(1-w_2)$;

die Wahrscheinlichkeit, daſs B eintrifft, während A nicht eintrifft, $w_2(1-w_1)$;

die Wahrscheinlichkeit, daſs weder A noch B eintrifft, $w' = (1-w_1)(1-w_2)$;

die Wahrscheinlichkeit, daſs A und B nicht eintreffen, $1 - w_1 w_2$;

die entgegengesetzte Wahrscheinlichkeit von w' ist $w'' = 1 - (1-w_1)(1-w_2)$; sie besagt, daſs nicht „weder A noch B" eintrifft, d. h. daſs wenigstens eines derselben eintrifft.

Die Wahrscheinlichkeit, daſs entweder A oder B eintrifft, ist aber

$$w''' = w_1 + w_2$$

und w''' ist von w'' verschieden; thatsächlich besagt w'' nicht dasselbe wie w'''; w''' sagt, daſs eines oder das andere der beiden Ereignisse eintrifft, w'' hingegen sagt, daſs wenigstens eines der beiden, also entweder das eine oder das andere oder auch beide eintreffen. Die Auflösung von w'' giebt in der That

$$w'' = w_1 + w_2 + w_1 w_2,$$

und diese Wahrscheinlichkeit ist um die zusammengesetzte Wahrscheinlichkeit w gröſser als w'''.

15. Wahrscheinlichkeit für das wiederholte Eintreffen von Ereignissen. Sind die Wahrscheinlichkeiten für das Eintreffen der Ereignisse

$$E_1, E_2 \ldots, E_k;\ E'_1, E'_2 \ldots, E'_l;\ E''_1, E''_2 \ldots, E''_m;\ \ldots$$

beziehungsweise

$$w_1, w_2 \ldots, w_k;\ w'_1, w'_2 \ldots, w'_l;\ w''_1, w''_2 \ldots, w''_m;\ \ldots$$

so ist die Wahrscheinlichkeit, daſs die Ereignisse sämtlich in einer bestimmten Reihenfolge eintreffen

(1) $\quad W = w_1 w_2 \ldots w_k w'_1 w'_2 \ldots w'_l w''_1 w''_2 \ldots w''_m \ldots$

Für jede andere Reihenfolge wird die Wahrscheinlichkeit dieselbe, da nur das Produkt derselben Faktoren in anderer Reihenfolge auftritt. Die Wahrscheinlichkeit für das Eintreffen dieser sämtlichen Ereignisse in irgend einer beliebigen Reihenfolge ist (als alternative Wahrscheinlichkeit) gleich der Summe der Wahrscheinlichkeiten für das Eintreffen in den verschiedenen Reihenfolgen, also so oft mal W, als sich aus

$$k + l + m + \ldots = \mu$$

Ereignissen Permutationen bilden lassen; die Zahl dieser Permutationen ist $\mu!$, daher diese Wahrscheinlichkeit

(2) $\quad W' = \mu!\, w_1 w_2 \ldots w_k\, w_1' w_2' \ldots w_l'\, w_1'' w_2'' \ldots w_m'' \ldots$

Ist $w_1 = w_2 = \ldots = w_k = w$, d. h. sind diese Ereignisse gleich wahrscheinlich, so ändert dieses an dem Ausdrucke nichts, nur tritt an Stelle des Produktes der ersten k Faktoren die Potenz w^k; sind aber die k Ereignisse nicht verschieden, d. h. wird die Wahrscheinlichkeit für das $k$malige Auftreten desselben Ereignisses (hier in Verbindung mit anderen) gesucht, so werden alle $k!$ verschiedenen Permutationen dieser Ereignisse, welche den verschiedenen Reihenfolgen der ersten k Ereignisse im ersten Falle entsprechen, zusammenfallen, und es tritt an Stelle des Produktes

der Ausdruck $\quad w_1 w_2 \ldots w_k$

$$\frac{w^k}{k!}.$$

Die Wahrscheinlichkeit, daß von den Ereignissen E (an Stelle von $E_1, E_2 \ldots, E_k$), E' (an Stelle von $E_1', E_2' \ldots, E_l'$), E'' (an Stelle von $E_1'', E_2'' \ldots, E_m''$), $E''' \ldots$ das erste $k$mal, das zweite $l$mal, das dritte $m$mal, zusammen also $\mu = (k + l + m \ldots)$mal, in welcher Ordnung immer, eintreffen, ist daher

(3) $\quad\quad W = \dfrac{\mu!}{k!\, l!\, m! \ldots} w^k\, w'^l\, w''^m \ldots$

Dieser Ausdruck ist das allgemeine Glied der Entwickelung der μ^{ten} Potenz des Polynoms $(w + w' + w'' \ldots)$, indem

(4). $(w + w' + w'' + \ldots)^\mu = \displaystyle\sum \dfrac{\mu!}{k!\, l!\, m! \ldots} w^k\, w'^l\, w''^m \ldots$

ist. In der That nimmt man an, daß k, l, $m \ldots$ alle möglichen verschiedenen Werte annimmt, so aber, daß

$k + l + m \ldots = \mu$ ist, so wird jeder einzelne der Summanden die Wahrscheinlichkeit darstellen, daſs von den Ereignissen E, E', $E'' \ldots$ jedes verschieden oft, u. z. 0, 1, 2..., μmal, auftritt; die Summe aller Summanden giebt daher die Wahrscheinlichkeit, daſs die Ereignisse in beliebiger Kombination beliebig oft auftreten, wofür der geschlossene Ausdruck eben $(w + w' + w'' + \ldots)^\mu$ ist.

Sind die Ereignisse derart, daſs, ein einmaliges Auftreten vorausgesetzt, eines derselben auftreten muſs (z. B. der Zug einer weiſsen, schwarzen oder roten Kugel, wenn nur weiſse, schwarze oder rote Kugeln vorhanden sind), so ist natürlich

$$(w + w' + w'' + \ldots) = 1$$

und die Summe rechts in (4) ist ebenfalls 1.

16. Formeln für den Fall, daſs die Wahrscheinlichkeiten für das wiederholte Eintreffen nicht voneinander unabhängig sind. In diesem Falle treten in Formel (3) wieder an Stelle der gleichen Wahrscheinlichkeiten die verschiedenen Wahrscheinlichkeiten w_1, $w_2 \ldots$, w_k u. s. w.; da aber das Ereignis dasselbe, daher die Reihenfolge beliebig ist, so tritt noch der Nenner $k!$, bezw. $l!$, $m!$ u. s. w. in Formel (2) hinzu. In diesem Falle wird daher

$$W = \frac{\mu!}{k!\, l!\, m! \ldots}\, w_1 w_2 \ldots w_k,\ w_1' w_2' \ldots w_l',\ w_1'' w_2'' \ldots w_m''' \ldots$$

und es wird von den einzelnen Umständen abhängen, in welcher Beziehung die aufeinander folgenden Wahrscheinlichkeiten w_1, $w_2 \ldots$ zu einander stehen.

Es handle sich beispielsweise um das aufeinander folgende Ziehen von Kugeln, wobei aber die gezogene Kugel nicht wieder in die Urne zurückgelegt wird. Seien dann w_1, $w_2 \ldots w_k$ die Wahrscheinlichkeiten für das Ziehen von weiſsen Kugeln; w_1', $w_2' \ldots w_l'$ die Wahrscheinlichkeiten für das Ziehen von schwarzen Kugeln; w_1'', $w_2'' \ldots w_m''$ die Wahrscheinlichkeiten für das Ziehen von roten Kugeln u. s. w., so wird nach dem jedesmaligen Ziehen einer Kugel ebensowohl die Gesamtzahl, wie die Zahl der Kugeln einer bestimmten Farbe um eine Einheit vermindert.

Ist die Gesamtzahl der Kugel s (s kann von μ verschieden sein, denn μ ist die Zahl der gezogenen Kugeln), ferner die Zahl der weißen Kugeln a, der schwarzen Kugeln b, der roten c u. s. w., so sind

für w_1, $w_2 \ldots w_k$ die aufeinander folgenden günstigen Fälle der Reihe nach

$$a, (a-1), (a-2), \ldots (a-k+1),$$

(1) für w_1', $w_2' \ldots w_l'$ die aufeinander folgenden günstigen Fälle ebenso

$$b, (b-1), (b-2), \ldots (b-l+1),$$

für w_1'', $w_2'' \ldots w_m''$ die aufeinander folgenden günstigen Fälle

$$c, (c-1), (c-2), \ldots (c-m+1),$$

wobei allerdings diese Werte nicht unmittelbar in dieser Reihenfolge hintereinander, sondern bunt durcheinander gemengt auftreten werden. Die Zahl aller möglichen Fälle hingegen ist in den aufeinander folgenden Ziehungen

(2) $s, s-1, s-2, \ldots (s-k-l-m-\ldots+1).$

Die Wahrscheinlichkeit, daß zuerst eine schwarze, dann eine rote, dann wieder eine schwarze, dann eine weiße Kugel gezogen wird, ist daher beispielsweise:

$$w_1' \, w_1'' \, w_2' \, w_1 = \frac{b}{s} \cdot \frac{c}{s-1} \cdot \frac{b-1}{s-2} \cdot \frac{a}{s-3}.$$

Man sieht aber, daß für das k-malige Ziehen einer Kugel der ersten Art, für das l-malige Ziehen einer Kugel der zweiten Art u. s. w. in den verschiedenen Kombinationen nicht immer dieselben Zähler und Nenner sich kombinieren werden, daß aber im Resultate immer die Faktoren der Gruppe (1) als Zähler und die Faktoren der Gruppe (2) als Nenner auftreten werden, so daß die Wahrscheinlichkeit hierfür

$$w = \frac{\mu!}{k! \, l! \, m! \ldots} \frac{a!}{(a-k)!} \frac{b!}{(b-l)!} \frac{c!}{(c-m)!} \ldots \frac{(s-k-l-m-\ldots)!}{s!}$$

oder

(3) $$w = \frac{\binom{a}{k}\binom{b}{l}\binom{c}{m}\ldots}{\binom{s}{\mu}}$$

ist. Dieses ist die Wahrscheinlichkeit, daſs in $k + l + m \ldots = \mu$ Zügen k weiſse, l schwarze, m rote Kugeln gezogen werden, wenn in der Urne $a + b + c \ldots = s$ Kugeln, und zwar a weiſse, b schwarze, c rote Kugeln sind, und die gezogene Kugel nicht wieder zurückgelegt wird.

Hieraus erhält man leicht die Wahrscheinlichkeit, daſs in μ Zügen weiſse, schwarze, rote Kugeln überhaupt gezogen werden, und zwar in beliebiger Zahl. Für diesen Fall hat man nämlich den Gröſsen $k, l, m \ldots$ alle möglichen Werte von 0 an bis zu denjenigen Werten beizulegen, welche $k + l + m \ldots = \mu$ machen. Diese Wahrscheinlichkeit wird also

$$W = \sum \frac{\binom{a}{k}\binom{b}{l}\binom{c}{m}\cdots}{\binom{s}{\mu}},$$

wobei $a, b, c \ldots s$ und μ konstant sind, und die Summation sich nur über $k, l, m \ldots$ auszudehnen hat. Da s und μ konstant sind, so kann dieser Ausdruck auch geschrieben werden:

$$W = \frac{\sum \binom{a}{k}\binom{b}{l}\binom{c}{m}\cdots}{\binom{s}{\mu}}.$$

Dieser Ausdruck kann noch umgeformt werden. Man hat für zwei Arten von Kugeln, in welchem Falle $k + l = \mu$ ist:

$$\sum_{k+l=\mu} \binom{a}{k}\binom{b}{l} = \sum_{k=0}^{\mu} \binom{a}{k}\binom{b}{\mu-k} = \binom{a+b}{\mu}.$$

Für drei Arten von Kugeln hat man

$$\sum_{k+l+m=\mu} \binom{a}{k}\binom{b}{l}\binom{c}{m} = \sum_{k=0}^{\mu} \binom{a}{k} \sum_{l+m=\mu-k} \binom{b}{l}\binom{c}{m}$$

$$= \sum_{k=0}^{\mu} \binom{a}{k}\binom{b+c}{\mu-k} = \binom{a+b+c}{\mu}$$

und ganz allgemein in derselben Weise

$$\sum \binom{a}{k}\binom{b}{l}\binom{c}{m}\cdots = \binom{a+b+c\cdots}{\mu},$$

I. Kapitel.

demnach
$$W = \frac{\binom{a+b+c\ldots}{\mu}}{\binom{s}{\mu}}.$$

Diese Formel gilt auch, wenn $a + b + c \ldots$ von s verschieden ist, nur muſs in diesem Falle jede nicht zu den betrachteten Gruppen gehörige Kugel zurückgelegt werden, da für jede anders gefärbte Kugel, welche gezogen, aber nicht zurückgelegt würde, die Zahl der möglichen, nicht aber die der günstigen Fälle der betrachteten Kugeln um 1 vermindert würde.

17. Sei p die Wahrscheinlichkeit eines Ereignisses E, q seine Gegenwahrscheinlichkeit, d. i. die Wahrscheinlichkeit des entgegengesetzten Ereignisses, also
$$q = 1 - p.$$
Wie groſs ist die Wahrscheinlichkeit, daſs das Ereignis E in n Versuchen $l$mal eintreffen wird? Es wird leicht, eine Rekursionsformel abzuleiten, aus welcher die gesuchte Wahrscheinlichkeit durch fortgesetzte Substitutionen oder als Lösung einer Funktionalgleichung bestimmt werden kann, ein Weg, der in sehr vielen Fällen zum Resultate führt.

Sei die gesuchte Wahrscheinlichkeit $W_{n,l}$. Das Ereignis kann zuerst schon beim ersten Versuch eintreffen; die Wahrscheinlichkeit hierfür ist p; für das $l$malige Eintreffen muſs es dann noch in den $n-1$ folgenden Versuchen $l-1$ mal eintreffen, und die Wahrscheinlichkeit hierfür ist nach der gewählten Bezeichnungsweise $W_{n-1,l-1}$; daher ist die (zusammengesetzte) Wahrscheinlichkeit dafür, daſs das Ereignis im ersten Versuche eintrifft, und in den folgenden Versuchen noch $l-1$ mal
$$w_1 = p W_{n-1, l-1}.$$
Trifft das Ereignis im ersten Versuche nicht ein, wofür die Wahrscheinlichkeit q ist, so ist zur Erfüllung der gestellten Bedingung nötig, daſs es in den folgenden $n-1$ Zügen $l$mal eintreffe, wofür die Wahrscheinlichkeit $W_{n-1,l}$ ist, folglich die (zusammengesetzte) Wahrscheinlichkeit dafür, daſs das Ereignis beim ersten Versuche nicht, hingegen in den folgenden Versuchen $l$mal eintritt:
$$w_2 = q W_{n-1, l}.$$

Das Eintreffen des Ereignisses kann nun in den n Versuchen l mal entweder auf die erste oder auf die zweite Art erfolgen; die gesuchte Wahrscheinlichkeit $W_{n,l}$ ist daher eine alternative Wahrscheinlichkeit, die sich aus w_1 und w_2 zusammensetzt, und es ist daher

(1) $$W_{n,l} = p\,W_{n-1,l-1} + q\,W_{n-1,l}.$$

Die weitere Lösung ist eine fortgesetzte Substitution, wobei nur zu beachten ist, daſs stets der zweite Index kleiner als der erste sein muſs, und $W_{1,0} = q$, $W_{n,0} = q^n$, als Wahrscheinlichkeit, daſs das Ereignis in n Versuchen 0 mal eintrifft, ist. Damit folgt:

$W_{2,0} = q^2 \quad W_{2,1} = 2pq \quad W_{2,2} = p^2$

$W_{3,0} = q^3 \quad W_{3,1} = 3pq^2 \quad W_{3,2} = 3p^2q \quad W_{3,3} = p^3$

$W_{4,0} = q^4 \quad W_{4,1} = 4pq^3 \quad W_{4,2} = 6p^2q^2 \quad W_{4,3} = 4p^3q \quad W_{4,4} = p^4$

. . . .

. . . .

Man kann daher schließen, daſs ganz allgemein

(2) $$W_{\nu,\lambda} = \binom{\nu}{\lambda} p^\lambda q^{n-\lambda}$$

ist, und kann diese Formel dadurch verifizieren, daſs dieser Wert in die rechte Seite der Rekursionsformel (1) substituiert wird. Man erhält dann

$$W_{n,l} = p\binom{n-1}{l-1}p^{l-1}q^{n-l} + q\binom{n-1}{l}p^l q^{n-l-1}$$

$$= \left\{\binom{n-1}{l-1} + \binom{n-1}{l}\right\}p^l q^{n-l}.$$

Da aber

$$\binom{n-1}{l-1} + \binom{n-1}{l} = \binom{n}{l}$$

ist, so wird

$$W_{n,l} = \binom{n}{l}p^l q^{n-l}$$

übereinstimmend mit der angenommenen Formel, daher diese allgemein gültig.

38 I. Kapitel.

Beispiel. Wie groſs ist die Wahrscheinlichkeit, mit einem Würfel in drei Würfen zweimal Aſs zu werfen? Man hat $n=3$, $l=2$, $p=\frac{1}{6}$, daher
$$W_{3,2}=\frac{5}{72}.$$

Die Formel (2) läſst sich nun allerdings auch einfacher ableiten (s. § 19); doch kann dieselbe Rekursionsformel auch die folgende Aufgabe lösen:

18. Wie groſs ist unter denselben Voraussetzungen die Wahrscheinlichkeit, daſs das Ereignis in n Versuchen wenigstens $l$mal eintrifft?

Man findet leicht, daſs dieselbe Rekursionsformel auch für diesen Fall in derselben Weise abgeleitet werden kann. Hingegen wird die weitere Bestimmung etwas anders.

Das Ereignis kann, wenn es das erstemal eingetroffen ist, in den folgenden Fällen eintreffen oder auch nicht; die Wahrscheinlichkeit, daſs das Ereignis in n Fällen wenigstens 0mal, d. h. daſs es gar nicht, oder 1-, 2-, 3mal eintrifft, ist $W'_{n,0}=1$ (die Gewiſsheit). Man erhält daher hier

$W'_{1,1}=p$
$W'_{2,1}=p(1+q)$　　　$W'_{2,2}=p^2$
$W'_{3,1}=p(1+q+q^2)$　　$W'_{3,2}=p^2(1+2q)$　　$W'_{3,3}=p^3$
$W'_{4,1}=p(1+q+q^2+q^3)$　$W'_{4,2}=p^2(1+2q+3q^2)$　$W'_{4,3}=p^3(1+3q)$

. . . .

(1)　$W'_{n,l}=p^l\left[\binom{l-1}{0}+\binom{l}{1}q+\binom{l+1}{2}q^2+\ldots+\binom{n-1}{n-l}q^{n-l}\right].$

Die Formel kann leicht durch direkte Substitution in die Rekursionsformel verifiziert werden.

Die Wahrscheinlichkeit, mit einem Würfel in drei Würfen mindestens zweimal Aſs zu werfen, ist daher
$$W'_{3,2}=\frac{2}{27}.\text{*)}$$

---

*) Bei Meyer-Czuber ist daher die Fragestellung des vierten Beispiels S. 18 nicht ganz in Übereinstimmung mit der Lösung.

Grundlehren der Wahrscheinlichkeitsrechnung.

Die Wahrscheinlichkeit, mit einem Ikosaeder $\left(p = \frac{1}{20},\right.$ $\left. q = \frac{19}{20}\right)$ in fünf Würfen mindestens dreimal Aſs zu werfen, ist

$$W'_{5,3} = \frac{1853}{1\,600\,000}.$$

Formel (1) läſst sich noch in einer anderen Weise darstellen. Bezeichnet man die Summe rechts in der Klammer mit S, also

(2) $\quad S = \binom{l-1}{0} + \binom{l}{1} q + \binom{l+1}{2} q^2 + \ldots + \binom{n-1}{n-l} q^{n-l},$

so findet man leicht aus der Beziehung

$$\sum = \frac{1-q^n}{1-q} = 1 + q + q^2 + \ldots + q^{n-1}$$

durch $(l-1)$malige Differentiation

(3) $\quad\quad\quad\quad \dfrac{1}{(l-1)!} \dfrac{d^{l-1}\Sigma}{dq^{l-1}} = S.$

Differenziert man den Ausdruck Σ wirklich, so erhält man

$$\frac{d\Sigma}{dq} = -\frac{nq^{n-1}}{1-q} + \frac{1-q^n}{(1-q)^2}$$

und daraus

$$(1-q) \frac{d\Sigma}{dq} - \Sigma = -nq^{n-1}.$$

Differenziert man hier noch $r$mal, so folgt:

$(1-q) \dfrac{d^{r+1}\Sigma}{dq^{r+1}} - (r+1) \dfrac{d^r\Sigma}{dq^r} = -n(n-1)\ldots(n-r)q^{n-r-1},$

demnach

(4) $\quad \dfrac{d^r\Sigma}{dq^r} = \dfrac{p}{r+1} \dfrac{d^{r+1}\Sigma}{dq^{r+1}} + \dfrac{n!}{(n-r-1)!} \dfrac{q^{n-r-1}}{r+1}.$

Substituiert man hier rechts für

$$\frac{d^{r+1}\Sigma}{dq^{r+1}}, \frac{d^{r+2}\Sigma}{dq^{r+2}}, \ldots$$

die betreffenden, aus (4) selbst folgenden Werte, so erhält man

I. Kapitel.

$$\frac{d^r \Sigma}{dq^r} = \frac{p^{\varrho+1}}{(r+1)(r+2)\ldots(r+\varrho+1)} \frac{d^{r+\varrho+1}\Sigma}{dq^{r+\varrho+1}}$$

(5)
$$+ \frac{n!}{(n-r-\varrho-1)!} \frac{p^\varrho q^{n-r-\varrho-1}}{(r+1)(r+2)\ldots(r+\varrho+1)}$$
$$+ \frac{n!}{(n-r-\varrho)!} \frac{p^{\varrho-1} q^{n-r-\varrho}}{(r+1)(r+2)\ldots(r+\varrho)} + \cdots$$
$$+ \frac{n!}{(n-r-1)!} \frac{q^{n-r-1}}{r+1}.$$

Da nun für $r + \varrho + 1 = n - 1$:

$$\frac{d^{r+\varrho+1}\Sigma}{dq^{r+\varrho+1}} = \frac{d^{n-1}\Sigma}{dq^{n-1}} = (n-1)!$$

ist, so erhält man für $r = l - 1$:

(6)
$$\frac{d^{l-1}\Sigma}{dq^{l-1}} = \frac{(n-1)!}{l(l+1)\ldots(n-1)} p^{n-l} + \frac{n!\, p^{n-l-1} q}{1!\, l(l-1)\ldots(n-1)}$$
$$+ \frac{n!}{2!} \frac{p^{n-l-2} q^2}{l(l-1)\ldots(n-2)} + \cdots + \frac{n!}{(n-l)!} \frac{q^{n-l}}{l},$$

damit wird

$$S = p^{n-l} + \binom{n}{1} p^{n-l-1} q + \binom{n}{2} p^{n-l-2} q^2 + \cdots + \binom{n}{l} q^{n-l},$$

somit

(7) $W'_{n,l} = p^n + \binom{n}{1} p^{n-1} q + \binom{n}{2} p^{n-2} q^2 + \cdots + \binom{n}{l} p^l q^{n-l}.$

19. Der in den beiden vorangehenden Paragraphen eingeschlagene Weg wird den in ähnlichen Fällen einzuschlagenden Vorgang veranschaulicht haben. Für den vorliegenden Fall allerdings führt, wie bereits zum Schlusse von § 17 erwähnt war, ein einfacheres Verfahren ebenfalls zum Ziele.

In § 15, Formel (3) war die Wahrscheinlichkeit, dafs von mehreren Ereignissen, deren Wahrscheinlichkeiten w, w', $w''\ldots$ sind, das erste $l$mal, das zweite $m$mal, das dritte $n$mal u. s. w. in beliebiger Reihenfolge eintrifft, gefunden:

(1) $$W = \frac{\mu!}{l!\, m!\, n! \ldots} w^l w'^m w''^n \ldots.$$

Sind nur zwei Ereignisse, welche sich gegenseitig ausschliefsen, z. B. ein Ereignis und sein Gegenteil, so wird

Grundlehren der Wahrscheinlichkeitsrechnung.

$w = p$, $w' = q$ zu setzen sein, und man hat dann, $l + m = n$ gesetzt:

(2) $$W_{n,l} = \frac{n!}{l!(n-l)!} p^l q^{n-l} = \binom{n}{l} p^l q^{n-l}$$

identisch mit der Formel (2) des § 17, dafs ein Ereignis in n Fällen gerade l-mal eintrifft. Soll das Ereignis mindestens l-mal eintreffen, so bedeutet dieses soviel, als dafs E l-mal oder $(l+1)$-mal oder $(l+2)$-mal ... oder alle n-mal eintrifft; die Wahrscheinlichkeit $W'_{n,l}$ hierfür ist also die Summe der Wahrscheinlichkeiten $W_{n,l}$, also:

$$W'_{n,l} = \sum_{l=l}^{n} W_{n,l} = W_{n,l} + W_{n,l+1} + W_{n,l+2} + \ldots W_{n,n},$$

demnach:

(3) $$W'_{n,l} = \binom{n}{l} p^l q^{n-l} + \binom{n}{l+1} p^{l+1} q^{n-l-1} + \ldots + \binom{n}{n} p^n$$

identisch mit Formel (7) § 18.

Ebenso erhält man die Wahrscheinlichkeit, dafs ein Ereignis höchstens l-mal eintrifft, gleich der Summe der Wahrscheinlichkeiten, dafs es 0-mal (gar nicht), 1-mal, 2-mal ... l-mal eintrifft:

(4) $$W''_{n,l} = q^n + \binom{n}{1} p q^{n-1} + \binom{n}{2} p q^{n-2} + \ldots + \binom{n}{l} p^l q^{n-l}$$

und die Wahrscheinlichkeit, dafs es wenigstens l-mal und höchstens m-mal eintrifft:

(5) $$W_{n,l,m} = \binom{n}{l} p^l q^{n-l} + \binom{n}{l+1} p^{l+1} q^{n-l-1} \ldots$$
$$+ \binom{n}{m-1} p^{m-1} q^{n-m+1} + \binom{n}{m} p^m q^{n-m}.$$

Dieselben Formeln lösen auch die folgende Aufgabe. Von zwei Spielern A und B hat der erste für das Gewinnen einer Partie die Wahrscheinlichkeit p, der zweite q; wie grofs ist die Wahrscheinlichkeit, dafs A l Partien, B m Partien zur Beendigung des Spieles gewinnen werde, wenn bei jedem Spiele einer der Spieler gewinnen mufs. Die letztere Bedingung giebt $p + q = 1$. Das Spiel würde jedenfalls beendigt nach höchstens $l + m - 1 = n$ Partien, da entweder A l Partien und B höchstens $m - 1$ Partien oder

$A\ l-1$ Partien und B die geforderten m Partien gewonnen haben würde. Die Wahrscheinlichkeit $W'_{m,\,l}$, dafs A gewinnen werde, ist daher die, dafs B unter den n Partien höchstens $m-1$, daher A mindestens l Partien gewinnen werde, also gegeben durch Formel (7) des § 18. In dieser Form wurde die Aufgabe ursprünglich von Pascal gestellt, daher auch Pascalsches Problem genannt.

20. Wahrscheinlichkeit a posteriori. In vielen Fällen kann man die Zahl aller möglichen und der einem Ereignisse günstigen Fälle bestimmen; dann ist die Wahrscheinlichkeit dieses Ereignisses leicht zu ermitteln, wie dieses in den vorhergehenden Paragraphen durchgeführt wurde. In anderen Fällen aber bleibt die Zahl der möglichen und günstigen Fälle unbekannt; dieses ist beispielsweise der Fall, wenn man weder die Gesamtzahl der Kugeln, noch auch die Zahl der verschieden gefärbten Kugeln in einer Urne kennt. In einem solchen Falle kann man aber nach einer grofsen Anzahl von Zügen aus diesen selbst auf die Wahrscheinlichkeit für das Eintreffen zukünftiger Ereignisse schliessen. Seien bei μ Zügen α weifse, β schwarze, γ rote ... Kugeln gezogen worden, und sind die von vornherein unbekannten Wahrscheinlichkeiten für das Ziehen der verschiedenen Kugelarten bezw. $w_1, w_2, w_3 \ldots$, so ist nach dem Satze (2) § 10:

(1) $\qquad \alpha = w_1 \mu; \quad \beta = w_2 \mu; \quad \gamma = w_3 \mu \ldots$

(die Zahl der Züge einer weifsen Kugel erhält man aus der Gesamtzahl der Züge, indem man diese mit der Wahrscheinlichkeit für das Ziehen einer weifsen Kugel multipliziert). Hieraus folgt nun:

(2) $\qquad w_1 = \dfrac{\alpha}{\mu}; \quad w_2 = \dfrac{\beta}{\mu}; \quad w_3 = \dfrac{\gamma}{\mu} \ldots$

und

(3) $\qquad w_1 : w_2 : w_3 : \ldots = \alpha : \beta : \gamma \ldots$

Die Wahrscheinlichkeiten für das Eintreffen verschiedener Ereignisse verhalten sich daher wie die aus dem Eintreffen derselben gefolgerten günstigen Fälle, unter der Voraussetzung derselben Zahl möglicher Fälle.

Grundlehren der Wahrscheinlichkeitsrechnung.

Hat man aber unter μ Zügen α weiſse Kugeln erhalten (während man auf die Züge der übrigen Kugeln nicht Rücksicht nimmt), in einem anderen Falle aus derselben Urne unter ν Zügen β schwarze Kugeln, ebenso unter π Zügen γ rote u. s. w., so wären ebenso die Wahrscheinlichkeiten:

(4) $$w_1 = \frac{\alpha}{\mu}; \quad w_2 = \frac{\beta}{\nu}; \quad w_3 = \frac{\gamma}{\pi} \ldots$$

Unter Voraussetzung der so erhaltenen Wahrscheinlichkeiten für das Eintreffen dieser Ereignisse erhält man nach (1), (wenn auf gleichen Nenner gebracht wird) die Zahl der Fälle, in denen das Ereignis eintrifft, übereinstimmend mit der Erfahrung; daraus folgt, daſs diese so berechnete Wahrscheinlichkeit — aus der beobachteten Zahl des Eintreffens und Nichteintreffens — die mathematische Wahrscheinlichkeit repräsentiert. Man nennt diese Wahrscheinlichkeiten **empirische Wahrscheinlichkeiten** oder **Wahrscheinlichkeiten a posteriori**. Sofern auch weiterhin die Zahl der günstigen und ungünstigen Fälle nicht bekannt wird, können diese Wahrscheinlichkeiten auch weiteren Rechnungen über das zukünftige Eintreffen der Ereignisse zu Grunde gelegt werden.

Ganz unbekannt bleibt z. B. die Zahl der günstigen und ungünstigen Fälle (gezogen aus Ursachen) für das Leben und Sterben der Menschen in verschiedenen Lebensaltern. Bekannt aber wird aus der Beobachtung die wirkliche Zahl der Todesfälle. Die hieraus resultierende Wahrscheinlichkeit des Lebens und des Todes wird den Mortalitätstafeln zu Grunde gelegt und kann als Wahrscheinlichkeit für das Leben oder den Tod anderer unter denselben Verhältnissen lebender Personen (natürlich nicht einer bestimmten Person, sondern irgend einer der Personen aus einer sehr groſsen Zahl desselben Alters, ohne Rücksicht auf ihre persönliche Konstitution) angesehen und den Lebensversicherungsrechnungen zu Grunde gelegt werden.

21. Fundamentalsätze der Wahrscheinlichkeitsrechnung; Untersuchung des Falles b) **in § 4.** Die Wahrscheinlichkeit für das Eintreffen eines von zwei Ereignissen (also die alternative Wahrscheinlichkeit) ist gleich einer Funktion des Produktes der Wahrscheinlichkeiten jedes der beiden Ereignisse.

Von der vollständigen Durchführung dieser ebenso wohl zulässigen Annahme muſs und, wie sich zeigen wird, kann auch abgesehen werden; doch muſs der Vollständigkeit wegen der Fall der Erörterung unterzogen werden.

Sei also, indem für diese Annahme die Wahrscheinlichkeiten mit griechischen Buchstaben bezeichnet werden:

(1) $$\omega = f(\omega_1 \omega_2)$$

und zunächst werde wieder angenommen, daſs

$$f(\omega_1 \omega_2) = a\omega_1 \omega_2,$$

also

(2) $$\omega = a\omega_1 \omega_2$$

ist. Zunächst folgt hieraus, daſs alle Wahrscheinlichkeiten unechte Brüche sein müssen, da sonst die alternative Wahrscheinlichkeit für das Eintreffen zweier Ereignisse kleiner werden könnte, als die Wahrscheinlichkeit für jedes einzelne der Ereignisse; ferner wird die Einheit als das Bild der Unmöglichkeit gelten, da die alternative Wahrscheinlichkeit eines möglichen und eines unmöglichen Ereignisses gleich der Wahrscheinlichkeit des ersteren ist. Daher wird für jede Wahrscheinlichkeit ω die Beziehung bestehen:

$$1 < \omega < \Gamma,$$

wenn Γ das Bild der Gewiſsheit ist. Ebenso wie in § 5 kann man aus der speziellen Annahme, daſs ω_1 nahe Γ, ω_2 nahe der Einheit ist, schlieſsen, daſs $a = 1$ sein muſs, und dann folgt:

(3) $$\omega = \omega_1 \omega_2.$$

Eben dasselbe gilt von der Annahme:

$$\omega = (\omega_1 \omega_2)^n,$$

so daſs Formel (3) zunächst als Repräsentant der alternativen Wahrscheinlichkeit angesehen werden kann. Andere, immerhin mögliche Formen zu untersuchen, soll hier, sowie in § 5 unterlassen werden.

Sind für n Ereignisse $E_1 \ldots E_n$ die Wahrscheinlichkeiten $\omega_1, \omega_2 \ldots \omega_n$ und wird angenommen, daſs eines dieser Ereignisse eintreffen muſs, so ist die alternative Wahr-

scheinlichkeit für diese sämtlichen Ereignisse gleich der Gewifsheit, also:
$$\text{(4)} \qquad \omega_1 \omega_2 \ldots \omega_n = \Gamma.$$
Für den Fall, dafs alle n Ereignisse die gleiche Wahrscheinlichkeit haben, ist:
$$\omega_1 = \omega_2 = \ldots = \omega_n = \omega,$$
woraus unmittelbar:
$$\text{(5)} \qquad \omega = \sqrt[n]{\Gamma} = \Gamma^{\frac{1}{n}}$$
folgt. Für a gleich wahrscheinliche, voneinander äufserst wenig verschiedene Ereignisse seien nunmehr wieder die Wahrscheinlichkeiten:
$$\omega_1' = \omega_1'' = \omega_1''' = \ldots = \omega_1^{(a)} = \bar{\omega}$$
für b andere, ebenfalls gleich wahrscheinliche, voneinander wenig, von den früheren aber wesentlich verschiedene Ereignisse seien die Wahrscheinlichkeiten:
$$\omega_2' = \omega_2'' = \omega_2''' \ldots = \omega_2^{(b)} = \bar{\omega}$$
u. s. w., so hat man für $a + b + \ldots + k = n$ Ereignisse:
$$\text{(6)} \qquad \begin{aligned} &\omega_1' \omega_1'' \omega_1''' \ldots \omega_1^{(a)} = \omega_1, \\ &\omega_2' \omega_2'' \omega_2''' \ldots \omega_2^{(b)} = \omega_2, \\ &\quad \cdot \cdot \cdot \cdot \cdot \cdot \cdot \cdot \\ &\omega_\varrho' \omega_\varrho'' \omega_\varrho''' \ldots \omega_\varrho^{(k)} = \omega_\varrho, \end{aligned}$$
und
$$\text{(7)} \qquad \omega_1 \omega_2 \omega_3 \ldots \omega_\varrho = \Gamma.$$
Hieraus folgt:
$$\omega_1 = \bar{\omega}^a, \; \omega_2 = \bar{\omega}^b, \; \ldots, \; \omega_\varrho = \bar{\omega}^k$$
$$\bar{\omega}^{a+b+c+\ldots+k} = \bar{\omega}^n = \Gamma$$
und damit
$$\bar{\omega} = \Gamma^{\frac{1}{n}},$$
$$\text{(8)} \qquad \omega_1 = \Gamma^{\frac{a}{n}}; \; \omega_2 = \Gamma^{\frac{b}{n}}; \; \ldots \omega_\varrho = \Gamma^{\frac{k}{n}}.$$
Die Wahrscheinlichkeiten drücken sich daher in diesem Fall durch Potenzen aus, deren Grundzahl die Gewifsheit, deren Exponent der algebraische Wert für die unter der

46 I. Kapitel.

ersten Annahme abgeleitete Wahrscheinlichkeit (Quotient aus der Zahl der günstigen und möglichen Fälle), nämlich:

(9) $$\omega = \Gamma^w$$

ist.*) Der Wert von Γ bleibt dabei gleichgültig.

22. Weitere Folgerungen. Schon aus dem im letzten Paragraphen erhaltenen Resultate kann unmittelbar gefolgert werden, daſs alle unter der hier gemachten Annahme abzuleitenden Resultate den früheren entsprechen werden. Den wachsenden Werten der Wahrscheinlichkeiten w entsprechen auch wachsende Werte der Wahrscheinlichkeiten ω, nur werden im ersteren Falle die Wahrscheinlichkeiten der Zahl der günstigen Fälle proportional, hier werden jedoch die Wahrscheinlichkeiten in geometrischer Progression wachsen, wenn die Zahl der günstigen Fälle in arithmetischer Progression wächst. Wird die Wahrscheinlichkeit w zu einem Maximum, so wird es auch der Ausdruck ω; das absolute Maximum für w ist die Einheit, für ω daher Γ, übereinstimmend mit der Voraussetzung.

Beispielsweise soll die Übereinstimmung noch für die zusammengesetzten Wahrscheinlichkeiten gezeigt werden.

Die Formel (7) in § 21 gilt für ein einzelnes Ereignis. Ist jedoch die Wahrscheinlichkeit für das gleichzeitige Eintreffen zweier Ereignisse zu suchen, so wird in Formel (7) eines der sämtlichen Ereignisse nicht absolut notwendig, sondern notwendig mit dem weiteren Ereignisse E' eintreffen; es wird also in (7) rechts ω' an Stelle von Γ zu setzen, und es wird dann für das Zusammentreffen eines einzelnen der Ereignisse der ersten Gruppe, z. B. für dasjenige, für welches die Wahrscheinlichkeit ω_1 ist, mit dem Ereignisse E':

(1) $$\omega_1 = \omega'^{\frac{a}{n}}.$$

Da aber

$$\omega' = \Gamma^{\frac{a'}{n'}}$$

ist, so folgt:

(2) $$\omega_1 = \left(\Gamma^{\frac{a'}{n'}}\right)^{\frac{a}{n}} = \Gamma^{\frac{aa'}{nn'}} = \Gamma^{ww'}.$$

---

*) Eine Potenz mit der Grundzahl 2 für die Wahrscheinlichkeit hat z. B. Buffon in seinem „*Essai d'Arithmetique morale*", Oeuvres, Bd. XII, S. 158 und 176, jedoch ohne Begründung.

Es würde sich hieran die Frage knüpfen, ob nicht andere Funktionen der Wahrscheinlichkeit w ebenfalls als Wahrscheinlichkeit eines Ereignisses gewählt werden könnten. Allgemein wären dann jene Funktionen:

(3) $$\omega = f(w)$$

zu suchen, welche ein ebenso richtiges Bild der Wahrscheinlichkeit geben, wie w selbst. In der That könnte man jede beliebige Funktion wählen, allein diese Funktionen werden nicht den Bedingungen genügen, dafs sich die Ausdrücke für die alternative und zusammengesetzte Wahrscheinlichkeit in einfacher Weise durch die Wahrscheinlichkeiten der einzelnen Ereignisse ausdrücken.

Beispielsweise sei:

(4) $$\omega = f(w) = \log w.$$

Dann folgt für die zusammengesetzte Wahrscheinlichkeit ω zweier Ereignisse, deren Wahrscheinlichkeiten ω_1 und ω_2 wären:

$$\omega = \log(w_1 w_2) = \log w_1 + \log w_2 = \omega_1 + \omega_2.$$

Daher wird die zusammengesetzte Wahrscheinlichkeit zweier Ereignisse ausgedrückt durch die Summe der Wahrscheinlichkeiten der einzelnen Ereignisse.

Für die alternative Wahrscheinlichkeit jedoch würde folgen

$$\omega = \log(w_1 + w_2),$$

und dieser Ausdruck läfst sich nicht in einfacher Weise durch w_1 und w_2 ausdrücken. Ebenso wäre für

(5) $$\omega = f(w) = w^n$$

die zusammengesetzte Wahrscheinlichkeit

$$\omega = (w_1 w_2)^n = w_1^n \cdot w_2^n = \omega_1 \omega_2,$$

aber für die alternative Wahrscheinlichkeit würde

$$\omega = (w_1 + w_2)^n$$

folgen und dieser Ausdruck ist ebenfalls nicht in einfacher Weise durch ω_1 und ω_2 ausdrückbar.

Hieraus folgt aber: Würde man bei der Ableitung des Gesetzes der Wahrscheinlichkeiten von der zusammengesetzten

Wahrscheinlichkeit zweier Ereignisse statt von der alternativen Wahrscheinlichkeit ausgegangen sein, so würde man zu wesentlich anderen Formen gekommen sein. Daſs die zusammengesetzte Wahrscheinlichkeit zweier Ereignisse nicht gleich der Summe der Wahrscheinlichkeiten der einzelnen Ereignisse sein kann, wenn diese in der in § 7 gegebenen Form dargestellt werden, ist sofort klar, denn die Wahrscheinlichkeiten für das gleichzeitige Eintreffen beider Ereignisse ist jedenfalls kleiner als diejenige für das Eintreffen jedes der beiden Ereignisse allein.

II. Kapitel.
Allgemeine Theoreme über die Wahrscheinlichkeit von Ereignissen.

23. Wahrscheinlichkeit der Ursachen. Die Ereignisse sind bedingt durch Ursachen; soll eine weiſse Kugel gezogen werden, so muſs eine weiſse Kugel auch vorhanden sein. Wird dieselbe bei vielen Zügen fortwährend gezogen, so ist sie entweder allein vorhanden oder es sind, wenn mehrere Kugeln vorhanden sind, nur weiſse Kugeln; letzteres kann nicht mit Sicherheit, sondern nur mit der aus den Beobachtungen geschöpften Wahrscheinlichkeit geschlossen werden: die Wahrscheinlichkeit 1 a posteriori, d. h. die Gewiſsheit a posteriori ist nur empirische Gewiſsheit.

Werden unter μ Zügen a weiſse Kugeln gezogen, so ist es wahrscheinlich, daſs sich in der Urne unter μ Kugeln a weiſse Kugeln, oder unter 2μ Kugeln $2a$ weiſse, oder unter 3μ, $4\mu \ldots r\mu$ Kugeln $3a$, $4a \ldots ra$ weiſse Kugeln befinden; denn nur in diesen Fällen sind die aus den Beobachtungen berechneten Wahrscheinlichkeiten identisch mit den aus der Anzahl der Kugeln gefolgerten. Man kann demnach aus den Wahrscheinlichkeiten a posteriori, d. h. aus den beobachteten Ereignissen auf die sie bedingenden Ursachen einen Schluſs ziehen. Nach dem Gesagten wird es nach den Formeln (1), (2) § 20 wahrscheinlich sein, daſs in der Urne das Verhältnis der weiſsen zu den schwarzen, roten ... Kugeln

$$a : \beta : \gamma \ldots$$

ist. Dasselbe gilt ganz allgemein. Seien die Wahrscheinlichkeiten, welche die Ursachen U_1, U_2, $U_3 \ldots U_n$ als mögliche Ursachen eines Ereignisses E diesem erteilen würden, w_1, $w_2 \ldots w_n$, so muſs man annehmen, daſs infolge dieser verschiedenen Ursachen auch eine verschiedene Anzahl günstiger Fälle a_1, $a_2 \ldots a_n$ vorhanden ist, und es wird notwendig

(1) $\qquad a_1 : a_2 : a_3 : \ldots : a_n = w_1 : w_2 : w_3 : \ldots : w_n$

sein. Die das Ereignis herbeiführenden günstigen Fälle sind aber auch günstige Fälle für das Vorhandensein der Ursachen; bezeichnet man daher die Wahrscheinlichkeit der Ursachen mit W_1, $W_2 \ldots W_n$, so wird auch

(2) $\qquad W_1 : W_2 : W_3 \ldots : W_n = a_1 : a_2 : a_3 : \ldots a_n,$

demnach

(3) $\qquad W_1 : W_2 : W_3 : \ldots : W_n = w_1 : w_2 : w_3 : \ldots : w_n.$

d. h. die Wahrscheinlichkeiten der Ursachen oder, da diese erst erschlossen werden sollen, der Hypothesen, verhalten sich wie die Wahrscheinlichkeiten, welche durch dieselben einem bewirkten Ereignisse erteilt werden.

Hieraus folgt noch
$$W_1 : W_2 : \ldots : W_n : (W_1 + W_2 + \ldots W_n)$$
$$= w_1 : w_2 : \ldots w_n : (w_1 + w_2 + \ldots + w_n).$$

Nimmt man an, daſs das Ereignis E nur durch eine der Ursachen $U_1 \ldots U_n$ bedingt sein kann und durch keine andere, so wird
$$W_1 + W_2 + \ldots + W_n = 1$$
sein, und es wird demnach

(4) $\qquad W_i = \dfrac{w_i}{\Sigma w_i}; \quad i = 1, 2 \ldots n,$

d. h. die Wahrscheinlichkeit einer Ursache ist gleich der Wahrscheinlichkeit des Ereignisses, wenn dieses wirklich als Folge der angenommenen Ursache angesehen wird, dividiert durch die Summe der Wahrscheinlichkeiten, welche für dieses Ereignis unter Annahme aller dasselbe möglicherweise bedingenden Ursachen resultieren würden.

Ebenso folgt für die alternative Wahrscheinlichkeit, daſs entweder die Ursache U_α oder U_β oder U_γ als Ursache eines Ereignisses E anzusehen ist

(5) $$W = \frac{w_\alpha + w_\beta + w_\gamma}{\Sigma w_i}.$$

Diese Sätze gelten ganz allgemein, ob die Ursachen diskreter Natur sind, und sich nicht in mathematische Form kleiden lassen (beispielsweise verschiedene Krankheiten als Ursachen für die Sterblichkeit) oder ob sie als Gröſsen durch diskontinuierliche oder kontinuierliche Funktionen dargestellt werden können.

24. Wahrscheinlichste Werte der Ursachen. Sind die Ursachen als mathematische Gröſsen zu betrachten, z. B. eine gewisse Anzahl von Kugeln, die durch das Ziehen derselben ein Ereignis herbeiführen (diskontinuierliche Reihe) oder der Wert eines Ausdruckes, durch welchen eine bestimmte Fehlerverteilung gekennzeichnet ist (kontinuierliche Reihe), so kommt auch der Wert der Ursachen selbst in Betracht. Jedem Werte der Ursache wird eine bestimmte Anzahl dem Ereignisse günstiger Fälle entsprechen, die den Werten der Ursachen proportional sein können, aber auch nicht proportional sein müssen; sind dieselben proportional (wie z. B. in dem Falle der Anzahl von Kugeln), so werden die Werte der Ursachen proportional den unter ihrer Annahme für das Ereignis E berechneten Wahrscheinlichkeiten sein; findet aber eine solche Proportionalität nicht statt, so wird jener Wert einer Ursache oder Hypothese als der wahrscheinlichste anzusehen sein, für welchen die unter der Annahme derselben berechnete Wahrscheinlichkeit des Ereignisses den aus den Beobachtungen gefolgerten empirischen Wahrscheinlichkeiten am nächsten kommt.

Dieser letztere Fall kann auch eintreten, wenn die aus den berechneten Wahrscheinlichkeiten gefolgerten Werte der Hypothesen undenkbar sind; z. B. wenn man auf Bruchteile von lebenden Wesen oder von Kugeln geführt würde. Seien beispielsweise unter μ Zügen a weiſse Kugeln erschienen, so ist die Wahrscheinlichkeit a posteriori für das Ziehen einer weiſsen Kugel

$$w = \frac{a}{\mu}.$$

II. Kapitel.

Wären in der Urne $r\mu$ Kugeln, so müſste man voraussetzen, daſs darunter ra weiſse Kugeln sich befinden; ist aber bekannt, daſs im ganzen n Kugeln vorhanden sind, wobei aber n kein Vielfaches von μ ist, so würde die Wahrscheinlichkeit w, mit dem Nenner n ausgedrückt:

$$w = \frac{n\dfrac{a}{\mu}}{n}$$

sein, und $\dfrac{na}{\mu}$ wird keine ganze Zahl sein. Seien die beiden ganze Zahlen, zwischen denen $n\dfrac{a}{\mu}$ eingeschlossen ist, a und $(a+1)$, so daſs

$$a < n\frac{a}{\mu} < a+1$$

ist, so wird die Wahrscheinlichkeit w eingeschlossen zwischen

$$w' = \frac{a}{n} \quad \text{und} \quad w'' = \frac{a+1}{n}.$$

w' würde voraussetzen, daſs sich unter den n Kugeln a weiſse befinden, w'' jedoch, daſs $a+1$ derselben vorhanden sind. Um zu entscheiden, welche Annahme wahrscheinlicher ist, hat man zunächst

$$w = \frac{na}{n\mu};$$

d. h. nach den beobachteten Zügen würde unter $n\mu$ Zügen namal weiſs gezogen werden. Es ist aber

$$w' = \frac{\mu a}{n\mu} \qquad w'' = \frac{\mu(a+1)}{n\mu}.$$

Je nachdem in der Urne a oder $a+1$ weiſse Kugeln wären, würden daher unter $n\mu$ Zügen μa bezw. $\mu(a+1)$ weiſse Kugeln gezogen werden. Man muſs nun annehmen, daſs nach dem Gesetz der groſsen Zahlen die Anzahl des wirklichen Eintreffens der berechneten möglichst nahe liegt; je nachdem also na näher zu μa oder zu $\mu(a+1)$ liegt, muſs man μa bezw. $\mu(a+1)$ als die in der Urne wirklich vorhandene Anzahl von weiſsen Kugeln unter $n\mu$ Kugeln überhaupt ansehen. Ist also

$$na - \mu a < \mu(a+1) - na,$$

so wird μa den geforderten Bedingungen entsprechen, d. h. unter $n\mu$ Kugeln sind μa weifse, oder unter n Kugeln a weifse anzunehmen. Da aber hierfür

$$\frac{na}{\mu} - a < a + 1 - \frac{na}{\mu}$$

ist, so folgt, dafs unter denselben Voraussetzungen, unter denen die wirklich gezogene Anzahl von Kugeln der aus der Wahrscheinlichkeit theoretisch berechneten möglichst nahe liegt, auch jene Anzahl von Kugeln als die wahrscheinlichste gelten mufs, welche die theoretisch berechnete Wahrscheinlichkeit der aus den Beobachtungen gefolgerten möglichst nahe bringt.

Da aber die theoretische Berechnung der Wahrscheinlichkeit nur für eine grofse Anzahl von Versuchen anwendbar ist, so folgt, dafs ein Schlufs auf die Wahrscheinlichkeit der Hypothesen nur dann gezogen werden kann, wenn die Wahrscheinlichkeit a posteriori aus einer sehr grofsen Zahl von Beobachtungen gefolgert ist; also auch hier gilt das Gesetz der grofsen Zahlen.

25. Wahrscheinlichste Werte der Ursachen, wenn die Wahrscheinlichkeit a posteriori nicht bekannt ist. Wesentlich anders gestaltet sich die Sache, wenn man den wahrscheinlichsten Wert einer Ursache aus dem Eintreffen eines Ereignisses schliefsen soll, wenn sich die Wahrscheinlichkeit dieses Eintreffens aus den empirisch beobachteten Thatsachen nicht bestimmen läfst.

Sei x der unbekannte Wert einer Ursache, welche ein Ereignis E bedingt; die Wahrscheinlichkeit des letzteren wird

$$w = f(x)$$

eine Funktion des Wertes der unbekannten Ursache sein; allein empirisch liegen keinerlei Thatsachen vor, welche w zu bestimmen gestatten. Dann wird jener Wert von x der wahrscheinlichste sein, welcher die Wahrscheinlichkeit $f(x)$ für das Eintreffen des Ereignisses zu einem Maximum macht. Wenn z. B. bei einem einmaligen Versuche aus einer Urne a weifse, b schwarze, c rote Kugeln gezogen würden, und es ist über die Zahl der Kugeln in der Urne absolut nichts bekannt, so ist die wahrscheinlichste Annahme die, dafs in der Urne a weifse,

b schwarze, c rote Kugeln und sonst keine anderen Kugeln mehr sind; denn unter dieser Annahme wird die Wahrscheinlichkeit für das Ziehen derselben gleich 1, also die Gewißheit; die Wahrscheinlichkeit dieser Hypothese selbst (und dieses dient wieder zur Erläuterung des zum Schlusse des § 24 gesagten) wird allerdings keinesfalls sehr groß sein, denn sie ist ja nur einem einzigen Versuche entnommen.

Das zulässige Maximum von $f(x)$ muß aber nicht gleich 1 sein, und kann auch jeden beliebigen Wert haben. Als ein besonders wichtiges allgemeines Beispiel ist das im 6. Kapitel über die Bestimmung des Fehlergesetzes gesagte anzusehen.

26. Wahrscheinlichkeit der Ursachen, wenn diese durch kontinuierliche Funktionen darstellbar sind. Für den Fall von kontinuierlichen Funktionen nehmen die Formeln (4) und (5) des § 23 eine bemerkenswerte Form an. Man erhält

$$(1) \qquad W_i = \frac{f(x)}{\Sigma f(x)}.$$

In Folge der Kontinuität der Funktion wird aber die Summe der sämtlichen $f(x)$ eine unendliche Summe, ein Integral, und der einzelne Wert diesem gegenüber unendlich klein, indem der Wert von $f(x)$ nur durch die unendlich kleine Strecke dx als konstant gelten kann; es wird daher

$$(2) \qquad W_i = \frac{f(x)\,dx}{\int_k^l f(x)\,dx},$$

wenn k und l die Grenzen sind, zwischen welchen der Wert der Ursachen gelegen ist. Diese Wahrscheinlichkeit ist daher selbst unendlich klein. Die Wahrscheinlichkeit, daß der Wert x der Ursache zwischen den Grenzen a und b liegt (eine alternierende Wahrscheinlichkeit), wird

$$(3) \qquad W = \frac{\int_a^b f(x)\,dx}{\int_k^l f(x)\,dx}.$$

Ist das Ereignis E durch ein anderes vorhergehendes E_1 bedingt, so wird natürlich E nur dann eintreten können, wenn E_1 eingetroffen ist. Ist x die Wahrscheinlichkeit für das Eintreffen von E_1, so kann diese direkt als eine in Zahlen oder in Form einer analytischen Funktion ausdrückbare, das Ereignis E bedingende Ursache angesehen werden. Denn die Wahrscheinlichkeit W des Ereignisses E wird von der Wahrscheinlichkeit x des Ereignisses E_1 abhängig sein, und nur die Form dieser Abhängigkeit, die Form der Funktion f, wird von der Art des Falles abhängen. In diesem Falle wird aber x alle Werte zwischen 0 und 1 annehmen können, und ist das Ereignis E_1 ein solches, daſs der Wert von x selbst eine kontinuierliche Reihe bildet, so sind die Formeln (2) und (3) unmittelbar anwendbar; die Grenzen k und l nehmen die Werte 0 und 1 an, so daſs man erhält

(4) $$W = \frac{\int_a^b f(x)\,dx}{\int_0^1 f(x)\,dx}.$$

Ist es daher möglich, aus der unbekannten Wahrscheinlichkeit x eines Ereignisses E_1 die Wahrscheinlichkeit eines davon abhängigen Ereignisses E in der Form einer analytischen Funktion $f(x)$ abzuleiten, so erhält man nach (4) die Wahrscheinlichkeit dafür, daſs jene unbekannte Wahrscheinlichkeit zwischen den Grenzen a und b gelegen ist.

27. Dasselbe für mehrere Ursachen. Die in den §§ 23 und 26 abgeleiteten Sätze und Formeln gelten zunächst nur für Wahrscheinlichkeiten und die wahrscheinlichsten Werte einer einzigen Ursache. Bei Konkurrenz mehrerer Ursachen jedoch gelten dieselben ebenfalls mit entsprechenden sinngemäſsen Änderungen. Man hat daher auch die Sätze:

1. Die wahrscheinlichsten Werte mehrerer Ursachen sind jene, unter deren Zugrundelegung sich die theoretisch berechneten Wahrscheinlichkeiten den empirisch bestimmten Wahrscheinlichkeiten a posteriori am meisten annähern.

2. Läſst sich die Wahrscheinlichkeit a posteriori nicht bestimmen, so sind jene Werte $x, y, z \ldots$ der Ursachen für

das Eintreffen eines Ereignisses die wahrscheinlichsten, für welche die Wahrscheinlicheit $f(x, y, z \ldots)$ für das Eintreffen desselben zu einem Maximum wird.

3. Ist $u = f(x, y, z \ldots)$ die Wahrscheinlichkeit eines Ereignisses E, welches durch die in mathematischer Form darstellbaren Ursachen $x, y, z, \ldots$ bedingt ist, so ist die Wahrscheinlichkeit, daſs die verschiedenen Ursachen die Werte x_i, y_k, z_l haben:

$$(1) \quad W_{i,k,l\ldots} = \frac{u_{i,k,l\ldots}}{\sum_i \sum_k \sum_l \ldots u_{i,k,l\ldots}} = \frac{f(x_i, y_k, z_l \ldots)}{\sum_i \sum_k \sum_l \ldots f(x_i, y_k, z_l \ldots)},$$

und wenn die $x, y, z, \ldots$ eine kontinuierliche Reihe durchlaufen, also $x, y, z \ldots$ wie in den §§ 25 und 26 die Wahrscheinlichkeiten für gewisse Ereignisse $E_1, E_2, E_3 \ldots$ sind, von welchen das Ereignis E abhängt, so wird die Wahrscheinlichkeit, daſs diese Werte zwischen gewissen Grenzen $a_1, b_1; a_2, b_2; a_3, b_3 \ldots$ liegen, gegeben durch

$$(2) \quad W = \frac{\int_{a_1}^{b_1} \int_{a_2}^{b_2} \int_{a_3}^{b_3} \ldots f(x, y, z \ldots) \, dx \, dy \, dz \ldots}{\int_0^1 \int_0^1 \int_0^1 \ldots f(x, y, z \ldots) \, dx \, dy \, dz \ldots}.$$

28. Die Wahrscheinlichkeit der Ursachen als ungleich vorausgesetzt. Bei Ableitung der Formeln der letzten drei Paragraphen war vorausgesetzt, daſs über die Wahrscheinlichkeit der Ursachen von vornherein nichts bekannt ist und dieselbe erst aus der Wahrscheinlichkeit der folgenden Ereignisse erschlossen werden soll. Es kann jedoch sein, daſs von vornherein bekannt ist, daſs diese Ursachen nicht gleiche Wahrscheinlichkeit haben, und daſs man auch, wenigstens angenäherte Werte für diese Wahrscheinlichkeiten kennt. Dadurch werden die Formeln jedoch wesentlich beeinfluſst.

Die Wahrscheinlichkeit des Ereignisses E ist dann nicht nur abhängig von der Wahrscheinlichkeit w_i des Eintreffens desselben infolge der Ursache U_i, sondern auch von der Wahrscheinlichkeit dieser Ursache selbst. Seien die Wahrscheinlichkeiten der verschiedenen Ursachen $U_1, U_2, \ldots U_i, \ldots U_n$ bezw. $u_1, u_2, \ldots u_i, \ldots u_n$, so wird die Wahrscheinlichkeit für das Ereignis E sich zusammensetzen aus der Wahrscheinlichkeit, dafs die Ursache U_i eintrifft, und wenn dieses der Fall ist, aus der Wahrscheinlichkeit, dafs infolge derselben das Ereignis E auftritt. Es ist also die Wahrscheinlichkeit für das Ereignis E gleich $u_i w_i$, welcher Wert an Stelle von w_i in Formel (4) § 23 zu substituieren ist. Es ist daher die Wahrscheinlichkeit a posteriori der Ursache U_i

(1) $$W_i = \frac{u_i w_i}{\Sigma u_i w_i}.$$

Durchläuft die Wahrscheinlichkeit x des Ereignisses E_1, von welchem das Ereignis E abhängt, eine Reihe von kontinuierlichen Werten, so dafs u_i eine Funktion der Werte x_i ist, so wird auch allgemein jedem Werte von x eine gewisse Wahrscheinlichkeit zukommen, die mit x selbst veränderlich ist, und es wird w_i auch eine Funktion von x sein. Sei $u = \varphi(x)$, so wird

(2) $$W = \frac{\int_a^b f(x)\,\varphi(x)\,dx}{\int_0^1 f(x)\,\varphi(x)\,dx}$$

die Wahrscheinlichkeit dafür, dafs die Wahrscheinlichkeit des Ereignisses E_1 zwischen den Grenzen a und b liegt.

29. Wahrscheinlichkeit zukünftiger Ereignisse. Kann durch irgend eine der Ursachen U_1, U_2, ... U_n ein wirklich eingetroffenes Ereignis E bedingt sein und ist durch eine dieser Ursachen U_i ein zukünftiges Ereignis E' mit der Wahrscheinlichkeit w' bedingt, so wird die Wahrscheinlichkeit für das Eintreffen dieses Ereignisses E' zusammengesetzt aus der Wahrscheinlichkeit W_i für das Eintreffen der Ursache U_i und der Wahrscheinlichkeit w' für das Eintreffen des Ereignisses E', wenn diese Ursache wirklich eingetreten ist; es ist daher die Wahrscheinlichkeit des zukünftigen Ereignisses E'

(1) $$W = W_i w'.$$

Je nachdem nun die sämtlichen Ursachen U_1, U_2, ... U_n von vornherein als gleich wahrscheinlich angenommen werden müfsten oder sofort eine (genäherte) Wahrscheinlichkeit w_i für dieselbe angenommen werden müfste, wird daher mit Anwendung der Formeln (4) § 23 oder (1) § 28 für W der Wert folgen:

a) für eine angenommene gleiche Wahrscheinlichkeit aller Ursachen:

(2) $$W = \frac{w' \, w_i}{\Sigma \, w_i},$$

b) für die Annahme der Wahrscheinlichkeit u_i für die Ursache U_i:

(3) $$W = \frac{w' \, u_i \, w_i}{\Sigma \, u_i \, w_i}.$$

Kann auch das Ereignis E' durch irgend eine der Ursachen $U_1, U_2, \ldots U_n$ herbeigeführt werden, und ist die Wahrscheinlichkeit für das Eintreffen desselben durch die Ursache U_i gleich w_i', also bezw. $w_1', w_2', \ldots w_n'$ für n verschiedene Ursachen, so ist die Wahrscheinlichkeit für das Eintreffen des Ereignisses E' infolge der Ursache U_i:

(4) $$W_i = \frac{w_i' \, u_i \, w_i}{\Sigma \, u_i \, w_i}$$

und die (alternative) Wahrscheinlichkeit für das Eintreffen des Ereignisses E' infolge einer der Ursachen $U_\alpha, U_\beta, U_\gamma$ aus der Reihe der oben angegebenen n Ursachen:

(5) $$W = \frac{w_\alpha' \, u_\alpha \, w_\alpha + w_\beta' \, u_\beta \, w_\beta + w_\gamma' \, u_\gamma \, w_\gamma}{\Sigma \, u_i \, w_i}.$$

Bildet die Reihe der Ursachen $U_1, U_2, \ldots U_n$ eine kontinuierliche Reihe, darstellbar durch eine Gröfse x, so wird auch w_i' eine Funktion von x sein; sei

$$w' = \psi(x),$$

so wird die Wahrscheinlichkeit, dafs das Ereignis E' unter der Annahme eintrifft, dafs irgend einer der Werte von x innerhalb der Grenzen zwischen a und b, während die überhaupt vorkommenden Werte von x zwischen k und l gelegen sind:

(6) $$W = \frac{\int_a^b w' \, w \, dx}{\int_k^l w \, dx}$$

oder

Allgemeine Theoreme über die Wahrscheinlichkeit etc.

$$(7) \quad W = \frac{\int_a^b w' u w \, dx}{\int_k^l u w \, dx},$$

je nachdem die verschiedenen Ursachen a priori als gleich oder verschieden wahrscheinlich angesehen werden.

Ist x wieder die Wahrscheinlichkeit eines Ereignisses E_1, welches das eingetroffene Ereignis E und das zukünftige Ereignis E' bedingt, so wird x aller Werte zwischen 0 und 1 fähig sein, und es wird die Wahrscheinlichkeit, daſs das Ereignis E' infolge einer das Ereignis E_1 mit der zwischen a und b gelegenen Wahrscheinlichkeit bedingenden Ursache eintrifft,

    a) für den Fall, daſs jene Wahrscheinlichkeit der Ursachen von E_1 von vornherein als gleich angenommen wurden:

$$(8) \quad W = \frac{\int_a^b w' w \, dx}{\int_0^1 w \, dx},$$

    b) für den Fall, daſs jene Wahrscheinlichkeiten*) zwischen den Grenzen a und b, aber als ungleich und angenähert bekannt waren:

$$(9) \quad W = \frac{\int_a^b w' u w \, dx}{\int_0^1 w \, dx}.$$

Da nun die Grenzen a und b selbst nur zwischen 0 und 1 liegen können, so erhält man alle möglichen Fälle, wenn $a = 0$, $b = 1$ angenommen wird, und es folgt die Wahrscheinlichkeit, daſs das Ereignis E' infolge einer, das Ereignis E_1 bedingenden Ursache eintrifft:

    a) für den Fall, daſs alle Ursachen von E_1 als gleich wahrscheinlich gelten:

---

*) Die Grenzen a, b müssen natürlich x einschlieſsen.

II. Kapitel.

$$\text{(10)} \qquad W = \frac{\int_0^1 \psi(x) f(x) \, dx}{\int_0^1 f(x) \, dx},$$

b) für den Fall, dafs die Ursachen von E_1 selbst durch die Funktion $\varphi(x)$ derselben repräsentiert sind:

$$\text{(11)} \qquad W = \frac{\int_0^1 \psi(x) \varphi(x) f(x) \, dx}{\int_0^1 \varphi(x) f(x) \, dx},$$

30. Bernoullis Theorem. Es seien p und q die konstanten und entgegengesetzten Wahrscheinlichkeiten zweier Ereignisse A und B, also

$$p + q = 1.$$

In μ Fällen würde das Ereignis A μp mal eintreffen, Abweichungen hiervon lassen sich in der Form darstellen

$$\mu p \pm \varepsilon,$$

und es ist die Frage, wie grofs ist die Wahrscheinlichkeit, dafs in einer grofsen Zahl μ von Versuchen das Ereignis A m mal eintrifft, wobei m selbst nicht bekannt, aber zwischen den Grenzen $\mu p \pm \varepsilon$ eingeschlossen ist. Die Wahrscheinlichkeit selbst wird natürlich eine Funktion von ε sein.

Die Wahrscheinlichkeit, dafs in $\mu = m + n$ Versuchen das Ereignis A m mal und B n mal in beliebiger Ordnung eintreffen, ist nach § 15 Formel (3) gleich

$$\text{(1)} \qquad w = \frac{\mu!}{m!\, n!} p^m q^n.$$

Für gegebene p und q wird es nun eine gewisse Kombination von m und n geben, für welche diese Wahrscheinlichkeit ein Maximum wird. Um diese zu finden, sei w' der Wert von w, wenn man $m + 1$ und $n - 1$ an Stelle von m und n setzt, und w'' der Wert, welcher entsteht, wenn m und n bezw. durch $m - 1$ und $n + 1$ ersetzt werden; dann ist

(2)
$$w' = \frac{\mu!}{(m+1)!(n-1)!} p^{m+1} q^{n-1} = w \frac{n}{m+1} \frac{p}{q},$$
$$w'' = \frac{\mu!}{(m-1)!(n+1)!} p^{m-1} q^{n+1} = w \frac{m}{n+1} \frac{q}{p}.$$

Für das Maximum von w muſs nun
$$w > w' \text{ und } w > w''$$
sein. Diese beiden Bedingungen geben
$$1 > \frac{n}{m+1} \frac{p}{q} \text{ und } 1 > \frac{m}{n+1} \frac{q}{p}$$
oder, da $m+1$, $n+1$, p, q positive Zahlen sind,
$$(m+1) q > np; \quad (n+1) p > mq.$$
Setzt man hier
$$q = 1 - p, \quad n = \mu - m$$
ein, so folgt:
$$m + 1 > (\mu + 1) p; \quad m < (\mu + 1) p,$$
und daraus folgt:
$$m = (\mu + 1) p - \delta,$$
wobei
$$0 < \delta < 1$$
ist; da nun hieraus
(3) $$m = \mu p + p - \delta$$
ist, und p sowohl als auch δ einen echten Bruch bedeutet, m hingegen als eine sehr groſse, ganze Zahl vorausgesetzt wurde, so folgt hieraus, daſs $\delta = p$ und
(4a) $$m = \mu p$$
ist. Hieraus findet man sofort
$$n = \mu - m = \mu (1 - p)$$
oder
(4b) $$n = \mu q.$$

Den Werten $m = \mu p$, $n = \mu q$ entspricht nun der Maximalwert von w. Um diesen Wert zu erhalten, müſsten die Werte (4a), (4b) in die Formel (1) substituiert werden. In dieser Form würde man aber wegen der Faktoriellen keine

II. Kapitel.

übersichtlichen Resultate erhalten. Sind aber μ und m sehr grofs, so gilt die Beziehung

(5) $$x! = x^x e^{-x} \sqrt{2\pi x}.$$

Substituiert man diesen Ausdruck in die Formel für w, so erhält man

$$w = \frac{\mu^\mu e^{-\mu} \sqrt{2\pi\mu}}{m^m e^{-m} \sqrt{2\pi m} \cdot n^n e^{-n} \sqrt{2\pi n}} p^m q^n$$

oder

(6) $$w = \left(\frac{\mu p}{m}\right)^{m+\frac{1}{2}} \left(\frac{\mu q}{n}\right)^{n+\frac{1}{2}} \frac{1}{\sqrt{2\pi\mu p q}}.$$

31. Der Maximalwert von w folgt daraus für $\frac{\mu p}{m} = 1$, $\frac{\mu q}{n} = 1$:

(1) $$w_0 = \frac{1}{\sqrt{2\pi\mu p q}}$$

und damit

(2) $$w = w_0 \left(\frac{\mu p}{m}\right)^{m+\frac{1}{2}} \left(\frac{\mu q}{n}\right)^{n+\frac{1}{2}}.$$

In ähnlicher Weise kann man nun auch die Ausdrücke für w' und w'' entwickeln. Man erhält aber in derselben Weise ganz allgemein die im folgenden gebrauchten Ausdrücke:

(3) $$W^{(+l)} = \frac{\mu!}{(m+l)!(n-l)!} p^{m+l} q^{n-l},$$

$$W^{(-l)} = \frac{\mu!}{(m-l)!(n+l)!} p^{m-l} q^{n+l}.$$

Durch Einführung der Formel (5) des vorigen Paragraphen werden dieselben:

(3a) $$W^{(+l)} = \left(\frac{\mu p}{m+l}\right)^{m+l+\frac{1}{2}} \left(\frac{\mu q}{n-l}\right)^{n-l+\frac{1}{2}} \frac{1}{\sqrt{2\pi\mu p q}},$$

$$W^{(-l)} = \left(\frac{\mu p}{m-l}\right)^{m-l+\frac{1}{2}} \left(\frac{\mu q}{n+l}\right)^{n+l+\frac{1}{2}} \frac{1}{\sqrt{2\pi\mu p q}}.$$

Da der zweite Ausdruck aus dem ersten hervorgeht, wenn in demselben $+l$ durch $-l$ ersetzt wird, so genügt es, einen derselben, z. B. $W^{(+l)}$ zu entwickeln. Sei $W_0^{(+l)}$ der Wert von $W^{(+l)}$ für $m = \mu p$, $n = \mu q$, so ist:

$$W_0^{(+l)} = \left(\frac{1}{1+\frac{l}{m}}\right)^{m+l+\frac{1}{2}} \left(\frac{1}{1-\frac{l}{n}}\right)^{n-l+\frac{1}{2}} \cdot w_0$$

$$= \left(1+\frac{l}{m}\right)^{-\left(m+l+\frac{1}{2}\right)} \left(1-\frac{l}{n}\right)^{-\left(n-l+\frac{1}{2}\right)} \cdot w_0.$$

Würde man diesen Ausdruck unmittelbar entwickeln, so erhielte man:

$$W_0^{(+l)} = w_0 \left[1 - \left(m+l+\frac{1}{2}\right)\frac{l}{m} + \frac{1}{2}\left(m+l+\frac{1}{2}\right)\left(m+l+\frac{3}{2}\right)\left(\frac{l}{m}\right)^2 - \ldots\right]$$

$$\cdot \left[1 + \left(n-l+\frac{1}{2}\right)\frac{l}{n} + \frac{1}{2}\left(n-l+\frac{1}{2}\right)\left(n-l+\frac{3}{2}\right)\left(\frac{l}{n}\right)^2 + \ldots\right]$$

$$= w_0 \left[1 - l\left(1 + \frac{l+\frac{1}{2}}{m}\right) + \frac{1}{2}l^2\left(1 + \frac{l+\frac{1}{2}}{m}\right)\left(1 + \frac{l+\frac{3}{2}}{m}\right) \ldots\right] \cdot$$

$$\cdot \left[1 + l\left(1 - \frac{l-\frac{1}{2}}{n}\right) + \frac{1}{2}l^2\left(1 - \frac{l-\frac{1}{2}}{n}\right)\left(1 - \frac{l-\frac{3}{2}}{n}\right) \ldots\right]$$

und man sieht sofort, daß die von $\frac{1}{m}$ bezw. $\frac{1}{n}$ unabhängigen Glieder e^{-l}, bezw. e^{+l} sind, welche sich wegheben. Zu einer direkten, nach Potenzen von $\frac{1}{m}$, $\frac{1}{n}$ fortschreitenden Entwickelung gelangt man auf dem folgenden Wege. Man kann schreiben:

$$W_0^{(+l)} = w_0 e^{-\left(m+l+\frac{1}{2}\right)\log_n\left(1+\frac{l}{m}\right)} \cdot e^{-\left(n-l+\frac{1}{2}\right)\log_n\left(1-\frac{l}{n}\right)}.$$

Nun ist:

II. Kapitel.

$$-\left(m+l+\frac{1}{2}\right)\log_n\left(1+\frac{l}{m}\right) = -m\left(1+\frac{l+\frac{1}{2}}{m}\right)\left(\frac{l}{m}-\frac{1}{2}\frac{l^2}{m^2}+\frac{1}{3}\frac{l^3}{m^3}-\cdots\right)$$

$$= -l\left(1+\frac{l+\frac{1}{2}}{m}\right)\left(1-\frac{1}{2}\frac{l}{m}+\frac{1}{3}\frac{l^2}{m^2}-\cdots\right)$$

$$= -\left[l+\frac{1}{2}\frac{l(l+1)}{m}-\frac{1}{6}\frac{l^2}{m^2}\left(l+\frac{3}{2}\right)\right.$$

$$+\frac{1}{12}\frac{l^3}{m^3}\left(l+\frac{4}{2}\right)\cdots$$

$$\left.+\frac{(-1)^{\varrho+1}}{\varrho(\varrho+1)}\frac{l^\varrho}{m^\varrho}\left(l+\frac{\varrho+1}{2}\right)\cdots\right].$$

ferner:

$$-\left(n-l+\frac{1}{2}\right)\log_n\left(1-\frac{l}{n}\right) = -\left[-l+\frac{1}{2}\frac{l(l-1)}{n}+\frac{1}{6}\frac{l^2}{n^2}\left(l-\frac{3}{2}\right)\right.$$

$$+\frac{1}{12}\frac{l^3}{n^3}\left(l-\frac{4}{2}\right)\cdots$$

$$\left.+\frac{1}{\varrho(\varrho+1)}\frac{l^\varrho}{n^\varrho}\left(l-\frac{\varrho+1}{2}\right)\cdots\right].$$

Daher wird:

(4a) $\qquad W_0^{(+l)} = w_0 e^{-\omega'},$

wobei

(4b) $\qquad \omega' = +\frac{1}{2}\frac{l(l+1)}{m}-\frac{1}{6}\frac{l^2}{m^2}\left(l+\frac{3}{2}\right)+\cdots$

$$+\frac{(-1)^{\varrho+1}}{\varrho(\varrho+1)}\frac{l^\varrho}{m^\varrho}\left(l+\frac{\varrho+1}{2}\right)'\cdots$$

$$+\frac{1}{2}\frac{l(l-1)}{n}+\frac{1}{6}\frac{l^2}{n^2}\left(l-\frac{3}{2}\right)\cdots$$

$$+\frac{1}{\varrho(\varrho+1)}\frac{l^\varrho}{n^\varrho}\left(l-\frac{\varrho+1}{2}\right)\cdots$$

In ganz derselben Weise wird nun:

(5a) $\qquad W_0^{(-l)} = w_0 e^{-\omega''},$

wobei ω'' aus ω' durch Änderung des Zeichens von l entsteht; es ist also:

(5b) $$\omega'' = +\frac{1}{2}\frac{l(l-1)}{m} + \frac{1}{6}\frac{l^2}{m^2}\left(l - \frac{3}{2}\right) + \cdots$$
$$+ \frac{1}{\varrho(\varrho+1)}\frac{l^\varrho}{m^\varrho}\left(l - \frac{\varrho+1}{2}\right)\cdots$$
$$+ \frac{1}{2}\frac{l(l+1)}{n} - \frac{1}{6}\frac{l^2}{n^2}\left(l + \frac{3}{2}\right) + \cdots$$
$$+ \frac{(-1)^{\varrho+1}}{\varrho(\varrho+1)}\frac{l^\varrho}{n^\varrho}\left(l + \frac{\varrho+1}{2}\right)\cdots$$

Dieser Ausdruck entsteht aus dem Ausdrucke für ω', wie man sieht, noch einfacher durch Vertauschung von m und n.

32. Um auf die Wahrscheinlichkeit zwischen gewissen Grenzen zu kommen, hat man nur die Werte $W_0^{(+l)}$ und $W_0^{(-l)}$ zu addieren, und dann die Summe nach l von 0 bis zu einer gegenen Gröfse zu bilden. Es ist aber:

(1) $$W_0^{(+l)} + W_0^{(-l)} = w_0(e^{-\omega'} + e^{-\omega''}).$$

Man hat aber:
$$\omega' = \frac{\omega' + \omega''}{2} + \frac{\omega' - \omega''}{2},$$
$$\omega'' = \frac{\omega' + \omega''}{2} - \frac{\omega' - \omega''}{2},$$

daher:

(2) $$W_0^{(+l)} + W_0^{(-l)} = w_0 e^{-\frac{\omega'+\omega''}{2}}\left(e^{+\frac{\omega'-\omega''}{2}} + e^{-\frac{\omega'-\omega''}{2}}\right).$$

Nun findet man:
$$\omega' + \omega'' = l^2\left(\frac{1}{m} + \frac{1}{n}\right) - \frac{1}{2}l^2\left(\frac{1}{m^2} + \frac{1}{n^2}\right) + \cdots$$
$$\begin{cases} + \dfrac{2\,l^{\varrho+1}}{\varrho(\varrho+1)}\left(\dfrac{1}{m^\varrho} + \dfrac{1}{n^\varrho}\right) & \text{für } \varrho \text{ ungerade,} \\ - \dfrac{l^\varrho}{\varrho}\left(\dfrac{1}{m^\varrho} + \dfrac{1}{n^\varrho}\right) & \text{für } \varrho \text{ gerade,} \end{cases}$$

II. Kapitel.

$$\omega' - \omega'' = l\left(\frac{1}{m} - \frac{1}{n}\right) - \frac{1}{3} l^3 \left(\frac{1}{m^2} - \frac{1}{n^2}\right) + \cdots$$

$$\begin{cases} + \dfrac{l^\varrho}{\varrho} \left(\dfrac{1}{m^\varrho} - \dfrac{1}{n^\varrho}\right) \text{ für } \varrho \text{ ungerade,} \\ - \dfrac{2}{\varrho(\varrho+1)} l^{\varrho+1} \left(\dfrac{1}{m^\varrho} - \dfrac{1}{n^\varrho}\right) \text{ für } \varrho \text{ gerade.} \end{cases}$$

Der Ausdruck $W_0^{(+l)} + W_0^{(-l)}$ ist eine Funktion von l, welche mit $\varphi(l)$ bezeichnet werden soll; es ist also:

(3) $$W_0^{(+l)} + W_0^{(-l)} = \varphi(l).$$

Die Wahrscheinlichkeit, daſs das Ereignis m-mal eintrifft, wobei m zwischen den Grenzen $\mu p \pm \varepsilon$ enthalten ist, erhält man, indem man nach l zwischen $\pm \varepsilon$ summiert, oder, da die positiven und negativen l vereinigt sind, nach l zwischen 0 und ε: es ist also, wenn diese Wahrscheinlichkeit mit W bezeichnet wird:

$$W = W_0^{(+\varepsilon)} + W_0^{(+\varepsilon-1)} + \cdots + W_0^{(+1)} + W_0^{(0)} + W_0^{(-1)} + \cdots \\ + W_0^{(-\varepsilon)}$$
$$= \varphi(\varepsilon) + \varphi(\varepsilon-1) + \cdots + \varphi(2) + \varphi(1) + W_0^{(0)}$$

und da $\varphi_0 = 2 W_0^{(0)}$, also $W_0^{(0)} = \frac{1}{2} \varphi(0)$ ist, so wird:

(4) $$W = \varphi(\varepsilon) + \sum_{l=0}^{\varepsilon-1} \varphi(l) - \frac{1}{2} \varphi(0).$$

Die Methode der numerischen Integration giebt aber:

$$\int_0^\varepsilon \varphi(l) dl = h \sum_{l=0}^{\varepsilon-1} \varphi(l) + \frac{h}{2} \varphi(\varepsilon) - \frac{h}{2} \varphi(0) + C_1 h^2 \varphi'(l) + C_2 h^3 \varphi''(l) + \cdots$$

wobei h das Intervall der Argumente l darstellt.

Nun ist wegen $m = \mu p$, $n = \mu q$; $m + n = \mu$:

$$\omega' + \omega'' = \frac{l^2}{\mu p q} - \frac{l^2}{2} \frac{1 - 2pq}{\mu^2 p^2 q^2} + \cdots$$

$$\omega' - \omega'' = \frac{l(q-p)}{\mu p q} - \frac{l^3}{3} \frac{(q-p)}{\mu^2 p^2 q^2} + \cdots$$

Es ist daher, wenn man Glieder von der Ordnung $\frac{1}{\mu^2}$ wegläfst:

$$\varphi(l) = w_0 e^{-\frac{l^2}{2\mu pq}} \left(e^{\frac{l(q-p)}{2\mu pq}} + e^{\frac{l(p-q)}{2\mu pq}} \right). \tag{5}$$

Dieser Ausdruck zeigt, dafs in $\varphi'(l)$, $\varphi''(l)$ ... der Faktor $\frac{1}{\mu}$ auftritt, und man kann demnach, wenn man für h die Einheit setzt, schreiben:

$$\sum_{l=0}^{\varepsilon-1} \varphi(l) = \int_0^\varepsilon \varphi(l)\, dl - \frac{1}{2}\varphi(\varepsilon) + \frac{1}{2}\varphi(0),$$

sodafs:

$$W = \int_0^\varepsilon \varphi(l)\, dl + \frac{1}{2}\varphi(\varepsilon) \tag{6}$$

wird. Substituiert man hier für $\varphi(l)$ seinen Wert und berücksichtigt, dafs

$$w_0 = \frac{1}{\sqrt{2\pi\mu pq}}$$

ist, so wird, wenn

$$\frac{1}{2\mu pq} = g \tag{7}$$

gesetzt wird:

$$w_0 = \sqrt{\frac{g}{\pi}},$$

$$\varphi(l) = \sqrt{\frac{g}{\pi}}\, e^{-gl^2}\left(e^{gl(p-q)} + e^{gl(q-p)}\right). \tag{8}$$

Dieser Ausdruck wird wesentlich einfacher, wenn die Wahrscheinlichkeiten p und q nahe gleich sind. In diesem Falle werden die beiden Gröfsen in der Klammer nahe 1, und es wird daher:

$$\varphi(l) = 2\sqrt{\frac{g}{\pi}}\, e^{-gl^2} \tag{9}$$

der von Bernoulli gefundene Ausdruck, welcher jedoch im allgemeinen Falle, wie man sieht, nicht ganz korrekt ist.

Legt man Formel (9) zu Grunde, so wird:

(10) $$W = \int_0^\varepsilon 2\sqrt{\frac{g}{\pi}}\, e^{-gl^2} dl + \sqrt{\frac{g}{\pi}}\, e^{-g\varepsilon^2}.$$

Setzt man hier noch:

(11) $$gl^2 = t^2;\quad g\varepsilon^2 = \tau^2,$$

was immer gestattet ist, da g eine wesentlich positive Größe ist, so wird:

$$dl = \frac{dt}{\sqrt{g}}$$

$$W = \int_0^\tau 2\sqrt{\frac{g}{\pi}}\, e^{-t^2} \frac{dt}{\sqrt{g}} + \sqrt{\frac{g}{\pi}}\, e^{-\tau^2},$$

$$W = \frac{2}{\sqrt{\pi}} \int_0^\tau e^{-t^2} dt + \frac{e^{-\tau^2}}{\sqrt{2\pi\mu p q}}$$

oder wenn

(12) $$\frac{2}{\sqrt{\pi}} \int_0^\tau e^{-t^2} dt = \Phi(\tau)$$

gesetzt wird:

(13) $$W = \Phi(\tau) + \frac{e^{-\tau^2}}{\sqrt{2\pi\mu p q}}.$$

Dieses ist die Wahrscheinlichkeit, daß m zwischen den Grenzen $\mu p \pm \varepsilon$ eingeschlossen ist, d. h. daß die Anzahl m des Eintreffens des Ereignisses E in einer großen Zahl μ von Fällen zwischen den Grenzen.

(13 a) $$\mu p \pm \tau\sqrt{2\mu p q}$$

enthalten ist, wenn p die Wahrscheinlichkeit für das einmalige Eintreffen des Ereignisses und q die Gegenwahrscheinlichkeit ist. Dieses ist das Bernoullische Theorem.

Der Wert des Integrals $\Phi(\tau)$ kann in verschiedener Weise ermittelt werden, worüber in den betreffenden Handbüchern der Mathematik nachgesehen werden kann. Da

Allgemeine Theoreme über die Wahrscheinlichkeit etc.

dieses Integral in der Wahrscheinlichkeitsrechnung eine grofse Rolle spielt, und auch bei anderen Problemen (Ausgleichungsrechnung) wiederholt auftritt, so wurde im Anhange eine Tafel für dieselbe gegeben.

33. Das Verhältnis der Anzahl m zur Gesamtzahl μ wird hieraus:

(1) $$\frac{m}{\mu} = p \pm \tau \sqrt{\frac{2pq}{\mu}}.$$

Die Grenzen, zwischen denen das Verhältnis $\frac{m}{\mu}$ eingeschlossen ist, werden daher um so enger, je gröfser μ wird; bei wachsendem μ wird das Verhältnis $\frac{m}{\mu}$ nur dann einen gegebenen konstanten Wert haben, wenn gleichzeitig τ wächst; in diesem Falle nähert sich aber W der Einheit, d. i. der Gewifsheit.

Soll die Wahrscheinlichkeit $W = \frac{1}{2}$ sein, so giebt dieses die Gleichung:

(2) $$\frac{1}{2} = \frac{2}{\sqrt{\pi}} \int_0^{\tau} e^{-t^2} dt + \frac{e^{-\tau^2}}{\sqrt{2\pi\mu p q}}.$$

Der Gleichung

$$\int_0^{\sigma} e^{-t^2} dt = \frac{1}{4}\sqrt{\pi}$$

entspricht der Wert $\sigma = 0{,}4769$, wie unmittelbar aus den Tafeln folgt (vgl. § 163) und mit Berücksichtigung des Zusatzgliedes wird der Wert von τ etwas von σ abweichen. Man erhält die Differenz genügend genau durch Reihenentwickelung und Integration. Dann ist

$$\tau - \frac{1}{3}\tau^3 \ldots = \sigma - \frac{1}{3}\sigma^3 \ldots - \frac{e^{-\tau^2}}{2\sqrt{2\mu p q}}.$$

Führt man für τ in dem Zusatzgliede die Näherung σ ein, so erhält man mit Vernachläfsigung der höheren Potenzen von τ und σ

(3) $$\tau = \sigma - \frac{e^{-\sigma^2}}{2\sqrt{2\mu p q}}.$$

Hieraus folgt, dafs die Wahrscheinlichkeit, dafs $\frac{m}{\mu}$ zwischen den Grenzen

$$p \pm \left(\sigma\sqrt{\frac{2pq}{\mu}} - \frac{e^{-\sigma^2}}{2\mu}\right)$$

gelegen ist, gleich $\frac{1}{2}$ ist.

34. Satz von Bayes. Seien x und y die unbekannten Wahrscheinlichkeiten zweier entgegengesetzter Ereignisse, also

$$x + y = 1,$$

und seien in einer sehr grofsen Anzahl μ Fällen das Ereignis A p mal, das Ereignis B q mal eingetroffen. Die Wahrscheinlichkeit a posteriori x würde hieraus folgen $\frac{p}{\mu}$, und eine Abweichung des wahren Wertes von diesem aus den Beobachtungen gefolgerten läfst sich in der Form darstellen

$$\frac{p}{\mu} \pm \varepsilon.$$

Die Frage ist, wie grofs ist die Wahrscheinlichkeit, dafs x zwischen den Grenzen $\frac{p}{\mu} \pm \varepsilon$ liegt.

Die Aufgabe ist, wie man sieht, eine Umkehrung des Bernoullischen Theorems.

Nach Formel (4) von § 26 ist die Wahrscheinlichkeit W der Ursache $f(x)$ gegeben durch

$$(1) \qquad W = \frac{\int_a^b f(x)\,dx}{\int_0^1 f(x)\,dx}.$$

Die Ursache $f(x)$ ist aber die Wahrscheinlichkeit, dafs das Ereignis A p mal, das Ereignis B q mal eintrifft, daher

$$(2) \qquad f(x) = x^p y^q = x^p(1-x)^q,$$

und es handelt sich daher um die Auswertung der beiden Integrale

$$J_1 = \int_a^b x^p(1-x)^q\,dx \quad \text{und} \quad J_2 = \int_0^1 x^p(1-x)^q\,dx,$$

wobei
$$x = \frac{p}{\mu} + z$$

ist, und z die Werte von $-\varepsilon$ bis $+\varepsilon$ erhalten kann.

Setzt man den Wert für x in das Integral J_1 ein, so wird, da $1 - \frac{p}{\mu} = \frac{q}{\mu}$ ist:

$$J_1 = \int_a^b \left(\frac{p}{\mu}\right)^p \left(1 + \frac{z\mu}{p}\right)^p \left(\frac{q}{\mu} - z\right)^q dz$$

$$= \left(\frac{p}{\mu}\right)^p \left(\frac{q}{\mu}\right)^q \int_a^b \left(1 + \frac{z\mu}{p}\right)^p \left(1 - \frac{\mu z}{q}\right)^q dz.$$

In derselben Weise wie in § 31 kann auch hier geschrieben werden

$$\left(1 + \frac{\mu z}{p}\right)^p = e^{p \log\left(1+\frac{\mu z}{p}\right)} = e^{\mu z - \frac{1}{2}\frac{\mu^2 z^2}{p} + \frac{1}{3}\frac{\mu^3 z^3}{p^2} - \cdots}$$

$$\left(1 - \frac{\mu z}{q}\right)^q = e^{q \log\left(1-\frac{\mu z}{q}\right)} = e^{-\mu z - \frac{1}{2}\frac{\mu^2 z^2}{q} - \frac{1}{3}\frac{\mu^3 z^3}{q^2} - \cdots},$$

folglich

(3) $$J_1 = \frac{p^p q^q}{\mu^\mu} \int_{a'}^{b'} dz\, e^{-\frac{1}{2}\mu^2 z^2 \left(\frac{1}{p}+\frac{1}{q}\right) + \frac{1}{3}\mu^3 z^3 \left(\frac{1}{p^2}-\frac{1}{q^2}\right) \cdots},$$

wobei die Grenzen a', b' für z den Grenzen a und b für x entsprechen, also

$$a' = a - \frac{p}{\mu}; \quad b' = b - \frac{p}{\mu}$$

ist. Führt man die neue Variable

$$\frac{\mu^2 z^2}{2}\left(\frac{1}{p} + \frac{1}{q}\right) = \frac{\mu^3 z^2}{2pq} = t^2,$$

also

(4) $$z = t\sqrt{\frac{2pq}{\mu^3}}$$

$$x = \frac{p}{\mu} + t\sqrt{\frac{2pq}{\mu^3}}$$

ein, so wird das Integral J_1:

$$(5) \quad J_1 = \frac{p^p q^q}{\mu^\mu} \sqrt{\frac{2pq}{\mu^3}} \int_\alpha^\beta dt\, e^{-t^2 - \frac{4(p-q)}{3\sqrt{2\mu pq}} t^3 - \cdots},$$

wobei die Grenzen α, β bestimmt sind durch

$$(6) \quad \begin{aligned} \alpha &= \left(a - \frac{p}{\mu}\right)\sqrt{\frac{\mu^3}{2pq}} \\ \beta &= \left(b - \frac{p}{\mu}\right)\sqrt{\frac{\mu^3}{2pq}}. \end{aligned}$$

35. Erlaubt man sich wieder, Glieder höherer Ordnung zu vernachlässigen, so wird

$$(1) \quad J_1 = \frac{p^p q^q}{\mu^\mu} \sqrt{\frac{2pq}{\mu^3}} \int_\alpha^\beta e^{-t^2} dt,$$

und diese Formel ist wieder nur strenge richtig, wenn $p = q$ ist.

Das Integral J_2 geht hieraus hervor, wenn man die Grenzen a, b durch 0 und 1 ersetzt. Da nun $1 - \frac{p}{\mu} = \frac{q}{\mu}$ ist, so wird

$$(2) \quad J_2 = \frac{p^p q^q}{\mu^\mu} \sqrt{\frac{2pq}{\mu^3}} \int_{\alpha_0}^{\beta_0} e^{-t^2} dt,$$

wobei

$$(3) \quad \alpha_0 = -p\sqrt{\frac{\mu}{2pq}}; \quad \beta_0 = +q\sqrt{\frac{\mu}{2pq}}$$

und für $p = q$ wird $\alpha_0 = -\beta_0$. Es wird daher

$$(4) \quad W = \frac{J_1}{J_2} = \frac{\int_\alpha^\beta e^{-t^2} dt}{\int_{\alpha_0}^{\beta_0} e^{-t^2} dt},$$

die Wahrscheinlichkeit, daſs x zwischen den durch Formel (4) des vorigen Paragraphen bestimmten Grenzen, d. h. wenn für t die Werte α, β eingesetzt werden, zwischen den Grenzen

(5) $$\frac{p}{\mu} + a\sqrt{\frac{2pq}{\mu^3}} \quad \text{und} \quad \frac{p}{\mu} + \beta\sqrt{\frac{2pq}{\mu^3}}$$

gelegen ist. Ist μ sehr grofs, so kann man $a_0 = -\infty$, $\beta_0 = +\infty$ setzen (praktisch ausreichend, wenn a_0 und β_0 dem numerischen Betrage nach gröfser als 4 sind), so wird

$$\int_{a_0}^{\beta_0} e^{-t^2} dt = \int_{-\infty}^{+\infty} e^{-t^2} dt = \sqrt{\pi},$$

daher

(6) $$W = \frac{1}{\sqrt{\pi}} \int_{a}^{\beta} e^{-t^2} dt.$$

Aus den Formeln (5), (6) sind die Gröfsen a, b verschwunden; nimmt man $a = -\beta$, so erhält man als die Wahrscheinlichkeit, dafs x zwischen den Grenzen

(7) $$\frac{p}{\mu} \pm \varepsilon$$

enthalten ist, den Wert

(7a) $$W = \frac{1}{\pi} \int_{-c}^{+c} e^{-t^2} dt, \quad \text{wobei } c = \beta; \quad \beta\sqrt{\frac{2pq}{\mu^3}} = \varepsilon,$$

demnach

(7b) $$c = \varepsilon\sqrt{\frac{\mu^3}{2pq}}$$

ist. Dieses ist das Theorem von Bayes.

Ist $c = 0{,}4769$ (vgl. § 33), so wird $W = \frac{1}{2}$; es ist daher 1 gegen 1 anzunehmen, dafs die unbekannte Wahrscheinlichkeit zwischen den Grenzen

$$\frac{p}{\mu} \pm 0{,}4769\sqrt{\frac{2pq}{\mu^3}},$$

d. h. zwischen den Grenzen

$$\frac{p}{\mu} \pm 0{,}6745\sqrt{\frac{pq}{\mu^3}}$$

liegt. Diese Werte bezeichnet man als die wahrscheinlichen Grenzen der gesuchten Wahrscheinlichkeit.

III. Kapitel.

Anwendungen auf Glücksspiele.

36. Mit der Ableitung der wichtigsten Fundamentalsätze für die Berechnung der Wahrscheinlichkeiten ist, wie erwähnt, die Theorie der Wahrscheinlichkeitsrechnung noch weitaus nicht abgeschlossen. Die Mannigfaltigkeit der Probleme und mancherlei Schwierigkeiten der Lösungen offenbaren sich erst bei der Betrachtung von speziellen Fällen. Oft ist es die Ermittelung der möglichen und günstigen Fälle, oft die Abhängigkeit der Wahrscheinlichkeit eines speziellen Ereignisses von dem Eintreffen oder Nichteintreffen der vorangegangenen, welches das Problem zu den schwereren macht. Wieder in anderen Fällen erhält man durch den Ansatz nicht unmittelbar die gesuchte Wahrscheinlichkeit, sondern eine Beziehung dieser zu der Wahrscheinlichkeit der vorangehenden, das Eintreffen oder Nichteintreffen des gesuchten Ereignisses bedingenden Ursache, eine Funktionalgleichung, und die Auflösung dieser giebt dann erst die Lösung. Dieses wird schon aus den früher eingeschobenen Beispielen klar; und dieses ganze Kapitel, scheinbar eine Häufung von Beispielen, giebt im Grunde genommen erst die Vervollständigung der Theorie.

37. Huyghens hat in seiner Abhandlung „*De ratiociniis in ludo aleae*", Opera varia, Lugdini Batavorum 1724, S. 727—744*) eine Reihe von Aufgaben dieser Art gelöst,

---

*) Es muſs bemerkt werden, daſs er nicht die „Wahrscheinlichkeit" sucht, sondern das Verhältnis des Einsatzes zum erhofften Gewinn, welches eben nichts anderes ist, als die Wahrscheinlichkeit. Vgl. § 80.

und sollen zunächst einige seiner Probleme wiedergegeben werden.

Wie grofs ist die Wahrscheinlichkeit, mit einem gewöhnlichen Würfel im ersten, zweiten oder dritten Wurf Eins zu werfen? (Huyghens, Prop. X, S. 738.)

1. Die Wahrscheinlichkeit, im ersten Wurfe Eins zu werfen, ist $\frac{1}{6}$ (6 mögliche, 1 günstiger Fall).

2. Die Wahrscheinlichkeit, im ersten Wurfe Eins nicht zu werfen, ist die entgegengesetzte, also $1 - \frac{1}{6} = \frac{5}{6}$.

Die Wahrscheinlichkeit, im zweiten Wurfe Eins zu werfen, ist wieder $\frac{1}{6}$.

Die Wahrscheinlichkeit, dafs Eins im ersten nicht, dagegen im zweiten erscheint, ist daher $\frac{1}{6} \cdot \frac{5}{6} = \frac{5}{36}$.

3. Die Wahrscheinlichkeit, dafs Eins entweder im ersten oder nicht im ersten, sondern im zweiten Wurfe erscheint, ist $\frac{1}{6} + \frac{5}{36} = \frac{11}{36}$.

4. Die Wahrscheinlichkeit, dafs Eins weder im ersten, noch im zweiten Wurfe erscheint, ist die entgegengesetzte, d. i. $1 - \frac{11}{36} = \frac{25}{36}$.

Die Wahrscheinlichkeit, dafs Eins im dritten Wurfe erscheint, ist $\frac{1}{6}$.

Die Wahrscheinlichkeit, dafs Eins in den ersten beiden Würfen nicht, dagegen im dritten Wurfe erscheint, ist $\frac{1}{6} \cdot \frac{25}{36} = \frac{25}{216}$.

5. Die Wahrscheinlichkeit, dafs Eins entweder im ersten oder im zweiten oder im dritten Wurfe erscheint, ist $\frac{11}{36} + \frac{25}{216} = \frac{91}{216}$.

In derselben Weise fortfahrend, findet Huyghens für die Wahrscheinlichkeit, in einem der ersten vier Würfe eine

Eins zu werfen $\frac{671}{1296}$, in einem der ersten fünf Würfe eine Eins zu werfen $\frac{4651}{7776}$.

38. Die Aufgabe läfst sich allgemein lösen.

Ein reguläres Polyeder von a Seiten trage an jeder derselben eine der Zahlen 1, 2, 3 ... a; wie grofs ist die Wahrscheinlichkeit, in den ersten μ Würfen eine Eins (statt dessen kann natürlich auch eine beliebig bezeichnete Zahl, z. B. 4, gewählt werden) wenigstens einmal zu werfen.

1. Die Wahrscheinlichkeit, auf den ersten Wurf die Eins zu werfen, ist
$$w_1 = w' = \frac{1}{a}.$$

2. Die Wahrscheinlichkeit, auf den ersten Wurf Eins nicht zu werfen, ist $1 - \frac{1}{a}$; die Wahrscheinlichkeit, sie auf den zweiten Wurf zu werfen, ist $\frac{1}{a}$; daher die Wahrscheinlichkeit, sie auf den ersten Wurf nicht, dagegen auf den zweiten Wurf zu werfen,
$$w_2 = \left(1 - \frac{1}{a}\right)\frac{1}{a},$$
die Wahrscheinlichkeit, sie auf den ersten oder zweiten Wurf zu werfen, ist
$$w' + w_2 = w'' = \frac{2}{a} - \frac{1}{a^2}.$$

3. Die Wahrscheinlichkeit, Eins in den ersten zwei Würfen nicht zu werfen, ist $1 - w''$; daher die Wahrscheinlichkeit, sie in den ersten zwei Würfen nicht, hingegen im dritten Wurf zu treffen,
$$w_3 = (1 - w'')\frac{1}{a} = \frac{1}{a} - \frac{2}{a^2} + \frac{1}{a^3}.$$

Die Wahrscheinlichkeit, Eins in einem der ersten drei Würfe zu erhalten, ist daher
$$w''' = w'' + w_3 = \frac{3}{a} - \frac{3}{a^2} + \frac{1}{a^3}.$$

Anwendungen auf Glücksspiele.

Auf diesem Wege fortfahrend, findet man für die Wahrscheinlichkeit, die Eins in einem der ersten $\mu - 1$ Würfe zu treffen,

$$w^{(\mu-1)} = 1 - \left(1 - \frac{1}{a}\right)^{\mu-1}.$$

Für die Verifikation dieser Formel hat man dann, auf den nächsten Wurf übergehend, die Wahrscheinlichkeit, die Eins in den ersten $\mu - 1$ Würfen nicht zu erhalten $1 - w^{(\mu-1)}$, und die Wahrscheinlichkeit, sie in den ersten $\mu - 1$ Würfen nicht, hingegen im μ^{ten} Wurfe zu erhalten

$$w_\mu = (1 - w^{(\mu-1)}) \frac{1}{a}$$

oder

$$w_\mu = \frac{1}{a}\left(1 - \frac{1}{a}\right)^{\mu-1},$$

demnach die Wahrscheinlichkeit, sie in einem der ersten μ Würfe zu werfen,

$$w^{(\mu)} = w_\mu + w^{(\mu-1)} = 1 - \left(1 - \frac{1}{a}\right)^{\mu-1} + \frac{1}{a}\left(1 - \frac{1}{a}\right)^{\mu-1}$$

$$= 1 - \left(1 - \frac{1}{a}\right)^\mu.$$

Für $a = 6$, $\mu = 1, 2, 3, 4, 5$ erhält man hieraus die im vorigen Paragraphen erhaltenen Resultate. Für ein Pentagondodekaeder, wofür $a = 12$ ist, würden dieselben bezw.

$$\frac{1}{12}, \quad \frac{23}{144}, \quad \frac{397}{1728}, \quad \frac{6095}{20736}, \quad \frac{87781}{248832}.$$

Für ein Tetraeder, $a = 4$ hingegen

$$\frac{1}{4}, \quad \frac{7}{16}, \quad \frac{37}{64}, \quad \frac{175}{256}, \quad \frac{781}{1024},$$

Die Formel läfst sich übrigens auf einfachere Weise ableiten. Die Wahrscheinlichkeit, eine der Zahlen auf einen Wurf nicht zu erhalten, ist $1 - \frac{1}{a}$; daher die Wahrscheinlichkeit dieselbe in μ Würfen nicht zu erhalten $\left(1 - \frac{1}{a}\right)^\mu$;

und die Gegenwahrscheinlichkeit davon ist offenbar die Wahrscheinlichkeit, in den ersten μ Würfen die Eins zu erhalten, und zwar wenigstens einmal. Diese Gegenwahrscheinlichkeit ist aber

$$1 - \left(1 - \frac{1}{a}\right)^\mu,$$

dasselbe Resultat wie oben.

39. Welches ist die Wahrscheinlichkeit, mit zwei Würfeln eine gegebene Summe zu werfen?

Mit zwei Würfeln sind die sämtlichen möglichen Kombinationen der 6 Seiten an Zahl $6 \times 6 = 36$. Davon entfallen auf die Summen

2	die Fälle	1,1; d. i.	1	Fall
3	„ „	1,2; 2,1; d. s.	2	Fälle
4	„ „	1,3; 2,2; 3,1; d. s..	3	„
5	„ „	1,4; 2,3; 3,2; 4,1; d. s.	4	„
6	„ „	1,5; 2,4; 3,3; 4,2; 5,1; d. s. . . .	5	„
7	„ „	1,6; 2,5; 3,4; 4,3; 5,2; 6,1; d. s. .	6	„
8	„ „	2,6; 3,5; 4,4; 5,3; 6,2; d. s. . . .	5	„
9	„ „	3,6; 4,5; 5,4; 6,3; d. s.	4	„
10	„ „	4,6; 5,5; 6,4; d. s..	3	„
11	„ „	5,6; 6,5; d. s.	2	„
12	„ „	6,6; d. i.	1	Fall.

Es sind daher die Wahrscheinlichkeiten für das Werfen der Summen 2 oder 12 je $\frac{1}{36}$; für das Werfen der Summen 3 oder 11 je $\frac{2}{36} = \frac{1}{18}$; der Summen 4 oder 10 je $\frac{3}{36} = \frac{1}{12}$; der Summen 5 oder 9 je $\frac{4}{36} = \frac{1}{9}$; der Summen 6 oder 8 je $\frac{5}{36}$ und für das Werfen der Summe 7: $\frac{6}{36} = \frac{1}{6}$.

40. Wie groſs ist die Wahrscheinlichkeit, mit 3 Würfeln eine gegebene Summe zu werfen?

Die Anzahl aller möglichen Fälle ist hier $6^3 = 216$.

Anwendungen auf Glücksspiele.

In derselben Weise wie oben vorgehend, findet man, daſs die Anzahl der günstigen Fälle für die Summen*)
3, 4, 5, 6, 7, 8, 9, 10, 11, 12, 13, 14, 15, 16, 17, 18,
bezw. sind
1, 3, 6, 10, 15, 21, 25, 27, 27, 25, 21, 15, 10, 6, 3, 1,
woraus sich die Wahrscheinlichkeiten für das Erhalten der einzelnen Summen sofort ableiten. So ist z. B. die Wahrscheinlichkeit, mit 3 Würfeln auf einen Wurf die Summe 14 zu werfen, gleich $\frac{15}{216}$ u. s. w.

Bezüglich des allgemeinen Falles siehe Moivres Problem (§ 48).

41. Sei die Wahrscheinlichkeit, mit zwei (bezw. mit drei) Würfeln auf einen Wurf eine gegebene Summe zu werfen, gleich p, wie groſs ist die Wahrscheinlichkeit, diese Summe in n Würfen $l$mal zu werfen, und wie groſs ist die Wahrscheinlichkeit, diese Summe mindestens $l$mal zu werfen?

Bezeichnet man die Gegenwahrscheinlichkeit, d. i. die Wahrscheinlichkeit, diese Summe nicht zu werfen, also irgend eine andere der Summen zu werfen, mit $q = 1 - p$, so ist die Lösung unmittelbar in den Formeln des § 15 gegeben.

Beispiele. Die Wahrscheinlichkeit, mit 2 Würfeln in 2 Würfen einmal die Summe 12 zu werfen, ist
$$\binom{2}{1}\left(\frac{1}{36}\right)\left(\frac{35}{36}\right) = \frac{35}{648}.$$

Die Wahrscheinlichkeit, mit 2 Würfeln in 2 Würfen mindestens einmal die Summe 12 zu werfen, ist
$$\frac{1}{36}\left[1 + \frac{35}{36}\right] = \frac{71}{1296}. \quad \text{[Huyghens l. c. Prop. XI.]}$$

---

*) Beispielsweise erhält man die Summe 8 mit 3 Würfeln, indem die 1 eines Würfels mit der Summe 7 der beiden anderen, die 2 des einen Würfels mit der Summe 6 der beiden anderen u. s. w. kombiniert wird; also einfach durch entsprechende Summierung der oben erhaltenen Zahlen.

Die Wahrscheinlichkeit, mit 2 Würfeln in 4 Würfen mindestens einmal die Summe 12 zu werfen, ist

$$\frac{\frac{1}{36}\left[1 - \left(\frac{35}{36}\right)^4\right]}{1 - \frac{35}{36}} = \frac{171\,991}{1\,679\,616}.\text{*)}$$

42. Wie groſs ist die Wahrscheinlichkeit, mit 2 (oder 3) Würfeln in höchstens n Würfen ein einziges Mal eine der Summen a_1 oder a_2 ... oder a_l zu werfen, wenn nach dem Erscheinen einer dieser Summen nicht mehr weiter gewürfelt wird?

Seien die Wahrscheinlichkeiten für das Werfen dieser Summen bezw. $p_1, p_2 ..., p_l$, so ist:

1. Die Wahrscheinlichkeit für das Auftreten einer dieser Summen auf den ersten Wurf
$$w = p_1 + p_2 + \ldots + p_l.$$

2. Die Wahrscheinlichkeit, daſs diese Summe im ersten Wurf nicht auftritt, ist $1 - w$; die Wahrscheinlichkeit, daſs die Summe im zweiten Wurfe auftritt, ist wieder w, daher die Wahrscheinlichkeit, daſs die Summe im ersten Wurfe nicht, dagegen im zweiten Wurfe auftritt,
$$w(1 - w).$$

3. Die Wahrscheinlichkeit, daſs die Summe weder im ersten noch im zweiten Wurfe auftritt, ist $(1 - w)^2$, daher die Wahrscheinlichkeit, daſs diese Summe in den ersten beiden Würfen nicht, dagegen im dritten Wurfe auftritt,
$$w(1 - w)^2.$$

4. Ebenso ist die Wahrscheinlichkeit, daſs die Summe in den ersten $(n - 1)$ Würfen nicht, dagegen im n^{ten} Wurfe auftritt,
$$w(1 - w)^{n-1}.$$

5. Folglich ist die Wahrscheinlichkeit, daſs die Summe in einem, aber nur in einem der n Würfe auftritt,

---

*) **Huyghens** hat hier im Zähler irrtümlich 178 991.

Anwendungen auf Glücksspiele.

$$W = w + w(1-w) + w(1-w)^2 + \ldots + w(1-w)^{n-1}$$
$$= w[1 + (1-w) + (1-w)^2 + \ldots + (1-w)^{n-1}]$$
$$= \frac{w[1-(1-w)^n]}{1-(1-w)} = 1 - (1-w)^n.$$

Für die Wahrscheinlichkeit, mit 2 Würfeln einmal die Summe 6 oder 7 zu werfen, ist $p_1 = \frac{5}{36}$, $p_2 = \frac{6}{36}$, demnach $w = \frac{11}{36}$

$$W = 1 - \left(\frac{25}{36}\right)^2 = \frac{671}{1296}.$$

Die Wahrscheinlichkeit, mit 2 (oder 3) Würfeln in n Würfen die Summe a $l$mal bezw. mindestens $l$mal zu werfen, ist in den Lösungen der §§ 17 und 18 enthalten, wenn dort für p die der Summe a entsprechende Wahrscheinlichkeit eingesetzt wird.

43. A und B spielen so, daſs erst A einmal wirft, dann B zweimal, dann A zweimal, dann wieder B zweimal, bis einer gewinnt, und zwar A, wenn er 6, B, wenn er 7 wirft. (Huyghens l. c. Problem I; Huyghens giebt das Resultat: die Wahrscheinlichkeiten verhalten sich wie 10355 : 12276).

Sei ganz allgemein die Wahrscheinlichkeit, daſs A den geforderten Wurf macht, p; sei für B die Wahrscheinlichkeit q.

Die Wahrscheinlichkeit für A, im ersten Wurfe zu gewinnen, ist

$$w_1 = p.$$

B kommt zum Wurfe, wenn A nicht gewinnt; die Wahrscheinlichkeit hierfür ist $(1-w_1)$, die Wahrscheinlichkeit für B, in einem der beiden ihm zukommenden Würfe zu gewinnen, ist $1-(1-q)^2$; daher die Wahrscheinlichkeit für B, diesmal zu gewinnen

$$w_1' = (1-w_1)[1-(1-q)^2].$$

Gewinnt B nicht, so kommt A wieder zum Wurfe; die Wahrscheinlichkeit hierfür ist $(1-w_1-w_1')$; A hat nun zwei Würfe; die Wahrscheinlichkeit, in einem derselben

III. Kapitel.

zu gewinnen, ist $1 - (1-p)^2$; daher seine Wahrscheinlichkeit, diesmal zu gewinnen

$$w_2 = (1 - w_1 - w_1') [1 - (1-p)^2].$$

Man findet so die Wahrscheinlichkeiten für das Gewinnen in den aufeinander folgenden Würfen

für A im ersten Mal $w_1 = p$,

„ B „ „ „ $w_1' = (1 - w_1) [1 - (1-q)^2]$,

„ A „ zweiten „ $w_2 = (1 - w_1 - w_1') [1 - (1-p)^2]$,

„ B „ „ „ $w_2' = (1 - w_1 - w_1' - w_2)[1 - (1-q)^2]$,

. . . .

(1) für A im r^{ten} Mal $w_r = a_r [1 - (1-p)^2]$,

„ B „ „ „ $w_r' = \beta_r [1 - (1-q)^2]$,

wobei

(2) $a_r = 1 - w_1 - w_1' - w_2 - w_2' - \ldots - w_{r-1} - w_{r-1}'$,

$\beta_r = 1 - w_1 - w_1' - w_2 - w_2' - \ldots - w_{r-1} - w_{r-1}' - w_r$

ist. Hieraus folgt

(3) $\beta_r = a_r - w_r$,

$a_{r+1} = \beta_r - w_r'$,

und wenn für w_r, w_r' ihre Werte aus (1) eingesetzt werden

$\beta_r = a_r (1-p)^2$,

$a_{r+1} = \beta_r (1-q)^2$,

demnach durch weitere Substitution

(4) $\beta_r = \beta_{r-1} \lambda$,

$a_r = a_{r-1} \lambda$,

wenn

(5) $\lambda = (1-p)^2 (1-q)^2$

gesetzt wird. Daher ist

$\beta_r = \beta_{r-1} \lambda = \beta_{r-2} \lambda^2 = \beta_{r-3} \lambda^3 \ldots = \beta_1 \lambda^{r-1}$,

$a_r = a_{r-1} \lambda = a_{r-2} \lambda^2 = a_{r-3} \lambda^3 \ldots = a_2 \lambda^{r-2}$.

Es ist aber nach dem obigen

$\beta_1 = 1 - p$, $\quad a_2 = \beta_1 - w_1' = (1-p)(1-q)^2$,

womit alle anderen a und β gefunden werden können.

Anwendungen auf Glücksspiele.

A sowie B können im ersten oder zweiten oder dritten Wurfe gewinnen in inf.; die Wahrscheinlichkeiten überhaupt sind daher

für A: $W = w_1 + w_2 + w_3 + \ldots$
$= p + [1 - (1-p)^2] a_2 (1 + \lambda + \lambda^2 + \ldots),$

für B: $W' = w_1' + w_2' + \ldots$
$= [1 - (1-q)^2] \beta_1 (1 + \lambda + \lambda^2 + \ldots),$

daher
$$W = p + \frac{(1-p)(1-q)^2 [1-(1-p)^2]}{1-(1-p)^2(1-q)^2},$$
$$W' = \frac{(1-p)[1-(1-q)^2]}{1-(1-p)^2(1-q)^2},$$

und es ist, wie es sein muſs,
$$W + W' = 1.$$

Für die Annahme von Huyghens wird $p = \frac{5}{36}$, $q = \frac{6}{36}$, und daher
$$W = \frac{10355}{22631}; \quad W' = \frac{12276}{22631}.$$

Für $p = q$ wird hier
$$W = \frac{1-p+p^2}{1+(1-p)^2}; \quad W' = \frac{1-p}{1+(1-p)^2}; \quad W > W'.$$

44. Unter der Annahme, daſs jeder der Spieler jedesmal nur einen Wurf zu machen hat, werden unter sonst gleichen Bedingungen die Wahrscheinlichkeiten

für A: für B:

$w_1 = p,$ $w_1' = (1-w_1)q,$

$w_2 = (1-w_1-w_1')p,$ $w_2' = (1-w_1-w_1'-w_2)q,$

. . . .

$w_r = a_r p,$ $w_r' = \beta_r q,$

wobei a_r, β_r dieselbe Bedeutung haben, wie im vorigen Paragraphen; es ist also
$$\beta_r = a_r - w_r,$$
$$a_{r+1} = \beta_r - w_r',$$
und daraus:

$$\beta_r = a_r(1-p); \qquad a_{r+1} = \beta_r(1-q);$$
$$\beta_r = \beta_{r-1}\lambda; \qquad a_{r+1} = a_r\lambda;$$
$$\lambda = (1-p)(1-q);$$

demnach:

$$a_r = \lambda^{r-1}; \qquad \beta_r = \lambda^{r-1}(1-p);$$
$$w_r = \lambda^{r-1}p; \qquad w'_r = \lambda^{r-1}(1-p)q;$$
$$W = w_1 + w_2 + \ldots = \frac{p}{1-\lambda};$$
$$W' = w'_1 + w'_2 + \ldots = \frac{(1-p)q}{1-\lambda},$$

also:

$$W = \frac{p}{1-(1-p)(1-q)},$$
$$W' = \frac{(1-p)q}{1-(1-p)(1-q)}.$$

Man überzeugt sich leicht, daſs $W+W'=1$ ist.

Für $p = \frac{5}{36}$, $q = \frac{6}{36}$ wird hieraus $W = \frac{30}{61}$, $W' = \frac{31}{61}$.

Für $p = q$ wird:
$$W = \frac{p}{1-(1-p)^2}; \quad W' = \frac{p-p^2}{1-(1-p)^2}; \quad W > W'.$$

45. Genau in derselben Weise erfolgt die Lösung der Aufgabe, wenn angenommen wird, daſs jeder der beiden Spielenden n-mal würfelt, ehe er, wenn er den festgesetzten Wurf nicht erhält, das Spiel an den anderen abgiebt. Man findet dann leicht auf dieselbe Weise, da die Wahrscheinlichkeit in einem der n Würfe zu gewinnen für A: $1-(1-p)^n$; für B: $1-(1-q)^n$ ist:

$$W = p + \frac{(1-p)(1-q)^n[1-(1-p)^n]}{1-(1-p)^n(1-q)^n},$$
$$W' = \frac{(1-p)[1-(1-q)^n]}{1-(1-p)^n(1-q)^n}.$$

Wenn $p = q$ ist, (wenn z. B. A mit dem Wurfe 5, B mit dem Wurfe 9 gewinnt, für welche die Wahrscheinlichkeiten einander gleich, und zwar $\frac{1}{9}$ sind) wird:

Anwendungen auf Glücksspiele. 85

$$W = 1 - \frac{1-p}{1+(1-p)^n},$$

$$W' = \frac{1-p}{1+(1-p)^n},$$

$$W - W' = \frac{-(n-2)p + \binom{n}{2}p^2 - \binom{n}{3}p^3 + \cdots}{1+(1-p)^n}.$$

Für kleine p und q wird daher im allgemeinen, sobald $n > 2$ ist, $W < W'$.

Für den oben angenommenen Fall $p = q = \frac{1}{9}$ wird z. B. für $n = 3$:

$$W = \frac{593}{1241}; \quad W' = \frac{648}{1241}.$$

46. In ähnlicher Weise ist die Aufgabe zu lösen: Die beiden Spieler A und B spielen so, daſs erst A, sodann B einen Wurf haben, hierauf A, dann B zwei Würfe, sodann erst A, dann B drei Würfe u. s. w. jedesmal einen Wurf mehr. Man findet leicht die Wahrscheinlichkeiten:

für A:
$$w_1 = p,$$
$$w_2 = (1 - w_1 - w_1')[1 - (1-p)^2],$$
$$\cdots \cdots \cdots \cdots \cdots \cdots$$
$$w_r = a_r[1 - (1-p)^r].$$

für B:
$$w_1' = (1 - w_1)q,$$
$$w_2' = (1 - w_1 - w_1' - w_2)[1 - (1-q)^2],$$
$$\cdots \cdots \cdots \cdots \cdots \cdots$$
$$w_r' = \beta_r[1 - (1-q)^r],$$

wobei a_r und β_r wieder dieselbe Bedeutung haben, also auch:

$$\beta_r = a_r - w_r,$$
$$a_{r+1} = \beta_r - w_r',$$
$$\beta_r = a_r(1-p)^r,$$
$$a_{r+1} = \beta_r(1-q)^r,$$
$$\beta_r = \beta_{r-1}(1-p)^r(1-q)^{r-1},$$
$$a_{r+1} = a_r(1-p)^r(1-q)^r$$

ist, oder wenn:

III. Kapitel.

gesetzt wird:
$$(1-p)(1-q) = \lambda$$
$$\beta_r = \beta_{r-1}(1-p)\lambda^{r-1},$$
$$\alpha_r = \alpha_{r-1}\lambda^{r-1},$$

somit, da $\beta_1 = 1-p$; $\alpha_2 = \lambda$ ist:
$$\alpha_r = \lambda^{\frac{1}{2}r(r-1)}; \quad \beta_r = (1-p)^r \lambda^{\frac{1}{2}r(r-1)}.$$

Die weitere Summation jedoch ist hier nicht so einfach auszuführen, indem nicht nur der Koeffizient α_r, sondern auch der zweite Faktor $[1-(1-p)^r]$ bezw. $[1-(1-q)^r]$ mit r veränderlich ist.

47. Seien A_1, A_2, A_3 ... Urnen (z. B. verschiedener Farbe: weiſs, schwarz, rot ...); in diesen seien bezw. m_1, m_2, m_3 ... Kugeln, darunter a_1, a_2, a_3 ... weiſse Kugeln. In einer Urne A seien überdies a_1 weiſse, a_2 schwarze, a_3 rote Kugeln, zusammen n an Zahl. Es möge nun aus der Urne A eine Kugel gezogen werden; je nachdem diese weiſs, schwarz, rot ... ist, soll aus der gleichgefärbten der Urnen A_1, A_2, A_3 ... eine Kugel gezogen werden; wie groſs ist in diesem Falle die Wahrscheinlichkeit, bei diesem Zuge aus der Urne A_i, welche der Kugel aus der Gruppe a_i entspricht, eine weiſse Kugel zu erhalten?

Die Wahrscheinlichkeiten aus der Urne A eine weiſse, schwarze, rote ... Kugel zu ziehen, sind bezw.:
$$w_1 = \frac{a_1}{n}, \quad w_2 = \frac{a_2}{n}, \quad w_3 = \frac{a_3}{n} \ldots$$

und dieses sind die Wahrscheinlichkeiten, bezw. aus den Urnen A_1, A_2, A_3 ... zu ziehen.

Da nun die Wahrscheinlichkeit, aus der Urne A_1 eine weiſse Kugel zu ziehen $\frac{a_1}{m_1}$ ist, wenn aus der Urne A_1 zu ziehen ist, so wird die Wahrscheinlichkeit des Zuges einer weiſsen Kugel aus dieser Urne $w_1 \frac{a_1}{m_1}$; und ebenso sind die Wahrscheinlichkeiten für das Ziehen einer weiſsen Kugel aus den übrigen Urnen bezw.:
$$w_2 \frac{a_2}{m_2}, \quad w_3 \frac{a_3}{m_3} \quad \ldots \quad w_i \frac{a_i}{m_i},$$

daher die Wahrscheinlichkeit des Ziehens einer weifsen Kugel aus einer der Urnen überhaupt:

$$W = w_1 \frac{a_1}{m_1} + w_2 \frac{a_2}{m_2} + w_3 \frac{a_3}{m_3} + \ldots$$
$$= \frac{1}{n} \left[\frac{a_1 a_1}{m_1} + \frac{a_2 a_2}{m_2} + \frac{a_3 a_3}{m_3} + \ldots \right].$$

Ist $a_1 = a_2 = a_3 = \ldots = 1$, so wird dieser Ausdruck:

$$W = \frac{1}{n} \left(\frac{a_1}{m_1} + \frac{a_2}{m_2} + \frac{a_3}{m_3} + \ldots \right).$$

48. Moivres Problem. Eine Urne enthalte a mit 1, 2, ... a bezeichnete Kugeln. Man zieht eine Kugel, notiert die auf ihr befindliche Zahl und legt sie in die Urne zurück. Wie grofs ist die Wahrscheinlichkeit, dafs die Summe der in n Ziehungen hervorgegangenen Nummern gleich s ist?

Dieselbe Aufgabe kann auch folgendermafsen gefafst werden: n reguläre Polyeder von je a Seiten tragen an den verschiedenen Seiten die Zahlen 1, 2, ... a; wie grofs ist die Wahrscheinlichkeit, mit den n Polyedern die Summe s zu werfen?

Im ersteren Falle kann angenommen werden, dafs die Wahrscheinlichkeiten für das Eintreffen der verschieden bezeichneten Kugeln verschieden seien, und es seien die Wahrscheinlichkeiten für das Eintreffen der mit 1, 2, ... a bezeichneten Kugeln bezw. $w_1, w_2, \ldots w_a$. Im zweiten Falle wird die Wahrscheinlichkeit für das Erscheinen einer der Zahlen, d. i. einer der Seiten des Polyeders dieselbe sein; die Lösung geht dann aus der vorigen hervor, wenn $w_1 = w_2 = \ldots = w_a$ gesetzt wird.

Bei den n Ziehungen möge die Kugel mit der Zahl 1 ν_1-mal, die Kugel mit der Zahl 2 ν_2-mal u. s. w., die Kugel mit der Zahl a ν_a-mal erschienen sein; oder in der zweiten Fassung auf den n Würfeln mögen die Zahlen 1, 2, ... a, bezw. ν_1-, ν_2-, ... ν_a-mal auftreten. Dann mufs, da die Anzahl aller Zahlen (Ziehungen, Polyeder) n ist:

(1) $$\nu_1 + \nu_2 + \nu_3 + \ldots + \nu_a = n$$

sein, und, da die Summe aller erschienenen Zahlen s betragen soll, mufs

(2) $$1\nu_1 + 2\nu_2 + 3\nu_3 + \ldots + a\nu_a = s$$

werden. Alle Wertkombinationen von $\nu_1, \nu_2, \ldots \nu_a$, welche diesen Gleichungen Genüge leisten, werden als der gestellten Bedingung entsprechend anzusehen sein.

Die Wahrscheinlichkeit für das ν_1-malige Erscheinen der Zahl 1 ist aber $w_1^{\nu_1}$; die Wahrscheinlichkeit für das ν_2-malige Erscheinen der Zahl 2 ist $w_2^{\nu_2}$ u. s. w. ... die Wahrscheinlichkeit für das ν_a-malige Erscheinen der Zahl a ist $w_a^{\nu_a}$; daher die zusammengesetzte Wahrscheinlichkeit für das ν_1-malige Erscheinen der Zahl 1, mit dem ν_2-maligen Erscheinen der Zahl 2 u. s. w. in beliebiger Reihenfolge:

$$(3) \qquad W' = \frac{n!}{\nu_1! \, \nu_2! \ldots \nu_a!} w_1^{\nu_1} w_2^{\nu_2} \ldots w_a^{\nu_a}.$$

Da aber $\nu_1, \nu_2, \ldots \nu_a$ alle möglichen verschiedenen Werte annehmen können, welche den Bedingungen (1) und (2) genügen, so wird die Wahrscheinlichkeit für das Erscheinen der Summe s gleich der Summe der Wahrscheinlichkeiten W' genommen nach den ν, also:

$$(4) \qquad W = \sum_\nu \frac{n!}{\nu_1! \, \nu_2! \ldots \nu_a!} w_1^{\nu_1} w_2^{\nu_2} \ldots w_a^{\nu_a}.$$

für ν alle Werte, welche den Bedingungen (1) und (2) genügen.

Eine direkte Bestimmung dieser Wahrscheinlichkeit ist möglich für den zweiten Fall, wo die Wahrscheinlichkeiten $w_1, w_2, \ldots w_a$ einander gleich sind; in diesem Falle wird, wenn dann:

$$w_1 = w_2 = \ldots = w_a = w = \frac{1}{a}$$

gesetzt wird:

$$(5) \qquad W = \sum \frac{n!}{\nu_1! \, \nu_2! \, \nu_3! \ldots \nu_a!} w^{\nu_1 + \nu_2 + \ldots + \nu_a}.$$

Da aber für alle möglichen Kombinationen die Bedingung (1) erfüllt sein soll, so wird der Exponent für alle Summanden gleich n und man erhält dann, da sich die Summation nur auf die Koeffizienten zu erstrecken hat, wenn

$$(6) \qquad k = \sum_\nu \frac{n!}{\nu_1! \, \nu_2! \, \nu_3! \ldots \nu_a!}$$

gesetzt wird:

$$(7) \qquad W = k w^n.$$

49. Bestimmung des Koeffizienten k. Da dieser Koeffizient von den w unabhängig ist, so kann man für w spezielle Werte nehmen. Die Annahme $w_1 = w_2 = \ldots = w_a$ führt zu einer Bestimmung dieses Koeffizienten nicht. Setzt man jedoch:

$$w_1 = w, \ w_2 = w^2, \ w_3 = w^3, \ \ldots w_a = w^a,$$

so geht der Ausdruck W' über in:

(1) $$W' = \frac{n!}{\nu_1! \nu_2! \ldots \nu_a!} w^{\nu_1 + 2\nu_2 + 3\nu_3 + \ldots + a\nu_a}.$$

Dieser Ausdruck ist das allgemeine Glied der Entwickelung von

$$(w_1 + w_2 + w_3 + \ldots + w_a)^n,$$

wobei bereits die Bedingung implicite enthalten ist, dafs $\nu_1 + \nu_2 + \ldots + \nu_a = n$ ist. Der Ausdruck (1) wird daher das allgemeine Glied der Entwickelung von:

$$(w + w^2 + w^3 + \ldots + w^a)^n,$$

wobei ebenfalls auf die Bedingung (1) des § 48 nicht weiter Rücksicht genommen zu werden braucht, weil sie in dieser Darstellungsform bereits erfüllt ist. Nimmt man nun in dem allgemeinen Gliede (1) dieser Entwickelung noch die Bedingung (2) § 48 hinzu, so wird für alle möglichen hier in Betracht kommenden Kombinationen der ν der Exponent in (1) gleich s, d. h. in der Entwickelung von

(2) $$(w + w^2 + w^3 + \ldots + w^a)^n = \sum_{s=1}^{an} w^s \sum \frac{n!}{\nu_1! \nu_2! \ldots \nu_a!} = \sum_{s=1}^{an} k w^s$$

erscheint der Koeffizient k als der Koeffizient der s^{ten} Potenz von w. Nun ist

$$(w + w^2 + w^3 + \ldots + w^a)^n$$
$$= w^n (1 + w + w^2 + \ldots + w^{a-1})^n$$
$$= w^n \frac{(1 - w^a)^n}{(1 - w)^n} = w^n (1 - w^a)^n (1 - w)^{-n},$$

und man hat daher

$$(1 - w^a)^n (1 - w)^{-n} = \Sigma k w^{s-n}.$$

Es ist aber

III. Kapitel.

$$(1-w^a)^n =$$
$$= 1 - \binom{n}{1} w^a + \binom{n}{2} w^{2a} - \binom{n}{3} w^{3a} + \cdots + (-1)^\varrho \binom{n}{\varrho} w^{\varrho a}$$

$$(1-w)^{-n} =$$
$$= 1 + \binom{n}{1} w + \binom{n+1}{2} w^2 + \binom{n+2}{3} w^3 + \cdots + \binom{n+\sigma-1}{\sigma} w^\sigma.$$

Sucht man hier den Koeffizienten der $(s-n)^{\text{ten}}$ Potenz heraus, so findet man leicht, dafs der erste Ausdruck der ersten Zeile (die Einheit) mit $\binom{s-1}{s-n} w^{s-n}$, der zweite Ausdruck $\binom{n}{1} w^a$ mit $\binom{s-1-a}{s-n-a} w^{s-n-a}$ u. s. w. zu multiplizieren sind, so dafs

(3) $\quad k = \binom{s-1}{s-n} - \binom{s-1-a}{s-n-a}\binom{n}{1} + \binom{s-1-2a}{s-n-2a}\binom{n}{2} - \cdots$

wird; da aber
$$\binom{r}{\varrho} = \binom{r}{\varrho-1}$$
ist, so läfst sich dieser Ausdruck auch schreiben:

(4) $\quad k = \binom{s-1}{n-1} - \binom{n}{1}\binom{s-a-1}{n-1} + \binom{n}{2}\binom{s-2a-1}{n-1} -$
$\qquad\qquad - \binom{n}{3}\binom{s-3a-1}{n-1} + \cdots,$

der Ausdruck ist bis zum kleinsten positiven Werte von $s - \varrho a - 1$ fortzusetzen.*)

50. Eine Urne enthält r mit 1, ebensoviele mit 2, ebensoviele mit 3 ... und ebenfalls r mit n bezeichnete Kugeln. Nach und nach werden alle Kugeln gezogen. Wie grofs ist die Wahrscheinlichkeit, dafs mindestens 1 oder 2 oder 3 ... oder i Kugeln in der durch ihre Nummern bezeichneten Reihenfolge erscheinen? (Laplace, *Theorie analytique des probabilités*, Oeuvres Bd. VII, S. 236.)

---

*) In Meyer-Czuber ist hier noch eine Formel abgeleitet für den Fall, dafs $s = \infty$, $a = \infty$, so dafs $\frac{s}{a} = \sigma$ einen endlichen Wert hat. Die erhaltene Formel ist jedoch eine divergente Reihe und die Anwendung auf das dort gegebene Beispiel, wie man sofort sieht, unrichtig.

Anwendungen auf Glücksspiele.

Da die höchste auf allen $s = rn$ Kugeln vorkommende Nummer n ist, so können die Kugeln überhaupt nur in den ersten n Ziehungen ihrer Rangfolge entsprechend auftreten, da bei allen späteren Ziehungen der Rang der gezogenen Kugel $\geq n + 1$ wäre, aber keine Kugel mit einer höheren Zahl als n bezeichnet ist; es genügt daher, die n in den ersten n Ziehungen auftretenden Zahlen zu betrachten.

Für diese n Ziehungen ist die Zahl aller möglichen Fälle, die Zahl der Variationen von s Elementen zur n^{ten} Klasse, also

(1) $$N = \frac{s!}{(s-n)!}$$

Die der Aufgabe günstigen Fälle hierunter sind jene, in denen irgend eine oder mehrere Kugeln in derjenigen Ziehung erscheinen, welche ihrer Nummer entspricht, d. h. wenn z. B. die mit α, β, γ bezeichneten Kugeln bezw. in der α^{ten}, β^{ten}, γ^{ten} Ziehung erscheinen. Es kann nun die 1., 2., 3.; die 1., 2., 4.; die 1., 3., 4.; die 2., 3., 4; die 1., 3., 5. u. s. w. Kugel an ihrem Platze erscheinen; die Zahl der dem Erscheinen von 3 Kugeln an ihrem Platze günstigen Fälle ist also gleich der Zahl der Kombinationen von n Elementen zur 3. Klasse, und ebenso die Zahl der dem Erscheinen von i Kugeln an ihrem Range günstigen Fälle gleich der Zahl der Kombinationen von n Elementen zur i^{ten} Klasse, also $\binom{n}{i}$. Natürlich wird für das Erscheinen einer einzigen Kugel die Zahl $\binom{n}{1} = n$ sein, und in der That kann jede der Kugeln 1, 2, 3 ... n an dem ihrem Range entsprechenden Platze auftreten. Nachdem aber jede einzelne Nummer r mal erscheint, so kann hier jede der r Kugeln (sie mögen für einen Augenblick mit $1', 1'', 1''', \ldots 1^{(r)}; 2', 2'', 2''', \ldots 2^{(r)}; \ldots n', n'', \ldots n^{(r)}$ bezeichnet werden), welche dieselbe Zahl trägt, ihren Platz annehmen. Für das Erscheinen je einer Kugel wird also diese Zahl $\binom{n}{1} r$; wenn zwei Kugeln, z. B. die beiden Kugeln 1 und 2, an ihrem Range gezogen werden, so kann dieses wieder für jede der r verschiedenen Kugeln gelten, und es kann sich dabei jede der Zahlen $1', 1'', \ldots 1^{(r)}$ mit $2', 2'', \ldots 2^{(r)}$ kombinieren; diese verschiedenen Kombinationen können daher r^2 mal auftreten; alle Kombinationen daher $\binom{n}{2} r^2$ mal; bei dem Auftreten von 3 Kugeln ihrem Range entsprechend werden die r Kugeln 1 mit den r Kugeln 2 und mit den r Kugeln 3 sich r^3 mal kombinieren lassen, weil jede Kugel der einen Art mit jeder der anderen Art kombiniert auftreten kann, und ebenso bei der Kombination von i Kugeln r^i mal; und da dieses für jede der verschiedenen Kugelkombinationen gilt, so treten diese Kombinationen von i Kugeln $\binom{n}{i} r^i$ mal auf.

Nun wird aber jede einzelne dieser Kombinationen mit der Variation aller übrigen $(s-i)$ Kugeln vereinigt, immer einen die Bedingungen der Aufgabe erfüllenden Fall geben; alle der Aufgabe günstigen Fälle sind daher so oftmal $\binom{n}{i} r^i$, als sich aus den übrigen $(s-i)$ Kugeln Variationen zur $(n-i)^{\text{ten}}$ Klasse bilden lassen, indem für die n Ziehungen nebst denjenigen i Ziehungen, für welche die Koinzidenz der Kugelnummer mit dem Ziehungsrange geben, noch $(n-i)$ Ziehungen nötig sind. Die Zahl dieser Variationen ist $\dfrac{(s-i)!}{(s-n)!}$, daher die Gesamtzahl der Fälle, in denen mindestens i Kugeln in derjenigen Ziehung gezogen werden, welche durch die auf ihr befindliche Zahl angegeben wird:

(2) $$Z_i' = \binom{n}{i} r^i \frac{(s-i)!}{(s-n)!}.$$

Allein in dieser Zahl sind noch eine Reihe von Fällen doppelt enthalten. Die Zahl der Fälle für $i = 1, 2, 3 \ldots i$ wäre nach (2)

(2a) $$Z_1' = nr\frac{(s-1)!}{(s-n)!} = \frac{s!}{(s-n)!}; \quad Z_2' = \binom{n}{2} r^2 \frac{(s-2)!}{(s-n)!};$$
$$Z_3' = \binom{n}{3} r^3 \frac{(s-3)!}{(s-n)!} \ldots$$

Schon die Vergleichung der ersten dieser Zahlen in (2a) mit der Gesamtzahl der Fälle (1) zeigt, dafs dieses unmöglich alle günstigen Fälle sein können; denn in diesen Zahlen

Anwendungen auf Glücksspiele.

werden natürlich einzelne der Kugeln nicht an der ihrem Range entsprechenden Stelle erscheinen, und dennoch ist die erste der Zahlen in (2a) identisch mit der Gesamtzahl aller Fälle in (1). In der That sind in jeder der Zahlen alle jene Fälle doppelt gezählt, in denen mehr als eine Kugel an der ihrem Range entsprechenden Stelle erscheint. Sei Z_i die Zahl der Fälle, in denen mindestens i Kugeln an der ihrem Range entsprechenden Stelle erscheinen, so wird jedenfalls $Z_i < Z_i'$ sein müssen, denn in Z_i' sind alle Kombinationen, in denen i Kugeln an der ihrem Range entsprechenden Stelle erscheinen mit allen möglichen Variationen der übrigen Kugeln, also auch mit jenen, wo von den übrigen Kugeln noch eine oder mehrere an ihrer Stelle erscheinen, in denen also nicht nur i, sondern auch wenigstens $i+1$ Kugeln an ihrer Stelle erscheinen, dieses sind aber die doppelt gezählten Fälle, denn sie erscheinen dort, wo die Kugeln

$a, a_1, a_2, \ldots a_i$ an ihrer Stelle erscheinen,

wenn überdies noch die Kugel a_i' an ihrer Stelle erscheint, und dort, wo die Kugeln

$a, a_1, a_2 \ldots a_i'$ an ihrer Stelle erscheinen und überdies noch die Kugel a_i an ihrer Stelle auftritt.

Will man daher die Zahl Z_i erhalten, so muſs man von Z_i' jene Fälle Z_{i+1} abziehen, in denen mindestens $i+1$ Kugeln an ihrer Stelle erscheinen; man hat daher

(3) $$Z_i = Z_i' - Z_{i+1}.$$

Nun ist $Z_n' = Z_n$, die Zahl der Fälle, in denen alle n Kugeln an ihrer Stelle erscheinen, nämlich

$$Z_n' = Z_n = \binom{n}{n} r^n \frac{(s-n)!}{(s-n)!} = r^n.$$

Demnach wird

$Z_{n-1} = Z_{n-1}' - Z_n'$

$Z_{n-2} = Z_{n-2}' - Z_{n-1} = Z_{n-2}' - Z_{n-1}' + Z_n'$

$Z_{n-3} = Z_{n-3}' - Z_{n-2} = Z_{n-3}' - Z_{n-2}' + Z_{n-1}' - Z_n'$

. . . .

$Z_i = Z_i' - Z_{i+1}' + Z_{i+2}' - Z_{i+3}' \ldots + (-1)^{n-1} Z_n',$

daher
$$Z_i = \binom{n}{i} r^i \frac{(s-i)!}{(s-n)!} - \binom{n}{i+1} r^{i+1} \frac{(s-i-1)!}{(s-n)!} +$$
(4)
$$+ \binom{n}{i+2} r^{i+2} \frac{(s-i-2)!}{(s-n)!} - \cdots + (-1)^{n-i} r^n$$

und

$$Z_1 = \frac{s!}{(s-n)!} - \binom{n}{2} r^2 \frac{(s-2)!}{(s-n)!} +$$
(4a)
$$+ \binom{n}{3} r^3 \frac{(s-3)!}{(s-n)!} - \cdots + (-1)^{n-1} r^n$$

Für die Wahrscheinlichkeit, daſs i bezw. eine Kugel an der ihrem Range entsprechenden Stelle erscheint, erhält man daher
$$W_i = \frac{Z_i}{N} \quad \text{und} \quad W_1 = \frac{Z_1}{N}$$

und durch Substitution:

$$W_i = \binom{n}{i} r^i \frac{(s-i)!}{s!} - \binom{n}{i+1} r^{i+1} \frac{(s-i-1)!}{s!} +$$
(5)
$$+ \binom{n}{i+2} r^{i+2} \frac{(s-i-2)!}{s!} - \cdots + (-1)^{n-i} r^n \frac{(s-n)!}{s!}$$

$$W_1 = 1 - \binom{n}{2} r^2 \frac{(s-2)!}{s!} + \binom{n}{3} r^3 \frac{(s-3)!}{s!} - \cdots$$
(5a)
$$+ (-1)^{n-1} r^n \frac{(s-n)!}{s!}$$

Die Wahrscheinlichkeit, daſs keine Kugel an der ihrem Range entsprechenden Stelle erscheint, ist

$$W' = 1 - W_1 = \binom{n}{2} r^2 \frac{(s-2)!}{s!} - \cdots + (-1)^{n-1} r^n \frac{(s-n)!}{s!}$$
(6)
$$= \frac{1}{s!}\Big[s! - \binom{n}{1} r(s-1)! + \binom{n}{2} r^2 (s-2)! - \binom{n}{3} r^3 (s-3)! + \cdots$$
$$+ (-1)^{n-1} r^n (s-n)!\Big]$$

51. Formeln für groſse Werte von n.
Da bekanntlich
$$\int_0^\infty x^\varrho e^{-x} dx = \varrho!$$

ist, so kann man schreiben

$$W' = \frac{1}{\int_0^\infty x^s e^{-x} dx} \int_0^\infty \left\{ x^s - \binom{n}{1} r x^{s-1} + \binom{n}{2} r^2 x^{s-2} - \binom{n}{3} r^3 x^{s-3} + \cdots \right.$$

(1) $$\left. + (-1)^{n-1} r^n x^{s-n} \right\} e^{-x} dx$$

$$= \frac{1}{\int_0^\infty x^s e^{-x} dx} \int_0^\infty x^{s-n} (x-r)^n e^{-x} dx,$$

wobei $s = rn$ ist. Für sehr grofse Werte von r ergiebt sich aber, da $rn = s$ als sehr grofs anzunehmen ist:

$$\int_0^\infty x^{rn-n} (x-r)^n e^{-x} dx = \frac{\sqrt{2\pi}\, (rn)^{rn+\frac{1}{2}} e^{-rn} \left(1 - \frac{1}{n}\right)^{n+1} \sqrt{r}}{\sqrt{(r-1)\left(1-\frac{1}{n}\right)^2 + 1}}$$

und

$$\int_0^\infty x^{rn} e^{-x} dx = (rn)^{rn+\frac{1}{2}} e^{-rn} \sqrt{2\pi},$$

demnach

(2) $$W' = \frac{\left(1 - \frac{1}{n}\right)^{n+1} \sqrt{r}}{\sqrt{(r-1)\left(1-\frac{1}{n}\right)^2 + 1}} = \frac{\left(1 - \frac{1}{n}\right)^{n+1}}{\sqrt{\left(1-\frac{1}{r}\right)\left(1-\frac{1}{n}\right)^2 + \frac{1}{r}}}$$

oder, da r sehr grofs vorausgesetzt wird,

(3) $$W' = \left(1 - \frac{1}{n}\right)^n.$$

Zur Berechnung würde die Reihe divergent, und ist es vorzuziehen, der Formel die Form zu geben:

(4) $$W' = \frac{1}{\left(1 - \frac{1}{n}\right)^{-n}}$$

$$= \frac{1}{2 + \frac{1}{2!}\left(1 + \frac{1}{n}\right) + \frac{1}{3!}\left(1 + \frac{1}{n}\right)\left(1 + \frac{2}{n}\right) + \frac{1}{4!}\left(1 + \frac{1}{n}\right)\left(1 + \frac{2}{n}\right)\left(1 + \frac{3}{n}\right) \cdots}$$

III. Kapitel.

Dieser Wert wird für lim $n = \infty$:
$$\lim \left(1 - \frac{1}{n}\right)^n = \frac{1}{e} = \frac{1}{2{,}71828\ldots}.$$

Hat man daher r Gruppen von je n mit den Ziffern 1, 2, 3 ... n bezeichneten Kugeln, so wird, wenn r sehr grofs wird, die Wahrscheinlichkeit, dafs bei den fortgesetzten Ziehungen keine der gezogenen Kugeln mit den durch ihre Zahl bezeichneten Zügen erscheint, sich dem Werte W' umsomehr nähern, je gröfser r ist, und dem Werte $\frac{1}{2{,}71828\ldots}$ umsomehr, je gröfser die Zahl n der in einer Gruppe befindlichen Kugeln ist. Daher ist im letzteren Falle die Wahrscheinlichkeit, dafs eine Kugel in dem durch ihre Ziffer bezeichneten Zuge gezogen wird, nahe $\frac{1{,}71828\ldots}{2{,}71828\ldots}$, d. i. nahe $\frac{1}{1{,}582} = 0{,}6321$.

52. Grofse Werte von r. Die Zahl W' läfst sich auch noch schreiben:

(1)
$$W' = 1 - \binom{n}{1}\frac{r}{s} + \binom{n}{2}\frac{r^2}{s(s-1)} - \binom{n}{3}\frac{r^3}{s(s-1)(s-2)} + \cdots$$
$$+ (-1)^{n-1}\frac{r^n}{s(s-1)\ldots(s-n+1)}$$
$$= 1 - \frac{nr}{s} + \frac{nr(nr-r)}{1\cdot 2\cdot s(s-1)} - \frac{nr(nr-r)(nr-2r)}{1\cdot 2\cdot 3\cdot s(s-1)(s-2)} + \cdots$$

oder, da $nr = s$ ist:
$$W' = \frac{s(s-r)}{1\cdot 2\cdot s(s-1)} - \frac{s(s-r)(s-2r)}{1\cdot 2\cdot 3\cdot s(s-1)(s-2)} \cdots$$
$$+ (-1)^n \frac{nr(nr-r)(nr-2r)\ldots(nr-(n-1)r)}{1\cdot 2\cdot 3\ldots n\cdot s(s-1)\ldots(s-n+1)}$$

oder
(2)
$$W' = \frac{s-r}{1\cdot 2(s-1)} - \frac{(s-r)s - 2r)}{1\cdot 2\cdot 3(s-1)(s-2)}$$
$$+ \frac{(s-r)(s-2r)(s-3r)}{1\cdot 2\cdot 3\cdot 4(s-1)(s-2)(s-3)} - \cdots$$
$$+ (-1)^n \frac{(s-r)(s-2r)\ldots r}{1\cdot 2\cdot 3\ldots n(s-1)(s-2)\ldots(s-n+1)}.$$

Da nun
$$\frac{s-ir}{s-i} = \frac{s-i+i-ir}{s-i} = 1 - \frac{i}{s-i}(r-1)$$
ist, so wird, wenn $r-1 = \varrho$ gesetzt wird,

(3)
$$\begin{aligned}W' =\ & \frac{1}{2!}\left(1-\frac{1}{s-1}\varrho\right) - \frac{1}{3!}\left(1-\frac{1}{s-1}\varrho\right)\left(1-\frac{2}{s-2}\varrho\right) \\ & + \frac{1}{4!}\left(1-\frac{1}{s-1}\varrho\right)\left(1-\frac{2}{s-2}\varrho\right)\left(1-\frac{3}{s-3}\varrho\right) - \cdots \\ & + (-1)^n \frac{1}{n!}\left(1-\frac{1}{s-1}\varrho\right)\left(1-\frac{2}{s-2}\varrho\right)\cdots\left(1-\frac{n-1}{s-n+1}\varrho\right).\end{aligned}$$

welcher Wert sich auch schreiben läfst

(4)
$$\begin{aligned}W' =\ & \frac{1}{2!}\left(1-\frac{1}{s-1}\varrho\right)\Bigg[1-\frac{1}{3}\left(1-\frac{2}{s-2}\varrho\right) \\ & \bigg[1-\frac{1}{4}\left(1-\frac{3}{s-3}\varrho\right)\left(1-\frac{1}{5}\left(1-\frac{4}{s-4}\varrho\right)\left\{1-\cdots\right.\right. \\ & \left.\left.-\frac{1}{n}\left(1-\frac{n-1}{s-n+1}\varrho\right)\right\}\bigg)\bigg]\Bigg],\end{aligned}$$

nach welcher Formel für jeden beliebigen Wert von r und n (und dem zugehörigen $r-1 = \varrho$, $nr = s$) der Wert von $W_1 = 1 - W'$ gerechnet werden kann.

Ist n, daher auch s, gegenüber r sehr grofs, so erhält man hierfür als Grenze, falls $n = \infty$:

$$W_0' = \frac{1}{1\cdot 2} - \frac{1}{1\cdot 2\cdot 3} + \frac{1}{1\cdot 2\cdot 3\cdot 4} - \cdots = \frac{1}{e}$$

von r unabhängig.

Hat man demnach eine beliebige Anzahl von Gruppen, in deren jeder eine sehr grofse Anzahl n von mit $1, 2, 3 \ldots n$ bezeichneten Kugeln sind, so wird die Wahrscheinlichkeit, dafs man in den aufeinander folgenden Zügen keine Kugel zieht, welche die der Ordnungszahl des Zuges entsprechende Zahl trägt, um so näher $\frac{1}{2{,}71828\ldots}$, je gröfser die Anzahl n der Kugeln ist, unabhängig von der Zahl der Gruppen r.

III. Kapitel.

53. Eine Lotterie bestehe aus m Nummern, in jeder Ziehung werden n davon gezogen; wie groſs ist die Wahrscheinlichkeit W, daſs k beliebig gewählte Nummern herauskommen?

Unter den n gezogenen Nummern können die k gewählten Nummern so oft vorkommen, als sich Kombinationen der n Elemente zur k^{ten} Klasse bilden lassen. Denn die k Nummern können an den Stellen erscheinen:

1, 2, 3 ... $k-1$, k,
1, 2, 3 ... $k-1$, $k+1$,
1, 2, 3 ... $k-1$, $k+2$,
. . . .
. . . .
1, 2, 3 ... $k-1$, n,
2, 3, 4 ... k, $k+1$.
. . . .

Diese Fälle sind der gestellten Aufgabe günstig, alle möglichen Fälle aber erhält man, wenn man sich die k Nummern über alle m Nummern der Lotterie verteilt denkt, so daſs dieselben an allen möglichen Stellen (auch an den nicht gezogenen) auftreten. Die Zahl dieser Fälle ist daher gleich der Anzahl der Kombinationen aller m Elemente zur k^{ten} Klasse.

Es ist aber die Zahl der Kombinationen von n Elementen zur k^{ten} Klasse $\binom{n}{k}$, ferner die Zahl der Kombinationen von m Elementen zur k^{ten} Klasse $\binom{m}{k}$; demnach die Wahrscheinlichkeit

$$W = \frac{\binom{n}{k}}{\binom{m}{k}} = \frac{n(n-1)(n-2)\ldots(n-k+1)}{m(m-1)(m-2)\ldots(m-k+1)}.$$

Bei der gewöhnlichen Klassenlotterie, bei welcher 90 Nummern sind, von denen bei jeder Ziehung 5 gezogen werden, ist $m = 90$, $n = 5$, es ist daher die Wahrscheinlichkeit für das Ziehen eines

Anwendungen auf Glücksspiele.

Extrato: $k=1$: $\binom{m}{1} = 90$; $\binom{n}{1} = 5$; $W = \dfrac{1}{18}$,

Ambo: $k=2$: $\binom{m}{2} = 4005$; $\binom{n}{2} = 10$; $W = \dfrac{1}{400{,}5}$,

Terno: $k=3$: $\binom{m}{3} = 117480$; $\binom{n}{3} = 10$; $W = \dfrac{1}{11748}$,

Quarterno: $k=4$: $\binom{m}{4} = 2555190$; $\binom{n}{4} = 5$; $W = \dfrac{1}{511038}$,

Quinterno: $k=5$: $\binom{m}{5} = 43949268$; $\binom{n}{5} = 1$; $W = \dfrac{1}{43949268}$

54. Eine Lotterie besteht aus m Nummern; davon sind a einziffrig, b zweiziffrig. In jeder Ziehung werden μ Nummern gezogen; wie groſs ist die Wahrscheinlichkeit, daſs l der Nummern einziffrig, und wie groſs ist die Wahrscheinlichkeit, daſs mindestens l derselben einziffrig sind?

Die Aufgabe ist ähnlich der in den §§ 17, 18 und 19 gelösten. Die Ziehungen von einziffrigen und zweiziffrigen Nummern sind nämlich als Ereignisse verschiedener Art aufzufassen, die sich gegenseitig ausschlieſsen. Ist die Wahrscheinlichkeit für das Ziehen einer einziffrigen Zahl p, diejenige für das Ziehen einer zweiziffrigen q, so ist, da entweder eine ein- oder eine zweiziffrige Zahl gezogen werden muſs,
$$p + q = 1.$$
Die Frage könnte also auch so gestellt werden: In einer Urne sind m Kugeln, darunter a weiſse, b schwarze; es werden μ Kugeln gezogen; wie groſs ist die Wahrscheinlichkeit, daſs l der Kugeln weiſs, und wie groſs die Wahrscheinlichkeit, daſs mindestens l der Kugeln weiſs sind?

Würde die gezogene Kugel bezw. die gezogene Nummer wieder zurückgelegt, so wird jedes folgende Ereignis von dem vorhergehenden unabhängig; für jeden Zug gelten dann dieselben Wahrscheinlichkeiten p, bezw. q, und die Lösung der Aufgabe wäre unmittelbar durch die Formeln der genannten Paragraphen gegeben. Wird jedoch die Kugel bezw. die Zahl nicht zurückgelegt, so ist jedes folgende Ereignis von dem vorhergehenden abhängig, und man hat

III. Kapitel.

die Formeln des § 16 anzuwenden. Für die Wahrscheinlichkeit, daſs in μ Zügen l weiſse und $m = \mu - l$ schwarze Kugeln gezogen werden, war gefunden

$$(1) \quad w = \frac{\binom{a}{l}\binom{b}{\mu - l}}{\binom{a+b}{\mu}},$$

weil in diesem Falle $m = \mu - l$ und $s = a + b$ ist.

Die Wahrscheinlichkeit, daſs mindestens l Kugeln oder Nummern der einen Art a gezogen werden, ergiebt sich hieraus als die Summe der Wahrscheinlichkeiten, daſs l oder $l+1$ oder $l+2$ oder $l+m = \mu$ Kugeln gezogen werden, also:

$$(2) \quad W = \frac{1}{\binom{a+b}{\mu}}\left[\binom{a}{l}\binom{b}{\mu-l} + \binom{a}{l+1}\binom{b}{\mu-l-1} + \cdots + \binom{a}{\mu-1}\binom{b}{1} + \binom{a}{\mu}\right].$$

Ebenso folgt die Wahrscheinlichkeit, daſs mindestens l und höchstens $l + \lambda$ Nummern der einen Art a erscheinen,

$$(3) \quad W' = \frac{1}{\binom{a+b}{\mu}}\left[\binom{a}{l}\binom{b}{m} + \binom{a}{l+1}\binom{b}{m-1} + \cdots + \binom{a}{l+\lambda-1}\binom{b}{m-\lambda+1} + \binom{a}{l+\lambda}\binom{b}{m-\lambda}\right].$$

Die Wahrscheinlichkeit, daſs mindestens eine Nummer der Gruppe a erscheint, ist

$$W_1 = \frac{1}{\binom{a+b}{\mu}}\left[\binom{a}{1}\binom{b}{\mu-1} + \binom{a}{2}\binom{b}{\mu-2} + \cdots + \binom{a}{\mu-1}\binom{b}{1} + \binom{a}{\mu}\right]$$

$$= 1 - \frac{\binom{b}{\mu}}{\binom{a+b}{\mu}} = 1 - \frac{b!}{(a+b)!}\frac{(a+b-\mu)!}{(b-\mu)!}.$$

Die Wahrscheinlichkeit, bei der gewöhnlichen Zahlenlotterie, $a+b=90$, $a=9$, $b=81$, $\mu=5$, mindestens eine einziffrige Zahl zu ziehen, ist daher

$$1 - \frac{81!}{90!}\frac{85!}{76!} = 1 - \frac{81 \cdot 80 \cdot 79 \cdot 78 \cdot 77}{90 \cdot 89 \cdot 88 \cdot 87 \cdot 86}$$
$$= 1 - 0{,}582981 = 0{,}417019.$$

55. Dieselbe Formel löst auch die folgende Aufgabe: Eine beratende Versammlung besteht aus m Mitgliedern; von diesen bilden a die Majorität, b die Minorität. Zur Bildung einer μ-gliedrigen Kommission werden μ Ziehungen gemacht. Wie groſs ist die Wahrscheinlichkeit, daſs mindestens $l = \frac{\mu}{2}+1$ Mitglieder der Kommission der Majorität angehören? Die Lösung liegt in Formel (2); und wie groſs ist die Wahrscheinlichkeit, daſs mindestens $l = \frac{\mu}{2}+1$ und höchstens $l+\lambda = \frac{\mu}{2}+\lambda+1$ Mitglieder der Majorität angehören? Lösung durch Formel (3).

Die Wahrscheinlichkeit, daſs gerade $l = \frac{\mu}{2}+1$ Mitglieder der Majorität und $l' = \frac{\mu}{2}-1$ der Minorität angehören, daſs also die Majorität der Kommission auch der Majorität der Versammlung angehört, ist

$$(1) \quad w' = \frac{1}{\binom{a+b}{\mu}}\binom{a}{l}\binom{b}{\mu-l} = \frac{1}{\binom{a+b}{\mu}}\binom{a}{\frac{\mu}{2}+1}\binom{b}{\frac{\mu}{2}-1}.$$

Die Wahrscheinlichkeit, daſs $\left(\frac{\mu}{2}+1\right)$ Mitglieder der Minorität, $\left(\frac{\mu}{2}-1\right)$ Mitglieder der Kommission der Majorität angehören, daſs also die absolute Majorität der Kommission der Minorität der beratenden Versammlung angehört, ist

$$(2) \quad w'' = \frac{1}{\binom{a+b}{\mu}}\binom{a}{\frac{\mu}{2}-1}\binom{b}{\frac{\mu}{2}+1}.$$

III. Kapitel.

Das Verhältnis dieser beiden Wahrscheinlichkeiten ist

$$(3) \quad \frac{w'}{w''} = \frac{\binom{a}{\frac{\mu}{2}+1}\binom{b}{\frac{\mu}{2}-1}}{\binom{a}{\frac{\mu}{2}-1}\binom{b}{\frac{\mu}{2}+1}} = \frac{\left(a-\frac{\mu}{2}+1\right)\left(a-\frac{\mu}{2}\right)}{\left(b-\frac{\mu}{2}+1\right)\left(b-\frac{\mu}{2}\right)}.$$

Besteht die Kommission aus einer ungeraden Zahl von Mitgliedern, so wird die absolute Majorität derselben $\frac{\mu+1}{2}$ und man hat

$$w' = \frac{1}{\binom{a+b}{\mu}}\binom{a}{\frac{\mu+1}{2}}\binom{b}{\frac{\mu-1}{2}},$$

$$w'' = \frac{1}{\binom{a+b}{\mu}}\binom{a}{\frac{\mu-1}{2}}\binom{b}{\frac{\mu+1}{2}}.$$

$$\frac{w'}{w''} = \frac{a-\frac{\mu-1}{2}}{b-\frac{\mu-1}{2}}.$$

Bei sehr grofsen a und b gegenüber μ nähert sich daher diese Wahrscheinlichkeit im ersten Falle dem Werte $\left(\frac{a}{b}\right)^2$, im zweiten Falle dem Werte $\left(\frac{a}{b}\right)$.

Sei z. B. $a = 200$, $b = 100$, $\mu = 6$, so wird das Verhältnis der Wahrscheinlichkeiten nahe 4; ist aber $\mu = 5$, so wird dieses Verhältnis nahe 2; die betreffenden Werte sind 4,1034 und 2,0204.

Die Verhältnisse werden daher unter der Annahme, dafs die Mitglieder der Kommission ausgelost werden, für die Majorität günstiger, wenn die Kommission aus einer ungeraden Anzahl von Mitgliedern besteht.

Welches ist die Wahrscheinlichkeit, dafs das Verhältnis der Majorität und Minorität in der Kommission dasselbe ist, wie in der beratenden Versammlung selbst? In diesem Falle mufs

Anwendungen auf Glücksspiele.

sein, demnach:
$$l : l' = a : b = \frac{1}{\varkappa},$$
$$l + l' = \mu,$$
$$a + b = m$$
$$l' = \varkappa l,$$
$$l = \frac{\mu}{1 + \varkappa},$$
$$l' = \frac{\varkappa \mu}{1 + \varkappa},$$

wobei jedoch für l und l' die den gefundenen Brüchen nächstgelegenen ganzen Zahlen zu nehmen sind.

Für das obige Beispiel sei $\varkappa = \frac{1}{2}$, demnach:

für $\mu = 6$; $l = 4$; $l' = 2$;

die Wahrscheinlichkeit hierfür ist $\frac{1}{3{,}007}$;

für $\mu = 5$; $l = 3\left(3\frac{1}{3}\right)$; $l' = 2\left(1\frac{2}{3}\right)$;

die Wahrscheinlichkeit hierfür ist $\frac{1}{3{,}012}$.

56. Eine Urne enthalte m Kugeln; man nimmt eine gewisse Anzahl heraus; wie grofs ist die Wahrscheinlichkeit, dafs diese Anzahl gerade ist, und wie grofs die Wahrscheinlichkeit, dafs sie ungerade ist?

Die Zahl der ungeraden Kombinationen ist gleich der Summe der Anzahl der Kombinationen von m Kugeln zur 1., 3., 5. ... Klasse, also:

(1) $$s_1 = \binom{m}{1} + \binom{m}{3} + \binom{m}{5} + \cdots$$

Die Zahl der geraden Kombinationen ist ebenso gleich der Summe der Anzahl der Kombinationen von m Elementen (Kugeln) zur 2., 4., 6. ... Klasse, also:

(2) $$s_2 = \binom{m}{2} + \binom{m}{4} + \binom{m}{6} + \cdots$$

Die erste dieser Summen s_1 giebt die der Ziehung einer ungeraden Anzahl günstigen Fälle, die zweite Summe die der

III. Kapitel.

Ziehung einer geraden Anzahl günstigen Fälle; die Anzahl aller möglichen Fälle ist:
$$s_1 + s_2.$$

Die Wahrscheinlichkeit, daſs die gezogene Anzahl ungerade ist, wird demnach:
$$w_1 = \frac{s_1}{s_1 + s_2};$$
die Wahrscheinlichkeit, daſs die gezogene Anzahl gerade ist, wird:
$$w_2 = \frac{s_2}{s_1 + s_2}.$$

Nun hat man
$$(1+x)^m = 1 + \binom{m}{1}x + \binom{m}{2}x^2 + \cdots$$
$$(1-x)^m = 1 - \binom{m}{1}x + \binom{m}{2}x^2 - \cdots$$

Demnach wird:
$$s_1 = \frac{1}{2}\{(1+x)^m - (1-x)^m\}_{x=1} = 2^{m-1}.$$
$$s_2 = \frac{1}{2}\{(1+x)^m + (1-x)^m\}_{x=1} - 1 = 2^{m-1} - 1,$$
$$s_1 + s_2 = 2^m - 1,$$

folglich:

(3)
$$w_1 = \frac{2^{m-1}}{2^m - 1} = \frac{1}{2} + \frac{1}{2(2^m - 1)}$$
$$w_2 = \frac{2^{m-1} - 1}{2^m - 1} = \frac{1}{2} - \frac{1}{2(2^m - 1)}.$$

Es ist demnach $w_2 < w_1$ und daher die Wahrscheinlichkeit gröſser, eine ungerade Anzahl von Kugeln zu ziehen; der Unterschied der beiden Wahrscheinlichkeiten wird aber um so geringer, je gröſser m ist; für $m = \infty$ werden die Wahrscheinlichkeiten einander gleich; je kleiner m ist, desto mehr weichen diese Wahrscheinlichkeiten voneinander ab. Für $m = 2$ wird $w_1 = \frac{2}{3}$, $w_2 = \frac{1}{3}$; für $m = 1$ wird $w_1 = 1$, $w_2 = 0$, wie natürlich.

Anwendungen auf Glücksspiele.

Für kleine Werte von m wird allerdings diese Lösung unrichtig (Gesetz der grofsen Zahlen!), aber die letzten Werte (für $m = 1$) zeigen die Ursache des Unterschiedes; die Lösung der Aufgabe setzt nämlich voraus, dafs die unbekannte Anzahl der Kugeln (theoretisch) ebenso 1, wie 2, wie 3 ... sein kann, und wenn diese Zahl gleich 1 wäre, so wäre überhaupt nur die Möglichkeit, eine ungerade Anzahl zu ziehen. Diese Möglichkeit summiert sich zu den übrigen möglichen Fällen bei allen anderen zu supponierenden Zahlen und verleiht der Wahrscheinlichkeit, eine ungerade Anzahl zu ziehen, das Übergewicht.

Ist die Zahl der Kugeln m unbekannt, und weifs man nur, dafs sie unter einer gewissen Grenze n liegt, so sind (theoretisch) die Fälle möglich, dafs 1, 2, 3, ... Kugeln in der Urne enthalten sind. Für diese verschiedenen Voraussetzungen werden die günstigen Fälle

für das Ziehen einer ungeraden Anzahl:
$$2^0, 2^1, 2^2, \ldots 2^{n-1},$$
für das Ziehen einer geraden Anzahl:
$$2^0 - 1, 2^1 - 1, \ldots 2^{n-1} - 1.$$

Die Summe der Zahlen der ersten Gruppe giebt die dieser Voraussetzung günstigen Fälle für das Ziehen einer ungeraden Anzahl; sie ist:
$$s_1' = \sum_{m=1}^{n} 2^{m-1} = \frac{2^n - 1}{2 - 1} = 2^n - 1.$$

Die Summe der Zahlen der zweiten Gruppe giebt die dieser Voraussetzung, für das Ziehen einer geraden Zahl günstigen Fälle:
$$s_2' = \sum_{m=1}^{n} (2^{m-1} - 1) = 2^n - n - 1.$$

Da wieder $s_1' + s_2' = 2^{n+1} - n - 2$, die Zahl aller möglichen Fälle ist, so werden hier die Wahrscheinlichkeiten

für das Ziehen einer ungeraden Zahl von Kugeln:
$$w_1' = \frac{2^n - 1}{2^{n+1} - n - 2} = \frac{1}{2} + \frac{n}{2(2^{n+1} - n - 2)},$$
für das Ziehen einer geraden Zahl von Kugeln:
$$w_2' = \frac{2^n - n - 1}{2^{n+1} - n - 2} = \frac{1}{2} - \frac{n}{2(2^{n+1} - n - 2)}.$$

III. Kapitel.

Dieselbe Lösung gilt auch für die folgende Aufgabe: Von einem Haufen von x Münzstücken wird blindlings eine Anzahl hinweggenommen; welches sind die Wahrscheinlichkeiten, daſs die Anzahl gerade oder ungerade ist?*)

57. In einer Urne befinden sich m weiſse und ebenso viele schwarze Kugeln. Man nimmt daraus eine gerade Anzahl von Kugeln heraus; wie groſs ist die Wahrscheinlichkeit, daſs darunter ebenso viele weiſse als schwarze Kugeln sind?

Denkt man sich zunächst die m weiſsen Kugeln verschieden bezeichnet (etwa mit Ziffern), so kann man, wenn eine Kugel entnommen wird, jede dieser Kugeln für sich ziehen; im ganzen $\binom{m}{1}$ verschiedene Fälle, in denen je eine weiſse Kugel entnommen wird. Da es $\binom{m}{2}$ verschiedene Kombinationen der m Kugeln zur zweiten Klasse giebt, so ist dieses die Anzahl der Fälle, in denen zwei verschiedene der weiſsen Kugeln gezogen werden u. s. w. An diesen Zahlen wird nichts geändert, wenn nunmehr alle weiſsen Kugeln unbezeichnet bleiben, und man kann daher:

$\binom{m}{1}$ verschiedene Male je eine,

$\binom{m}{2}$ „ „ je zwei,

$\binom{m}{3}$ „ „ je drei,

. . . .

weiſse Kugeln ziehen. Ebenso kann man $\binom{m}{1}$ mal je eine schwarze Kugel ziehen, $\binom{m}{2}$ verschiedene Male je zwei schwarze Kugeln u. s. w. Soll nun die Zahl der gezogenen weiſsen und der gezogenen schwarzen Kugeln gleich sein, so kann eine weiſse mit einer schwarzen Kugel gezogen werden, und da jede der weiſsen mit jeder der schwarzen Kugeln kombiniert werden kann, so sind diesen Kombinationen

---

*) Über eine Lösung dieser Aufgabe mittels Funktionalgleichungen, siehe Meyer-Czuber l. c. S. 61/2.

Anwendungen auf Glücksspiele.

$\binom{m}{1}\binom{m}{1}$ Fälle günstig; ebenso sind für das Ziehen zweier weißser und zweier schwarzer Kugeln alle jene Fälle günstig, wo irgend eine Kombination der ersten Art mit irgend einer Kombination der zweiten Art zusammenfällt, daher die Gesamtzahl der hierfür günstigen Fälle $\binom{m}{2}\binom{m}{2}$ u. s. w. Die Gesamtzahl der in dieser Aufgabe günstigen Fälle ist daher:

$$(1) \quad s_1 = \binom{m}{1}\binom{m}{1} + \binom{m}{2}\binom{m}{2} + \binom{m}{3}\binom{m}{3} + \cdots$$
$$+ \binom{m}{m-1}\binom{m}{m-1} + \binom{m}{m}\binom{m}{m}.$$

Die Gesamtzahl aller möglichen Fälle ist, da die Zahl aller vorhandenen Kugeln $2m$ ist, und nur eine gerade Zahl, also 2 oder 4 oder 6 ... entnommen werden soll:

$$(2) \quad s_2 = \binom{2m}{2} + \binom{2m}{4} + \binom{2m}{6} + \cdots + \binom{2m}{m}.$$

Aus der Gleichung:

$$\binom{u+v}{k} = \binom{u}{k}\binom{v}{0} + \binom{u}{k-1}\binom{v}{1} + \cdots + \binom{u}{1}\binom{v}{k-1} + \binom{u}{0}\binom{v}{k}$$

erhält man für $u = v = k = m$:

$$\binom{2m}{m} = 1 + \binom{m}{1}\binom{m}{1} + \binom{m}{2}\binom{m}{2} + \cdots$$
$$+ \binom{m}{m-1}\binom{m}{m-1} + \binom{m}{m}\binom{m}{m},$$

demnach:

$$s_1 = \binom{2m}{m} - 1$$

und nach dem vorigen Paragraphen:

$$s_2 = 2^{2m-1} - 1,$$

daher die gesuchte Wahrscheinlichkeit:

$$(3) \quad w = \frac{\binom{2m}{m} - 1}{2^{2m-1} - 1}.$$

Für $m = 5$ wird z. B.:

$$w = \frac{251}{511} = \frac{1}{2{,}036},$$

für $m = 10$ wird:
$$w = \frac{184\,755}{524\,287} = \frac{1}{2{,}838}.$$

Schon bei $m = 5$ werden die Werte von $\binom{2m}{m}$ und 2^{2m-1} sehr beträchtlich; für sehr grofse Werte von m kann man dann unbedenklich die Einheit sowohl im Zähler als im Nenner vernachlässigen und hat dann:

$$(4) \qquad w = \frac{\binom{2m}{m}}{2^{2m-1}}$$

Da aber für grofse Werte von m:

$$\binom{2m}{m} = \frac{(2m)!}{m!\,m!} = \frac{(2m)^{2m} e^{-2m} \sqrt{4m\pi}}{(m^m e^{-m} \sqrt{2m\pi})^2}$$
$$= \frac{2^{2m} \sqrt{4m\pi}}{2m\pi} = \frac{2^{2m}}{\sqrt{m\pi}}$$

ist, so wird:

$$w = \frac{2^{2m}}{\sqrt{m\pi}} \cdot \frac{1}{2^{2m-1}} = \frac{2}{\sqrt{m\pi}}.$$

Der hiernach berechnete Wert von w für $m = 5$ würde $\frac{1}{1{,}982}$, der Nenner also nur 0,054 zu klein; er würde für $m = 10$: $\frac{1}{2{,}803}$, der Nenner nur um 0,035 zu klein.

58. In einer Lotterie aus n Nummern werden in jeder Ziehung r Nummern gezogen; wie grofs ist die Wahrscheinlichkeit, $W_{n,q}^{(i)}$, dafs nach i Ziehungen q bestimmte Nummern gezogen sein werden. (Laplace, l. c. Bd. VII, S. 208).

Sei $Z_{n,q}^{(i)}$ die Zahl der Fälle, in welchen nach i Ziehungen die bezeichneten Nummern $a_1, a_2, \ldots a_q$ gezogen sind;

ferner: $Z_{n,q-1}^{(i)}$ die Zahl der Fälle, in welchen nach i Ziehungen $q-1$ bestimmte dieser Nummern $a_1, a_2, \ldots a_{q-1}$ gezogen sind;

und $Z_{n-1,q-1}^{(i)}$ die Zahl der Fälle, in welchen nach i Ziehungen $q-1$ dieser Nummern $a_1, a_2, \ldots a_{q-1}$ gezogen sind, wenn irgend eine der Nummern der Lotterie (mit

Anwendungen auf Glücksspiele.

Ausnahme der bezeichneten $q-1$) weggenommen wird, so dafs die Zahl der Nummern nur $n-1$ ist.

$q-1$ Nummern können nach i Ziehungen auf zwei verschiedene Arten erschienen sein; entweder indem a_q ebenfalls gezogen wurde, (nebst den anderen, nicht speziell bezeichneten) oder indem a_q nicht gezogen wurde. Alle Fälle, in denen a_q ebenfalls gezogen wurde, gehören in die Gruppe, welche unter $Z_{n,q}^{(i)}$ zusammengefafst sind, indem dann die q bezeichneten Nummern $a_1, a_2, \ldots a_q$ erschienen sind. Die Fälle, in denen a_q nicht erschienen ist, fallen in eine andere Gruppe, welche man erhalten kann, wenn a_q überhaupt aus der Lotterie ausgeschaltet wird, so dafs dann aus einer Lotterie mit nur $n-1$ Nummern nach i Ziehungen die bezeichneten $q-1$ Nummern und zwar $a_1, a_2, \ldots a_{q-1}$ gezogen werden. Die Zahl der letzteren Fälle ist $Z_{n-1,q-1}^{(i)}$; es ist demnach:

$$Z_{n,q-1}^{(i)} = Z_{n,q}^{(i)} + Z_{n-1,q-1}^{(i)}$$

und daraus:

(1) $$Z_{n,q}^{(i)} = Z_{n,q-1}^{(i)} - Z_{n-1,q-1}^{(i)}.$$

Bisher war die Zahl i der Ziehungen nicht in Frage gekommen, daher ist auch die Rekursionsformel unabhängig von der Zahl i, d. h. gültig für jeden beliebigen Wert derselben. Dafs die Zahl $Z_{n,q}^{(i)}$ jedoch nicht unabhängig ist von i, ist selbstverständlich; es wird genügen, einen speziellen Wert zu kennen, um daraus alle anderen Werte zu erhalten. Ein solcher spezieller Wert ist leicht zu erhalten, wenn man nur eine bestimmte, bezeichnete Nummer a_1 wählt. $Z_{n,1}^{(i)}$ läfst sich unmittelbar bestimmen.

Die Zahl aller möglichen Fälle, welche in einer Ziehung erscheinen können, ist wieder die Zahl der Kombinationen von n Elementen zur r^{ten} Klasse, also $\binom{n}{r}$; jeder Fall der einen Ziehung kann sich mit jedem Falle der anderen kombinieren, daher wird die Zahl aller möglichen Fälle in i Ziehungen $\left[\binom{n}{r}\right]^i$, was Kürze halber, da ein Mifsverständnis nicht möglich ist, $\binom{n}{r}^i$ geschrieben werden soll. Die Zahl aller möglichen Fälle, welche in i Ziehungen erscheinen können, nachdem a_1 ausgeschlossen wurde, ist, wenn ebenfalls in jeder Ziehung r Nummern gezogen werden, $\binom{n-1}{r}^i$. Zieht man diese Zahl von der vorhergehenden ab, so bleibt die Zahl der Fälle, in denen die bestimmte Nummer a_1 gezogen wurde, also $Z_{n,1}^{(i)}$; es ist demnach

(2) $$Z_{n,1}^{(i)} = \binom{n}{r}^i - \binom{n-1}{r}^i.$$

Gleichzeitig wurde dabei die Zahl aller in i Ziehungen möglichen Fälle $\binom{n}{r}^i$ gefunden, und daher ist die Wahrscheinlichkeit

(3) $$W_{n,q}^{(i)} = \frac{Z_{n,q}^{(i)}}{\binom{n}{r}^i}.$$

Aus (2) erhält man durch successive Substitution in (1):

$$Z_{n,2}^{(i)} = Z_{n,1}^{(i)} - Z_{n-1,1}^{(i)} = \left[\binom{n}{r}^i - \binom{n-1}{r}^i\right] - \left[\binom{n-1}{r}^i - \binom{n-2}{r}^i\right]$$

$$= \binom{n}{r}^i - 2\binom{n-1}{r}^i + \binom{n-2}{r}^i$$

$$Z_{n,3}^{(i)} = Z_{n,2}^{(i)} - Z_{n-1,2}^{(i)} = \left[\binom{n}{r}^i - 2\binom{n-1}{r}^i + \binom{n-2}{r}^i\right]$$

$$- \left[\binom{n-1}{r}^i - 2\binom{n-2}{r}^i + \binom{n-3}{r}^i\right]$$

$$= \binom{n}{r}^i - 3\binom{n-1}{r}^i + 3\binom{n-2}{r}^i - \binom{n-3}{r}^i$$

und allgemein

(4) $$Z_{n,q}^{(i)} = \binom{n}{r}^i - \binom{q}{1}\binom{n-1}{r}^i + \binom{q}{2}\binom{n-2}{r}^i - \binom{q}{3}\binom{n-3}{r}^i + \cdots$$
$$+ (-1)^q \binom{q}{q}\binom{n-q}{r}^i,$$

welche Formel durch Substitution in (1) leicht zu verifizieren ist.

Dividiert man hier durch $\binom{n}{r}^i$ und beachtet, daß

$$\frac{\binom{n-\varrho}{r}}{\binom{n}{r}} = \frac{(n-r)(n-r-1)\ldots(n-r-\varrho+1)}{n(n-1)(n-2)\ldots(n-\varrho+1)}$$

ist, so folgt

$$
(5) \quad W_{n,q}^{(i)} = 1 - \binom{q}{1}\left(\frac{n-r}{n}\right)^i + \binom{q}{2}\left(\frac{(n-r)(n-r-1)}{n(n-1)}\right)^i - \binom{q}{3}\left(\frac{(n-r)(n-r-1)(n-r-2)}{n(n-1)(n-2)}\right)^i + \cdots
$$

die Reihe fortgesetzt bis zum Koeffizienten $\binom{q}{q}$.

59. Spezielle Fälle.

a) Die Wahrscheinlichkeit, daſs nach i Ziehungen alle Nummern erschienen sind, erhält man, indem $q = n$ gesetzt wird:

$$
(1) \quad W_{n,n}^{(i)} = 1 - \binom{n}{1}\left(\frac{n-r}{n}\right)^i + \binom{n}{2}\left(\frac{(n-r)(n-r-1)}{n(n-1)}\right)^i - \cdots;
$$

für $n = 90$, $r = 5$, $i = 100$ folgt hieraus $W = 0{,}741$;

b) für $r = 1$, d. h. wenn in jeder Ziehung eine Nummer gezogen wird, erhält man

$$
(2) \quad W_{n,q}^{(i)} = 1 - \binom{q}{1}\left(\frac{n-1}{n}\right)^i + \binom{q}{2}\left(\frac{n-2}{n}\right)^i - \binom{q}{3}\left(\frac{n-3}{n}\right)^i + \cdots + (-1)^q \left(\frac{n-q}{n}\right)^i
$$

und

$$
(3) \quad W_{n,n}^{(i)} = 1 - \binom{n}{1}\left(\frac{n-1}{n}\right)^i + \binom{n}{2}\left(\frac{n-2}{n}\right)^i - \cdots
$$

c) Wenn n sehr groſs ist, so lassen sich für die letzten beiden Formeln Näherungen in geschlossener Form angeben. Es ist nämlich

$$
\left[1 - \left(\frac{n-1}{n}\right)^i\right]^q = 1 - \binom{q}{1}\left(\frac{n-1}{n}\right)^i + \binom{q}{2}\left(\frac{n-1}{n}\right)^{2i} - \binom{q}{3}\left(\frac{n-1}{n}\right)^{3i} + \cdots,
$$

und da

$$
\left(\frac{n-\varrho}{n}\right)^i = \left(1 - \frac{\varrho}{n}\right)^i = 1 - \binom{i}{1}\frac{\varrho}{n} + \binom{i}{2}\left(\frac{\varrho}{n}\right)^2 - \cdots
$$

$$
\left(\frac{n-1}{n}\right)^{\varrho i} = \left(1 - \frac{1}{n}\right)^{\varrho i} = 1 - \binom{\varrho i}{1}\frac{1}{n} + \binom{\varrho i}{2}\left(\frac{1}{n}\right)^2 - \cdots
$$

ist, so wird

$$W_{n,q}^{(i)} - \left[1 - \left(\frac{n-1}{n}\right)^i\right]^q = \sum_{\varrho=2}(-1)^\varrho \binom{q}{\varrho}\left[\frac{i(i-1) - i\left(i-\frac{1}{\varrho}\right)}{1\cdot 2}\left(\frac{\varrho}{n}\right)^2 - \frac{i(i-1)(i-2) - i\left(i-\frac{1}{\varrho}\right)\left(i-\frac{2}{\varrho}\right)}{1\cdot 2\cdot 3}\left(\frac{\varrho}{n}\right)^3 + \ldots\right]$$

Ist daher n sehr groſs, so daſs man Glieder von der Ordnung $\frac{1}{n^2}$ vernachlässigen kann, so kann man setzen:

(4)
$$W_{n,q}^{(i)} = \left\{1 - \left(\frac{n-1}{n}\right)^i\right\}^q$$
$$W_{n,n}^{(i)} = \left\{1 - \left(\frac{n-1}{n}\right)^i\right\}^n.$$

d) Die letzten beiden Formeln können dazu dienen, die Zahl i der Ziehungen zu bestimmen, nach welchen

$$W_{n,q}^{(i)} = k$$

einen gegebenen Wert erreichen soll.

Aus der Gleichung

$$\left\{1 - \left(\frac{n-1}{n}\right)^i\right\}^q = k$$

erhält man durch einfache Rechnung

(5)
$$i = \frac{\log(1 - \sqrt[q]{k})}{\log\frac{n-1}{n}}.$$

e) Im allgemeinen Falle, wenn in jeder Ziehung r Nummern gezogen werden, erhält man in derselben Weise mit Vernachlässigung der Glieder von der Ordnung $\frac{1}{n^2}$

(6)
$$W_{n,q}^{(i)} = \left[1 - \left(\frac{n-r}{n}\right)^i\right]^q$$

und daraus die Anzahl i der Ziehungen, für welche $W_{n,q}^{(i)} = k$ wird:

(7) $$i = \frac{\log[1 - \sqrt[q]{k}]}{\log \frac{n-r}{n}}.$$

60. Wie groſs ist die Wahrscheinlichkeit, aus einem Päckchen von 40 Karten, unter denen je 10 von einer Art sind, 4 Karten zu ziehen, welche nicht derselben Art angehören (Huyghens, Problem III).

40 Karten können auf $\binom{40}{4}$ verschiedene Arten zu Gruppen von 4 kombiniert werden. Von 20 Karten (zwei Gruppen) kann jede Karte der einen mit jeder der anderen Art auf 10^2 verschiedene Arten kombiniert werden; tritt die dritte Gruppe dazu, so können diese 10^2 Kombinationen mit jeder Karte der dritten Art, zusammen also auf 10^3, und ebenso bei vier Gruppen auf 10^4 Arten so kombiniert werden, daſs nicht zwei Karten derselben Art angehören. Die Zahl der günstigen Fälle ist daher 10^4; die gesuchte Wahrscheinlichkeit

$$W = \frac{10^4}{\binom{40}{4}} = \frac{1000}{9139}.$$

61. Im Piquetspiel für den Kartengebenden die Wahrscheinlichkeit zu suchen, daſs er mit dem aus 3 Blättern bestehenden Talon mindestens ein Aſs aufheben wird, wenn er noch kein Aſs in der Hand hat.

In der Hand hat er 12 Blätter; für die Wahrscheinlichkeit, und zwar sowohl für die möglichen als für die günstigen Fälle, kommen nur die $32 - 12 = 20$ übrigen Karten in Betracht, unter denen, da der Kartengebende kein Aſs hat, sich 4 Aſs befinden.

Die Zahl aller möglichen Fälle, d. h. aller möglichen Kartenkombinationen im Talon, ist die Zahl der Kombinationen von 20 Elementen zur 3. Klasse, also

$$N = \binom{20}{3} = 1140.$$

Die Zahl der günstigen Fälle ist jene, wo er 1) 1 Aſs mit 2 anderen Blättern, 2) 2 Aſs mit einem dritten beliebigen Blatte, oder 3) 3 Aſs im Talon findet. Sind die Wahrscheinlichkeiten für diese drei Möglichkeiten w_1, w_2, w_3,

III. Kapitel.

so ist die Wahrscheinlichkeit, daſs er mindestens 1 Aſs findet:
$$W = w_1 + w_2 + w_3.$$

Fall (1) kann eintreten, indem irgend eines der 4 Aſs mit irgend einer Kombination von je zwei der 16 übrigen Karten, das ist also der Zahl nach mit den Kombinationen von 16 Elementen zur 2. Klasse, im Talon enthalten ist; die Zahl dieser Fälle ist:
$$\binom{4}{1}\binom{16}{2}.$$

Bei Fall (2) können 2 der 4 Aſs kombiniert, also $\binom{4}{2}$ Kombinationen mit irgend einer der 16 übrigen Karten kombiniert erscheinen. Die Zahl dieser Fälle ist daher $\binom{4}{2}\binom{16}{1}$, und für Fall (3) tritt eine der Kombinationen der 4 Aſs zur 3. Klasse auf, also $\binom{4}{3}$; es ist demnach

$$w_1 = \frac{1}{N}\binom{4}{1}\binom{16}{2} = \frac{480}{1140}$$

$$w_2 = \frac{1}{N}\binom{4}{2}\binom{16}{1} = \frac{96}{1140}$$

$$w_3 = \frac{1}{N}\binom{4}{3} = \frac{4}{1140}$$

und damit
$$W = \frac{580}{1140} = \frac{29}{57}.$$

Die Wahrscheinlichkeit, mindestens 1 Aſs mit dem Talon aufzuheben, ist daher etwas gröſser als $\frac{1}{2}$.

Für den Spielenden, welcher die Vorhand hat (der ebenfalls 12 Blätter in der Hand, aber 5 Blätter im Talon hat), wird diese Wahrscheinlichkeit

$$W' = \frac{\binom{4}{1}\binom{16}{4} + \binom{4}{2}\binom{16}{3} + \binom{4}{3}\binom{16}{2} + \binom{4}{4}\binom{16}{1}}{\binom{20}{5}}$$

$$= \frac{7280 + 3360 + 480 + 16}{15504} = \frac{232}{323}.$$

Hat der Kartengebende bereits ein Aſs in der Hand, so kommen unter den 20 übrigen Karten nur noch die 3 übrigen Aſs in Betracht, und es wird

$$w = \frac{\binom{3}{1}\binom{17}{2} + \binom{3}{2}\binom{17}{1} + \binom{3}{3}}{\binom{20}{3}} = \frac{460}{1140} = \frac{23}{57}.$$

62. Für den Kartengebenden die Wahrscheinlichkeit zu finden, daſs er mindestens ein Aſs und einen König im Talon findet, wenn er weder Aſs noch König hat.

In den 3 Blättern des Talons können sein:

    1 Aſs, 1 König, ein anderes Blatt,
    1 Aſs, 2 Könige,   —
    2 Aſs, 1 König,   —

Da der Kartengebende weder König noch Aſs hat, so sind unter den 16 übrigen Karten 4 Aſs und 4 Könige, und es sind die diesen Kombinationen günstigen Fälle:

$$\binom{4}{1}\binom{4}{1}\binom{12}{1} = 192$$

$$\binom{4}{1}\binom{4}{2}\phantom{\binom{12}{1}} = 24$$

$$\binom{4}{2}\binom{4}{1}\phantom{\binom{12}{1}} = 24$$

zusammen daher 240; daher die gesuchte Wahrscheinlichkeit

$$W = \frac{240}{1140} = \frac{12}{57}.$$

63. Für denjenigen, welcher die Vorhand hat, die Wahrscheinlichkeit zu suchen, daſs er im Talon mindestens 1 Aſs und 1 König findet, wenn er bereits 1 Aſs und 2 Könige in der Hand hat. (In ähnlicher Weise können natürlich alle derartigen Aufgaben gelöst werden.)

Günstige Fälle sind, wenn in den 5 Blättern des Talons liegen:

    1 Aſs, 1 König, 3 andere Blätter,
    1 Aſs, 2 Könige, 2 andere Blätter

(mehr wie 3 Aſs und 2 Könige kommen nicht in Betracht, da der Spieler der Voraussetzung nach bereits 1 Aſs und 2 Könige in der Hand hat),

2 Aſs, 1 König, 2 andere Blätter,
2 Aſs, 2 Könige, 1 anderes Blatt,
3 Aſs, 1 König, 1 anderes Blatt,
3 Aſs, 2 Könige, —

Da in den übrigen 20 Blättern noch nebst den 3 Aſs und den 2 Königen noch 15 andere Blätter sind, so wird die Zahl der günstigen Fälle für diese 6 Kombinationen:

$$\binom{3}{1}\binom{2}{1}\binom{15}{3} = 2730 \qquad \binom{3}{2}\binom{2}{2}\binom{15}{1} = 45$$

$$\binom{3}{1}\binom{2}{2}\binom{15}{2} = 315 \qquad \binom{3}{3}\binom{2}{1}\binom{15}{1} = 30$$

$$\binom{3}{2}\binom{2}{1}\binom{15}{2} = 630 \qquad \binom{3}{3}\binom{2}{2} = 1$$

die gesuchte Wahrscheinlichkeit wird daher

$$W = \frac{3751}{15504}.$$

64. Wie groſs ist die Wahrscheinlichkeit, 1 Aſs aus einem in 2 Päckchen geteilten Spiele von 32 Blättern zu ziehen?

Das eine Päckchen A möge a, das zweite Päckchen B möge b Karten enthalten. Seien die Wahrscheinlichkeiten, daſs in dem Päckchen A: 0, 1, 2, 3, 4 Aſs sind, bezw. p_0, p_1, p_2, p_3, p_4, und die Wahrscheinlichkeiten, daſs in dem Päckchen B: 0, 1, 2, 3, 4 Aſs enthalten sind, q_0, q_1, q_2, q_3, q_4; dann ist offenbar

(1) $\quad p_0 = q_4; \; p_1 = q_3; \; p_2 = q_2; \; p_3 = q_1; \; p_4 = q_0$

und

(2) $\quad p_0 + p_1 + p_2 + p_3 + p_4 = q_0 + q_1 + q_2 + q_3 + q_4 = 1.$

Aus a Elementen (der Zahl der Karten im Päckchen A), unter denen sich ϱ gleiche (Aſs) und $(a - \varrho)$ gleiche (Nicht-Aſs) befinden, lassen sich $\dfrac{a!}{\varrho!(a-\varrho)!} = \binom{a}{\varrho}$ Permutationen bilden; und ebenso lassen sich aus den b Elementen des zweiten Päckchens, unter denen $(4-\varrho)$ Aſs und $[b-(4-\varrho)]$ Nicht-Aſs sind, $\binom{b}{4-\varrho}$ Permutationen bilden, welches günstige Fälle für die Voraussetzung sind, daſs in dem Päck-

chen A ϱ und in dem Päckchen B $(4-\varrho)$ Aſs sind. Die Zahl dieser günstigen Fälle ist daher
$$\binom{a}{\varrho}\binom{b}{4-\varrho}.$$
Setzt man daher, Kürze halber, für einen Augenblick
$$\binom{32}{4}=n,$$
so wird:

(3)
$$p_0 = q_4 = \frac{1}{n}\binom{a}{0}\binom{b}{4},$$
$$p_1 = q_3 = \frac{1}{n}\binom{a}{1}\binom{b}{3},$$
$$p_2 = q_2 = \frac{1}{n}\binom{a}{2}\binom{b}{2},$$
$$p_3 = q_1 = \frac{1}{n}\binom{a}{3}\binom{b}{1},$$
$$p_4 = q_0 = \frac{1}{n}\binom{a}{4}\binom{b}{0}.$$

Die Wahrscheinlichkeit, aus dem Päckchen A ein Aſs zu ziehen, wenn darin ϱ Aſs sind, ist $\frac{\varrho}{a}$; da nun die Wahrscheinlichkeit, eines der Päckchen zu wählen, $\frac{1}{2}$ ist, so wird die Wahrscheinlichkeit, aus dem Päckchen A ein Aſs zu ziehen,

(4) $\quad P = \dfrac{1}{2}\left[p_0\dfrac{0}{a} + p_1\cdot\dfrac{1}{a} + p_2\cdot\dfrac{2}{a} + p_3\cdot\dfrac{3}{a} + p_4\cdot\dfrac{4}{a}\right]$

und die Wahrscheinlichkeit, aus dem Päckchen B ein Aſs zu ziehen,

(5) $\quad Q = \dfrac{1}{2}\left[q_0\dfrac{0}{b} + q_1\cdot\dfrac{1}{b} + q_2\cdot\dfrac{2}{b} + q_3\cdot\dfrac{3}{b} + q_4\cdot\dfrac{4}{b}\right].$

Daraus wird
$$P = \frac{1}{2a}[p_1 + 2p_2 + 3p_3 + 4p_4]$$
$$= \frac{1}{2an}\left[\binom{a}{1}\binom{b}{3} + 2\binom{a}{2}\binom{b}{2} + 3\binom{a}{3}\binom{b}{1} + 4\binom{a}{4}\right].$$

Sei allgemein

$$S_\varrho^{a,b} = 0 \cdot \binom{a}{0}\binom{b}{\varrho} + 1 \cdot \binom{a}{1}\binom{b}{\varrho-1} + 2\binom{a}{2}\binom{b}{\varrho-2}$$
(6)
$$\ldots + \varrho\binom{a}{\varrho}\binom{b}{0},$$

so ist

$$S_\varrho^{a,b+1} = 0 \cdot \binom{a}{0}\binom{b+1}{\varrho} + 1 \cdot \binom{a}{1}\binom{b+1}{\varrho-1}$$
$$+ 2\binom{a}{2}\binom{b+1}{\varrho-2} + \ldots + \varrho\binom{a}{\varrho}\binom{b+1}{0}$$

und hieraus durch Subtraktion

$$S_\varrho^{a,b+1} - S_\varrho^{a,b} = 0 \cdot \binom{a}{0}\binom{b}{\varrho-1} + 1 \cdot \binom{a}{1}\binom{b}{\varrho-2}$$
$$+ 2\binom{a}{2}\binom{b}{\varrho-3} + \ldots$$
$$+ (\varrho-1)\binom{a}{\varrho-1}\binom{b}{0} = S_{\varrho-1}^{a,b},$$

folglich

$$S_\varrho^{a,b} = S_\varrho^{a,b-1} + S_{\varrho-1}^{a,b-1}$$
$$= S_\varrho^{a,b-2} + 2 S_{\varrho-1}^{a,b-2} + S_{\varrho-2}^{a,b-2}$$
$$= S_\varrho^{a,b-3} + 3 S_{\varrho-1}^{a,b-3} + 3 S_{\varrho-2}^{a,b-3} + S_{\varrho-3}^{a,b-3},$$

. . . .

demnach ganz allgemein

(7)
$$S_\varrho^{a,b} = S_\varrho^{a,b-\lambda} + \binom{\lambda}{1} S_{\varrho-1}^{a,b-\lambda} + \binom{\lambda}{2} S_{\varrho-2}^{a,b-\lambda} + \ldots$$
$$+ \binom{\lambda}{\lambda-1} S_{\varrho-\lambda+1}^{a,b-\lambda} + \binom{\lambda}{\lambda} S_{\varrho-\lambda}^{a,b-\lambda},$$

und da, wie man leicht findet,

$$S_\varrho^{a,1} = (\varrho-1)\binom{a}{\varrho-1} + \varrho\binom{a}{\varrho} = a\binom{a}{\varrho-1}$$

ist, so wird ($\lambda = b - 1$ gesetzt):

Anwendungen auf Glücksspiele.

$$S_\varrho^{a,b} = a\left[\binom{a}{\varrho-1} + \binom{b-1}{1}\binom{a}{\varrho-2} + \right.$$
$$+ \binom{b-1}{2}\binom{a}{\varrho-3} + \cdots + \binom{b-1}{b-2}\binom{a}{\varrho-b+1} +$$
$$\left. + \binom{a}{\varrho-b}\right] \text{ für } \varrho > b,$$

und

$$S_\varrho^{a,b} = a\left[\binom{a}{\varrho-1} + \binom{b-1}{1}\binom{a}{\varrho-2} + \right.$$
$$+ \binom{b-1}{2}\binom{a}{\varrho-3} + \cdots + \binom{b-1}{\varrho-2}\binom{a}{1} +$$
$$\left. + \binom{b-1}{\varrho-1}\right] \text{ für } \varrho < b.$$

In beiden Fällen wird daraus aber

(8) $$S_\varrho^{a,b} = a\binom{a+b-1}{\varrho-1}.$$

Diese Formel kann übrigens auch noch auf folgendem Wege abgeleitet werden. Aus der Formel

$$S_\varrho^{a,b} = S_\varrho^{a-1,b} + S_{\varrho-1}^{a-1,b} + \binom{a+b-1}{\varrho-1},$$

welche sich ebenso leicht verifizieren läfst, folgt durch successive Anwendung

$$S_\varrho^{a,b} = \lambda\binom{a+b-1}{\varrho-1} + S_\varrho^{a-\lambda,b} + \binom{\lambda}{1}S_{\varrho-1}^{a-\lambda,b} + \binom{\lambda}{2}S_{\varrho-2}^{a-\lambda,b} + \cdots$$
$$+ \binom{\lambda}{\lambda-1}S_{\varrho-\lambda+1}^{a-\lambda,b} + \binom{\lambda}{\lambda}S_{\varrho-\lambda}^{a-\lambda,b},$$

und mit Rücksicht auf die leicht zu erhaltende Formel

$$S_\varrho^{1,b} = \binom{b}{\varrho-1}$$

erhält man für $\lambda = a - 1$:

$$S_\varrho^{a,b} = (a-1)\binom{a+b-1}{\varrho-1} + \binom{b}{\varrho-1} + \binom{a-1}{1}\binom{b}{\varrho-2} + \cdots$$
$$= (a-1)\binom{a+b-1}{\varrho-1} + \binom{a+b-1}{\varrho-1} = a\binom{a+b-1}{\varrho-1}$$

wie oben.

Für den vorliegenden Fall ist
$$n = \binom{a+b}{\varrho}$$
und damit
$$P = \frac{1}{2a} \frac{a\binom{a+b-1}{\varrho-1}}{\binom{a+b}{\varrho}} = \frac{1}{2} \frac{\varrho}{a+b}.$$
Für $\varrho = 4$, $a + b = 32$ wird
$$P = \frac{1}{16},$$
ebenso findet sich $Q = \frac{1}{16}$, demnach die Wahrscheinlichkeiten, aus einem der Päckchen ein Aſs zu ziehen, $P + Q = \frac{1}{8}$, natürlich dieselbe, als wenn die Teilung in 2 Päckchen nicht stattgefunden hätte.

65. Man habe i Päckchen von Karten, deren jedes r Karten enthalte, und zwar seien

in dem Päckchen A_1 die Karten $a_{11}, a_{12}, a_{13} \ldots, a_{1r}$,
„ „ „ A_2 „ „ $a_{21}, a_{22}, a_{23} \ldots, a_{2r}$,
. . . .
„ „ „ A_i „ „ $a_{i1}, a_{i2}, a_{i3} \ldots, a_{ir}$.

In jedem Päckchen sind daher Karten von r verschiedenen Gattungen, welche allgemein mit
$$x_1, x_2, x_3 \ldots, x_r$$
bezeichnet werden mögen, so daſs die Karte der Gattung x_ϱ, welche in dem Häufchen A_1 enthalten ist, $a_{1,\varrho}$, die Karte dieser Gattung aus dem Häufchen A_2, $a_{2,\varrho}$ u. s. w. ist. Man mischt nun die Karten und bildet aus dem ir Karten enthaltenden Kartenhäufchen 2 Häufchen M und N von gleichviel, nämlich $\frac{1}{2} ir$ Karten, wobei i als gerade vorausgesetzt wird; aus dem einen der Häufchen, M, wird nun eine Karte umgewendet, und es wird nach der Wahrscheinlichkeit W gefragt, daſs, nachdem diese Karte umgewendet ist, n Karten einer besonders bezeichneten Gattung x_ϱ ($n < r$) also n Karten $a_{\lambda,\sigma}$ in dem Häufchen M enthalten sind,

wobei σ n verschiedene, aber ganz bestimmt bezeichnete von den ϱ Werten 1, 2..., ϱ, haben soll, λ hingegen beliebig ist. Ferner nach der Wahrscheinlichkeit W', dafs diese n Karten im Häufchen N enthalten sind.

Um die Frage besser zu verstehen, seien aus dem gewöhnlichen Kartenspiele mit 32 Blättern die 4 Päckchen: Treffe, Pique, Carreau, Coeur ($i = 4$); in jedem Päckchen die 8 Gattungen: 7, 8, 9, 10, Bube, Dame, König und Afs ($r = 8$). Die Päckchen werden zusammengelegt und, gemischt, zwei Häufchen von je 16 Karten gebildet, eine Karte aus dem einen Päckchen umgewendet und nach der Wahrscheinlichkeit gefragt, dafs $n = 3$ Karten den Gruppen 7, 9 und König angehören (gleichgültig, aus welchem Päckchen).

Die Wahrscheinlichkeit, dafs die n bezeichneten Karten in dem Päckchen M enthalten sind, ist nicht dieselbe vor und nach dem Umwenden. Es kann nämlich die umgewendete Karte eine der n bezeichneten sein oder nicht. In beiden Fällen können die n bezeichneten Karten in M enthalten sein; im Päckchen N können jedoch die n Karten nur dann enthalten sein, wenn die umgewendete Karte keine der n bezeichneten ist.

Sei ω die Wahrscheinlichkeit, dafs die umgewendete Karte eine der n bezeichneten ist;

$\omega_1 = 1 - \omega$ die Wahrscheinlichkeit, dafs die umgewendete Karte keine der n bezeichneten ist;

w die Wahrscheinlichkeit, dafs die n Karten im Päckchen M enthalten sind, wenn die umgewendete Karte eine derselben ist;

w_1 die Wahrscheinlichkeit, dafs die n Karten im Päckchen M enthalten sind, wenn die umgewendete Karte keine derselben ist;

w_2 die Wahrscheinlichkeit, dafs die n Karten im Päckchen N enthalten sind (natürlich, wenn die umgewendete Karte keine derselben ist). Dann ist

$$W = \omega\, w + \omega_1\, w_1,$$
$$W' = \omega_1\, w_2,$$

ω kann als relative Wahrscheinlichkeit aufgefafst werden, die Wahrscheinlichkeit, dafs aus den r Gruppen $x_1, x_2..., x_r$ eine von n bestimmten Gruppen erscheinen würde; günstig

III. Kapitel.

sind hierfür n Fälle; möglich sind r; diese Wahrscheinlichkeit ist daher

$$\omega = \frac{n}{r}; \quad \omega_1 = 1 - \frac{n}{r}.$$

Unter den $ir - 1$ übrigen Blättern können nun die übrigen $n - 1$ bezeichneten Karten, wenn die umgewendete eine derselben ist, und die sämtlichen n bezeichneten, wenn die umgewendete keine derselben ist, in so vielen Verteilungen enthalten sein, als sich aus den $ir - 1$ Karten Kombinationen zur $(n - 1)^{\text{ten}}$ bezw. zur n^{ten} Klasse bilden lassen. Die Zahl der möglichen Fälle wird daher

$$\text{für } w: \quad C_{ir-1}^{(n-1)} = \binom{ir - 1}{n - 1}$$

$$\text{für } w_1 \text{ und } w_2: \quad C_{ir-1}^{(n)} = \binom{ir - 1}{n}.$$

Bei diesen Verteilungen können dann einzelne der n bezeichneten Karten in das Päckchen M, andere in das Päckchen N fallen. Günstige Fälle sind jene, wo alle in demselben Päckchen sind; die Zahl derselben ist für w gleich der Zahl der Kombinationen von $\left(\frac{1}{2}ir - 1\right)$ Elementen (der Zahl der Karten in dem Päckchen M mit Ausschluß der umgewendeten) zur $(n - 1)^{\text{ten}}$ Klasse; für w_1 gleich der Zahl der Kombinationen von $\left(\frac{1}{2}ir - 1\right)$ Elementen zur n^{ten} Klasse; für w_2 die Zahl der Kombinationen von $\frac{1}{2}ir$ Elementen (der Zahl der Karten des Päckchens N) zur n^{ten} Klasse (der Zahl der n darin vorausgesetzten Karten). Für die günstigen Fälle hat man daher

$$\text{für } w: \quad C_{\frac{1}{2}ir-1}^{(n-1)} = \binom{\frac{1}{2}ir - 1}{n - 1},$$

$$\text{für } w_1: \quad C_{\frac{1}{2}ir-1}^{(n)} = \binom{\frac{1}{2}ir - 1}{n},$$

$$\text{für } w_2: \quad C_{\frac{1}{2}ir}^{(n)} = \binom{\frac{1}{2}ir}{n},$$

daher wird

$$w = \frac{\binom{\frac{1}{2}ir-1}{n-1}}{\binom{ir-1}{n-1}},$$

$$w_1 = \frac{\binom{\frac{1}{2}ir-1}{n}}{\binom{ir-1}{n}},$$

$$w_2 = \frac{\binom{\frac{1}{2}ir}{n}}{\binom{ir-1}{n}}.$$

Da nun

$$w = \frac{\left(\frac{1}{2}ir-1\right)!}{(n-1)!\left(\frac{1}{2}ir-n\right)!} \frac{(n-1)!\,(ir-n)!}{(ir-1)!} =$$

$$= \frac{\left(\frac{1}{2}ir-1\right)!}{(ir-1)!} \frac{(ir-n)!}{\left(\frac{1}{2}ir-n\right)!},$$

$$w_1 = \frac{\left(\frac{1}{2}ir-1\right)!}{n!\left(\frac{1}{2}ir-n-1\right)!} \frac{n!\,(ir-n-1)!}{(ir-1)!} =$$

$$= \frac{\left(\frac{1}{2}ir-1\right)!}{(ir-1)!} \frac{(ir-n-1)!}{\left(\frac{1}{2}ir-n-1\right)!} = w\,\frac{\left(\frac{1}{2}ir-n\right)}{(ir-n)},$$

$$w_2 = \frac{\left(\frac{1}{2}ir\right)!}{n!\left(\frac{1}{2}ir-n\right)!} \cdot \frac{n!\,(ir-n-1)!}{(ir-1)!} =$$

$$= \frac{\left(\frac{1}{2}ir\right)!}{(ir-1)!} \cdot \frac{(ir-n-1)!}{\left(\frac{1}{2}ir-n\right)!} = w\,\frac{\frac{1}{2}ir}{(ir-n)}$$

ist, so wird

$$W = \frac{n}{r}w + \frac{r-n}{r}w\,\frac{\frac{1}{2}ir-n}{ir-n} = \frac{\frac{1}{2}i(n+r)-n}{ir-n}\,w,$$

$$W' = \frac{r-n}{r}w\,\frac{\frac{1}{2}ir}{ir-n} = \frac{\frac{1}{2}i(r-n)}{ir-n}\,w.$$

66. Von zwei Spielern, A und B, welche die gleiche Wahrscheinlichkeit haben, einen Stich zu machen, fehlen dem A noch 2 Stiche, dem B noch 1 Stich zum Gewinnen; welche Wahrscheinlichkeiten w_1 und w_2 haben die beiden Spieler, das Spiel zu gewinnen?

A kann das Spiel nur gewinnen, wenn er in den beiden aufeinander folgenden Partien seine fehlenden Stiche macht, denn wenn er in einer dieser Partien den Stich nicht macht, so macht ihn B (entweder schon den ersten oder doch den zweiten) und hat gewonnen. Da die Wahrscheinlichkeiten für beide Spieler gleich sind, so sind sie für jeden $\frac{1}{2}$; da einer der beiden Spieler notwendig den Stich machen muſs; und die Wahrscheinlichkeit, daſs A zwei Stiche hintereinander macht, ist daher

$$w_1 = \left(\frac{1}{2}\right)^2 = \frac{1}{4},$$

und dieses ist die Wahrscheinlichkeit, daſs A die Partie gewinnt. Die Wahrscheinlichkeit für B müſste demnach $w_2 = \frac{3}{4}$ sein, da einer der beiden Spieler notwendig gewinnen, folglich $w_1 + w_2 = 1$ sein muſs. In der That

Anwendungen auf Glücksspiele.

kann B die Partie gewinnen, indem er entweder gleich den ersten Stich macht, die Wahrscheinlichkeit hierfür ist $\frac{1}{2}$, oder daſs er ihn nicht macht, hingegen im zweiten Stich gewinnt; die Wahrscheinlichkeit hierfür ist $\frac{1}{2} \cdot \frac{1}{2}$, daher seine Wahrscheinlichkeit für das Gewinnen $\frac{1}{2} + \frac{1}{4} = \frac{3}{4}$.

67. Zwei Spieler, A und B, spielen miteinander; dem A fehlen noch x, dem B noch y Partien zum Gewinnen des Spieles. Die Wahrscheinlichkeit, daſs A eine Partie gewinnt, sei p, diejenige, daſs B eine Partie gewinnt, sei $q = 1 - p$ (wenn jede Partie von einem Spieler gewonnen werden muſs, oder die Remispartien nicht zählen). Welche Wahrscheinlichkeit hat A, das Spiel (den Einsatz) zu gewinnen?

Dieses Problem wurde von Méré zur Lösung Pascal vorgelegt, der eine Lösung fand, und das Problem Fermat gab, welcher seinerseits die Aufgabe in anderer Weise löste. Die hier angeführte Lösung mittels der erzeugenden Funktion rührt von Laplace her, der die Frage übrigens noch von einem anderen Gesichtspunkte aus betrachtete, welcher noch eine Art der Lösung gestattet. Die Frage des allgemeinen Teilungsproblems (§ 69) kommt nämlich auch darauf hinaus, die Wahrscheinlichkeit zu bestimmen, daſs aus einer Urne x weiſse Kugeln gezogen werden, bevor x' schwarze, x'' rote ... u. s. w. Kugeln gezogen sind (Laplace l. c. S. 223).

Sei die Wahrscheinlichkeit, daſs A das Spiel gewinnt, $w_{x,y}$; dieselbe setzt sich zusammen aus der Wahrscheinlichkeit, daſs A die nächste Partie gewinnt, und dann noch $x - 1$ Partien; die Wahrscheinlichkeit hierfür ist $pw_{x-1, y}$; und der Wahrscheinlichkeit, die nächste Partie zu verlieren und dann noch x Partien zu gewinnen, wofür die Wahrscheinlichkeit $qw_{x, y-1}$ ist (weil inzwischen B eine Partie gewonnen hat). Es ist daher

(1) $$w_{x,y} = pw_{x-1, y} + qw_{x, y-1}.$$

Als erzeugende Funktion bezeichnet Laplace jene Funktion, deren Entwickelungskoeffizient in der Entwickelung nach

III. Kapitel.

Potenzen der Parameter die gesuchte Funktion giebt; in entwickelter Form wäre daher hier die erzeugende Funktion

(2)
$$F(x,y) = \sum_{1}^{\infty}\sum_{1}^{\infty} w_{x,y}\, t^x v^y = w_{1,1}\, tv + w_{1,2}\, tv^2 + \cdots \\ + w_{2,1}\, t^2 v + w_{2,2}\, t^2 v^2 + \cdots \\ + \cdots \cdots \cdots$$

Nun ist
$$w_{x,y}\, t^x v^y = p\, w_{x-1,y}\, t^x v^y + q\, w_{x,y-1}\, t^x v^y.$$

Setzt man hier für x, y alle möglichen Werte zwischen $x = 1, \ldots \infty$, $y = 1, \ldots \infty$, und addiert, so erhält man

$$F(x,y) = p\{w_{0,1}\, tv + w_{1,1}\, t^2 v + w_{2,1}\, t^3 v + \cdots \\ + w_{0,2}\, tv^2 + w_{1,2}\, t^2 v^2 + w_{2,2}\, t^3 v^2 + \cdots \\ + \cdots \cdots \cdots \} \\ + q\{w_{1,0}\, tv + w_{1,1}\, tv^2 + w_{1,2}\, tv^3 + \cdots \\ + w_{2,0}\, t^2 v + w_{2,1}\, t^2 v^2 + w_{2,2}\, t^2 v^3 + \cdots \\ + \cdots \cdots \cdots \} \\ = pt\sum_{1}^{\infty} w_{0,y}\, v^y + pt\, F(x,y) + qv\sum_{1}^{\infty} w_{x,0}\, t^x + qv\, F(x,y).$$

Nun ist
$$w_{0,y} = 1 \quad \text{und} \quad w_{x,0} = 0,$$

weil A im ersten Falle das Spiel bereits gewonnen, im zweiten bereits verloren hat, die Wahrscheinlichkeiten für das Gewinnen daher die Gewißheit (1) bezw. die Unmöglichkeit (0) sind. Hieraus folgt dann:

$$(1 - pt - qv)\, F(x,y) = \frac{ptv}{1 - v}$$

(3)
$$F(x,y) = \frac{ptv}{(1-v)(1 - pt - qv)}.$$

Hat man in dieser Funktion den Entwickelungskoeffizienten von $t^x v^y$ gefunden, so ist damit die Aufgabe gelöst; dieser Entwickelungskoeffizient giebt die Wahrscheinlichkeit. Nun kann man, um zunächst nach Potenzen von t zu entwickeln, schreiben:

$$F(x,y) = \frac{ptv}{1-v} \cdot \frac{1}{1-qv} \cdot \frac{1}{1 - \dfrac{pt}{1-qv}}$$

$$= \frac{ptv}{(1-v)(1-qv)} \left[1 + \frac{pt}{1-qv} + \frac{p^2 t^2}{(1-qv)^2} + \cdots + \frac{p^{x-1} t^{x-1}}{(1-qv)^{x-1}} + \cdots \right].$$

Hieraus wird, wenn nur der Koeffizient von t^x berücksichtigt wird:

$$F(x,y) = \cdots + \frac{p^x v}{(1-v)(1-qv)^x} t^x + \cdots$$

Der Koeffizient von $t^x v^y$ wird daher gefunden als Koeffizient von v^{y-1} in der Entwickelung von

$$\frac{p^x}{(1-v)(1-qv)^x}.$$

Nun ist

$$\frac{1}{1-v} = 1 + v + v^2 + \cdots$$

$$\frac{1}{(1-qv)^x} = 1 + \binom{x}{1} qv + \binom{x+1}{2} q^2 v^2 + \binom{x+2}{3} q^3 v^3 + \cdots,$$

daher der Entwickelungskoeffizient von v^{y-1}:

$$\binom{x+y-2}{y-1} q^{y-1} + \binom{x+y-3}{y-2} q^{y-2} + \binom{x+y-4}{y-3} q^{y-3} + \cdots + \binom{x}{1} q + 1,$$

demnach die gesuchte Wahrscheinlichkeit:

$$(4) \quad w_{x,y} = p^x \left[1 + \binom{x}{1} q + \binom{x+1}{2} q^2 + \cdots + \binom{x+y-3}{y-2} q^{y-2} + \binom{x+y-2}{y-1} q^{y-1} \right].$$

68. Von der entwickelten Form von $F(x,y)$ ausgehend, kann man leicht für $w_{x,y}$ ein bestimmtes Integral erhalten. Setzt man in der Formel

(1) $$F(x,y) = \frac{ptv}{(1-v)(1-pt-qv)}$$

$$\frac{1}{1-v} = \int_0^\infty e^{-(1-v)\vartheta} d\vartheta; \quad \frac{1}{1-pt-qv} = \int_0^\infty e^{-(1-pt-qv)\omega} d\omega,$$

so geht, da die Grenzen für ϑ und ω voneinander unabhängig sind, das Produkt der beiden Integrale in ein Doppelintegral über, und es wird

$$F(x,y) = ptv \int_0^\infty \int_0^\infty e^{-(1-v)\vartheta} e^{-\omega(1-pt-qv)} d\vartheta d\omega$$

$$= ptv \int_0^\infty \int_0^\infty e^{-(\vartheta+\omega)} e^{pt\omega} e^{(\vartheta+q\omega)v} d\vartheta d\omega.$$

Hier treten Exponentialgrößen auf, in deren Exponenten v und t enthalten sind; entwickelt man diese jetzt nach Potenzen von v und t, so wird

(2)
$$F(x,y) = pvt \int_0^\infty \int_0^\infty e^{-(\vartheta+\omega)} d\omega d\vartheta \left\{ 1 + p\omega t + \frac{p^2 \omega^2}{2!} t^2 + \cdots \right.$$
$$\left. + \frac{p^{x-1} \omega^{x-1}}{(x-1)!} t^{x-1} + \cdots \right\} \times$$
$$\times \left\{ 1 + (\vartheta+q\omega)v + \frac{(\vartheta+q\omega)^2}{2!} v^2 + \cdots \right.$$
$$\left. + \frac{(\vartheta+q\omega)^{y-1}}{(y-1)!} v^{y-1} \right\}$$

und der Entwickelungskoeffizient von $t^x v^y$ wird:

(3) $$w_{x,y} = \frac{p^x}{(x-1)!(y-1)!} \int_0^\infty \int_0^\infty e^{-(\vartheta+\omega)} \omega^{x-1} (\vartheta+q\omega)^{y-1} d\omega d\vartheta.$$

Setzt man hier

(4) $$e^{-(\vartheta+\omega)} \omega^{x-1} (\vartheta+q\omega)^{y-1} = f(\omega,\vartheta),$$

und substituiert man
$$\omega = rt$$
$$\vartheta = r(1-t),$$

so wird, wenn
(5) $$f(\omega,\vartheta) = F(r,t)$$

ist, da die Funktionaldeterminante

$$\begin{vmatrix} \dfrac{\partial \omega}{\partial t} & \dfrac{\partial \omega}{\partial r} \\ \dfrac{\partial \vartheta}{\partial t} & \dfrac{\partial \vartheta}{\partial r} \end{vmatrix} = r(1-t) + rt = r$$

ist,
daher
$$d\omega\, d\vartheta = r\, dr\, dt,$$

(6) $$w_{x,y} = \frac{p^x}{(x-1)!\,(y-1)!} \int_a^b \int_{a'}^{b'} F(r,t)\, r\, dr\, dt.$$

Die Substitution der neuen Variable ergiebt:

(7) $$f(\omega, \vartheta) = F(r,t) = \\ = e^{-r} r^{x-1} t^{x-1} (r - rt + qrt)^{y-1}.$$

Um die Grenzen a, b, a', b' zu bestimmen, hat man zu beachten, dafs
$$\frac{\omega}{\vartheta} = \frac{t}{1-t}$$

ist. Integriert man daher zuerst für ein konstantes ϑ, so werden den Grenzen 0 und ∞ für ω die Grenzen 0 und 1 für t entsprechen; den Grenzen 0 und ∞ für ϑ entsprechen dann gemäfs der Gleichung $\vartheta = r(1-t)$ die Grenzen 0 und ∞ für r, so dafs jetzt

(8) $$w_{x,y} = \frac{p^x}{(x-1)!\,(y-1)!}\, J$$

$$J = \int_0^\infty \int_0^1 e^{-r} r^{x+y-1} t^{x-1} (1-t+qt)^{y-1}\, dt\, dr$$

ist. Da die Grenzen für beide Integrale konstant sind, so kann die Integrationsordnung vertauscht werden, und man erhält

(9) $$w_{x,y} = \frac{p^x}{(x-1)!\,(y-1)!} \int_0^1 t^{x-1}(1-t+qt)^{y-1}\, dt \int_0^\infty e^{-r} r^{x+y-1}\, dr.$$

Da nun
$$\int_0^\infty e^{-r} r^{x+y-1}\, dr = (x+y-1)!$$

III. Kapitel.

und $1 - q = p$
ist, so folgt weiter

(10) $$w_{x,y} = \frac{p^x (x+y-1)!}{(x-1)!(y-1)!} \int_0^1 t^{x-1}(1-pt)^{y-1} dt.$$

Setzt man $pt = \tau$, so geht dieses Integral über in:

$$w_{x,y} = \frac{p^x (x+y-1)!}{(x-1)!(y-1)!} \int_0^p \frac{\tau^{x-1}(1-\tau)^{y-1}}{p^x} d\tau$$

$$w_{x,y} = \frac{(x+y-1)!}{(x-1)!(y-1)!} \int_0^p \tau^{x-1}(1-\tau)^{y-1} d\tau.$$

Das Integral rechter Hand ist eine unvollständige B-Funktion, da $p < 1$ ist; für $p = 1$ wird es gleich

$$B(x,y) = \frac{\Gamma(x)\Gamma(y)}{\Gamma(x+y)} = \frac{(x-1)!(y-1)!}{(x+y-1)!},$$

demnach $w_{x,y} = 1$, wie es in der That sein muſs, da für $p = 1$ der Spieler A jede Partie gewinnen muſs. Man kann daher auch schreiben:

(11) $$w_{x,y} = \frac{\int_0^p \tau^{x-1}(1-\tau)^{y-1} d\tau}{\int_0^1 \tau^{x-1}(1-\tau)^{y-1} d\tau},$$

ohne daſs jedoch für die Rechnung hierdurch ein Vorteil erzielt ist.

69. Allgemeines Teilungsproblem. (Vgl. Laplace, l. c. S. 209; für die Zurückführung auf Integrale Meyer-Czuber l. c. S. 80 und 85).

r Spielern $A_1, A_2, \ldots A_r$, deren Wahrscheinlichkeiten für das Gewinnen einer Partie $p_1, p_2, \ldots p_r$ sind, fehlen zum Gewinnen des Spieles bezw. $x_1, x_2, \ldots x_r$ Partien; welches ist die Wahrscheinlichkeit, daſs einer der Spieler, z. B. A_1, das Spiel gewinnen werde?

Anwendungen auf Glücksspiele.

Sei diese Wahrscheinlichkeit für den ersten Spieler $w_{x_1, x_2, \ldots x_r}$ (für den zweiten Spieler wäre sie $w_{x_2, x_1, \ldots x_r}$, für den dritten $w_{x_3, x_1, \ldots x_r}$), so setzt sich dieselbe zusammen aus der Wahrscheinlichkeit, daſs er die nächste Partie gewinnt, und der Wahrscheinlichkeit, daſs er das Spiel gewinnt, indem ihm weiter zum Gewinnen des Spieles nur noch $x_1 - 1$ Partien, den anderen Spielern aber bezw. wieder $x_2, x_3, \ldots x_r$ Partien fehlen; diese Wahrscheinlichkeit ist daher $pw_{x_1-1, x_2 \ldots x_r}$; ferner aus der Wahrscheinlichkeit, daſs der zweite Spieler die nächste Partie gewinnt, aber der erste Spieler dennoch das Spiel dadurch gewinnt, daſs er die x_1 Partien gewinnt, während dem zweiten Spieler noch $x_2 - 1$, den übrigen $x_3, \ldots x_r$ Partien fehlen u. s. w., es wird also

(1) $\quad w_{x_1, x_2, \ldots x_r} = p_1 w_{x_1-1, x_2, \ldots x_r} + p_2 w_{x_1, x_2-1, \ldots x_r} + \cdots$
$\qquad\qquad\qquad\quad + p_r w_{x_1, x_2, \ldots x_r-1}.$

Dem Begriffe der erzeugenden Funktion gemäſs ist $w_{x_1, x_2, \ldots x_r}$ der Koeffizient der Entwickelung dieser erzeugenden Funktion

(2) $\quad F(x_1, x_2, \ldots x_r) = \sum_{1}^{\infty} \sum_{1}^{\infty} \sum_{1}^{\infty} \ldots \sum_{1}^{\infty} w_{x_1, x_2, \ldots x_r} t_1^{x_1} t_2^{x_2} \ldots t_r^{x_r}.$

Um die Funktion F zu finden, hat man Gleichung (1) mit $t_1^{x_1} t_2^{x_2} \ldots t_r^{x_r}$ zu multiplizieren und die Summe aller dieser Ausdrücke für $x_1, x_2, \ldots x_r = 1, 2, \ldots r$ zu bilden. Es folgt dann:

$F(x_1, x_2, \ldots x_r) = \Sigma' p_1 t_1 w_{0, x_2, \ldots x_r} t_2^{x_2} t_3^{x_3} \ldots t_r^{x_r} + p_1 t_1 F(x_1, x_2, \ldots x_r) +$
$\qquad\qquad + \Sigma' p_2 t_2 w_{x_1, 0, x_3, \ldots x_r} t_1^{x_1} t_3^{x_3} \ldots t_r^{x_r} + p_2 t_2 F(x_1, x_2, \ldots x_r) +$
$\qquad\qquad \cdot \quad \cdot \quad \cdot \quad \cdot \quad \cdot \quad \cdot \quad \cdot \quad \cdot \quad \cdot \quad \cdot$
$\qquad\qquad + \Sigma' p_r t_r w_{x_1, x_2, \ldots x_r, 0} t_1^{x_1} t_2^{x_2} \ldots t_{r-1}^{x_{r-1}} + p_r t_r F(x_1, x_2, \ldots x_r).$

Da alle Ausdrücke von der Form

$$t_1^{x_1} t_2^{x_2} \ldots t_\varrho^{x_\varrho} \ldots t_r^{x_r} w_{x_1, x_2, \ldots x_\varrho-1, \ldots x_r}$$

nach Abscheidung der Glieder $x_\varrho = 1$ in die Form gebracht werden können

$$t_\varrho t_1^{x_1} t_2^{x_2} \ldots t_\varrho^{x_\varrho-1} \ldots t_r^{x_r} w_{x_1, x_2, \ldots x_\varrho-1, \ldots x_r}$$

III. Kapitel.

in diesen Gliedern aber bei der Summation nach x_1, $x_2, \ldots x_r$, auch $x_\varrho - 1 = x'_\varrho$ gesetzt werden kann, so geben dieselben wieder $F(x_1, x_2, \ldots x_r)$; es ist aber, wie früher

$$w_{0, x_2, \ldots x_r} = 1,$$

nämlich die Wahrscheinlichkeit, wenn dem Spieler A_1 0 Partien zum Gewinnen fehlen, daß er das Spiel gewinnt, gleich der Gewißheit, gleich 1; und ebenso

$$w_{x_1, 0, x_3, \ldots x_r} = w_{x_1, x_2, 0, \ldots x_r} = \ldots = 0$$

die Wahrscheinlichkeit, daß er gewinnt, wenn einem der anderen Spieler keine Partie mehr zum Gewinnen fehlt. Daher wird

$$F(x_1, x_2, \ldots x_r)(1 - p_1 t_1 - p_2 t_2 \ldots p_r t_r) = p_1 t_1 \Sigma t_2^{x_2} t_3^{x_3} \ldots t_r^{x_r}.$$

Es ist aber weiter

$$\Sigma t_2^{x_2} t_3^{x_3} \ldots t_r^{x_r} = \frac{t_2 t_3 \ldots t_r}{(1-t_2)(1-t_3) \ldots (1-t_r)},$$

demnach

$$F(x_1, x_2, \ldots x_r) = \frac{p_1 t_1 t_2 \ldots t_r}{(1-t_2)(1-t_3) \ldots (1-t_r)(1-p_1 t_1 - p_2 t_2 - \ldots - p_r t_r)}.$$

70. Auch hier könnte der Ausdruck rechts nach Potenzen der t entwickelt und damit der Koeffizient $w_{x_1, x_2, \ldots x_r}$ direkt gefunden werden. Der Ausdruck wird aber selbstverständlich nicht so einfach wie der frühere. Ohne erhebliche Schwierigkeiten ist die Zurückführung auf Integrale. Setzt man wieder:

$$\frac{1}{1-t_2} = \int_0^\infty e^{-(1-t_2)\omega_2} d\omega_2$$

$$\frac{1}{1-t_3} = \int_0^\infty e^{-(1-t_3)\omega_3} d\omega_3$$

$$\cdots \cdots \cdots$$

$$\frac{1}{1-t_r} = \int_0^\infty e^{-(1-t_r)\omega_r} d\omega_r$$

$$\frac{1}{1-p_1 t_1 - p_2 t_2 - \ldots - p_r t_r} = \int_0^\infty e^{-(1-p_1 t_1 - p_2 t_2 - \ldots - p_r t_r)\omega_1} d\omega_1,$$

so wird

Anwendungen auf Glücksspiele.

$$F(x_1, x_2, \ldots x_r) =$$

(1)
$$= p_1 t_1 t_2 \ldots t_r \int_0^\infty \int_0^\infty \ldots \int_0^\infty d\omega_1 d\omega_2 \ldots d\omega_r e^{-(1-t_2)\omega_2} \ldots e^{-(1-t_r)\omega_r} \times$$
$$\times e^{-(1-p_1 t_1 - p_2 t_2 - \ldots - p_r t_r)\omega_1} =$$
$$= p_1 t_1 t_2 \ldots t_r \int_0^\infty \int_0^\infty \ldots \int d\omega_2 d\omega_3 \ldots d\omega_r e^{-(\omega_1 + \omega_2 \ldots + \omega_r)} \times$$
$$\times e^{p_1 t_1 \omega_1} e^{(\omega_2 + p_2 \omega_1) t_2} e^{(\omega_3 + p_3 \omega_1) t_3} \ldots e^{(\omega_r + p_r \omega_1) t_r}.$$

In jeder dieser Exponentialgröfsen rechts unter dem Integralzeichen tritt nur eine der Entwickelungsvariabeln auf; man erhält daher leicht den Entwickelungskoeffizienten von $t_1^{x_1} t_2^{x_2} \ldots t_r^{x_r}$, indem man in jeder Exponentialgröfse die entsprechende Potenz für sich allein betrachtet, und zwar hat man wegen des vor dem Integralzeichen stehenden Faktors $t_1 t_2 \ldots t_r$ die Koeffizienten der $(x_1 - 1)^{\text{ten}}$, $(x_2 - 1)^{\text{ten}} \ldots (x_r - 1)^{\text{ten}}$ Potenz zu suchen; diese sind:

$$e^{p_1 t_1 \omega_1} = \ldots + \frac{p_1^{x_1-1} t_1^{x_1-1} \omega_1^{x_1-1}}{(x_1 - 1)!}$$

$$e^{(\omega_2 + p_2 \omega_1) t_2} = \ldots + \frac{(\omega_2 + p_2 \omega_1)^{x_2-1} t_2^{x_2-1}}{(x_2 - 1)!}$$

$$\cdots \cdots \cdots \cdots \cdots \cdots \cdots$$

$$e^{(\omega_r + p_r \omega_1) t_r} = \ldots + \frac{(\omega_r + p_r \omega_1)^{x_r-1} t_r^{x_r-1}}{(x_r - 1)!},$$

womit sich der gesuchte Entwickelungskoeffizient sofort ergiebt:

$$w_{x_1, x_2, \ldots x_r} =$$

(2)
$$= \frac{p_1^{x_1}}{(x_1-1)!(x_2-1)! \ldots (x_r-1)!} \int_0^\infty \int_0^\infty \ldots \int_0^\infty e^{-(\omega_1 + \omega_2 + \ldots + \omega_r)} \times$$
$$\times \omega_1^{x_1-1} (\omega_2 + p_2 \omega_1)^{x_2-1} \ldots (\omega_r + p_r \omega_1)^{x_r-1} d\omega_1 d\omega_2 \ldots d\omega_r.$$

Dieses r fache Integral läfst sich ebenfalls auf ein $(r-1)$-faches Integral zurückführen. Substituiert man nämlich

$$\omega_2 = \omega_1 \lambda_2, \quad \omega_3 = \omega_1 \lambda_3 \ldots, \quad \omega_r = \omega_1 \lambda_r,$$

so verwandelt sich zunächst die Funktion unter dem Integralzeichen in

$$e^{-\omega_1(1+\lambda_2+\lambda_3+\ldots+\lambda_r)}\omega_1^{x_1+x_2+\ldots x_r-r}(\lambda_2+p_2)^{x_2-1}(\lambda_3+p_3)^{x_3-1}\ldots$$
$$(\lambda_r+p_r)^{x_r-1}.$$

Weiter wird für die Verwandlung des Differentiales die Funktionaldeterminante:

$$\begin{vmatrix} \dfrac{\partial\omega_1}{\partial\omega_1} & \dfrac{\partial\omega_1}{\partial\lambda_2} & \ldots & \dfrac{\partial\omega_1}{\partial\lambda_r} \\ \dfrac{\partial\omega_2}{\partial\omega_1} & \dfrac{\partial\omega_2}{\partial\lambda_2} & \ldots & \dfrac{\partial\omega_2}{\partial\lambda_r} \\ \cdot & \cdot & & \cdot \\ \cdot & \cdot & & \cdot \\ \dfrac{\partial\omega_r}{\partial\omega_1} & \dfrac{\partial\omega_r}{\partial\lambda_2} & \ldots & \dfrac{\partial\omega_r}{\partial\lambda_r} \end{vmatrix} = \begin{vmatrix} 1, & 0, & 0 & \ldots, & 0 \\ \lambda_2, & \omega_1, & 0 & \ldots, & 0 \\ \lambda_3, & 0, & \omega_1 & \ldots, & 0 \\ \cdot & \cdot & \cdot & & \cdot \\ \cdot & \cdot & \cdot & & \cdot \\ \lambda_r, & 0, & 0 & \ldots, & \omega_1 \end{vmatrix} = \omega_1^{r-1}$$

demnach:

$$w_{x_1\ldots x_r} =$$

$$(3) = \frac{p_1^{x_1}}{(x_1-1)!\ldots(x_r-1)!}\int_0^\infty\int_0^\infty\ldots\int_0^\infty e^{-\omega_1(1+\lambda_2+\ldots+\lambda_r)}\,\omega_1^{x_1+x_2+\ldots x_r-1}\times$$
$$\times(\lambda_2+p_2)^{x_2-1}(\lambda_3+p_3)^{x_3-1}\ldots(\lambda_r+p_r)^{x_r-1}d\omega_1 d\lambda_2\ldots d\lambda_r,$$

wobei die Grenzen 0 und ∞, wie man leicht sieht, dieselben bleiben. Die Integration nach ω_1 läſst sich aber ausführen, denn es ist:

$$\int_0^\infty e^{-\omega_1(1+\lambda_2+\ldots+\lambda_r)}\,\omega_1^{(x_1+x_2+\ldots+x_r-1)}d\omega_1$$
$$= \frac{(x_1+x_2+\ldots+x_r-1)!}{(1+\lambda_2+\ldots+\lambda_r)^{x_1+x_2+\ldots+x_r}},$$

somit:

$$(4)\quad w_{x_1 x_2\ldots x_r} = p_1^{x_1}\frac{(x_1+x_2+\ldots+x_r-1)!}{(x_1-1)!(x_2-1)!\ldots(x_r-1)!}\times$$
$$\times\int_0^\infty\int_0^\infty\ldots\int_0^\infty\frac{(\lambda_2+p_2)^{x_2-1}(\lambda_3+p_3)^{x_3-1}\ldots(\lambda_r+p_r)^{x_r-1}}{(1+\lambda_2+\ldots+\lambda_r)^{x_1+x_2+\ldots+x_r}}\,d\lambda_2 d\lambda_3\ldots d\lambda_r$$

Für $p_2 = p_3 = \ldots 0$ wird $p_1 = 1$ und $w_{x_1 x_2 \ldots x_r} = 1$; denn wenn die Wahrscheinlichkeit aller andern Spieler für das Gewinnen einer Partie null ist, so ist eben die Wahrscheinlichkeit für den ersten Spieler gleich der Gewißheit, gleich 1; man hat daher:

$$(5) \quad 1 = \frac{(x_1 + x_2 + \ldots + x_r - 1)!}{(x_1 - 1)!(x_2 - 1)! \ldots (x_r - 1)!} \times$$

$$\times \int_0^\infty \int_0^\infty \ldots \int_0^\infty \frac{\lambda_2^{x_2-1} \lambda_3^{x_3-1} \ldots \lambda_r^{x_r-1}}{(1 + \lambda_2 + \ldots + \lambda_r)^{x_1+x_2+\ldots+x_r}} d\lambda_2 \, d\lambda_3 \ldots d\lambda_r.$$

Entwickelt man in (4) die sämtlichen Binome im Zähler nach Potenzen von λ_2 und p_2; λ_3 und p_3 ... und multipliziert, so erhält man unter dem Integralzeichen Ausdrücke von der Form des Integrals (5), multipliziert mit gewissen Konstanten, so daß das Integral (5) zur Bestimmung der Integrale in (4) dienen kann.

71. Zwei Spieler A und B besitzen a, bezw. b Spielmarken. Die Wahrscheinlichkeit, daß A eine Partie gewinnt, sei p, die Wahrscheinlichkeit für B sei q; die Wahrscheinlichkeit, daß keiner die Partie gewinnt (die Partie Remis wird), sei r, so daß:

$$p + q + r = 1$$

ist. Der Gewinnende erhält von dem Verlierenden eine Spielmarke und das Spiel endet, sobald ein Spieler alle Marken verloren hat. Welche Wahrscheinlichkeit hat A in dem Momente, wo er x Marken besitzt, das Spiel zu gewinnen?

Die Wahrscheinlichkeit, daß er das Spiel gewinnt, wenn er noch x Marken hat, sei w_x; nach dem nächsten Spiele hat er entweder $(x + 1)$ Marken, wenn er nämlich gewonnen hat, wofür die Wahrscheinlichkeit p ist; oder er hat $(x - 1)$ Marken, wenn er verlor, wofür die Wahrscheinlichkeit q ist; oder er hat x Marken, wenn die Partie unentschieden blieb, also mit der Wahrscheinlichkeit r. Es ist also:

$$w_x = p w_{x+1} + q w_{x-1} + r w_x.$$

Hieraus folgt:
$$(1) \quad w_{x+1} = \frac{1-r}{p} w_x - \frac{q}{p} w_{x-1}$$
und da

III. Kapitel.

ist, wenn
(2) gesetzt wird:
$$1 - r = p + q$$
$$\frac{q}{p} = \gamma$$

(3) $\quad w_{x+1} = (1 + \gamma)w_x - \gamma w_{x-1}.$

Die erzeugende Funktion dieser Gleichung ist:

(4) $\quad F(x) = \sum_{1}^{\infty} t^x w_x$

Multipliziert man die Gleichung (3) mit t^{x+1} und addiert für $x = 1, 2, 3 \ldots$, so folgt:

$$F(x) - tw_1 = (1 + \gamma)tF(x) - \gamma t^2 w_0 - \gamma t^2 F(x)$$

oder

(5) $\quad F(x)[1 - (1 + \gamma)t + \gamma t^2] = tw_1 - \gamma t^2 w_0.$

Nun ist $w_0 = 0$, da, wenn A überhaupt keine Marken mehr hat, er nicht gewinnen kann, also seine Wahrscheinlichkeit für das Gewinnen gleich Null ist; damit folgt:

$$F(x) = \frac{t}{(1-t)(1-\gamma t)} w_1.$$

Entwickelt man hier nach Potenzen von t, so erhält man:

(5a) $F(x) = t[1 + t + t^2 + \ldots][1 + \gamma t + \gamma^2 t^2 + \ldots]w_1.$

Der Koeffizient von t^{x-1} in dem Produkte der beiden Klammerausdrücke wird hiernach:

(6) $\quad w_x = (1 + \gamma + \gamma^2 + \cdots + \gamma^{x-1})w_1 = \dfrac{1 - \gamma^x}{1 - \gamma} w_1.$

Man kann diesen Ausdruck übrigens auf einfachere Weise erhalten; denn es folgt mit $w_0 = 0$ aus (3):

$$w_2 = (1 + \gamma)w_1.$$
$$w_3 = (1 + \gamma)w_2 - \gamma w_1 = (1 + \gamma + \gamma^2)w_1,$$
$$\cdots \cdots \cdots \cdots \cdots \cdots \cdots$$

und allgemein:

$$w_\varrho = (1 + \gamma + \gamma^2 + \cdots + \gamma^\varrho)w_1 = \frac{1 - \gamma^\varrho}{1 - \gamma} w_1,$$

welcher Ausdruck sich dann auch beim Übergange von ϱ auf $\varrho + 1$ verifizieren läfst.

Für die Bestimmung von w_1 hat man nun zu beachten, daſs $w_{a+b} = 1$ ist; denn wenn A die sämtlichen Spielmarken gewonnen hat, so kann B nicht mehr gewinnen; die Wahrscheinlichkeit für A verwandelt sich in die Gewiſsheit. Es ist demnach:

$$w_{a+b} = 1 = \frac{1 - \gamma^{a+b}}{1 - \gamma} w_1,$$

(7) $$w_1 = \frac{1 - \gamma}{1 - \gamma^{a+b}},$$

folglich:

(8) $$w_x = \frac{1 - \gamma^x}{1 - \gamma^{a+b}}.$$

72. Sind die Wahrscheinlichkeiten für das Gewinnen einer Partie veränderlich, von der Menge der Spielmarken selbst abhängig, so wird die Lösung etwas anders. Haben also die beiden Spieler A und B wieder a, bezw. b Spielmarken und nach einiger Zeit des Spieles dann x und y; in diesem Momente mögen sich die Wahrscheinlichkeiten für das Gewinnen eines Spieles wie $x : y$ verhalten (Remispartien sind daher ausgeschlossen), so daſs die Wahrscheinlichkeit des A für das Gewinnen einer Partie $\frac{x}{x+y}$, die Wahrscheinlichkeit des B $\frac{y}{x+y}$ ist. Sei wieder die Wahrscheinlichkeit des A für das Gewinnen des Spieles in dem Momente, wo er x Marken hat w_x, so wird:

(1) $$w_x = \frac{x}{x+y} w_{x+1} + \frac{y}{x+y} w_{x-1}$$

sein. Um y wegzuschaffen hat man zu beachten, daſs:

$$x + y = a + b = k$$

eine Konstante ist; es ist daher:

(2) $$k w_x = x w_{x+1} + (k - x) w_{x-1}.$$

Nachdem in dieser Gleichung noch x als Faktor auftritt, kann nicht unmittelbar auf die erzeugende Funktion übergegangen werden. Es ist aber, wenn mit t^x multipliziert wird:

III. Kapitel.

$$\sum_1 k t^x w_x = k F(x),$$

$$\sum_1 x t^x w_{x+1} = \sum_1 (x+1) t^x w_{x+1} - \sum_1 t^x w_{x+1}$$

$$= \sum_1 \frac{d}{dt} t^{x+1} w_{x+1} - \frac{1}{t} \sum_1 t^{x+1} w_{x+1}$$

$$= \frac{d}{dt} [F(x) - t w_1] - \frac{1}{t} [F(x) - t w_1]$$

$$= \frac{d}{dt} F(x) - w_1 - \frac{1}{t} F(x) + w_1 = \frac{d}{dt} F(x) - \frac{1}{t} F(x),$$

$$\sum_1 (k-x) t^x w_{x-1} = \sum_1 k t^x w_{x-1} - \sum_1 x t\, t^{x-1} w_{x-1}$$

$$= k \sum_1 t^x w_{x-1} - t \sum_1 \frac{d}{dt} [t^x w_{x-1}]$$

$$= k t [F(x) + w_0] - t \frac{d}{dt} [t \{F(x) + w_0\}]$$

$$= k t F(x) + k t w_0 - [t F(x) + t w_0]$$

$$\qquad - t^2 \frac{d}{dt} \{F(x) + w_0\},$$

demnach, da $w_0 = 0$ ist:

$$k F(x) = \frac{d}{dt} F(x) - \frac{1}{t} F(x) + k t F(x) - t F(x) - t^2 \frac{d}{dt} F(x)$$

oder geordnet:

(3) $\quad (1 - t^2) \frac{d}{dt} F(x) = \left[k(1-t) + \left(t + \frac{1}{t} \right) \right] F(x)$

$$\frac{\frac{d}{dt} F(x)}{F(x)} = \frac{k(t - t^2) + (1 + t^2)}{t - t^3} =$$

$$= \frac{k}{1+t} + \frac{1}{t} + \frac{1}{1-t} - \frac{1}{1+t}.$$

Die Integration dieses Ausdruckes giebt:

$\log F(x) = k \log(1+t) + \log t - \log(1-t) - \log(1+t) + \log C$
oder

(4) $\qquad F(x) = C t \frac{(1+t)^{k-1}}{1-t}.$

Entwickelt man jetzt nach Potenzen von t, so folgt:

$$F(x) = Ct[1 + t + t^2 + \ldots]\left[1 + \binom{k-1}{1}t + \binom{k-1}{2}t^2 + \binom{k-1}{3}t^3 + \ldots\right]$$

und der Entwickelungskoeffizient von t^x:

$$w_x = C\left[1 + \binom{k-1}{1} + \binom{k-1}{2} + \ldots + \binom{k-1}{x-1}\right].$$

Zur Bestimmung der Integrationskonstanten C hat man zu beachten, daſs für $x = a + b = k$, wenn A bereits alle Spielmarken hat, er das Spiel gewonnen hat, daher $w_{a+b} = 1$ ist, so daſs:

$$1 = C\left[1 + \binom{k-1}{1} + \binom{k-1}{2} + \ldots + \binom{k-1}{x-1}\right] = C \cdot 2^{k-1}$$

somit:
$$C = \frac{1}{2^{k-1}}$$

und endlich:*)

$$w_x = \frac{1}{2^{k-1}}\left[1 + \binom{k-1}{1} + \binom{k-1}{2} + \ldots + \binom{k-1}{x-1}\right].$$

73. Zwei Spieler A und B, deren Wahrscheinlichkeiten für das Gewinnen einer Partie p und q sind, spielen derart, daſs derjenige, der eine Partie verliert, dem anderen eine Spielmarke ausbezahlt und das Spiel endet, wenn einer der Spielenden alle Marken ausbezahlt hat. A hat im Beginne des Spieles a Spielmarken, B deren b, $a + b = k$; wie groſs ist die Wahrscheinlichkeit, daſs A das Spiel vor oder in der y^{ten} Partie gewinnt, wobei $y < a + b$ ist. (Laplace, l. c. Seite 228; für ein beliebig groſses y reduziert sich die Aufgabe auf diejenige des § 71.)

Die Wahrscheinlichkeit, daſs A das Spiel vor oder in der y^{ten} Partie gewinnt, wenn er x Marken hat, sei $w_{x,y}$; dann wird in dem Momente dieser Markenverteilung:

(1) $$w_{x,y} = p w_{x+1, y-1} + q w_{x-1, y-1}$$

sein. Denn soll das Spiel nach spätestens y Partien zu

---

*) Über eine zweite Art der Auflösung, welche natürlich zu demselben Resultate führt, siehe Meyer-Czuber, l. c. Seite 76.

III. Kapitel.

Ende sein, so wird es nach dem nächsten Spiele noch $y-1$ Partien bedürfen, wobei, je nachdem dieses nächste Spiel von A gewonnen oder verloren wird, A noch $x+1$, bezw. $x-1$ Marken hat.

Multipliziert man die obige Gleichung (1) mit t^y und addiert, so folgt:*)

$$\sum_1 w_{xy}t^y = \sum_1 pw_{x+1,y-1}t^{y-1}t + \sum_1 qw_{x-1,y-1}t^{y-1}t$$

und setzt man nun:

$$\sum_1 w_{xy}t^y = W_x,$$

so erhält man:

$$W_x = pt(W_{x+1} + w_{x+1,0}) + qt(W_{x-1} + w_{x-1,0}).$$

---

*) Die von Laplace gegebene Lösung der Aufgabe ist nicht ganz korrekt. Nach Laplace multipliziert man hier mit $t_1^x t_2^y$ und summiert; dann wird:

$$\sum_1 \sum_1 w_{x,y} t_1^x t_2^y = \sum_1 \sum_1 pw_{x+1,y-1} t_1^{x+1} t_2^{y-1} \frac{t_2}{t_1}$$
$$+ \sum_1 \sum_1 qw_{x-1,y-1} t_1^{x-1} t_2^{y-1} t_1 t_2$$

$$F(x,y) = \frac{t_2}{t_1} p \left[F(x,y) - \sum_{y=1} w_{1,y} t_1 t_2^y + \sum_{x=2} w_{x,0} t_1^x \right]$$
$$+ t_1 t_2 q [F(x,y) + \sum_{y=0} w_{0,y} t_2^y - \sum_{x=1} w_{x,0} t_1^x + w_{0,0}].$$

Nun ist $w_{x,0}$ die Wahrscheinlichkeit für A nach 0 Partien zu gewinnen, wenn B noch Marken hat, gleich 0; ebenso ist $w_{0,y}$ die Wahrscheinlichkeit für B das Spiel zu gewinnen, wenn A keine Marken hat, gleich 0; man hat daher:

$$F(x,y) = \frac{t_2}{t_1} p F(x,y) + t_1 t_2 q F(x,y) - t_2 p \sum w_{1,y} t_2^y$$

oder

$$\left(1 - \frac{t_2}{t_1} p - t_1 t_2 q\right) F(x,y) = - t_2 p \sum w_{1,y} t_2^y.$$

Über den Wert von $w_{1,y}$ läfst sich a priori nichts aussagen; die Lösung von Laplace setzt aber voraus, dafs dieser Wert ebenfalls gleich 0 zu setzen ist, denn er kommt zu dem Schlusse, dafs

$$\frac{t_2}{t_1} p - t_1 t_2 q = 1$$

sein soll. Von diesem Einwande ist die Lösung von Meyer frei; siehe l. c. Seite 87.

Anwendungen auf Glücksspiele.

Da aber
$$w_{x+1,0} = w_{x-1,0} = 0$$
ist, indem A das Spiel nicht nach 0 Partien gewinnen kann, ausgenommen, wenn $b=0$ ist, so folgt:

(2) $$W_x = pt W_{x+1} + qt W_{x-1}.$$

Diese Funktionalgleichung ist linear, und man kann daher setzen:
$$W_x = \omega^x,$$
damit wird:
$$\omega^x = pt\omega^{x+1} + qt\omega^{x-1}$$
oder

(3) $$1 = pt\omega + q\frac{t}{\omega}$$

$$\omega = \frac{1}{2pt} \pm \sqrt{\frac{1}{4p^2t^2} - \frac{q}{p}}$$

$$= \frac{1}{2pt}(1 \pm \sqrt{1 - 4pqt^2})$$

und als allgemeine Lösung der Funktionalgleichung (2):

(4) $$W_x = \frac{C_1}{(2pt)^x}(1 + \sqrt{1 - 4pqt^2})^x +$$
$$+ \frac{C_2}{(2pt)^x}(1 - \sqrt{1 - 4pqt^2})^x$$

oder wenn

(5) $$2pt\omega_1 = 1 + \sqrt{1 - 4pqt^2},$$
$$2pt\omega_2 = 1 - \sqrt{1 - 4pqt^2}$$

gesetzt wird:
$$W_x = C_1 \omega_1^x + C_2 \omega_2^x,$$
wobei C_1 und C_2 die Integrationskonstanten sind.

Eine derselben kann unmittelbar eliminiert werden. Da nämlich für $x = 0$
$$W_0 = \sum_{y=1} w_{0,y} t^y$$
ist, und $w_{0,y}$ für alle Werte von y verschwindet, weil es

die Wahrscheinlichkeit ist, dafs A das Spiel gewinnt, wenn er keine Marken mehr hat, so wird

$$0 = C_1 + C_2; \quad C_2 = -C_1,$$

demnach

(7) $\qquad W_x = C_1 (\omega_1^x - \omega_2^x).$

Ist $x = a + b = k$, d. h. hat der Spieler A bereits alle Marken b des Spielers B, so hat er gewonnen; es ist also $w_{k,y} = 1$; in diesem Falle kann aber y nur eine gerade Anzahl bedeuten; denn A erhält die Marken des B entweder nach b Partien, oder nach $b+2$, $b+4$ ... Partien, je nachdem er 1 oder 2 ... Marken verloren hatte, und erst wieder zurückgewinnen mufste. Wenn daher A die sämtlichen $a+b$ Marken besitzt, so kann y nur diejenigen Partien bedeuten, welche er aufser den b Partien noch spielen mufste, um die an B verlorenen Marken zurückzugewinnen. In diesem Falle wird dann

(8) $\qquad W_k = w_{k,0} + w_{k,2}\, t^2 + w_{k,4}\, t^4 + \cdots$

und mit Rücksicht auf das oben Gesagte

$$W_k = 1 + t^2 + t^4 + \cdots = \frac{1}{1-t^2}.$$

Damit wird

$$\frac{1}{1-t^2} = C_1(\omega_1^k - \omega_2^k),$$

folglich durch Division der beiden Gleichungen

$$W_x = \frac{1}{1-t^2} \frac{\omega_1^x - \omega_2^x}{\omega_1^k - \omega_2^k} = \frac{1}{1-t^2} \frac{1}{\omega_1^{k-x}} \cdot \frac{1 - \left(\frac{\omega_2}{\omega_1}\right)^x}{1 - \left(\frac{\omega_2}{\omega_1}\right)^k}.$$

Da aber gemäfs Gleichung (3)

$$\omega_1\, \omega_2 = \frac{q}{p},$$

also

$$\frac{1}{\omega_1} = \frac{p}{q} \omega_2$$

ist, so wird

Anwendungen auf Glücksspiele.

(9) $$W_x = \left(\frac{p}{q}\right)^{k-x} \frac{\omega_2^{k-x}}{1-t^2} \frac{1-\left(\frac{p}{q}\right)^x \omega_2^{2x}}{1-\left(\frac{p}{q}\right)^k \omega_2^{2k}}$$

eine für die Entwickelung nach t brauchbare Form.

74. Nachdem in dem Ausdrucke $w_{x,y}$, $y < k$ vorausgesetzt wird, kann der Nenner $1 - \left(\frac{p}{q}\right)^k \omega_2^{2k}$ vernachlässigt werden, denn er bringt nur Potenzen von t, welche gleich oder gröfser als t^{4k} sind, und man kann daher für die vorliegende Aufgabe W_x auch ersetzen durch

(1) $$(W_x) = \left(\frac{p}{q}\right)^{k-x} \frac{\omega_2^{k-x}}{1-t^2}\left[1 - \left(\frac{p}{q}\right)^x \omega_2^{2x}\right]$$
$$= \frac{p^{k-x}}{q^k} \cdot \frac{q^x \omega_2^{k-x} - p^x \omega_2^{k+x}}{1-t^2}.$$

Da aber der Ausdruck ω_2^{k+x} ebenfalls Potenzen von t mindestens von der Ordnung $2(k+x)$ enthält, so kommt er ebenfalls nicht weiter in Betracht, und es bleibt zu berücksichtigen der Ausdruck

(2) $$[W_x] = \left(\frac{p}{q}\right)^{k-x} \frac{\omega_2^{k-x}}{1-t^2}.$$

Hier ist nun zunächst ω_2^n zu entwickeln, wozu man sich des Lagrangeschen Reversionstheorems*) bedienen kann, indem ω_2 durch die Gleichung

$$\omega^2 - \frac{\omega}{pt} + \frac{q}{p} = 0$$

---

*) Wenn
$$z = x + af(z)$$
ist, so wird, explicite durch x ausgedrückt, nach Potenzen von a geordnet:
$$z = x + \frac{a}{1}f(x) + \frac{a^2}{1\cdot 2}\frac{d[f(x)]^2}{dx} + \frac{a^3}{1\cdot 2\cdot 3}\frac{d^2[f(x)]^3}{dx^2} + \cdots$$
$$F(z) = F(x) + \frac{a}{1}F'(x)f(x) + \frac{a^2}{1\cdot 2}\frac{d}{dx}\{F'(x)[f(x)]^2\}$$
$$+ \frac{a^3}{1\cdot 2\cdot 3}\frac{d^2}{dx^2}\{F'(x)[f(x)]^3\} + \cdots$$

bestimmt ist. Es ist
$$\omega_2 = qt + pt\,\omega_2^2 = x + a\,f(\omega_2),$$
so dafs
$$x = qt$$
$$a = pt;\quad f(\omega_2) = \omega_2^2$$

ist. Die zu suchende Funktion ist $F(\omega_2) = \omega_2^n$.
Es wird daher
$$F(x) = x^n$$
$$F'(x) = n x^{n-1};\quad f(x) = x^2,$$
folglich
$$\omega_2^n = x^n + npt\,x^{n+1} + \sum_{i=2}\frac{(pt)^i}{i!}\frac{d^{i-1}(nx^{2i+n-1})}{dx^{i-1}}$$
(3) $\quad\omega_2^n = (qt)^n + npt\,(qt)^{n+1}$
$$+\sum_{i=2}\frac{(pt)^i}{i!}n(n+2i-1)(n+2i-2)\ldots(n+i+1)(qt)^{n+i},$$

demnach
$$\left(\frac{p}{q}\right)^{k-x}\omega_2^{k-x} = \sum_{i=0}q^i p^{k-x+i}\frac{k-x}{k-x+i}\binom{k-x+2i-1}{i}t^{k-x+2i},$$
und da
$$\frac{1}{1-t^2} = 1 + t^2 + t^4 + \ldots$$

ist, so wird $w_{x,y}$ erhalten als der Koeffizient der Potenz t^y in dem Produkte dieser beiden Ausdrücke, d. h. es ist

(4) $\quad w_{x,y} = \Sigma p^{k-x+i}q^i\dfrac{k-x}{k-x+i}\binom{k-x+2i-1}{i}$

die Summe nach $i = 1, 3, 5\ldots$ oder $0, 2, 4\ldots$ bis zu demjenigen Werte von i, für welchen
$$k - x + 2i = y,$$
also
$$i = \frac{x + y - k}{2}$$
ist; d. h.*) für $k - x$ und y gerade:

---

*) Meyer-Czuber hat an Stelle dieser Summe nur den letzten Ausdruck, was daher rührt, dafs irrtümlich der Nenner $(1-t^2)$ weggelassen wurde.

Anwendungen auf Glücksspiele.

$$w_{x,y} = p^{k-x}\left[1 + (pq)^2 \frac{k-x}{k-x+2}\binom{k-x+3}{2} + \cdots\right.$$
$$\left. + (pq)^{\frac{x+y-k}{2}} \frac{k-x}{\frac{k-x}{2}+\frac{y}{2}}\binom{y-1}{\frac{x+y-k}{2}}\right],$$

und für $k-x$ und y ungerade

$$w_{x,y} = p^{k-x}\left[(pq)\frac{k-x}{k-x+1}\binom{k-x+1}{1} + \right.$$
$$+ (pq)^3 \frac{k-x}{k-x+3}\binom{k-x+5}{3} + \cdots$$
$$\left. + (pq)^{\frac{x+y-k}{2}} \frac{k-x}{\frac{k-x}{2}+\frac{y}{2}}\binom{y-1}{\frac{x+y-k}{2}}\right].$$

75. Eine Urne enthält insgesamt n Kugeln, und zwar weiße und schwarze in nicht näher bekannter Zahl. Bei einer Ziehung erhält man eine weiße Kugel; wie groß ist die Wahrscheinlichkeit, daß die Urne r weiße Kugeln enthält?

Zu berücksichtigen sind die Möglichkeiten, daß in der Urne 1, 2, 3, ... n weiße Kugeln und $n-1$, $n-2$, $n-3$, ... 0 schwarze Kugeln sind. Vor dem Zuge ist übrigens noch die Möglichkeit vorhanden, daß 0 weiße Kugeln und n schwarze in der Urne sind, und zwar haben vor dem Zuge alle diese Kombinationen dieselbe Wahrscheinlichkeit. Nach dem Zuge ist die Annahme, daß 0 weiße Kugeln in der Urne wären, auszuschließen, da ja eine weiße Kugel gezogen wurde; die Wahrscheinlichkeiten für das Ziehen einer weißen Kugel sind aber unter diesen verschiedenen Voraussetzungen bezw.

$$w_1 = \frac{1}{n},\quad w_2 = \frac{2}{n},\quad w_3 = \frac{3}{n},\ \ldots\ w_n = \frac{n}{n}$$

und die Wahrscheinlichkeit, daß eine weiße Kugel gezogen würde, wenn r weiße Kugeln in der Urne sind, wäre

$$w_r = \frac{r}{n}.$$

Nach dem Satze § 23 ist die Wahrscheinlichkeit dieser Ursache

$$W = \frac{w_r}{w_1 + w_2 + \ldots + w_n},$$

demnach
$$W = \frac{2r}{n(n+1)}.$$

76. Eine Urne enthält insgesamt n Kugeln, und zwar weifse und schwarze in nicht näher bekannter Zahl. Bei einer Ziehung erhält man eine weifse Kugel; wie grofs ist die Wahrscheinlichkeit, dafs bei einer zweiten Ziehung wieder eine weifse Kugel zum Vorschein kommt, wenn die erst gezogene Kugel wieder in die Urne zurückgelegt wird?

Die Wahrscheinlichkeit, dafs die Urne r weifse Kugeln enthalte, ist nach dem obigen
$$w^{(r)} = \frac{2r}{n(n+1)};$$
in diesem Falle ist dann die Wahrscheinlichkeit, dafs im nächsten Zuge wieder eine weifse Kugel gezogen wird,
$$w_r = \frac{r}{n},$$
daher die Wahrscheinlichkeit, dafs die Urne r weifse Kugeln enthalte und im nächsten Zuge wieder eine davon gezogen wird,
$$w^{(r)} w_r = 2 \frac{r^2}{n^2(n+1)}.$$

Da nun alle möglichen Fälle vorkommen können, d. h. die Urne ebensowohl 1, 2, 3, ... wie n weifse Kugeln (nebst $n-1$, $n-2$, ... 0 schwarze Kugeln) enthalten kann, so ist die (alternative) Wahrscheinlichkeit für das Ziehen einer weifsen Kugel im nächsten Zuge

$$W = \Sigma w^{(r)} w_r = \frac{2}{n^2(n+1)} [1^2 + 2^2 + 3^2 + \ldots + n^2]$$
$$= \frac{2}{n^2(n+1)} \cdot \frac{n(n+1)(2n+1)}{1 \cdot 2 \cdot 3} = \frac{2n+1}{3n} = \frac{2 + \frac{1}{n}}{3}.$$

Mit wachsendem n nähert sich die Zahl der Grenze $\frac{2}{3}$, welche für $n = \infty$ erreicht wird.

77. Wie grofs ist unter denselben Voraussetzungen die Wahrscheinlichkeit für das Ziehen einer weifsen Kugel

Anwendungen auf Glücksspiele.

im nächsten Zuge, wenn die im ersten Zuge gezogene Kugel nicht wieder zurückgelegt wurde?

Die Wahrscheinlichkeit $w^{(r)}$ bleibt dieselbe; nur w_r ist hier, da eine Kugel sowohl in der Zahl der weifsen Kugeln als auch in der Gesamtzahl der Kugeln weniger ist, geändert; es ist

$$w_r = \frac{r-1}{n-1},$$

daher die Wahrscheinlichkeit für das Ziehen einer weifsen Kugel im nächsten Zuge, wenn r weifse Kugeln in der Urne vorausgesetzt werden, in diesem Falle gleich

$$w^{(r)} w_r = \frac{2r(r-1)}{n(n+1)(n-1)},$$

und da r alle möglichen Werte zwischen 1 und n annehmen kann,

$$W = \frac{2}{n(n+1)(n-1)} [1 \cdot 2 + 2 \cdot 3 + \ldots + (n-1)n] = \frac{2}{3}.$$

In diesem Falle ist daher die Wahrscheinlichkeit unabhängig von der Zahl der Kugeln in der Urne.

78. In zwei Urnen, A und B, sind weifse und schwarze Kugeln. In einer derselben sind $r = p + q$ Kugeln, davon p weifse und q schwarze; in der anderen $r' = p' + q'$ Kugeln, davon p' weifse und q' schwarze; es ist jedoch nicht bekannt, in welcher der beiden Urnen die eine bezw. die andere Zahl vorkommt. Aus der Urne A werden nun nach und nach l Kugeln gezogen; davon sind m weifs, n schwarz ($m + n = l$). Welches ist die Wahrscheinlichkeit, dafs die Urne A die $r = p + q$ oder aber die $r' = p' + q'$ Kugeln enthält?

Die Wahrscheinlichkeit für das Eintreffen der beobachteten Ereignisse ist nach den beiden Hypothesen (vgl. § 16):

$$w_1 = \frac{\binom{p}{m}\binom{q}{n}}{\binom{p+q}{m+n}}; \quad w_2 = \frac{\binom{p'}{m}\binom{q'}{n}}{\binom{p'+q'}{m+n}},$$

daher ist die Wahrscheinlichkeit der ersten Hypothese

$$W_1 = \frac{w_1}{w_1 + w_2} = \frac{\binom{p}{m}\binom{q}{n}\binom{p'+q'}{m+n}}{\binom{p}{m}\binom{q}{n}\binom{p'+q'}{m+n} + \binom{p'}{m}\binom{q'}{n}\binom{p+q}{m+n}}$$

und die Wahrscheinlichkeit der zweiten Hypothese

$$W_2 = \frac{w_2}{w_1 + w_2} = \frac{\binom{p'}{m}\binom{q'}{n}\binom{p+q}{m+n}}{\binom{p}{m}\binom{q}{n}\binom{p'+q'}{m+n} + \binom{p'}{m}\binom{q'}{n}\binom{p+q}{m+n}}$$

79. In einer Urne sind eine gewisse Zahl von Kugeln; die Gesamtzahl ist unbekannt, bekannt ist nur, daſs es höchstens r sind; in n Ziehungen, wobei die gezogene Kugel jedesmal wieder zurückgelegt wurde, sind x weiſse Kugeln zum Vorschein gekommen. Wie groſs ist die Wahrscheinlichkeit, daſs bei der nächsten Ziehung wieder eine weiſse Kugel erscheint, und wie groſs ist die Wahrscheinlichkeit, daſs bei der nächsten Ziehung eine schwarze Kugel erscheint?

In der Urne können enthalten sein:	Die Wahrscheinlichkeit für das $x$malige Ziehen einer weiſsen Kugel und das $(n-x)$malige Ziehen einer schwarzen Kugel ist dann:
1 weiſse und 1 schwarze Kugel	$\left(\frac{1}{2}\right)^x \left(\frac{1}{2}\right)^{n-x} = \frac{1}{2^n}$
2 „ „ 1 „ „	$\left(\frac{2}{3}\right)^x \left(\frac{1}{3}\right)^{n-x} = \frac{2^x}{3^n}$
1 „ „ 2 „ „	$\left(\frac{1}{3}\right)^x \left(\frac{2}{3}\right)^{n-x} = \frac{2^{n-x}}{3^n}$
3 „ „ 1 „ „	$\left(\frac{3}{4}\right)^x \left(\frac{1}{4}\right)^{n-x} = \frac{3^x}{4^n}$
2 „ „ 2 „ „	$\left(\frac{2}{4}\right)^x \left(\frac{2}{4}\right)^{n-x} = \frac{2^n}{4^n}$
1 „ „ 3 „ „	$\left(\frac{1}{4}\right)^x \left(\frac{3}{4}\right)^{n-x} = \frac{3^{n-x}}{4^n}$

u. s. w.

Anwendungen auf Glücksspiele.

allgemein:

r weiſse und 1 schwarze Kugel $\dfrac{r^x}{(r+1)^n}$

$r-1$ „ „ 2 „ „ $\dfrac{(r-1)^x 2^{n-x}}{(r+1)^n}$

$r-2$ „ „ 3 „ „ $\dfrac{(r-2)^x 3^{n-x}}{(r+1)^n}$

. . . .
. . . .

2 „ „ $r-1$ „ „ $\dfrac{2^x (r-1)^{n-x}}{(r+1)^n}$

1 „ „ r „ „ $\dfrac{r^{n-x}}{(r+1)^n}$.

Setzt man daher
(1) $r^x + (r-1)^x 2^y + (r-2)^x 3^y + \ldots + 2^x (r-1)^y + r^y$
$\qquad\qquad\qquad\qquad\qquad\qquad = (r+1)_{x,y}$

wobei nur

(1a) ferner $\quad (2)_{x,y} = 1,$
$\qquad\qquad (3)_{x,y} = 2^x + 2^y$

u. s. w. ist, so wird die Wahrscheinlichkeit, daſs in der Urne α weiſse und β schwarze Kugeln sind:

(2) $\quad w_{\alpha,\beta} = \dfrac{\dfrac{\alpha^x \beta^y}{(\alpha+\beta)^n}}{\dfrac{(2)_{x,y}}{2^n} + \dfrac{(3)_{x,y}}{3^n} + \ldots + \dfrac{(r)_{x,y}}{r^n}}; \quad x+y = n.$

Unter dieser Voraussetzung ist ferner die Wahrscheinlichkeit für das nochmalige Ziehen einer weiſsen Kugel $\dfrac{\alpha}{\alpha+\beta}$, für das Ziehen einer schwarzen Kugel $\dfrac{\beta}{\alpha+\beta}$, demnach, da über die Verteilung nichts bekannt ist, die (alternative) Wahrscheinlichkeit unter den verschiedenen Ursachen

für das nochmalige Ziehen einer weiſsen Kugel

(3a) $\qquad\qquad W_\alpha = \sum \dfrac{w_{\alpha,\beta} \dfrac{\alpha}{\alpha+\beta}}{N},$

III. Kapitel.

für das Ziehen einer schwarzen Kugel

(3b) $$W_\beta = \sum \frac{w_{\alpha,\beta} \frac{\beta}{\alpha+\beta}}{N},$$

wobei Kürze halber für einen Moment

(3c) $$N = \frac{(2)_{x,y}}{2^n} + \frac{(3)_{x,y}}{3^n} + \cdots + \frac{(r)_{x,y}}{r^n}$$

gesetzt ist, und durch Substitution

(4a) $$W_\alpha = \frac{\dfrac{(2)_{x+1,y}}{2^{n+1}} + \dfrac{(3)_{x+1,y}}{3^{n+1}} + \cdots + \dfrac{(r)_{x+1,y}}{r^{n+1}}}{\dfrac{(2)_{x,y}}{2^{n+1}} + \dfrac{(3)_{x,y}}{3^{n+1}} + \cdots + \dfrac{(r)_{x,y}}{r^{n+1}}}$$

(4b) $$W_\beta = \frac{\dfrac{(2)_{x,y+1}}{2^{n+1}} + \dfrac{(3)_{x,y+1}}{3^{n+1}} + \cdots + \dfrac{(r)_{x,y+1}}{r^{n+1}}}{\dfrac{(2)_{x,y}}{2^{n+1}} + \dfrac{(3)_{x,y}}{3^{n+1}} + \cdots + \dfrac{(r)_{x,y}}{r^{n+1}}}.$$

Für $r = 3$ erhält man hieraus einfach

(5)
$$W_\alpha = \frac{\dfrac{1}{2} \cdot 3^n + \dfrac{1}{3}(2^{n+x+1} + 2^{2n-x})}{3^n + 2^{n+x} + 2^{2n-x}}$$

$$W_\beta = \frac{\dfrac{1}{2} \cdot 3^n + \dfrac{1}{3}(2^{n+x} + 2^{2n-x+1})}{3^n + 2^{n+x} + 2^{2n-x}}.$$

80. Mathematische Hoffnung. Bei den Glücksspielen ist fast ausschliefslich dem Gewinnenden ein materieller Vorteil zugedacht, der durch einen gleich grofsen materiellen Nachteil des Verlierenden gedeckt erscheint. Zwei oder mehrere Personen setzen jeder eine gewisse Summe ein, welche dem oder den Gewinnenden zufällt. Vor dem Spiele, so lange es absolut unbekannt ist, welcher der Spielenden der Gewinnende sein wird, haben alle die gleiche Aussicht, die gleiche „Hoffnung" auf den Gewinn des Spieles, also auf den materiellen Vorteil; es ist daher nur gerechtfertigt, wenn auch der Einsatz aller in gleicher Höhe geleistet wird.

Anwendungen auf Glücksspiele.

Anders jedoch verhält es sich, wenn einer der Spielenden von vornherein mehr Aussicht hat, das Spiel zu gewinnen. Denn wenn er die absolute Gewißheit hierzu hätte, so würde von vornherein bekannt sein, daß die übrigen Mitspielenden ihre Einsätze verlieren. Es wäre daher unrecht oder thöricht von ihnen, überhaupt einen Einsatz zu leisten; in einem solchen Spiele müßten gerechterweise die Einsätze der letzteren gleich Null und folgerichtig der Einsatz des notwendig Gewinnenden gleich seinem Gewinne sein. Zwischen diesen Extremen liegen nun aber alle möglichen Zwischenstufen. Sobald für die einzelnen Mitspielenden von vornherein bekannt ist, daß ihre Wahrscheinlichkeiten für das Gewinnen nicht gleich sind, wird naturgemäß ihr Einsatz „Mise" auch nicht gleich sein können oder brauchen. In welchem Verhältnisse aber die Einsätze stehen sollen, um den Forderungen der Billigkeit gerecht zu werden, läßt sich von vornherein nicht sagen. Hierzu wird man aber durch die folgende Überlegung geführt.

Seien die Wahrscheinlichkeiten mehrerer Spieler A_1, $A_2, \ldots A_r$ für das Gewinnen eines Spieles bezw. $w_1, w_2, \ldots w_r$, so besagt dieses, daß unter einer sehr großen Anzahl n von Spielen die einzelnen Spieler bezw.

$$nw_1, nw_2, \ldots nw_r$$

Spiele gewinnen werden.

Es werde nun angenommen, daß die Einsätze der verschiedenen Spieler bei jedem Spiele bezw. $e_1, e_2, \ldots e_r$ sind, und, da vorausgesetzt wird, daß bei allen Spielen die Wahrscheinlichkeiten der Spieler dieselben sind, selbstverständlich auch die Einsätze dieselben. In den sämtlichen n Spielen haben die Spieler daher bezw.

$$ne_1, ne_2, \ldots ne_r$$

eingesetzt. Ist die Summe der Einsätze s, also

(1) $\qquad e_1 + e_2 + e_3 + \ldots + e_r = s,$

und fällt diese Summe jedesmal dem oder den Gewinnenden zu, so erhalten die Spieler in den n Partien

(2) $\qquad g_1 = nw_1 s; \; g_2 = nw_2 s; \ldots g_r = nw_r s.$

Die Summe der sämtlichen Einsätze ist nun

(3) $\qquad ne_1 + ne_2 + \ldots + ne_r = ns;$

III. Kapitel.

die Summe der Rückzahlungen

(4) $\quad nw_1 s + nw_2 s + \ldots + nw_r s = ns(w_1 + w_2 + \ldots + w_r),$

und da $w_1 + w_2 + \ldots + w_r = 1$ ist, indem jede Partie von einem Spieler gewonnen werden muſs (Remispartien nicht gezählt, da keine Auszahlung erfolgt), so ist die Summe der Auszahlungen ebenfalls ns. Die Gerechtigkeit erfordert nun, daſs bei einer sehr groſsen Anzahl von Partien, wobei die Zahl der gewonnenen Partien jedes Spielers thatsächlich seiner Wahrscheinlichkeit für das Gewinnen proportional ist, die Summe seiner Einzahlungen gleich der Summe der an ihn erfolgten Auszahlungen ist. Hierin liegt nur der Ausdruck der Thatsache, daſs wohl jedes einzelne Spiel ein Glücksspiel ist, bei welchem von vornherein durchaus nicht bekannt ist, welcher der Spieler gewinnen werde, daſs aber bei einer aufserordentlich groſsen Zahl von Spielen, bei denen gemäſs den bekannten Wahrscheinlichkeiten für das Gewinnen a priori die Zahl der gewonnenen Partien mit groſser Wahrscheinlichkeit (theoretisch mit Sicherheit) vorausgesagt werden kann, die Gesamtheit der Spiele den Charakter des Glücksspieles verliert, und jeder ein Recht darauf hat, nichts zu verlieren.

Es muſs daher

$$nw_1 s = ne_1; \quad nw_2 s = ne_2; \quad \ldots \quad nw_r s = ne_r,$$

somit

(5) $\quad e_1 = w_1 s; \quad e_2 = w_2 s; \quad \ldots \quad e_r = w_r s,$

und demnach

(6) $\quad e_1 : e_2 : e_3 : \ldots : e_r = w_1 : w_2 : w_3 : \ldots : w_r$

sein; d. h. **die Einsätze der verschiedenen Spieler bei jedem Spiele müssen proportional sein ihren Wahrscheinlichkeiten für das Gewinnen.**

Das Produkt aus der zu gewinnenden Summe s mit der Wahrscheinlichkeit w, sie zu gewinnen, wird die **mathematische Hoffnung** oder die **mathematische Erwartung** oder der **Hoffnungswert** genannt; dann kann das obige Resultat in der folgenden Weise ausgesprochen werden:

Der Einsatz eines Spielers soll gleich sein seiner mathematischen Hoffnung.

Hat jemand bei verschiedenen Gelegenheiten (zu verschiedenen Zeiten oder in verschiedenen Spielen) gewisse Summen $s_1, s_2, s_3, \ldots s_r$ mit den Wahrscheinlichkeiten $w_1, w_2, \ldots w_r$ zu erwarten, hingegen andere Summen $\sigma_1, \sigma_2, \ldots \sigma_\varrho$ mit den Wahrscheinlichkeiten $\omega_1, \omega_2, \ldots \omega_\varrho$ zu verlieren, so ist seine gegenwärtige mathematische Hoffnung

(7) $\quad H = w_1 s_1 + w_2 s_2 + \ldots + w_r s_r - \omega_1 \sigma_1 - \omega_2 \sigma_2 \ldots - \omega_r \sigma_r$.

81. Teilung des Einsatzes. Spielen mehrere Spieler derart, dafs im Laufe des Spieles die Wahrscheinlichkeit für das Gewinnen wechselt, wenn z. B. ein Spiel aus mehreren Partien besteht, wie dieses in den vorangehenden Paragraphen wiederholt gesehen wurde, so würde die Gröfse des Einsatzes von dem Zeitmomente abhängig sein, in welchem derselbe gethan wird. Ist im Anfang des Spieles von jedem ein gewisser Einsatz geleistet worden, entweder, wenn über die Wahrscheinlichkeiten des Gewinnens nichts bekannt ist, von allen in derselben Höhe, oder, wenn die Wahrscheinlichkeiten für das Gewinnen vorher bekannt waren (Geschicklichkeit der Spieler), nach Mafsgabe dieser Wahrscheinlichkeiten, so dafs die Summe sämtlicher Einsätze eine gewisse Summe S giebt, welche dem Gewinner zufallen soll, und wird das Spiel zu einer gewissen Zeit abgebrochen, ehe das ursprünglich gesetzte Ziel erreicht ist, so wird der Einsatz zur Verteilung gelangen. Diese Verteilung hat ebenfalls so zu erfolgen, dafs, wenn in diesem Momente das Spiel neuerdings dort aufgenommen würde, wo es unterbrochen wurde, also mit den bekannten, durch den bisherigen Verlauf des Spieles erhaltenen Wahrscheinlichkeiten der einzelnen Spieler für das Gewinnen — jeder Spieler einen gewissen, hiernach zu bestimmenden Einsatz leisten müfste. Da aber in diesem Falle die Fortsetzung des Spieles genau so zu erfolgen hat, als wenn dasselbe gar nicht unterbrochen worden wäre, so müfste notwendig bei der vorhergegangenen Auszahlung jeder Spieler ebensoviel erhalten haben, als er nunmehr wieder einzusetzen hat, d. h. bei der Unterbrechung des Spieles hat jeder Spieler einen seiner momentanen Wahrscheinlichkeit für das Gewinnen des Spieles proportionalen Anteil des Gesamteinsatzes zu erhalten.

Beispiel. In dem Beispiele des § 67 sei im Anfang des Spieles von jedem Spieler ein gewisser Einsatz geleistet worden, so daſs die zu gewinnende Summe S sei; in dem Momente, wo dem A noch x Partien, dem B noch y Partien zum Gewinnen des Spieles fehlen, wird die Partie unterbrochen; wie hat die Summe S verteilt zu werden?

Die Wahrscheinlichkeit, daſs A die Partie gewinnt, wurde mit $w_{x,y}$ bezeichnet; in diesem Momente ist daher seine mathematische Hoffnung $w_{x,y} \cdot S$, und dieses ist die Summe, welche er zu erhalten hat. Die Summe, welche B zu erhalten hat, ist natürlich $(1 - w_{x,y})S$. Für $w_{x,y}$ ist der dort erhaltene Wert einzusetzen.

82. Beispiele. Zwei Spieler A und B spielen mit 2 Würfeln so miteinander, daſs A gewinnt, wenn er die Summe 7 wirft, B, wenn er die Summe 10 wirft, während in allen anderen Fällen gleich geteilt wird. In welchem Verhältnisse müssen die Einsätze der beiden Spieler stehen? (Huyghens l. c. Prob. XIII.)

Nach § 39 sind für das Werfen der Summe 7 sechs Fälle günstig; für das Werfen der Summe 10 drei Fälle, während in 27 Fällen irgend eine andere Summe erscheinen wird. Die Wahrscheinlichkeit, daſs A den ganzen Einsatz E erhält, ist $w_1 = \frac{6}{36}$, seine hierauf bezügliche mathematische Hoffnung daher $\frac{6}{36} E$; auſserdem aber ist die Wahrscheinlichkeit, daſs A den halben Einsatz erhält, $\frac{27}{36}$; die diesbezügliche Hoffnung daher $\frac{27}{36} \cdot \frac{1}{2} E$, demnach die mathematische Erwartung des A gleich

$$\frac{6}{36} E + \frac{27}{36} \cdot \frac{1}{2} E = \frac{13}{24} E.$$

Für B ist die Wahrscheinlichkeit des Gewinnes $\frac{3}{36}$, die mathematische Hoffnung für den Gewinn daher $\frac{3}{36} E$; hingegen die mathematische Hoffnung für den Fall, daſs keiner gewinnt, $\frac{27}{36} \cdot \frac{1}{2} E$, daher der vollständige Betrag der mathematischen Hoffnung des B gleich

$$\frac{3}{36} E + \frac{27}{36} \cdot \frac{1}{2} E = \frac{11}{24} E.$$

Das Verhältnis der Einsätze von A und B sollte daher gleich sein 13 : 11.

83. Zwei Spieler, A und B, spielen mit 2 Würfeln so, dafs A zuerst wirft, und gewinnt, wenn er auf den ersten Wurf die Summe 6 erhält; B hingegen, wenn er für den Fall, dafs A nichts gewonnen, auf den zweiten Wurf die Summe 7 erhält; wie müssen sich die Einsätze der beiden Spieler verhalten? (Huyghens Prop. XIV.)

Für das Werfen der Summe 6 sind nach § 39 fünf Fälle günstig; für das Werfen der Summe 7 hingegen sechs Fälle.

Die Wahrscheinlichkeit, dafs A auf den ersten Wurf die Summe 6 wirft, ist daher $\frac{5}{36}$.

Die Wahrscheinlichkeit, dafs A auf den ersten Wurf die Summe 6 nicht wirft, ist dann $\frac{31}{36}$; dann kommt B zum Wurf, und die Wahrscheinlichkeit, dafs er die Summe 7 erhält, ist $\frac{6}{36}$; daher die zusammengesetzte Wahrscheinlichkeit, dafs A auf den ersten Wurf die Summe 6 nicht wirft und B auf den zweiten Wurf die Summe 7, gleich $\frac{31}{36} \cdot \frac{6}{36}$. Die beiden Wahrscheinlichkeiten verhalten sich daher wie $5 : \frac{31}{6} = 30 : 31$.

Soll daher der Gesamteinsatz E betragen, so hat A: $\frac{30}{61} E$, B: $\frac{31}{61} E$ zu zahlen.

84. Für zwei Spieler, A und B, seien die Wahrscheinlichkeiten für das Gewinnen einer Partie unbekannt; derjenige, welcher zuerst n Partien gewonnen hat, erhält den Einsatz E; sie sind jedoch genötigt, das Spiel abzubrechen, wenn dem A noch a, dem B noch b Partien fehlen; wie mufs der Einsatz verteilt werden?

Seien die Wahrscheinlichkeiten für beide Spieler x und y, so ist, wenn Remispartien nicht zählen, $x + y = 1$, und x sowohl wie y können alle Werte zwischen 0 und 1 annehmen.

III. Kapitel.

In dem Augenblicke des Abrechnens hat A bereits $n-a$, B $n-b$ Partien gewonnen; die Wahrscheinlichkeit hierfür ist

(1) $$w = x^{n-a} y^{n-b},$$

und die Wahrscheinlichkeit für die Ursache dieses Zusammentreffens ist:

(2) $$w' = \frac{x^{n-a} y^{n-b} dx}{\int_0^1 x^{n-a} y^{n-b} dx}.$$

Die Wahrscheinlichkeit, daſs A die folgenden Partien gewinnen werde, wenn die Wahrscheinlichkeit für das Gewinnen einer Partie für ihn x ist, ist nach Formel 4 § 67

(3) $$w_{x,y} = x^a \left[1 + \binom{a}{1} y + \binom{a+1}{2} y^2 + \cdots \right.$$
$$\left. + \binom{a+b-3}{b-2} y^{b-2} + \binom{a+b-2}{b-1} y^{b-1} \right].$$

Die auf Grund aller der verschiedenen Hypothesen über x dem A gebührende Summe ist demnach nach Formel (8) § 29:

$$W = \frac{\int_a^b w\, w_{x,y}\, dx}{\int_0^1 w\, dx}$$

oder, da hier $a = 0$, $b = 1$ zu setzen ist:

(4) $$W = \frac{\int_0^1 x^{n-a} y^{n-b} w_{x,y}\, dx}{\int_0^1 x^{n-a} y^{n-b}\, dx}.$$

Da nun

$$\int_0^1 x^{n-a+\alpha} y^{n-b+\beta}\, dx = \frac{(n-a+\alpha-1)!\,(n-b+\beta-1)!}{(2n-a-b+\alpha+\beta-1)!}$$

ist, so wird:

$$W = \frac{(2n-a-b-1)!}{(n-a-1)!\,(n-b-1)!} \left\{ \frac{(n-1)!\,(n-b-1)!}{(2n-b-1)!} \right.$$

$$+ \binom{a}{1}\frac{(n-1)!\,(n-b)!}{(2n-b)!} + \binom{a+1}{2}\frac{(n-1)!\,(n-b+1)!}{(2n-b+1)!} +$$

$$+ \binom{a+2}{3}\frac{(n-1)!\,(n-b+2)!}{(2n-b+2)!} + \cdots$$

$$\left. \cdots + \binom{a+b-2}{b-1}\frac{(n-1)!\,(n-2)!}{(2n-2)!} \right\}$$

oder

$$W = \frac{(2n-a-b-1)!\,(n-1)!}{(n-a-1)!\,(2n-b-1)!} \left\{ 1 + \binom{a}{1}\frac{n-b}{2n-b} \right.$$

$$+ \binom{a+1}{2}\frac{(n-b)(n-b+1)}{(2n-b)(2n-b+1)}$$

$$+ \binom{a+2}{3}\frac{(n-b)(n-b+1)(n-b+2)}{(2n-b)(2n-b+1)(2n-b+2)} + \cdots$$

$$\left. + \binom{a+b-2}{b-1}\frac{(n-b)\cdots(n-2)}{(2n-b)\cdots(2n-2)} \right\}$$

85. Von den Glücksspielen. In allen Fällen, wo es dem Zufall, d. i. dem wirklichen Zufall (Ziehungen aus Urnen, Werfen mit Würfeln, Verteilen von Karten), überlassen bleibt, ob eine von mehreren Personen einen Vorteil zugewendet erhält, spricht man von einem Glücksfall. Wenn nämlich eine sehr grofse (unendlich grofse) Zahl von Fällen herbeigeführt würde, so würde sich praktisch eine Ausgleichung ergeben, und wenn Einsatz und Gewinn in dem Verhältnis der Wahrscheinlichkeiten stehen würden, so würden, eben eine sehr grofse Zahl von Fällen vorausgesetzt, Gewinn und Verlust in dem Mafse auftreten, dafs die Summe aller Einsätze gleich wäre der Summe aller Gewinne. Dieses war ja das erste Postulat für die richtige Bemessung des Einsatzes. Wird jedoch die Voraussetzung einer grofsen Zahl von Fällen fallen gelassen, so wird die einmalige Herbeiführung eines Ereignisses oder die Herbeiführung desselben in einer geringen Anzahl von Fällen (das Ereignis selbst kann dabei aus mehreren zusammengesetzt sein, z. B. die Herbeiführung eines Gewinnes durch die Ausführung einer Reihe von Würfen u. s. w.) immerhin als Zufall im strengsten Sinne des Wortes und der Gewinn als ein „Glücksfall", das Spiel als ein „Glücksspiel" zu bezeichnen sein.

Eine Reihe von Fragen, welche sich auf diese beziehen, wurde schon im früheren erledigt, und kann es daher in dieser Richtung mit diesen wenigen Bemerkungen sein Bewenden haben. Ein sehr instruktives Beispiel über das sogenannte Pharaospiel findet sich in den „Vorlesungen über Wahrscheinlichkeitsrechnung" von Meyer, übersetzt von Czuber, S. 144—150, welches dort eingesehen werden kann.

86. Praktisch sind jedoch hierzu noch zwei sehr wichtige Bemerkungen zu machen.

Die erste betrifft die in der Praxis geübte Verteilung von Einsatz und Gewinn.

Bei den gewöhnlichen Glücksspielen, wie dieselben in Gesellschaften geübt werden, sind, vorausgesetzt die Geschicklichkeit der Spieler ist dieselbe, alle Spieler im gleichen Vor- und Nachteile, und kann natürlich auf die verschiedene Geschicklichkeit im allgemeinen nicht weiter Rücksicht genommen werden. In der That ist es eine praktisch bestätigte Thatsache, dafs, wenn eine Reihe von Spielern bei ihrem „Skat" oder „Tarock" jeden Nachmittag zusammen sitzen, wenn das Jahr um ist, keiner einen merklichen Gewinn oder Verlust zu verzeichnen hat. Anders ist es bei gewissen anderen Glücksspielen, welche von eigens hierzu konstituierten Gesellschaften eingerichtet werden. Diese Gesellschaften haben ein Interesse daran, nicht zu verlieren, d. h. so zu spielen, dafs der Gewinn der „Bank" stets die möglichen Verluste übersteigt. Hierzu sind gewisse Einrichtungen getroffen. Bei dem Pharaospiel sind es zwei Bestimmungen, welche den Bankhalter gegenüber den Spielern in Vorteil setzen (s. l. c. S. 145 die Punkte 6 und 7). Das vom Staate selbst geleitete oder von diesem autorisierte, durch private Gesellschaften gehandhabte Lotto: die Klassenlotterie mit ihren Nummern, die grofsen Losunternehmungen mit Serien- und Nummernziehungen mit ihren aufserordentlich hohen Haupttreffern und der relativ geringen Zahl von Nebentreffern haben alle ihren Vorteil darin, dafs die für einen Gewinn ausbezahlte Summe stets kleiner ist, als die nach den Regeln der Wahrscheinlichkeitsrechnung geforderte; demzufolge wird die Summe der Gewinnste stets kleiner als die Summe der Einzahlungen, so daſs der Unternehmung immer ein Gewinn bleibt. Der Spieler, d. i. das Publikum, weiſs dieses, aber beteiligt sich nichtsdestoweniger an diesen Unternehmungen, weil sich in dieser Weise ein Mittel zu bieten scheint, auf leichte Weise, ohne viel Arbeit, mit einem kleinen Einsatz eine groſse Summe zu gewinnen.*) Der Verlust ist gering, der Gewinn sehr groſs. Daſs der Verlust aber nicht als sehr gering zu bezeichnen ist, lehrt denn doch eine genauere Überlegung, denn der volkswirtschaftliche Verlust an Kapital ist genau so groſs wie der materielle Gewinn des Staates (oder einer Gesellschaftsklique), und dieser ist keineswegs so gering; und daſs auch für den einzelnen der Verlust nicht unmerklich ist, lehren die vielerlei Fälle, wo fortwährende, allerdings stets geringe Verluste schlieſslich zu einer vollständigen Zerrüttung der Vermögensverhältnisse geführt haben; und schlieſslich ist zu bemerken, daſs diese indirekte Steuer fast ausschlieſslich die Ärmsten der Armen tragen, welche sich an der ebenso unmoralischen und verwerflichen Institution der Börse nicht beteiligen können.

Ist aber schon jedes Spiel verwerflich, bei dem das Verhältnis von Einsatz zur Auszahlung nicht das theoretisch richtige ist, so gilt dasselbe noch viel mehr in jenen Fällen, wo eine „Korrektur des Zufalles" auf irgend eine Weise herbeigeführt wird. Ob jetzt die Würfel falsch sind, d. h. nicht genau gleich gearbeitet, oder ob die Rollbahn bei der Roulette nicht horizontal steht, oder ob sich der Bankier bei diesem Spiele einen gewissen Schwung angeeignet hat, so daſs die sonst für jede beliebige Stellung der Kugel gleiche Wahrscheinlichkeit zu gunsten von gewissen vom Bankier herbeizuführenden Stellungen verändert wird: es giebt dafür nur einen Namen, und der heiſst „Betrug." **)

---

*) „Die Kunst der Lotterieausspieler ist es, groſse Summen mit geringen Wahrscheinlichkeiten zu bieten." (Buffon, „*Essai d'Arithmetique moral*", Oeuvres, publiées par Flourens, Vol. XII, S. 178.)

**) Buffon äuſsert dies für das Pharao — und dasselbe gilt ebenso bei allen anderen Spielen: „*Le banquier n'est q'un fripon avoué, et le ponte une dupe, dont on est convenue de ne pas se moquer*" (l. c. S. 166).

Der zweite hervorzuhebende Punkt ist der, daſs ein und derselbe Gewinn nicht für jeden denselben Wert hat; daſs jemand, der eine Million Mark im Vermögen besitzt, durch den Gewinn von etwa 1000 Mark so viel wie nichts gewinnt, während dieselbe Summe für jemanden, der etwa 500 Mark besitzt, einen ganz bedeutenden Gewinn bedeutet.

87. Hieraus folgt nun zunächst, daſs für das Spiel das in dem Besitze des Spielenden befindliche Geld eine gewisse Rolle spielt. Aber nicht alles; man kann das Vermögen jedes Menschen in zwei Teile teilen; das eine unmittelbar notwendige, das andere das überflüssige. Jeder Verlust des unmittelbar notwendigen trifft ihn härter als der Verlust einer selbst viel höheren Summe von dem überflüssigen. Dieses gilt ebensowohl vom Spiele wie von den Steuern, und läſst sich bei den Steuern noch viel leichter in ein mathematisches Gewand kleiden wie bei den Glücksspielen. Aber hier entsteht die Frage, wo das überflüssige aufhört und das notwendige beginnt. Buffon beantwortet diese Frage folgendermaſsen (l. c. S. 168): „*J'entends par le nécessaire la dépense qu'on est obligée de faire pour vivre, comme l'on à toujours vécu, et je dis que le superflu est la dépense qui peut nous procurer des plaisirs nouveaux.*" Diese Erklärung kann natürlich nicht adoptiert werden, denn dann wäre für zwei Menschen mit demselben Einkommen oder auch für denselben Menschen zu verschiedenen Zeiten das Notwendige verschieden, ohne daſs eine Erklärung für diese Verschiedenheit gegeben werden kann. Wenn zwei Menschen 100000 Mark Einkommen haben, so wird der eine mit 10000 Mark auskommen und das übrige ist für ihn überflüssig; aber für den anderen, der nicht auskommt, gehört alles, und sogar mehr, zum Notwendigen. Am besten erscheint es, eine empirische Formel zu Grunde zu legen. Sei v ein als Existenzminimum anzunehmendes Vermögen, V das wirkliche Vermögen, a eine Konstante, so mag als das Notwendige für denjenigen, welcher das Vermögen V besitzt, der Wert

$$N = v \left[1 + a \log\left(\frac{V}{v}\right)\right]$$

angenommen werden. Es wird dann, wenn

$V = v, 10v, 100v, 1000v \ldots$

Anwendungen auf Glücksspiele.

ist, das Notwendige bezw. gleich
$$v,\ (1+a)v,\ (1+2a)v,\ (1+3a)v,\ \ldots$$
sein, und je nach dem Werte, den man dem a beilegt,*) resultieren daraus noch unendlich viele Formeln, bei denen aber stets das Notwendige N viel langsamer wächst, wie das wirkliche Vermögen V.

Zur gröſseren Variation können übrigens auch noch andere Formeln zu Grunde gelegt werden, welche denselben Charakter haben, z. B.:
$$N = v\left[1 + a\left(\log\frac{V}{v}\right) + \beta\left(\log\frac{V}{v}\right)^2 + \ldots\right]$$
u. s. w. Diese Ausdrücke, auf welche sich auch mathematische Formeln, z. B. für Steuerverteilungen, basieren lassen, auf welche ich bereits bei einer anderen Gelegenheit hingewiesen habe, haben den Vorteil, stetige progressive Sätze zu geben, an Stelle der üblichen diskontinuierlichen; sie haben jedoch mehr Interesse für rein sozial-politische Fragen, wenn auch die hier behandelten im gewissen Sinne auch zu den sozialpolitischen gehören.

Wesentlich für den vorliegenden Zweck ist, daſs sie unmittelbar zur Aufstellung des Begriffes der **moralischen Hoffnung** führen. Zuvor soll jedoch das folgende Beispiel behandelt werden.

88. Das Petersburger Problem. A und B spielen Wappen und Schrift. A wirft; erscheint auf den ersten Wurf Wappen, so erhält er von B 2 Thaler; erscheint es auf den zweiten Wurf, so erhält er 4 Thaler; erscheint es auf den dritten, vierten ... n^{ten} Wurf, so erhält A von B 2^3, 2^4 ... 2^n Thaler. Wie groſs ist der Einsatz, den A zu leisten hat?**)

Die Wahrscheinlichkeit, auf den ersten Wurf Wappen zu erhalten, ist $\frac{1}{2}$; die hierbei zu erhaltende Summe ist

---

*) An Stelle der Konstanten a kann man auch die Basis der Logarithmen in der Formel ändern; beides kommt, wie man sieht, auf dasselbe heraus.

**) Das Problem wurde zuerst von Nicolaus Bernoulli in seinem „*Analyse des jeux de hazard*" Seite 402 und 407 vorgelegt. Die Lösung, und zwar sowohl diese, als auch die in § 93 gegebene, rühren von Daniel Bernoulli her.

2 Thaler, die mathematische Hoffnung daher 1 Thaler; die Wahrscheinlichkeit, auf den ersten Wurf Wappen nicht zu werfen, ist ebenfalls $\frac{1}{2}$, die Wahrscheinlichkeit, es auf den zweiten Wurf zu erhalten, ist ebenfalls $\frac{1}{2}$, daher die Wahrscheinlichkeit, es auf den ersten Wurf nicht, dagegen im zweiten Wurf zu erhalten, $\frac{1}{2^2}$; die hierbei zu erwartende Summe ist 2^2, daher die mathematische Hoffnung wieder 1 Thaler.

Ebenso ist die Wahrscheinlichkeit, in den ersten $(n-1)$ Würfen Wappen nicht zu werfen, $\frac{1}{2^{n-1}}$; es auf den n^{ten} Wurf zu erhalten, $\frac{1}{2}$, daher die Wahrscheinlichkeit, Wappen erst im n^{ten} Wurfe zu erhalten, $\frac{1}{2^n}$. Da die hierbei zu erhaltende Summe 2^n Thaler ist, so ist die mathematische Hoffnung wieder 1 Thaler.

Da nun entweder der erste oder der zweite oder irgend einer der folgenden Fälle eintreten muſs, so ist die mathematische Hoffnung des A gleich

$$1 + 1 + 1 \ldots n\,\text{mal} = n \text{ Thaler.}$$

Ist von vornherein festgesetzt, daſs A solange zu werfen hat, bis Wappen erscheint, so kann n selbst unendlich werden, und der Einsatz wäre daher unendlich groſs.

Dennoch würde niemand bei diesem Spiele mehr als eine bescheidene Summe, vielleicht 50 Thaler, wagen.

89. Die moralische Hoffnung. Daniel Bernoulli wurde hierdurch zu dem Begriffe der moralischen Hoffnung geführt.

Jeder Vermögenszuwachs ist nicht abhängig von seiner absoluten Gröſse, sondern von seinem Verhältnis zu derjenigen Summe, deren Inkrement er bildet. Ausgehend von unendlich kleinen Inkrementen ist daher, wenn v das anfängliche, V das schlieſsliche Vermögen, x den instantanen Besitz, dx seinen Zuwachs, G den Gewinn, dG dessen Zuwachs bedeutet:

(1) $$dG = a\frac{dx}{x},$$

wobei a eine Konstante ist, deren Wert von äufseren Umständen, den Konstanten des Problems, u. s. w. abhängig ist.

Die Formel (1) ist dieselbe, welche später von Fechner in seinem psycho-physischen Grundgesetz eingeführt, und dann von Weber für die physiologischen Prozesse gültig angenommen wurde. Sie bietet thatsächlich die natürlichste Annahme für alle auf pekuniäre, materielle, sowie psychische Eigenschaften und Fakultäten bezügliche Änderungen. Es mufs jedoch festgehalten werden, dafs sie eine Annahme bildet, welche durch Überlegung deduziert wurde, deren Richtigkeit aber erst a posteriori aus der Übereinstimmung der Resultate mit den Erfahrungsthatsachen gefolgert werden kann. In der That wurde auch in neuerer Zeit mancher Einwurf gegen dieses Gesetz erhoben, und namentlich durch physiologische Experimente wurde nachgewiesen, dafs man in derselben ein strenges Gesetz durchaus nicht zu sehen berechtigt ist, sondern dafs dieses Gesetz bezüglich seiner Strenge kaum auf mehr Sicherheit Anspruch erheben darf, als z. B. das Mariotte-Boylesche oder das Avogadrosche Gesetz. Doch kann auf diese Verhältnisse hier nicht weiter eingegangen werden.

Aus Formel (1) folgt durch Integration:

$$(2) \qquad G = a \int_v^V \frac{dx}{x} = a \log_n \frac{V}{v}.$$

Diese Formel entspricht den thatsächlichen Verhältnissen. V und G wachsen gleichzeitig, G jedoch langsamer als V, d. h. mit wachsendem Vermögen wird der moralische Gewinn als kleiner zu bezeichnen sein. G wird um so gröfser, je kleiner ceteris paribus v, das Anfangsvermögen ist. Endlich ist für $v = V$, $G = 0$, und es wird G negativ, wenn $V < v$ ist, d. h. ist das Endvermögen kleiner als das Anfangsvermögen, so wird der Gewinn negativ, d. h. in einen Verlust übergehen.

Die Gröfsen V und v dürfen nicht gleich null werden, wenn die Formeln (2) nicht ihre Bedeutung verlieren sollen. In der That bedeutet in dem Sinne des Bernoullischen Grundprinzips selbst der kleinste Zuwachs zu einem Vermögen null, bereits einen unendlich grofsen Gewinn, und der Verlust des letzten Restes eines Vermögens einen unendlich grofsen Verlust. Dabei ist, wie Bernoulli bemerkt, das Vermögen eines Menschen nie gleich null, indem in seiner Existenz ein gewisses Vermögen potentialiter gelegen ist, und nur derjenige, der faktisch im Verhungern ist, und auch sonst nichts besitzt, hat thatsächlich kein Vermögen.

In dem Falle, als der Gewinn G von dem Eintreffen eines Ereignisses abhängig ist, für welches die Wahrscheinlichkeit w ist, hat man ebenso wie früher für den Hoffnungswert dieses Vermögenszuwachses

(3) $$H = wG = wa \log_n \frac{V}{v}.$$

Dieser Ausdruck wird als die **moralische Hoffnung** bezeichnet.

90. Ist ein Vermögenszuwachs g_1 von einem Ereignis abhängig, dessen Wahrscheinlichkeit w_1 ist; desgleichen ein Vermögenszuwachs g_2, ein anderer g_3 u. s. w. von Ereignissen, deren Wahrscheinlichkeiten bezw. w_2, w_3, ... w_n sind, so ist der Hoffnungswert, wenn v das gegenwärtige Vermögen bedeutet, also $v + g_1$, $v + g_2$, ... $v + g_n$ die zum Schlusse zu erwartenden Vermögen, wenn entweder das eine oder das andere dieser Ereignisse eintrifft:

(1) $$H = w_1 a \log_n \frac{v+g_1}{v} + w_2 a \log_n \frac{v+g_2}{v} + w_3 a \log_n \frac{v+g_3}{v} + \ldots + w_n a \log_n \frac{v+g_n}{v}.$$

Dieser Hoffnungswert entspricht einem gegenwärtigen Vermögenszuwachse γ, für welchen der Gewinn

$$G = a \log_n \frac{v+\gamma}{v}$$

wäre. Der gegenwärtige Vermögenszuwachs γ als ein Äquivalent für den zu erhoffenden Vermögenszuwachs $g_1, g_2 \ldots g_n$, mufs nun so beschaffen sein, dafs der daraus entspringende Gewinn gleich sei dem Hoffnungswerte H; daraus folgt daher:

Anwendungen auf Glücksspiele.

(2)
$$\log_n \frac{v+\gamma}{v} = w_1 \log_n \frac{v+g_1}{v} + w_2 \log_n \frac{v+g_2}{v}$$
$$+ w_3 \log_n \frac{v+g_3}{v} + \ldots + w_n \log_n \frac{v+g_n}{v}$$

oder

(2a) $\dfrac{v+\gamma}{v} = \left(\dfrac{v+g_1}{v}\right)^{w_1} \left(\dfrac{v+g_2}{v}\right)^{w_2} \left(\dfrac{v+g_3}{v}\right)^{w_3} \ldots \left(\dfrac{v+g_n}{v}\right)^{w_n}$

oder endlich:

(3) $\quad V = v + \gamma = (v+g_1)^{w_1} (v+g_2)^{w_2} \ldots (v+g_n)^{w_n} \cdot v^\omega,$

wobei

(3a) $\qquad w_1 + w_2 + \ldots + w_n = 1 - \omega$

gesetzt wurde.

Ist aufser den betrachteten Ereignissen mit den Wahrscheinlichkeiten $w_1, w_2, \ldots w_n$ ein anderes nicht möglich, so ist

$$w_1 + w_2 + \ldots + w_n = 1$$
$$\omega = 0,$$

und es wird

(4) $\qquad V = v + \gamma = (v+g_1)^{w_1} (v+g_2)^{w_2} \ldots (v+g_n)^{w_n}.$

Formel (3) ist in dieser enthalten, wenn man zu den Ereignissen mit den Wahrscheinlichkeiten $w_1, w_2, \ldots w_n$ ein letztes Ereignis mit der Wahrscheinlichkeit ω nimmt, als Summe aller jener Ereignisse, für welche ein Vermögenszuwachs nicht eintritt, und deren Wahrscheinlichkeit natürlich die Summe der Wahrscheinlichkeiten aller früheren Ereignisse zur Gewifsheit 1 ergänzt.

Sind die zu erhoffenden Vermögenszuwächse $g_1, g_2, \ldots g_n$ gegenüber v klein, so wird

$$v + \gamma = v^{w_1+w_2+\ldots+w_n+\omega} \left(1+\frac{g_1}{v}\right)^{w_1}\left(1+\frac{g_2}{v}\right)^{w_2}\ldots\left(1+\frac{g_n}{v}\right)^{w_n}$$

$$1 + \frac{\gamma}{v} = 1 + \frac{w_1 g_1 + w_2 g_2 + \ldots + w_n g_n}{v} + \text{Glieder zweiter}$$

Ordnung nach den Ausdrücken $\dfrac{g}{v}$.

Mit Vernachlässigung der Glieder zweiter Ordnung wird daher hier
$$\gamma = w_1 g_1 + w_2 g_2 + \ldots + w_n g_n.$$

91. Es sollen nun zunächst aus dem vorangehenden einige Folgerungen gezogen werden.

I. *Der aus einem Vermögenszuwachse erwachsende Gewinn ist kleiner als der aus der Vermögensabnahme erfolgende Verlust.*

Ist G der aus dem Vermögenszuwachse g entspringende Gewinn, G' der aus der Vermögensabnahme g erwachsende Verlust, so ist:

$$G = a \log_n \frac{v+g}{v} = a \log_n \left(1 + \frac{g}{v}\right) =$$
$$= a \left\{ \left(\frac{g}{v}\right) - \frac{1}{2}\left(\frac{g}{v}\right)^2 + \frac{1}{3}\left(\frac{g}{v}\right)^3 - \ldots \right\}$$

$$G' = a \log_n \frac{v-g}{v} = a \log_n \left(1 - \frac{g}{v}\right) =$$
$$= -a \left\{ \left(\frac{g}{v}\right) + \frac{1}{2}\left(\frac{g}{v}\right)^2 + \frac{1}{3}\left(\frac{g}{v}\right)^3 + \ldots \right\}.$$

Bezeichnet man daher den absoluten Betrag einer Gröfse a mit $[a]$, so wird
$$[G] = G; \quad [G'] = -G'$$
und
$$[G] < [G'].$$

Diese Beziehung, welche zunächst aus der Reihenentwickelung folgt, und daher an die Bedingung $\frac{g}{v} < 1$ gebunden ist, läfst sich übrigens ganz allgemein nachweisen. Es ist nämlich

$$v^2 - g^2 < v^2$$
$$(v-g)(v+g) < v^2$$
$$\frac{v+g}{v} < \frac{v}{v-g}.$$

Da nun sowohl $\frac{v+g}{v}$ als auch $\frac{v}{v-g}$ unechte Brüche sind, so sind die Logarithmen von beiden positiv, und der Logarithmus der gröfseren Zahl auch selbst gröfser; es ist

Anwendungen auf Glücksspiele.

aber $\log \dfrac{v+g}{v}$ der absolute Betrag von G, welcher mit $[G]$ bezeichnet wurde und $\log \dfrac{v}{v-g}$ der absolute Betrag von G', also $[G']$,

folglich ganz allgemein
$$[G] < [G'].$$

92. Ferner folgt unmittelbar der folgende Satz:

II. Jedes auf Gewinn oder Verlust berechnete Spiel ist auch dann nachteilig, wenn der Einsatz und der mögliche Gewinn nach den Regeln der mathematischen Wahrscheinlichkeit bestimmt sind. Wenn auch die einfache Überlegung dieses aus dem vorigen Satze zu folgern gestattet, so läfst sich auch der mathematische Beweis hierfür erbringen. Seien x und y die Einsätze zweier Spieler A und B, deren Vermögen bezw. u und v sind; die Wahrscheinlichkeiten der beiden, zu gewinnen, seien p und q.

Das Vermögen des A, wenn er gewinnt, ist $u + y$; die Wahrscheinlichkeit hierfür ist p; wenn er verliert, wird sein Vermögen $u - x$, die Wahrscheinlichkeit hierfür ist q; sein Hoffnungswert, entsprechend dem gegenwärtigen Vermögen, ist daher

(1) $$U = (u + y)^p (u - x)^q.$$

Nun ist
$$u + y > u - x$$
$$\frac{1}{u+y} < \frac{1}{u-x}.$$

und da u positiv ist,

(2) $$\frac{1}{1+\dfrac{y}{u}} < \frac{1}{1-\dfrac{x}{u}}.$$

Multipliziert man hier rechts mit dx, links mit $dx = \dfrac{p}{q} dy$, so folgt

$$\frac{p}{q} u \int \frac{d\dfrac{y}{u}}{1+\dfrac{y}{u}} < u \int \frac{d\dfrac{x}{u}}{1-\dfrac{x}{u}}$$

III. Kapitel.

Integriert man nach x, y zwischen den Grenzen 0 und x, bezw. y, so bleiben alle einzelnen Elemente der beiden Integrale positiv; in den beiden Summen ist jedes Element der linken Seite kleiner als das entsprechende der rechten, daher besteht auch für die Summen selbst dieselbe Beziehung, folglich ist:

(3) $$\left\{\frac{p}{q}\log_n\left(1+\frac{y}{u}\right)\right\} < \left\{-\log_n\left(1-\frac{x}{u}\right)\right\}.$$

Da $\left(1-\dfrac{x}{u}\right)$ ein echter Bruch ist, so ist $\log_n\left(1-\dfrac{x}{u}\right)$ negativ, $-\log_n\left(1-\dfrac{x}{u}\right)$ positiv, demnach kann man schreiben:

$$\frac{p}{q}\log_n\left(1+\frac{y}{u}\right) + \log_n\left(1-\frac{x}{u}\right) < 0$$

und auf die Zahlen übergehend:

$$\left(1+\frac{y}{u}\right)^p\left(1-\frac{x}{u}\right)^q < 1$$

oder, da $p+q=1$ und u stets positiv ist:

$$(u+y)^p(u-x)^q < u;$$

demnach folgt:

$$U < u.$$

93. III. Die Differenz $u - U$, welche stets positiv ist, bezeichnet daher einen moralischen Nachteil, der für die spielende oder wettende Person entsteht. Es läfst sich nun weiter zeigen, dafs dieser Nachteil gleichwohl einen wesentlich kleineren Bruchteil des ursprünglichen Vermögens beträgt, als der Einsatz, und zwar dafs unter der Voraussetzung, dafs Einsatz und Gewinn immerhin einen unerheblichen Bruchteil des ursprünglichen Vermögens bilden, der Nachteil den 4., 9., 16. ... $n^{2\text{ten}}$ Teil von u betragen wird, wenn der Einsatz den 2., 3., 4. ... n^{ten} Teil beträgt.

Um dieses zu zeigen, hat man zu beachten, dafs in Formel (1) § 92, x und y, die beiden Einsätze nach den Regeln der Wahrscheinlichkeitsrechnung sich verhalten wie die bezüglichen Wahrscheinlichkeiten. Es ist also:

Anwendungen auf Glücksspiele.

$$x : y = p : q,$$
$$p + q = 1,$$

daher:
$$y = \frac{qx}{p}.$$

Setzt man dieses in Formel (1) § 92 ein, so wird:

(1) $$U = \left(u + \frac{q}{p} x\right)^p (u - x)^q$$

und unter der Voraussetzung, daſs $\frac{x}{u}$ klein ist, wenn man bei den zweiten Potenzen dieser Gröſse stehen bleibt:

$$U = u\left[1 + q\frac{x}{u} + \frac{p(p-1)}{1\cdot 2}\frac{q^2}{p^2}\frac{x^2}{u^2}\right]\left[1 - q\frac{x}{u} + \frac{q(q-1)}{1\cdot 2}\frac{x^2}{u^2}\right]$$

$$= u\left[1 - \left(\frac{q^3}{2p} + q^2 + \frac{pq}{2}\right)\frac{x^2}{u^2}\right]$$

$$= u\left[1 - \frac{q}{2p}(q^2 + 2pq + p^2)\frac{x^2}{u^2}\right],$$

(2) $$U = u\left[1 - \frac{q}{2p}\frac{x^2}{u^2}\right],$$

demnach:

(3) $$u - U = \frac{q}{2p}\frac{x^2}{u}.$$

Ist nun $x = \frac{u}{n}$, so wird:

(4) $$u - U = \frac{q}{2p}\frac{u}{n^2} = \frac{1-p}{2p}\frac{u}{n^2}.$$

Hieraus folgt nun weiter, daſs der moralische Nachteil $u - U$, was immer auch n sei, um so kleiner wird, je näher p der Einheit liegt. Für $p = 1$ wird selbst für $n = 1$, d. h. wenn $x = u$, der Einsatz x gleich dem ursprünglichen Vermögen ist, der moralische Nachteil $u - U$ null; aber nur für $p = 1$.

Man hat weiter für das Verhältnis zwischen dem moralischen Nachteil und dem Einsatz:

(5) $$\frac{u - U}{x} = \frac{1-p}{2p} \cdot \frac{1}{n}.$$

Soll
$$\frac{u-U}{x} < \frac{1}{n}$$
werden, so mufs $\frac{1-p}{2p} < 1$, $p > \frac{1}{3}$ sein.

94. Das Petersburger Problem, Fortsetzung. Unter Zugrundelegung der moralischen Hoffnung wird die Lösung des Problems nunmehr die folgende:

Ist v das Vermögen, welches der Spieler vor dem Spiele besitzt, x der Einsatz, gewinnt er bezw. im 1., 2., ... n^{ten} Wurf, so würde sein Vermögen
$$v + 2 - x, \ v + 2^2 - x \ldots, \ v + 2^n - x$$
werden; die Wahrscheinlichkeiten für diese Vermögensänderungen sind:
$$\frac{1}{2}, \ \frac{1}{2^2}, \ \ldots \ \frac{1}{2^n},$$
daher das moralische Vermögen des Spielers vor dem Spiele:

(1) $\quad V = (v + 2 - x)^{\frac{1}{2}} (v + 2^2 - x)^{\frac{1}{2^2}} \ldots (v + 2^n - x)^{\frac{1}{2^n}}.$

Soll der Spieler nicht in Nachteil kommen, so mufs dieses Vermögen seinem ursprünglichen Vermögen gleich kommen, d. h. es mufs $V = v$ sein oder:

(2) $\quad v = (v + 2 - x)^{\frac{1}{2}} (v + 2^2 - x)^{\frac{1}{2^2}} \ldots (v + 2^n - x)^{\frac{1}{2^n}}.$

Setzt man hier:
$$v = v' + x,$$
so wird:
$$v' + x = (v' + 2)^{\frac{1}{2}} (v' + 2^2)^{\frac{1}{2^2}} \ldots (v' + 2^n)^{\frac{1}{2^n}} =$$
$$= v'^{\frac{1}{2} + \frac{1}{2^2} + \cdots + \frac{1}{2^n}} \left(1 + \frac{2}{v'}\right)^{\frac{1}{2}} \left(1 + \frac{2^2}{v'}\right)^{\frac{1}{2^2}} \cdots \left(1 + \frac{2^n}{v'}\right)^{\frac{1}{2^n}}.$$

Da für sehr grofse Werte von n
$$\frac{1}{2} + \frac{1}{2^2} + \cdots + \frac{1}{2^n} = 1$$

Anwendungen auf Glücksspiele.

ist, so erhält man, wenn
$$\frac{1}{v'} = u$$
gesetzt wird:

(3) $\quad 1 + ux = (1 + 2u)^{\frac{1}{2}}(1 + 2^2 u)^{\frac{1}{2^2}} \ldots (1 + 2^n u)^{\frac{1}{2^n}},$

aus welcher Gleichung x bestimmt werden kann, sobald n bekannt ist. Zu zeigen ist dabei noch, daſs das Produkt rechts konvergent ist; es ist aber:

$$(1 + 2^n u)^2 > 1 + 2 \cdot 2^n u,$$
$$(1 + 2^n u)^{\frac{2^n+1}{2^n}} > 1 + 2^{n+1} u,$$
$$(1 + 2^n u)^{\frac{1}{2^n}} > (1 + 2^{n+1} u)^{\frac{1}{2^{n+1}}},$$

daher werden die aufeinanderfolgenden Faktoren in (3) immer kleiner; da aber weiter

$$\log(1 + 2^n u)^{\frac{1}{2^n}} = \frac{1}{2^n} \log(1 + 2^n u)$$
$$= \frac{1}{2^n} \log 2^n + \frac{1}{2^n} \log\left(\frac{1}{2^n} + u\right)$$
$$= \frac{n}{2^n} \log 2 + \frac{1}{2^n} \log\left(\frac{1}{2^n} + u\right)$$

ist, so werden mit wachsendem n die ersten Ausdrücke rechts sich der Null nähern, daher:

$$\log(1 + 2^n u)^{\frac{1}{2^n}} = 1 \text{ für } \lim n = \infty.$$

Allerdings ist in (3) noch:
$$u = \frac{1}{v'} = \frac{1}{v+x};$$

u enthält demnach noch x; die Gleichung kann aber indirekt gelöst werden, indem man, zunächst x gegen v vernachlässigend, $u = \frac{1}{v}$ setzt, und mit dem erhaltenen Werte nochmals rechnet.

Für $v' = 100$ berechnete Laplace $x = 7{,}89$, daher $v = 107{,}89$. Das Resultat wäre demnach:

III. Kapitel.

„Besitzt der Spieler A vor dem Spiel 107,89 Thaler, so schreibt ihm die Klugheit vor, nur 7,89 Thaler aufs Spiel zu wagen, um dasselbe moralische Vermögen zu besitzen."

Dieses Resultat ist richtig, sofern es den Spieler A betrifft; allein das Spiel kann nicht von einem einzigen Spieler gespielt werden; es muſs jemand da sein, der für den Fall des Gewinnes des A, diesem die Summe ausbezahlt. Dieser andere Spieler B setzt demnach ebenfalls eine gewisse Summe aufs Spiel; er bekommt von A den Einsatz 7,89 Thaler (für das gewählte Beispiel) und hat dann dem A die betreffende Summe, eventuell selbst eine unendlich groſse Summe auszubezahlen. Die Frage ist jetzt die folgende: Bietet die Einzahlung von 7,89 Thalern dem B ein hinreichendes Äquivalent für die von ihm dabei zu übernehmende Verpflichtung? und die Antwort kann wol nur lauten: die Klugheit schreibt ihm vor, darauf nicht einzugehen.

95. Buffon: „*Essai d'arithmétique moral*", Oeuvres, publiées par Mr. Flourens, T. XII, zieht die Erfahrung zu Rate: Er spielte dieses Spiel 2048 mal (Seite 174) und erhielt als die gesamte auszuzahlende Summe 10057 Thaler, also ungefähr 5 Thaler*) für jedes Spiel, und zwar:

1061 mal	1 Thaler,	zusammen	1061 Thaler,
494 „	2 „	„	988 „
232 „	4 „	„	928 „
137 „	8 „	„	1096 „
56 „	16 „	„	896 „
29 „	32 „	„	928 „
25 „	64 „	„	1600 „
8 „	128 „	„	1024 „
6 „	256 „	„	1536 „

Buffon stellte auch die diesbezüglichen Zahlen für eine geringere Anzahl von Partien zusammen; es ergiebt sich für 1024 Partien ebenfalls als Mittelwert 5 Thaler, für 512 Partien $4\frac{1}{2}$ Thaler, für 256 Partien etwa 4 Thaler u. s. w.

---

*) Die Zahlungen betragen hier die Hälfte der im vorigen angenommenen, müssen daher zum Vergleiche verdoppelt werden.

Anwendungen auf Glücksspiele.

Jedenfalls kann man annehmen, daſs diese aus der Erfahrung gezogenen Zahlen der Wahrheit nahekommen und zwar um so mehr, je gröſser die Zahl der gezählten Partien ist. Man kann daher annehmen, daſs für den Einsatz die Zahl 10 Thaler anzunehmen wäre. Daraus wäre zu schlieſsen, daſs die durch Rechnung erhaltene Zahl 7,89 etwas zu klein ist. Es ist also ein Unterschied zwischen der Rechnung und Erfahrung, der nicht in dem Rechnungsschema, sondern nur in den Voraussetzungen gelegen sein kann.

Hierzu kommt noch die Betrachtung des Auszahlenden. Der Einzahlende wird unter diesen Spielbedingungen nicht mehr als 7,89, oder nach der Buffonschen empirischen Bestimmung nicht mehr als 10 Thaler einsetzen wollen. Legt man die Zahl 7,89, also nahe 8 zu Grunde, so würde dieses sagen, daſs im Durchschnitte im dritten Wurf der Gewinn erfolgt; dieses wird durch die Erfahrung sowie auch durch einfache Überlegung bestätigt. Gewinnt der Spielende im ersten Wurf, so verliert er 6 Thaler; gewinnt er im zweiten Wurf, so verliert er 4 Thaler; gewinnt er im dritten Wurf, so erhält er sein Geld zurück; gewinnt er im vierten, bezw. fünften Wurf, so gewinnt er 8, bezw. 24 Thaler, und je später er gewinnt, um desto mehr gewinnt er.

Wie aber steht es mit dem Auszahlenden? Dieser wird in zwei Fällen einen kleinen Gewinn haben, in einem weder gewinnen, noch verlieren, in allen übrigen Fällen wird er verlieren, und sein Verlust kann ganz enorme Summen betragen, die, wenn er auch noch so reich ist, sein Vermögen übertreffen können. Daraus folgt, daſs man in allen Fällen auch auf die in Umlauf gelangenden Summen Rücksicht zu nehmen hat; sind die zu bezahlenden Summen gröſser als die im Besitze der Spieler befindlichen, so wird das Spiel überhaupt unmöglich. Dieses erkennt schon Buffon an und er führt zwei verschiedene Wege an, um diesem Übelstande in der Rechnung zu begegnen.

96. Buffon gelangt hierzu erstens dadurch, daſs er für die Wahrscheinlichkeiten, welche unter eine gewisse Grenze sinken, die Null setzt. Er nimmt als Einheit für jede Hoffnung oder Furcht die Todesfurcht (l. c. S. 159). Er findet, daſs ein Mann von 56 Jahren mit der Wahrscheinlichkeit $\frac{1}{10189}$ noch einen Tag zu leben hat. Da aber dieser

III. Kapitel.

Mann keine Todesfurcht hat, so schliefst Buffon, dafs jede dieser gleiche oder kleinere Wahrscheinlichkeit als Null anzusehen ist (S. 160). Dasselbe überträgt er dann auf andere Wahrscheinlichkeiten; d. h. wenn die Wahrscheinlichkeit für ein Ereignis $\frac{1}{10000}$ oder kleiner ist, so wird dasselbe für unmöglich angesehen; wenn die Wahrscheinlichkeit gröfser als $1 - 1 : 10000$ ist, wird es als gewifs angesehen. Da nun $2^{13} = 8192$, $2^{14} = 16384$ ist, so folgt daraus, dafs ein Ereignis das 14 mal eingetroffen ist, als gewifs anzusehen ist (Seite 161).

Hierin sind zwei Fehler gelegen. Der eine in der mathematischen Anwendung, dafs eine Wahrscheinlichkeit kleiner als $\frac{1}{10000}$ gleich null anzusehen ist. Dafs man theoretisch jede Wahrscheinlichkeit mit ihrem vollen Betrage einführen mufs, ist einleuchtend; praktisch kann man natürlich im Resultate diese Wahrscheinlichkeiten als verschwindend ansehen. Dieser Fehler zeigt sich auch darin, dafs er ein Ereignis, das 14 mal eingetroffen ist, als gewifs ansieht; es giebt genug Beispiele, welche diesen Schlufs widerlegen; ein sehr naheliegendes wird dieses zeigen. Die Planeten bewegen sich in dem Gürtel zwischen Mars und Jupiter, dieses fand man für 432 Planeten bestätigt; und die Bahn des 433. liegt so, dafs er, im gröfsten Teile seiner Bahn zwischen Mars und Jupiter, dennoch in einem kleinen Teile derselben der Erde näher kommen kann als Mars.

Ein zweiter Fehler, oder eigentlich der erste Fehler, liegt in der Supposition selbst. Die Todesfurcht ist bei viel älteren Leuten auch nicht vorhanden, obschon ihre Wahrscheinlichkeit, noch einen Tag zu leben, noch viel kleiner ist; und sie ist bei viel jüngeren Leuten nicht vorhanden, obzwar ihre Wahrscheinlichkeit, noch einen Tag zu leben, viel gröfser ist; das Alter von 56 Jahren und die Zahl $\frac{1}{10000}$ sind demnach ziemlich willkürlich gewählt. Aber es ist, praktisch, zu bemerken, dafs es überhaupt keine Todesfurcht giebt. Es giebt einen Wunsch, einen Willen, zu leben, überall, bei jedem Menschen; aber es giebt eine Todesfurcht nur dort, wo sie angelernt und nicht abgewöhnt ist. Eine weitere Ausführung dieses Satzes gehört aber nicht hierher und muſs hier unterbleiben.

97. Viel richtiger ist der zweite Weg Buffons. Vergleicht man die von Buffon praktisch erhaltenen Zahlen, so findet man, daſs in der That in den ersten 6 Gruppen immer nahe gleichviel, nahe 1000 Thaler, zur Auszahlung kommen. Dieses entspricht der theoretischen Thatsache, daſs das Produkt aus der Wahrscheinlichkeit und der auszubezahlenden Summe in jeder Gruppe konstant ist. Wenn die Summe von $2n$ Thalern praktisch in a Fällen unter m Fällen gewonnen wird, so ist ihre Wahrscheinlichkeit $w = \dfrac{a}{m}$, und es ist $\dfrac{a}{m} 2^n$ konstant. Daſs der gesamte Einsatz unendlich groſs wird, hat seinen Grund darin, daſs unendlich viele solcher konstanter Produkte auftreten. Da aber die Wahrscheinlichkeiten rasch abnehmen, wird die Konstanz des Produktes dadurch erreicht, daſs die auszubezahlenden Summen rasch wachsen, und zwar über alle Grenzen. Der Einsatz wird sofort endlich, wenn man für die auszubezahlenden Summen eine gewisse Grenze einführt, welche naturgemäſs dadurch gegeben ist, daſs sie das Vermögen des B nicht überschreiten kann. Buffon führt daher **reduzierte Summen** für alle späteren Würfe ein. Dieser Weg muſs als der einzig richtige bezeichnet werden, um zu einem theoretisch richtigen Resultate zu kommen. Die reduzierten Summen können nicht höher sein, als das Vermögen des B, und wenn man sie nicht als konstant annehmen will, so können dieselben von einer gewissen Grenze ab entsprechend verkleinert werden.

Sei z. B. vom μ^{ten} Wurfe an die auszubezahlende Summe gleich dem Vermögen, $2^\mu = V$ des B, so würde der Einsatz des A sein müssen:

$$\frac{1}{2} \cdot 2 + \frac{1}{4} \cdot 2^2 + \ldots + \frac{1}{2^{\mu-1}} \cdot 2^{\mu-1} + \left(\frac{1}{2^\mu} + \frac{1}{2^{\mu+1}} + \ldots\right) \cdot 2^\mu$$

$$= \mu - 1 + \frac{1}{2^\mu}\left(1 + \frac{1}{2} + \frac{1}{4} + \ldots\right) \cdot 2^\mu$$

$$= \mu - 1 + \frac{1}{1 - \frac{1}{2}} = \mu + 1.$$

In der Buffonschen Zusammenstellung bricht die auszubezahlende Summe mit $256 = 2^8$ ab, es ist also $\mu = 8$, und damit der von A zu leistende Einsatz 9, eine Zahl, welche von dem Laplaceschen Resultate nicht unerheblich abweicht.

Natürlicher erscheint es, die zur Auszahlung zu bringenden Summen successive zu vergröfsern, und die Vergröfserung auch so vorzunehmen, dafs nach dem μ^{ten} Wurfe noch ein weiterer Zuwachs angenommen werden kann, so aber, dafs die Maximalauszahlung nicht gröfser als 2^μ ist. Wie man sieht, werden dann alle Glieder in der obigen Summe kleiner, daher die Gesamtsumme ebenfalls kleiner, wie es das Buffonsche Resultat fordert. In welcher Weise diese Verkleinerung vorzunehmen ist, ist hiermit nicht festgesetzt, und bleibt, wenn nichts näheres bekannt ist, immerhin willkürlich.

Beispielsweise soll die auszubezahlende Summe gleich sein
$$2^a, \text{ wobei } a = \left(1 + \frac{\log_n \mu}{n}\right)^n,$$
für $n = \infty$ wird
$$\lim \left(1 + \frac{\log_n \mu}{n}\right)^n = \mu,$$
wie es gefordert wurde; der Einsatz wird daher

$$\frac{1}{2} \cdot 2^{(1 + \log_n \mu)} + \frac{1}{2^2} \cdot 2^{\left(1 + \frac{\log_n \mu}{2}\right)^2} + \ldots =$$
$$= 2^{\log_n \mu} + 2^{\left(1 + \frac{\log_n \mu}{2}\right)^2 - 2} + 2^{\left(1 + \frac{\log_n \mu}{3}\right)^3 - 3} + \ldots,$$

für $\mu = 8$ werden die aufeinanderfolgenden Glieder

$2{,}4038 + 1{,}5862 + 0{,}9164 + 0{,}5008 + 0{,}2660 +$
$\qquad + 0{,}1389 + 0{,}0718 + 0{,}0368 + 0{,}0188$
$\qquad\qquad + 0{,}0096 + \ldots = 5{,}95,$

die Summe nahe 6, ein Resultat, welches ebenfalls von demjenigen von Buffon und Laplace verschieden ist.

Wenn jedoch an Stelle der auszubezahlenden Summe von 2^n an ein anderer Wert, eine reduzierte Summe gesetzt wird, welche bei Berechnung des Einsatzes verwendet

Anwendungen auf Glücksspiele.

wird, so ist natürlich auch die reduzierte Summe dann bei der Auszahlung zu verwenden. Der Einsatz von A wird daher wesentlich geringer nur dadurch, dafs es die von B im Gewinnstfalle auszubezahlende Summe wird. Beide Resultate, sowohl die Rechnung, welche als Einsatz 7,5 Thaler giebt, als auch der zuletzt erhaltene Wert 5,95 Thaler entsprechen daher gar nicht der gestellten Aufgabe, sondern jenen beiden Fällen, in denen die Auszahlung bezw. nach dem μ^{ten} Wurfe konstant gleich 2^n oder für den zweiten Fall in allen Würfen 2^a ist.

Dieses entspricht auch dem schon früher Gesagten, dafs, wenn auch A den Einsatz von 5 bezw. 7 Thalern und nicht mehr wagen wird, B auf Grund dieses Einsatzes das Spiel nicht aufnehmen kann, denn theoretisch ist es ganz wohl möglich, und die Buffonschen Proben zeigen es auch, dafs bei der wachsenden Zahl der Spiele immer höhere Auszahlungen in Frage kommen, und dafs auch Summen zur Auszahlung kommen könnten, in deren Besitz B nicht ist.

98. Es läfst sich nun aber zeigen, dafs der von D. Bernoulli in die Wahrscheinlichkeitsrechnung eingeführte Wert der moralischen Hoffnung nur dann anwendbar ist, wenn es sich um die moralische Hoffnung einer Person handelt, aber an Bedeutung verliert, wenn es sich um 2 oder mehrere Personen handelt, die in dem Verhältnisse der Gegenseitigkeit miteinander spielen, was übrigens teilweise schon aus dem früheren klar ist.

Seien nun allgemein v_1 und v_2 die Vermögen zweier Spieler A_1 und A_2; γ_1 und γ_2 die Einsätze derselben bei einem Spiele, so dafs

(1) $$\gamma_1 + \gamma_2 = g$$

der Gesamteinsatz ist, welchen derjenige der beiden Spieler erhält, der das Spiel gewinnt. Sind die Wahrscheinlichkeiten der beiden Spieler für das Gewinnen w_1 und w_2, so ist nach den Regeln der Wahrscheinlichkeitsrechnung

$$\gamma_1 : \gamma_2 = w_1 : w_2$$

und demnach

(2) $$\gamma_1 = w_1 g; \quad \gamma_2 = w_2 g.$$

Nach den Gleichungen über die moralische Hoffnung ist aber

(3) $$v_1 + \gamma_1 = (v_1 + g)^{w_1}; \quad v_2 + \gamma_2 = (v_2 + g)^{w_2}.$$

Bestimmt man hieraus γ_1 und γ_2 und setzt in (1) ein, so folgt

(4) $\qquad g = (v_1 + g)^{w_1} - v_1 + (v_2 + g)^{w_2} - v_2,$

und dieses ist eine Bestimmungsgleichung in g, d. h. es wäre für jede Vermögensverteilung v_1 und v_2 aus den bezüglichen Wahrscheinlichkeiten w_1 und w_2 nur ein Einsatz g oder eine Gruppe von solchen, wenn die Gleichung vom höheren Grade ist, zulässig, welche den Regeln der Wahrscheinlichkeitsrechnung entsprechen.

Auch dieses ist leicht ohne Rechnung klar zu machen. Denn wenn die moralische Hoffnung eines jeden, d. h. sein Einsatz durch eine Gleichung bestimmt ist, hingegen das Verhältnis der Einsätze nach den Regeln der Wahrscheinlichkeit durch eine zweite Gleichung und überdies die Summe der Einsätze durch die zu gewinnende Summe bestimmt sein soll, so ergiebt sich notwendig eine Gleichung zu viel, da entweder die eine oder die andere dieser Bestimmungen zur Ermittelung der Einsätze ausreicht.

Zur Auflösung der Gleichung (4) sei

$$\frac{v_1 + v_2}{2} = V; \quad v_1 = V + \omega$$

$$\frac{v_1 - v_2}{2} = \omega; \quad v_2 = V - \omega$$

und $\qquad V + g = V';$

so wird $\qquad g = 2V' - (V' + \omega)^{w_1} - (V' - \omega)^{w_2}$

$\qquad\qquad V = (V' + \omega)^{w_1} + (V' - \omega)^{w_2} - V'.$

Hieraus ist wieder ersichtlich, dafs g und daher γ_1 und γ_2 ganz bestimmte, von dem ursprünglichen Vermögen v_1 und v_2 abhängige Werte erlangen, dafs es aber unter Umständen überhaupt unmöglich werden kann, solche zu finden. Um dieses zu zeigen, genügt es, einen speziellen Fall zu behandeln.

Für $\qquad w_1 = w_2 = \dfrac{1}{2}; \quad v_1 = v_2 = v$

wird $\qquad V = v \qquad\quad \omega = 0$

$\qquad g = 2V' - 2\sqrt{V'} = 2\sqrt{V'}(\sqrt{V'} - 1)$

$\qquad V = 2\sqrt{V'} - V' = \sqrt{V'}(2 - \sqrt{V'}),$

Anwendungen auf Glücksspiele.

aber

g wird negativ, wenn $V' < 1$ ist;

V wird negativ, wenn $V' > 4$ ist;

die Aufgabe hat daher nur Lösungen, wenn V' zwischen 1 und 4 gelegen ist.

99. Resultate:

(1) Der moralische Hoffnungswert giebt einen Mafsstab für den relativen gegenwärtigen Wert einer zu erhoffenden Summe mit Rücksicht auf den momentanen Stand des Vermögens einer Person. Insofern sind die auf eine einzelne Person bezüglichen früher erhaltenen Resultate vollständig korrekt; der Hoffnungswert eines Gewinnes ist stets kleiner als derjenige eines zu erwartenden Verlustes.

(2) Der moralische Hoffnungswert ist nicht anwendbar, wo es sich um die Berechnung eines Einsatzes zweier oder mehrerer Personen handelt, die dadurch eine gewisse Verpflichtung zur Auszahlung übernehmen.

(3) In allen der Berechnung zu unterwerfenden Fällen dürfen die zur Auszahlung zu gelangenden Summen, daher auch die Einsätze nicht gröfser sein, als die im Besitze der Spielenden befindlichen Summen.

(4) Das Verhältnis der Einsätze hat in allen Fällen den Regeln der Wahrscheinlichkeitsrechnung zu entsprechen, wobei für jeden einzelnen der Spieler das vorher für das Spiel Gesagte gilt.

IV. Kapitel.
Anwendungen auf das menschliche Leben.

100. Berechnungen von Wahrscheinlichkeiten für das Leben oder den Tod eines Menschen können natürlich nicht den Zweck haben, die Wahrscheinlichkeit für das Leben eines einzelnen Menschen zu bestimmen. Derartige „Vorhersagungen" für ein Individuum sind nicht Gegenstand der Wahrscheinlichkeitsrechnung. Es handelt sich hierbei vielmehr darum, zu ermitteln, wie viele von einer grofsen Zahl, z. B. 10 000 oder 100 000 Menschen desselben Alters noch ein Jahr oder noch mehrere Jahre leben werden, wie viele ein gewisses Alter erreichen u. s. w.

Diese Kenntnis ist für viele Probleme der politischen Arithmetik von grofser Wichtigkeit, in erster Linie für die Lebensversicherung, wo das Verhältnis der Einzahlungen und der Auszahlungen durch die Sterblichkeit geregelt ist.

Die Grundlage für diese Rechnungen bietet wieder die Erfahrung. A priori ist über die Sterblichkeit nichts bekannt. Will man über dieselbe ein Urteil erhalten, so mufs man die Menge der in verschiedenen Altersstufen befindlichen Individuen vergleichen, und will man die Sterblichkeit als Fundament für Rechnungsoperationen machen, so ist es nötig, eine genaue, auf Zählungen beruhende Statistik der die einzelnen Altersstufen durchlebenden Personen zu haben. Eine solche Zusammenstellung nennt man eine Sterblichkeitstafel.

Die Sterblichkeit ist jedoch keine einfache Funktion des Alters, sie hängt von äufseren Umständen, von der Örtlichkeit und von der Zeit ab. Äufsere Umstände können im allgemeinen nicht in Rechnung gezogen werden; sie zeigen sich jedoch direkt in der Abhängigkeit von den beiden zuletzt genannten Faktoren: der Örtlichkeit und der Zeit. Um ein Beispiel anzuführen, mag des Einflusses gedacht werden, welchen die Einführung der Impfung durch Jenner auf die Sterblichkeit übte. Nach den Rechnungen von Duvillard wurde die mittlere Lebensdauer durch die Impfung um drei Jahre verlängert.*)

Einen ganz besonderen Einfluſs übt auf die Sterblichkeit das Klima und die Ernährung. Das erstere zeigt sich in den Sterblichkeitstafeln der verschiedenen Gegenden, das letztere in der Verschiedenheit der Sterblichkeitstafeln, welche aus den Personen verschiedener Gesellschaftsklassen konstruiert werden. Eine weitere Ursache für eine Veränderlichkeit in der Sterblichkeit ist durch die Substistenzmittel gesetzt. Der wachsende Kampf ums Dasein und die daraus resultierenden zunehmenden Krankheiten bringen es mit sich, daſs allmählig die Lebensdauer herabgesetzt wird; die Sterblichkeit wird demnach auch eine langsame Veränderlichkeit mit der Zeit zeigen. In den Sterblichkeitstafeln kann allerdings auf diesen Punkt gegenwärtig noch nicht Rücksicht genommen werden, doch wird man nicht dieselbe Sterblichkeitstafel für alle Zeiten unverändert beibehalten können.

Endlich ist zu bemerken, daſs auch für die beiden Geschlechter die Sterblichkeit etwas verschieden ist.

101. In der neuesten Zeit hat man einem Umstande wesentliche Aufmerksamkeit geschenkt, welcher in früherer Zeit völlig übersehen wurde, nämlich dem Unterschiede zwischen den Sterblichkeitstafeln gleichzeitig Lebender und gleichzeitig Geborener.

Volkszählungen, welche die Anzahl der Lebenden in den verschiedenen Altersstufen geben, geben Sterblichkeitstafeln gleichzeitig Lebender. Verfolgt man aber eine Gruppe gleichzeitig oder nahe gleichzeitig Geborener, d. h. die Individuen einer Generation durch ihr ganzes Leben

---

*) Die ersten Rechnungen rührten von Daniel Bernoulli her, waren aber nach unzureichenden statistischen Tabellen durchgeführt, und wurden von D'Alembert berichtigt.

IV. Kapitel.

bis zu ihrem Tode, so erhält man eine Sterblichkeitstafel gleichzeitig Geborener.

Nun könnte man allerdings auf den ersten Blick meinen, daſs, dem Gesetze der groſsen Zahlen entsprechend, diese Sterblichkeitstafeln übereinstimmen müſsten. Nimmt man nämlich zwei Gruppen von Individuen, von denen die eine Gruppe A_m Personen im Alter von m Jahren, und A_n Personen im Alter von A_n Jahren einer Volkszählung entnommen sind, so entstammen die ersteren Individuen einer Generation, die vor m Jahren geboren wurde, die letzteren einer Generation die vor n Jahren geboren wurde. Nun kann man aber ganz wohl annehmen, daſs unter sonst gleichen Umständen auch aus jeder anderen, früheren oder späteren Generation dieselbe Anzahl A_m Personen im Alter von m Jahren am Leben sein würde. Nun aber sind die Umstände nicht ungeändert; denn in erster Linie entstammen die erwähnten Individuen nicht derselben Gesamtzahl von Menschen. Die Gesamtzahl wächst ja stetig, und die älteren Individuen entstammen einer früheren Generation, in welcher die Gesamtzahl kleiner war; um daher auf ein System **gleichzeitig Geborener** überzugehen, müſste die Gesamtzahl dieser, daher auch die Anzahl der Überlebenden mit einem Reduktionsfaktor, der gröſser als 1 ist multipliziert werden.

Seien in einer Volkszählung gefunden, daſs

$$A_0, A_1, A_2, \ldots, A_m$$

neugeborene, 1-, 2-, ..., m-jährige Personen wären, so entstammen diese bezw. Generationen, die 0, 1, 2, ..., m Jahre früher geboren sind. Ist die Vermehrung der Bevölkerung jährlich $p^0/_0$, so entstammen diese Individuen bezw. Generationen mit der Gesamtzahl:

$$Z, \frac{Z}{1+\frac{p}{100}}, \frac{Z}{\left(1+\frac{p}{100}\right)^2}, \ldots, \frac{Z}{\left(1+\frac{p}{100}\right)^m}$$

und um die sämtlichen einer Altersgruppe angehörigen Individuen auf dieselbe Zahl Z zu reduzieren, hat man die Zahlen

$$A_1, A_2, \ldots, A_m$$

bezw. mit

$$\left(1+\frac{p}{100}\right), \left(1+\frac{p}{100}\right)^2, \ldots, \left(1+\frac{p}{100}\right)^m$$

zu multiplizieren. Die auf eine gleichmäfsige Grundzahl reduzierte Sterblichkeitstafel wäre daher:

$$A_0, \ A_1\left(1 + \frac{p}{100}\right), \ A_2\left(1 + \frac{p}{100}\right)^2, \ \ldots, \ A_m\left(1 + \frac{p}{100}\right)^m.$$

Ferner ist nicht zu übersehen, dafs der Einflufs der Krankheiten — und hier kommen in erster Linie jene Krankheiten in Betracht, welche die Veränderlichkeit der Sterblichkeit wesentlich beeinflussen, die akuten und die chronischen Infektionskrankheiten — im Laufe der Zeit variiert. Der Einflufs derselben hängt wesentlich von ihrem Charakter ab, und es ist bekannt, dafs die schwersten Seuchen im Laufe der Zeit ihre Intensität, sei es durch natürliche (Lues) oder künstliche (Pocken) Immunisierung verlieren.

Die Immunisierung hat nun sowohl einen direkten (momentanen) als auch einen indirekten (hereditären) Einflufs, und wenn auch ein Zeitraum von mehreren Jahren und selbst ein bis zwei Jahrzehnte keine wesentlichen sichtbaren Veränderungen mit sich bringt, so treten diese Veränderungen im Laufe von mehreren Jahrzehnten dennoch so deutlich zu Tage, dafs sie nicht übergangen werden dürfen. Gerade die erwähnte Unmerklichkeit der Veränderungen deutet auf die Stetigkeit des Prozesses. Da nun aber die Mortalität eine Funktion von dem Grade der Immunisierung ist, so wird dieselbe nicht nur in ihrer Wirkung auf Individuen verschiedenen Alters derselben Generation, sondern auch auf die Individuen verschiedener Generationen zu demselben absoluten Zeitmomente zu betrachten sein.

Dafs lokale Einflüsse, Klima, allgemeiner Volkswohlstand u. s. w. einen wesentlichen Einflufs haben, wurde schon erwähnt, kann aber, nach dem heutigen Stande der Untersuchungen noch kaum in mathematischer Form in Rechnung gezogen werden.

102. Die Sterblichkeitstafeln, welche gegenwärtig in Verwendung sind, nehmen, im Gegensatz zu den älteren Tafeln mehr oder weniger auf die angeführten Verhältnisse bereits Rücksicht. Weitere Vervollkommnung wird von richtig durchgeführten Volkszählungen und Vergleichung mit Totenregistern zu erwarten sein. Von dem idealen Standpunkte von richtig durchgeführten Volkszählungen sind wir allerdings noch ausserordentlich weit entfernt. Verfasser hatte Gelegenheit, den Modus der Volkszählungen im Jahre 1890 genau kennen zu lernen, und konnte sich hierbei überzeugen, daſs an eine mathematische Verwertung von Resultaten, welche unter der Leitung von Juristen gewonnen werden, nicht zu denken ist, und wäre es im Interesse der Wissenschaft sowohl, als des allgemeinen volkswirtschaftlichen Interesses, welches in Hinkunft noch viel mehr als gegenwärtig auf die Versicherungen, und zwar auf die allgemeinen obligatorischen Lebens-, Kranken-, Unfall-Versicherungen u. s. w. zurückkommen wird müssen, von eminenter Wichtigkeit, die Volkszählungen vollständig aus den Händen der Verwaltungsbeamten zu nehmen, und sie in solche von mathematisch geschulten Beamten zu legen, welche in zweiter Linie allerdings durch Spezialkurse über den Verwaltungsdienst sich das nötige aus diesem anzueignen haben werden. So lange dieser Forderung noch nicht im vollen Umfange genügt ist, erscheint es nötig, bei jeder Gelegenheit auf die Notwendigkeit der Änderung der gegenwärtigen Verhältnisse eindringlichst hinzuweisen.

Von den verschiedenen Sterblichkeitstafeln, welche zu verschiedenen Zeiten und in verschiedenen Gegenden benutzt werden, mag hier die von K. Heym im V. Bande der „Rundschau der Versicherungen" von E. A. Masius veröffentlichte angeführt, und den weiteren Beispielen zu Grunde gelegt werden. Über die Gründe, die gerade diese Wahl zweckmäſsig erscheinen lieſsen, mag in den „Vorlesungen über Wahrscheinlichkeitsrechnung" von A. Meyer, deutsch von E. Czuber, Seite 337 nachgelesen werden.

Die Tafel enthält in der ersten Kolumne das Alter; in der zweiten, mit A_m überschriebenen Kolumne die Zahl A_m der von 10 000 Neugeborenen nach 1, 2, 3 ..., m Jahren noch Lebenden; B_m giebt die im Laufe eines Jahres Gestorbenen; es ist also $B_m = A_m - A_{m+1}$.

103. Sterblichkeit (Mortalität) und Leblichkeit (Vitalität). Die Zahlen B_m geben die von A_m Lebenden im nächsten Jahre Verstorbenen an; reduziert man diese Zahlen auf die gleiche Anzahl von Lebenden, also auf die Grundzahl der Tabelle, d. i. auf 10000, so erhält man die Anzahl der aus derselben Zahl (10000) der Lebenden in dem folgenden Jahre Verstorbenen. Diese Zahl C_m giebt den richtigen Verlauf der Sterblichkeit; sie folgt aus:

$$C_m = B_m \frac{10\,000}{A_m}.$$

Die Zahlen C_m sind in der vierten Kolumne der Tafel ebenfalls eingetragen. Das Minimum der Sterblichkeit findet sich im 12. Lebensjahre; sie ist $6{,}6\tfrac{0}{00}$. Diesem Lebensalter kommt daher die gröfste Vitalität zu. Nimmt man als Mafsstab der Vitalität den reziproken Wert der Sterblichkeit, und reduziert alle Werte auf den Maximalwert 1, welcher dem 12. Lebensjahre zukommt, so wird das Mafs der Vitalität gegeben durch

$$V = \frac{C_{12}}{C_m} = \frac{66}{C_m}.$$

Diese Werte sind in der fünften Kolumne der Sterblichkeitstafel angeführt.*)

104. Einfache Probleme, das Leben einer Person betreffend.

a) Wie grofs ist die Wahrscheinlichkeit, dafs eine m-jährige Person $m + r$ Jahre alt wird?

Von A_m Personen, welche m Jahre alt sind, werden A_{m+r} Personen $m + r$ Jahre alt; die übrigen sterben; A_{m+r} ist daher als die Zahl der günstigen Fälle für das Erleben des $(m + r)^{\text{ten}}$ Lebensjahres für A_m mögliche Fälle anzusehen, die gesuchte Wahrscheinlichkeit ist daher

$$W = \frac{A_{m+r}}{A_m}.$$

b) Welches ist die wahrscheinliche Lebensdauer einer m-jährigen Person?

Ist die Wahrscheinlichkeit W einer Person $(m + r)$ Jahre alt zu werden, gröfser als $\tfrac{1}{2}$, so ist es wahrscheinlicher, dafs sie dieses Alter erreicht, als dafs sie früher stirbt; ist W kleiner als $\tfrac{1}{2}$, so ist es wahrscheinlicher, dafs sie früher

---

*) Selbstverständlich sind die Zahlen der höheren Altersstufen nur rohe Näherungen zur Vergleichung, da sie aus zu kleinen Zahlen abgeleitet sind.

stirbt; ist $W = \frac{1}{2}$, so sagt dieses, dafs es ebenso wahrscheinlich ist, dafs die Person $(m + r)$ Jahre alt wird, als dafs sie dieses Alter nicht erreicht. Dieses ist demnach das wahrscheinliche Lebensalter, welches die Person erreicht; es wird besimmt durch

$$\frac{A_{m+x}}{A_m} = \frac{1}{2}$$

oder

$$A_{m+x} = \frac{1}{2} A_m.$$

Bildet man demnach $\frac{1}{2} A_m$, und sucht hierzu den Wert $m + x = y$ aus der Sterblichkeitstafel, so giebt y das wahrscheinliche Alter; $y - m = x$ giebt die Anzahl der Jahre, welche die Person nach den Erfahrungen über die Mortalität noch zu leben hat, d. i. die wahrscheinliche Lebensdauer.

Die Werte von x sind für die verschiedenen Altersstufen in der Sterblichkeitstafel in Kolumne 6 ebenfalls beigefügt.

Man sieht aus derselben, dafs die wahrscheinliche Lebensdauer am gröfsten ist für Kinder von drei Jahren. Dieses stimmt mit der Thatsache, oder richtiger ausgedrückt, dieses folgt aus der Thatsache der grofsen Sterblichkeit der kleinen Kinder. Ist ein Kind erst über das „gefährliche Alter" bis zu zwei oder drei Jahren hinüber gekommen, so sind die Aussichten auf seine Erhaltung und sein Gedeihen wesentlich günstiger.

c) Wie grofs ist die Wahrscheinlichkeit, dafs eine m-jährige Person im Laufe des $(m + r)^{\text{ten}}$ Lebensjahres sterben wird?

Diese Wahrscheinlichkeit setzt sich zusammen aus der Wahrscheinlichkeit, dafs sie $(m + r - 1)$ Jahre alt wird, und dafs sie im Laufe des nächsten Jahres sterben werde.

Die Wahrscheinlichkeit, dafs die Person $(m + r - 1)$ Jahre alt wird, ist:

(1) $$w = \frac{A_{m+r-1}}{A_m};$$

die Wahrscheinlichkeit, dafs eine $(m + r - 1)$-jährige Person $(m + r)$ Jahre alt wird, ist:

Anwendungen auf das menschliche Leben.

(2) $$w' = \frac{A_{m+r}}{A_{m+r-1}};$$

die Wahrscheinlichkeit, daſs sie dieses Alter nicht erreicht, also im nächsten Jahre stirbt, ist:

(3) $$1 - w' = \frac{A_{m+r-1} - A_{m+r}}{A_{m+r-1}} = \frac{B_{m+r-1}}{A_{m+r-1}};$$

daher die Wahrscheinlichkeit, daſs die m-jährige Person im Alter von $m + r$ Jahren stirbt:

$$W = w(1 - w') = \frac{A_{m+r-1}}{A_m} \cdot \frac{B_{m+r-1}}{A_{m+r-1}},$$

demnach

(4) $$W = \frac{B_{m+r-1}}{A_m}.$$

d) Wie viele von l m-jährigen Personen sterben in den nächsten p Jahren?

Von A_m Personen sind nach p Jahren noch am Leben A_{m+p}; es sind daher von den A_m Personen $A_m - A_{m+p}$ gestorben, daher von l Personen:

(5) $$\frac{l}{A_m}(A_m - A_{m+p}) = l\left(1 - \frac{A_{m+p}}{A_m}\right).$$

Spezielle nümerische Beispiele anzuführen ist wol unnötig.

105. Die mittlere Lebensdauer. Unter der mittleren Lebensdauer versteht man den auf ein Individuum entfallenden Anteil der Zeit, welchen alle innerhalb eines gewissen Zeitraumes vorhandenen, diesen überlebenden oder innerhalb desselben verstorbenen Personen durchlebt haben.

Verfolgt man alle m-jährigen Personen einer Generation durch die folgenden n Jahre, bis die überlebenden $m + n$ Jahre alt sind, während eine gewisse Anzahl derselben gestorben ist, so haben alle diese Personen eine gewisse Anzahl Jahre durchlebt. Von den A_m Personen des Alters m sind A_{m+1} an Ende des nächsten Jahres noch am Leben; diese haben daher

$$A_{m+1} \cdot 1 = A_{m+1}$$

Jahre durchlebt. Die übrigen $(A_m - A_{m+1})$ sind in der Zwischenzeit gestorben. Um die Zahl der Jahre zu finden,

IV. Kapitel.

welche diese zusammen durchlebt haben, muſs eine Annahme über die Verteilung der Todesfälle gemacht werden. Die natürlichste ist die, daſs die Todesfälle gleichmäſsig über den ganzen Zeitraum verteilt sind; zur Zeit x (x ein Bruchteil des Jahres) ist daher die Zahl der Verstorbenen

$$x(A_m - A_{m+1}),$$

und auf das nächste Zeitteilchen dx entfallen

$$dx(A_m - A_{m+1})$$

Verstorbene; von diesen hat jeder das Intervall x des Jahres durchlebt, daher alle zusammen die Zeit

$$x\,dx(A_m - A_{m+1}).$$

Integriert man diesen Ausdruck zwischen den Grenzen 0 und 1, so ergiebt sich die von den Verstorbenen durchlebte Zeit

$$(A_m - A_{m+1})\int_0^1 x\,dx = \frac{1}{2}(A_m - A_{m+1}).$$

Addiert man hierzu die A_{m+1} Jahre, welche die das Jahr überlebenden Personen durchlebt haben, so erhält man als die Zeit, welche die sämtlichen A_m Personen der Altersstufe m in einem Jahre durchlebt haben, gleich

$$\frac{1}{2}(A_m + A_{m+1}).$$

Ebenso erhält man für das zweite, dritte, ... n^{te} Lebensjahr die von den bezüglichen Personen durchlebten Zeiten:

$$\frac{1}{2}(A_{m+1} + A_{m+2})$$

$$\frac{1}{2}(A_{m+2} + A_{m+3})$$

. . . .

$$\frac{1}{2}(A_{m+n-1} + A_{m+n}),$$

daher die gesamte durchlebte Zeit die Summe der gegebenen Ausdrücke:

Anwendungen auf das menschliche Leben.

$$\frac{1}{2} A_m + A_{m+1} + A_{m+2} \ldots + \frac{1}{2} A_{m+n}$$

und daher, wenn dieser Ausdruck durch die Anzahl A_m der m-jährigen dividiert wird:

$$M_{m,n} = \frac{1}{2} + \frac{A_{m+1} + A_{m+2} + \ldots + \frac{1}{2} A_{m+n}}{A_m}$$

die mittlere Lebensdauer der m-jährigen innerhalb der Zeit von n Jahren. Die mittlere Lebensdauer überhaupt, d. h. bis alle Individuen der Generation verstorben sind, erhält man, wenn man so weit fortschreitet, bis $A_{m+n} = 0$ wird; diese ist daher:

$$M_m = \frac{1}{2} + \frac{A_{m+1} + A_{m+2} + \ldots}{A_m},$$

die mittlere Lebensdauer der Neugeborenen ist z. B. (indem $m = 0$ gesetzt wird):

$$M_0 = \frac{1}{2} + \frac{A_1 + A_2 + \ldots}{A_0}.$$

Nach diesen Formeln sind die Werte der mittleren Lebensdauer in der siebenten Kolumne der Sterblichkeitstafel eingetragen.

Aus dem Werte für M_m folgt

$$M_m = \frac{1}{2} + \frac{A_{m+1} + A_{m+2} + \ldots}{A_m}$$

$$= \frac{1}{2} + \frac{A_{m+1}}{A_m} \left(1 + \frac{A_{m+2} + A_{m+3} + \ldots}{A_{m+1}} \right)$$

oder, da der Ausdruck in der Klammer gleich $\frac{1}{2} + M_{m+1}$ ist:

$$M_m = \frac{1}{2} + \frac{A_{m+1}}{A_m} \left(\frac{1}{2} + M_{m+1} \right),$$

nach welcher Formel man die aufeinander folgenden Werte der mittleren Lebensdauer, ausgehend vom höchsten, berechnen kann.

106. Die obige Ableitung ist jedoch nicht einwurfsfrei. In der That basiert das Resultat auf der Annahme der

IV. Kapitel.

gleichmäſsigen Verteilung der Todesfälle über das ganze Jahr. Ohne Rücksicht auf diese Annahme kann man nun allerdings einen analytischen Ausdruck für dieselbe geben, aber für die numerische Auswertung desselben ist immer wieder eine bestimmte Annahme erforderlich.

Die Anzahl z der Personen, welche zu einer gegebenen Zeit τ ein gegebenes Alter x erreicht haben, kann als Funktion dieser beiden Gröſsen τ und x ausgedrückt werden, also:

(1) $$z = \varphi(\tau, x).$$

Ist t das Gebursjahr dieser Personen, so ist

$$t = \tau - x; \quad \tau = t + x,$$

daher:

(2) $$z = \varphi(t + x, x) = f(t, x)$$

Aus der Funktion $z = f(t, x)$ lassen sich eine Reihe von Spezialgesetzen ableiten.

Die Funktion

$$z_0 = f(t, 0)$$

stellt die Zahl der zu verschiedenen Zeiten t Geborenen dar, also die Dichtigkeit der Geburten.

Substituiert man

$$x = \tau - t$$

in die Gleichung (1) oder (2), so erhält man

(3) $$z = \varphi(\tau, \tau - t) = f(t, \tau - t) = \psi(\tau, t),$$

eine Funktion, welche die Dichtigkeit der zur Zeit t Geborenen zum Zeitpunkte τ ausdrückt.

Die Funktion

(4) $$F(0) = \int_{t_1}^{t_2} f(t, 0) \, dt$$

drückt die Anzahl der in dem Zeitraume zwischen t_1 und t_2 Geborenen aus; die Funktion

(5) $$F(x_1) = \int_{t_1}^{t_2} f(t, x_1) \, dt$$

drückt die Anzahl der x_1-jährigen aus, welche in dem Zeitraume t_1 bis t_2 geboren wurden.

Die Funktion

$$F(\tau_1) = \int_{t_1}^{t_2} f(t,\ \tau_1 - t)\,dt = \int_{t_1}^{t_2} \psi(\tau_1,\ t)\,dt$$

drückt die Zahl derjenigen Personen aus, welche in dem Zeitraume zwischen t_1 und t_2 geboren wurden, und das Alter τ_1 erreichen.

107. Die

$$F(x) = \int_{t_1}^{t_2} f(t,\ x)\,dt$$

im Alter x stehenden Personen aus der Geburtsperiode t_1 bis t_2 durchleben während des unendlich kleinen Zeitteilchens dx die Zeit

$$dx \int_{t_1}^{t_2} f(t,\ x)\,dt;$$

in dem Intervalle x_1 bis x_2 wird daher das Gesamtzeitintervall

$$Z = \int_{x_1}^{x_2} dx \int_{t_1}^{t_2} f(t,\ x)\,dt$$

durchlebt; dividiert man diesen Ausdruck durch die Anzahl der Personen im Alter x_1, d. i. durch $F(x_1)$, so erhält man

$$M = \frac{\int_{x_1}^{x_2} \int_{t_1}^{t_2} f(t,\ x)\,dt}{\int_{t_1}^{t_2} f(t,\ x_1)\,dt}$$

als die mittlere Lebensdauer der aus der Geburtsperiode t_1 bis t_2 stammenden x_1-jährigen bis zum zurückgelegten Alter x_2.

Setzt man für x_2 das höchste erreichte Alter, so erhält man die mittlere Lebensdauer der x_1-jährigen überhaupt, und setzt man $x_1 = 0$, so erhält man die mittlere Lebensdauer der Neugeborenen.

Aus diesen analytischen Ausdrücken numerisch verwertbare Ausdrücke zu gewinnen, ist aber nicht möglich, insolange nicht die Funktion $f(t,\ x)$ näher bekannt ist.

IV. Kapitel.

Bestrebungen, mathematische Formeln für die Sterblichkeit zu gewinnen, treten allerdings auch mitunter auf. Eine solche Formel ist z. B. die Mosersche Formel:

$$z = 1 - 0{,}2 \sqrt[4]{x} - \frac{0{,}7125}{10^5} \sqrt[4]{x^9} - \frac{0{,}1570}{10^8} \sqrt[4]{x^{17}},$$

wobei für die ersten dreifsig Lebensjahre die ersten beiden Glieder ausreichend sind.

Diese Formeln sind aber stets aus den empirischen Sterblichkeitstafeln entnommen, ohne welche an die Ableitung von Formeln ja doch nicht zu denken ist. Ob dann die Benutzung dieser Formeln für die weitere Ableitung einen wesentlichen Vorteil bietet, bleibt immerhin fraglich. Der Vorteil der Kontinuität wird wohl dadurch kompensiert, dafs die Formel nur eine Annäherung bietet; und selbst über die analytische Form der zu Grunde gelegten Formel (ob eine algebraische, ganze oder gebrochene, oder ob eine transzendente Funktion) ist von vornherein überhaupt nichts bekannt.

108. Wie grofs ist die Wahrscheinlichkeit W_s, dafs die Summe der Alter, welche n in demselben Zeitabschnitte geborene Personen erreichen, s ist?

Seien die auf die n verschiedenen Personen bezüglichen Gröfsen der Reihe nach mit 1, 2, ... n bezeichnet, und sei ganz allgemein $\varphi(x)$ die Wahrscheinlichkeit, das Alter x zu erreichen.

Die Wahrscheinlichkeit, dafs die Person 1 das Alter x_1 erreicht, ist $\varphi(x_1)$; die Wahrscheinlichkeiten, dafs die Personen 2, 3, ... n das Alter $x_2, x_3, \ldots x_n$ erreichen, sind ebenso $\varphi(x_2), \varphi(x_3), \ldots \varphi(x_n)$.

Die (zusammengesetzte) Wahrscheinlichkeit, dafs die n Personen bezw. die Alter $x_1, x_2, \ldots x_n$ erreichen, ist daher

(1) $\qquad \varphi(x_1) \varphi(x_2) \ldots \varphi(x_n).$

Nun aber sollen $x_1, x_2, \ldots x_n$ alle möglichen, beliebigen Werte annehmen, so aber dafs stets

(2) $\qquad x_1 + x_2 + \ldots + x_n = s$

ist. Um zu einem allgemeinen Ausdrucke zu kommen, mögen für einen Augenblick die verschiedenen Wahrscheinlichkeiten verschieden bezeichnet werden; also $\varphi_1(x)$ für die erste,

$\varphi_2(x)$ für die zweite Person u. s. w. Dann geht der Ausdruck (1) über in
(3) $$\varphi_1(x_1)\,\varphi_2(x_2)\ldots\varphi_n(x_n).$$
Dieser Ausdruck ist ein Glied der Entwickelung von
(4) $$[\varphi_1(x_1)+\varphi_1(x_2)+\ldots+\varphi_1(x_n)]\cdot[\varphi_2(x_1)+\varphi_2(x_2)+\ldots\varphi_2(x_n)]\cdots$$
$$\cdot[\varphi_n(x_1)+\varphi_n(x_2)+\ldots+\varphi_n(x_n)].$$
Aus diesem Ausdrucke geht sowohl die Kombination (3), als auch jede andere, z. B.
$$\varphi_1(x_3)\,\varphi_2(x_1)\,\varphi_3(x_2)\ldots\varphi_n(x_n)$$
u. s. w. hervor. Um aber die Erfüllung der Bedingung (2) zu sichern, möge an Stelle des Ausdruckes (4) der folgende gesetzt werden:

(5)
$$P = [\varphi_1(x_1)\,t^{x_1} + \varphi_1(x_2)\,t^{x_2} + \ldots + \varphi_1(x_n)\,t^{x_n}]$$
$$\cdot[\varphi_2(x_1)\,t^{x_1} + \varphi_2(x_2)\,t^{x_2} + \ldots + \varphi_2(x_n)\,t^{x_n}]\cdots$$
$$\cdot[\varphi_n(x_1)\,t^{x_1} + \varphi_n(x_2)\,t^{x_2} + \ldots + \varphi_n(x_n)\,t^{x_n}].$$

Wie man sofort sieht, wird irgend ein Glied des Produktes, welches mit dem Exponenten t^s multipliziert ist, einen der verschiedenen Ausdrücke (1) geben, und die Wahrscheinlichkeit W_s ist daher gleich der Summe aller dieser Koeffizienten, d. h. es ist
(6) $$P = \Sigma\,W_s\,t^s.$$
Da aber $\varphi_1, \varphi_2, \ldots \varphi_n$ voneinander nicht verschieden sind, so kann dieser Index jetzt weggelassen werden, und das obige Produkt reduziert sich auf eine n^{te} Potenz. Es wird also W_s der Koeffizient der s^{ten} Potenz von t in der Entwickelung
(7) $$\Sigma\,W_s\,t^s = [\varphi(x_1)\,t^{x_1} + \varphi(x_2)\,t^{x_2} + \ldots + \varphi(x_n)\,t^{x_n}]^n.$$

109. Bei der weiteren Entwickelung hat man nun aber darauf Rücksicht zu nehmen, daſs die verschiedenen Alter $x_1, x_2, \ldots x_n$ nicht, wie bisher angenommen wurde, eine Reihe von endlichen, voneinander diskreten Gröſsen bilden, sondern eine kontinuierliche Reihe von Werten von 0 bis zu dem höchsten Alter a.

Dieses vorausgeschickt, setze man nun, um W_s zu finden, in dem Ausdrucke

IV. Kapitel.

(1) $\quad X = [\varphi(x_1) t^{x_1} + \varphi(x_2) t^{x_2} + \ldots + \varphi(x_n) t^{x_n}],$

(2) $\quad\quad\quad t = e^{-\omega \sqrt{-1}},$

dann wird

(3) $\quad X = [\varphi(x_1) e^{-x_1 \omega \sqrt{-1}} + \varphi(x_2) e^{-x_2 \omega \sqrt{-1}} + \ldots$
$\quad\quad\quad + \varphi(x_n) e^{-x_n \omega \sqrt{-1}}]$

und

(4) $\quad\quad\quad \Sigma W_s e^{-s \omega \sqrt{-1}} = X^n.$

Multipliziert man in (4) beiderseits mit

$$e^{m \omega \sqrt{-1}} d\omega$$

und integriert zwischen den Grenzen $-\pi$ und $+\pi$, so wird

$$\Sigma W_s \int_{-\pi}^{+\pi} e^{(m-s) \omega \sqrt{-1}} d\omega = \int_{-\pi}^{+\pi} X^n e^{m \omega \sqrt{-1}} d\omega.$$

Nun ist

$$\int_{-\pi}^{+\pi} e^{k \omega \sqrt{-1}} d\omega = 0$$

für jeden positiven oder negativen Wert von k, mit Ausschluſs von $k = 0$, und für $k = 0$:

$$\int_{-\pi}^{+\pi} d\omega = 2\pi.$$

Demnach verschwinden links alle Ausdrücke mit Ausnahme desjenigen, für welchen $m = s$ ist, so daſs

$$2\pi W_s = \int_{-\pi}^{+\pi} X^n e^{s \omega \sqrt{-1}} d\omega$$

(5) $\quad\quad W_s = \dfrac{1}{2\pi} \int_{-\pi}^{+\pi} X^n e^{s \omega \sqrt{-1}} d\omega.$

Hier ist nun zunächst X zu bestimmen. Entwickelt man die Exponentialgröſse in dem Ausdrucke für X, so erhält man

$$X = \varphi(x_1)\left\{ 1 - x_1 \omega \sqrt{-1} - \frac{x_1^2 \omega^2}{1 \cdot 2} - \frac{x_1^3 \omega^3 \sqrt{-1}}{1 \cdot 2 \cdot 3} \ldots \right\} +$$

$$+ \varphi(x_2)\left\{ 1 - x_2 \omega \sqrt{-1} - \frac{x_2^2 \omega^2}{1 \cdot 2} - \frac{x_2^3 \omega^3 \sqrt{-1}}{1 \cdot 2 \cdot 3} \ldots \right\} +$$

. . . .

$$+ \varphi(x_n)\left\{ 1 - x_n \omega \sqrt{-1} - \frac{x_n^2 \omega^2}{1 \cdot 2} - \frac{x_n^3 \omega^3 \sqrt{-1}}{1 \cdot 2 \cdot 3} \ldots \right\}$$

Multipliziert man hier aus, so erhält man in abgekürzter Schreibweise:

$$X = \Sigma \varphi(x) - \omega \sqrt{-1} \Sigma x \varphi(x) - \frac{\omega^2}{1 \cdot 2} \Sigma x^2 \varphi(x) - \ldots$$

Da aber an Stelle der x eine kontinuierliche Reihe von Werten zwischen 0 und a zu setzen ist, so hat man hier an Stelle der Summen die Integrale zu substituieren, d. h. es ist

$$\Sigma \varphi(x) = \int_0^a \varphi(x)\, dx; \quad \Sigma x \varphi(x) = \int_0^a x \varphi(x)\, dx \ldots$$

Durch die Substitution
(6)
$$x = ay$$
möge $\varphi(x)$ übergehen in
$$\varphi(ay) = \psi(y),$$
und dann wird

$$\Sigma \varphi(x) = \int_0^a \varphi(x)\, dx = a \int_0^1 \psi(y)\, dy$$

$$\Sigma x \varphi(x) = \int_0^a x \varphi(x)\, dx = a^2 \int_0^1 y \psi(y)\, dy$$

$$\Sigma x^2 \varphi(x) = \int_0^a x^2 \varphi(x)\, dx = a^3 \int_0^1 y^2 \psi(y)\, dy.$$

. . . .

Führt man diese Werte in den Ausdruck für X ein, so wird er:

(7) $X = a k_0 - a^2 \omega \sqrt{-1}\, k_1 - \dfrac{a^3 \omega^2}{1 \cdot 2} k_2 - \dfrac{a^4 \omega^3 \sqrt{-1}}{1 \cdot 2 \cdot 3} k_3 - \ldots,$

wobei $k_0, k_1, k_2 \ldots$ die numerischen Werte der Integrale

(8)
$$\int_0^1 \psi(y)\, dy = k_0$$
$$\int_0^1 y \psi(y)\, dy = k_1$$
$$\int_0^1 y^2 \psi(y)\, dy = k_2$$
. . . .
. . . .

IV. Kapitel.

sind, welche, da sie nur von den konstanten Grenzen abhängen, selbst Konstante sind. Zu beachten ist, daſs

(9) $$ak_0 = 1$$

ist, denn

$$\Sigma \varphi(x) = \varphi(x_1) + \varphi(x_2) + \ldots + \varphi(x_n)$$

bedeutet die Wahrscheinlichkeit, daſs die n Personen die verschiedenen Altersstufen $x_1, x_2, \ldots x_n$ erreichen, und da diese in der hier erforderlichen Auffassung alle möglichen Werte annehmen können, so ist die Summe der Wahrscheinlichkeiten gleich der Gewiſsheit, gleich der Einheit.

110. Zur weiteren Reduktion kann man schreiben:

(1) $$W_s = \frac{1}{2\pi} \int_{-\pi}^{+\pi} e^{n \log X + s\omega\sqrt{-1}}\, d\omega.$$

Es ist aber

$$\log X = \log\left(1 - a^2 \omega \sqrt{-1}\, k_1 - \frac{a^3 \omega^2}{1 \cdot 2} k_2 - \ldots\right)$$

oder entwickelt

$$\log X = -a^2 \omega \sqrt{-1}\, k_1 - \frac{a^3 \omega^2}{1 \cdot 2} k_2 - \frac{a^4 \omega^3}{1 \cdot 2 \cdot 3} \sqrt{-1}\, k_3 - \ldots$$

$$+ \frac{1}{2} a^4 \omega^2 k_1^2 - \frac{a^5 \omega^3}{1 \cdot 2} \sqrt{-1}\, k_1 k_2$$

$$+ \frac{1}{3} a^6 \omega^3 \sqrt{-1}\, k_1^3 - \ldots$$

$$\log X = -a^2 \omega \sqrt{-1}\, k_1 - \frac{1}{2} a^3 \omega^2 (k_2 - a k_1^2)$$

$$- \frac{1}{3} a^4 \omega^3 \sqrt{-1}\left(\frac{1}{2} k_3 + \frac{3}{2} a k_1 k_2 - a^2 k_1^3\right).$$

. . . .

Daher wird

$$n \log X + s\omega\sqrt{-1} = (s - na^2 k_1)\omega\sqrt{-1} - \frac{1}{2} na^3 \omega^2 (k_2 - a k_1^2)$$

$$- \frac{1}{6} na^4 \omega^3 \sqrt{-1}\, (k_3 + 3a k_1 k_2 - 2a^2 k_1^3).$$

. . . .

Setzt man

(2)
$$\frac{1}{2} n a^3 (k_2 - a k_1^2) = a^2$$
$$(s - n a^2 k_1) \sqrt{-1} = 2 a \beta,$$

so wird

$$n \log X + s \omega \sqrt{-1} = - a^2 \omega^2 + 2 a \beta \omega$$
$$- \frac{1}{6} n a^4 \omega^3 \sqrt{-1} (k_3 + 3 a k_1 k_2$$
$$- 2 a^2 k_1^3) \ldots$$
$$= - (a \omega - \beta)^2 + \beta^2$$
$$- \frac{1}{6} n a^4 \omega^3 \sqrt{-1} (k_3 + 3 a k_1 k_2$$
$$- 2 a^2 k_1^3) \ldots$$

Aus (2) folgt aber

(3)
$$a = a \sqrt{\frac{na}{2}} \sqrt{k_2 - a k_1^2}$$
$$\beta = \frac{1}{2} \frac{(s - n a^2 k_1) \sqrt{-1}}{a} = \frac{1}{2} \frac{(s - n a^2 k_1) \sqrt{-1}}{a \sqrt{\frac{na}{2}} \sqrt{k_2 - a k_1^2}}.$$

Diese Substitution ist daher nur gestattet, wenn $(k_2 - a k_1^2)$ positiv ist. Dieses ist in der That stets der Fall. Man hat nämlich ganz allgemein

$$(A+B+C+\ldots)(a^2A+b^2B+c^2C+\ldots) - (aA+bB+cC+\ldots)^2 =$$
$$= (a-b)^2 AB + (a-c)^2 AC + (b-c)^2 BC + \ldots$$

Da die rechte Seite stets positiv ist, so wird

$$(A+B+C+\ldots)(a^2A+b^2B+c^2C+\ldots) > (aA+bB+cC+\ldots)^2.$$

Setzt man

$$A = \varphi(x_1); \quad B = \varphi(x_2); \quad C = \varphi(x_3); \quad \ldots$$
$$a = x_1; \quad b = x_2; \quad c = x_3 \quad \ldots,$$

so folgt:

$$\Sigma \varphi(x) \cdot \Sigma x^2 \varphi(x) > [\Sigma x \varphi(x)]^2,$$

also
$$a k_0 \cdot a^3 k_2 > (a^2 k_1)^2$$

oder, da $a k_0 = 1$ ist:
$$k_2 > a k_1^2.$$

Setzt man jetzt
$$a\omega - \beta = t$$

oder

(4) $\quad a\sqrt{\dfrac{na}{2}}\sqrt{k_2 - a k_1^2}\,\omega - \dfrac{1}{2}\dfrac{(s - na^2 k_1)\sqrt{-1}}{a\sqrt{\dfrac{na}{2}}\sqrt{k_2 - a k_1^2}} = t,$

somit
$$d\omega = \frac{dt}{a\sqrt{\dfrac{na}{2}}\sqrt{k_2 - a k_1^2}}$$

und Kürze halber

$$\frac{1}{6} n a^4 \omega^3 \sqrt{-1}\,(k_3 + 3 a k_1^2 k_2 - 2 a^2 k_1^3) + \ldots = \Omega,$$

so wird

$$W_s = \frac{1}{2\pi}\int_{t_0}^{t_1} \frac{e^{-t^2} \cdot e^{\beta^2} \cdot e^{-\Omega}\,dt}{a\sqrt{\dfrac{na}{2}}\sqrt{k_2 - a k_1^2}}$$

(5) $\quad W_s = \dfrac{e^{-\frac{1}{4}\frac{(s - na^2 k_1)^2}{a^2}}}{2\pi a}\displaystyle\int_{t_0}^{t_1} e^{-t^2 - \Omega}\,dt.$

Ω ist von der Ordnung $\omega^3 a^4 n$; da aber ω von der Ordnung $\dfrac{t}{a\sqrt{a}\sqrt{n}}$, daher ω^3 von der Ordnung $\dfrac{t^3}{a^4\sqrt{a}\,n\sqrt{n}}$ ist, so wird Ω von der Ordnung $\dfrac{t^3}{\sqrt{a}\sqrt{n}}$. Nun sind aber a, namentlich aber n, sehr grofse Zahlen, und man kann daher Ω gegenüber t^2 vernachlässigen.

Zur Bestimmung der Grenzen hat man

(6)
$$t_0 = -a\sqrt{\frac{na}{2}}\sqrt{k_2 - ak_1^2} \cdot \pi - \frac{1}{2}\frac{(s - na^2 k_1)\sqrt{-1}}{a\sqrt{\frac{na}{2}}\sqrt{k_2 - ak_1^2}}$$

$$t_1 = +a\sqrt{\frac{na}{2}}\sqrt{k_2 - ak_1^2} \cdot \pi - \frac{1}{2}\frac{(s - na^2 k_1)\sqrt{-1}}{a\sqrt{\frac{na}{2}}\sqrt{k_2 - ak_1^2}}.$$

Wären die Wahrscheinlichkeiten für alle Altersstufen dieselben, also

$$\varphi(x_1) = \varphi(x_2) = \ldots = \varphi(x_n),$$

so wäre, da die Summe aller dieser Wahrscheinlichkeiten 1 ist, jede derselben gleich $\frac{1}{n}$; $\frac{1}{n}$ kann daher als ein genäherter Mittelwert von $\varphi(x)$ angesehen werden; dann würde

$$a^2 k_1 = \Sigma x \varphi(x) = \frac{1}{n}\Sigma x = \frac{s}{n}$$

und $\qquad na^2 k_1 = s.$

Allgemein wird daher

(7) $\qquad s - na^2 k_1 = \lambda$

als eine mäßige Größe zu betrachten sein; in (6) tritt daher im ersten Gliede der Faktor $a\sqrt{na}$ auf, im zweiten Gliede derselbe Nenner; das erste Glied wird daher mit wachsenden n über alle Grenzen wachsen, das zweite Glied verschwinden, und man kann

$$t_0 = -\infty, \; t_1 = +\infty$$

setzen, und dann wird schließlich

$$W_s = \frac{1}{2\pi a} e^{-\frac{1}{4}\frac{\lambda^2}{a^2}} \int_{-\infty}^{+\infty} e^{-t^2} dt$$

oder wenn für das Integral sein Wert $\sqrt{\pi}$ gesetzt wird:

(8)
$$W_s = \frac{1}{2a\sqrt{\pi}} e^{-\frac{1}{4}\frac{\lambda^2}{a^2}}$$

$$a = a\sqrt{\frac{na}{2}}\sqrt{k_2 - ak_1^2}$$

W_s ist die Wahrscheinlichkeit, daſs die Summe s des erlebten Alters von n im selben Zeitabschnitte Geborenen gleich ist:

$$s = \lambda + na^2 k_1.$$

111. Wie groſs ist die Wahrscheinlichkeit, daſs die Summe der von n Individuen derselben Generation erreichten Alter zwischen

$$S = na^2 k_1 \pm l$$

liegt?

Man hat in Formel (8), § 110: λ alle möglichen zwischen $-l$ und $+l$ liegenden Werte beizulegen, und die Summe zu bilden. Es ist daher

$$W_S = \frac{1}{2a\sqrt{\pi}} \int_{-l}^{+l} e^{-\frac{1}{4}\frac{\lambda^2}{a^2}} d\lambda$$

$$= \frac{1}{a\sqrt{\pi}} \int_{0}^{l} e^{-\frac{1}{4}\frac{\lambda^2}{a^2}} d\lambda.$$

Setzt man hier

$$\frac{1}{4}\frac{\lambda^2}{a^2} = t^2; \quad \text{also} \quad d\lambda = 2a\, dt,$$

so wird

$$W_S = \frac{2}{\sqrt{\pi}} \int_{0}^{\tau} e^{-t^2}\, dt; \quad \tau = \frac{l}{2a}.$$

112. Die Ausdrücke k_1, k_2 können, wenn man die von den n Personen wirklich zurückgelegten Alter (z. B. aus Sterblichkeitstafeln) kennt, leicht berechnet werden.

Sind die von den n Personen erreichten Alter m_1, $m_2, \ldots m_n$, und bezeichnet man

(1) $\qquad \dfrac{1}{n}(m_1 + m_2 + \ldots + m_n) = \dfrac{1}{n}\sum\limits_{i=1}^{n} m_i = A$

(2) $\qquad \dfrac{1}{n}(m_1^2 + m_2^2 + \ldots + m_n^2) = \dfrac{1}{n}\sum\limits_{i=1}^{n} m_i^2 = B,$

so ist, da für diese wirklich erreichten Alter die Wahrscheinlichkeiten alle gleich, nämlich gleich $\dfrac{1}{n}$ zu setzen sind:

Anwendungen auf das menschliche Leben.

(3)
$$\int_0^a x\varphi(x)\,dx = \frac{1}{n}\Sigma x = A$$
$$\int_0^a x^2\varphi(x)\,dx = \frac{1}{n}\Sigma x^2 = B,$$

demnach:
$$a^2 k_1 = A;\quad a^3 k_2 = B,$$

folglich:

(4a) $\quad k_1 = \dfrac{A}{a^2};\quad k_2 = \dfrac{B}{a^3}.$

Damit wird

(4b) $\quad k_2 - a k_1^2 = \dfrac{1}{a^3}(B - A^2)$

und

(5) $\quad a = a\sqrt{\dfrac{na}{2}}\,\dfrac{1}{a\sqrt{a}}\,\sqrt{(B-A^2)} = \sqrt{\dfrac{n}{2}(B-A^2)}.$

113. Welche Beziehung besteht zwischen der Zahl der Überlebenden in den verschiedenen Altersklassen unter den zwei verschiedenen Voraussetzungen, daſs eine konstante Sterblichkeitsursache U (eine Epidemie) besteht oder nicht besteht?

Sei y die Zahl der Überlebenden im Alter x, wenn die Ursache U für die Sterblichkeit besteht,

und Y die Zahl der Überlebenden im Alter x, wenn diese Ursache nicht besteht.

Sei ferner $\psi(x)\,dx$ die Wahrscheinlichkeit, in dem Zeitintervalle x bis $x+dx$ infolge der Ursache U zu sterben,

und $\varphi(x)\,dx$ die Wahrscheinlichkeit, in demselben Intervalle infolge aller anderen Ursachen zu sterben.

Die Zahl derjenigen, welche in dem Zeitteilchen dx infolge der Ursache U sterben, ist daher $y\psi(x)dx$, und die Zahl derjenigen, welche infolge der anderen Ursachen sterben, ist $y\varphi(x)dx$.

Die Gesamtänderung von y: $-dy$ ist nun die Summe der beiden Zahlen, also

(1) $\qquad -dy = y\{\varphi(x) + \psi(x)\}\,dx.$

Besteht aber die Ursache U nicht, so ist die Anzahl der

IV. Kapitel.

im Zeitteilchen dx Verstorbenen gleich $Y\varphi(x)dx$, und dieses ist die Abnahme von Y, also $-dY$, demnach

(2) $\qquad -dY = Y\varphi(x)\,dx.$

Eliminiert man hieraus $\varphi(x)$, so erhält man

(3) $\qquad \dfrac{dY}{Y} - \dfrac{dy}{y} = \psi(x)\,dx,$

welcher Ausdruck integriert,

$$\log\frac{Y}{y} = \int_0^m \psi(x)\,dx$$

oder

(4) $\qquad Y = y\,e^{\int_0^m \psi(x)\,dx}\; ;\quad y = Y\,e^{-\int_0^m \psi(x)\,dx}$

giebt. $\psi(x)$ ist die Wahrscheinlichkeit, infolge der Ursache U zu sterben; diese Wahrscheinlichkeit ist nicht bekannt; das Integral im Exponenten läfst sich aber numerisch näherungsweise ausmitteln, wenn man die Zahl der Personen kennt, welche in den verschiedenen Altersklassen der Ursache U zum Opfer fallen.

In der Altersklasse x ist die Zahl der Verstorbenen B_x; sind unter diesen $\dfrac{1}{n}$, welche infolge der Ursache U sterben, so ist die Zahl der in der Altersklasse x infolge dieser Ursache verstorbenen

$$\frac{1}{n}B_x;$$

die Wahrscheinlichkeit, in dieser Altersklasse infolge dieser Ursache zu sterben, ist daher

$$\psi(x) = \frac{B_x}{n_x A_x}$$

oder, wenn man an Stelle der im Anfange der Altersstufe stehenden Zahl A_x der Personen die Zahl auf die Mitte dieser Altersstufe $\dfrac{1}{2}(A_x + A_{x+1})$ bezieht:

$$\psi(x) = \frac{2B_x}{n_x(A_x + A_{x+1})},$$

Anwendungen auf das menschliche Leben.

demnach:

$$(5) \quad \int_0^m \psi(x)\, dx = \sum_{x=0}^{m} \frac{2 B_x}{n_x (A_x + A_{x+1})}.$$

Berechnet man den Exponenten in dieser Weise für die aufeinander folgenden Werte von m, so erhält man y aus Y oder umgekehrt für die verschiedenen Altersstufen.

114. Wahrscheinlichkeiten über das Leben oder Absterben zweier Personen.

Eine m-jährige Person M und eine n-jährige N sind mit einander verbunden (verehelicht); wie groſs ist die Wahrscheinlichkeit, daſs dieselben nach r Jahren noch verbunden sind, oder daſs eine oder beide verstorben sind?

Die Wahrscheinlichkeit,

daſs M nach r Jahren lebt, ist $w_1 = \dfrac{A_{m+r}}{A_m}$,

daſs N nach r Jahren lebt, ist $w_2 = \dfrac{A_{n+r}}{A_n}$,

daſs M nach r Jahren gestorben ist, ist $w_1' = 1 - \dfrac{A_{m+r}}{A_m}$,

daſs N nach r Jahren gestorben ist, ist $w_2' = 1 - \dfrac{A_{n+r}}{A_n}$.

Die zusammengesetzte Wahrscheinlichkeit, daſs die beiden Personen nach r Jahren noch leben, ist:

$$W_1 = w_1 w_2 = \frac{A_{m+r}}{A_m} \cdot \frac{A_{n+r}}{A_n}.$$

Die entgegengesetzte Wahrscheinlichkeit, d. h. die Wahrscheinlichkeit, daſs nicht beide leben, also keine, oder nur eine derselben nach r Jahren am Leben ist, ist:

$$W_2 = 1 - w_1 w_2 = 1 - \frac{A_{m+r}}{A_m} \cdot \frac{A_{n+r}}{A_n}.$$

Die Wahrscheinlichkeit, daſs nach r Jahren M lebt, N tot ist, ist:

$$W_3 = w_1 w_2' = \frac{A_{m+r}}{A_m} \left(1 - \frac{A_{n+r}}{A_n}\right).$$

Die Wahrscheinlichkeit, daſs nach r Jahren M tot ist und N lebt, ist:
$$W_4 = w_1' w_2 = \frac{A_{n+r}}{A_n}\left(1 - \frac{A_{m+r}}{A_m}\right).$$

Die Wahrscheinlichkeit, daſs nach r Jahren beide Personen gestorben sind, ist:
$$W_5 = w_1' w_2' = \left(1 - \frac{A_{m+r}}{A_m}\right)\left(1 - \frac{A_{n+r}}{A_n}\right).$$

Ganz ähnlich lassen sich die Wahrscheinlichkeiten für das kombinierte Leben oder Sterben dreier oder mehrerer Personen ableiten.

115. Sei Z die Zahl der Ehepaare, deren Männer m Jahre, deren Frauen n Jahre alt sind; wie groſs ist die Zahl der nach r Jahren noch verbundenen, der Witwer und Witwen?

Nach den Wahrscheinlichkeiten in § 114 ist die Zahl der noch verbundenen Paare (wo sowohl der Mann als die Frau lebt):
$$Z \frac{A_{m+r}}{A_m} \cdot \frac{A_{n+r}}{A_n};$$

der Witwer (der Mann lebt, die Frau ist gestorben):
$$Z \frac{A_{m+r}}{A_m}\left(1 - \frac{A_{n+r}}{A_n}\right);$$

der Witwen (der Mann ist gestorben, die Frau lebt):
$$Z \frac{A_{n+r}}{A_n}\left(1 - \frac{A_{m+r}}{A_m}\right).$$

Es war bereits wiederholt erwähnt, daſs die Sterblichkeit nach dem Geschlechte etwas verschieden ist; sind daher Sterblichkeitstafeln getrennt nach den beiden Geschlechtern konstruiert, so sind selbstverständlich die Zahlen A_m, A_{m+r} aus den Sterblichkeitstafeln für Männer, die Zahlen A_n, A_{n+r} aus denjenigen für Frauen zu entnehmen.

116. Die wahrscheinliche Ehedauer. Ist die Wahrscheinlichkeit, daſs ein m-jähriger Mann und eine n-jährige Frau nach r Jahren noch verbunden sind, gröſser oder kleiner als $\frac{1}{2}$, so wird die Verbindung mit gröſserer Wahr-

Anwendungen auf das menschliche Leben.

scheinlichkeit noch bestehen, bezw. nicht mehr bestehen, als dafs das Gegenteil stattfindet; ist die Wahrscheinlichkeit gleich $\frac{1}{2}$, so wird die Wahrscheinlichkeit für das Bestehen und Nichtbestehen der Verbindung gleich, und demnach kann derjenige Wert von x, welcher der Bedingung genügt,

$$\frac{A_{m+x}}{A_m} \cdot \frac{A_{n+x}}{A_n} = \frac{1}{2}$$

als der wahrscheinliche Wert der Ehedauer angesehen werden.

Beispiel: Welches ist die wahrscheinliche Dauer der Verbindung eines 30 jährigen Mannes und einer 20 jährigen Frau?

Man hat denjenigen Wert von x zu suchen, für welchen

$$\frac{A_{30+x}}{A_{30}} \cdot \frac{A_{20+x}}{A_{20}} = \frac{1}{2},$$

oder gemäfs den Sterblichkeitstafeln:

$$A_{30+x} \cdot A_{20+x} = \frac{1}{2} \cdot 5783 \cdot 6415$$
$$= 18549000$$

ist. Man findet, dafs:

$$A_{45} \cdot A_{55} = 19216000,$$
$$A_{46} \cdot A_{56} = 18485000$$

ist; daher ist dann $x = 15{,}9$ Jahre.

Zur gröfseren Bequemlichkeit für diese Berechnungen sind in der achten Kolumne der Sterblichkeitstafel die Logarithmen der A_m auf fünf Dezimalen eingetragen. Diese Genauigkeit ist vollständig ausreichend, da man von den Produkten, wie das obige Beispiel zeigt, nicht mehr als fünf Ziffern benötigt.

Diese Zahlen können auch dazu dienen, ähnliche Aufgaben, bei denen mehr als zwei Personen beteiligt sind, zu lösen; z. B.:

Drei Personen von je 30 Jahren sind durch irgend ein inniges Band verbunden; welches ist die wahrscheinliche Dauer dieser Verbindung?

IV. Kapitel.

Man hat x aus der Gleichung:

$$A^3_{30+x} = \frac{1}{2} A^3_{30}$$

oder

$$A_{30+x} = \frac{1}{\sqrt[3]{2}} A_{30}$$

zu suchen; man findet:

$$x = 18{,}2 \text{ Jahre.}$$

117. Die mittlere Ehedauer ist die durchschnittliche Anzahl von Jahren, durch welche Ehepaare von bestimmtem Alter miteinander verbunden bleiben. Selbstverständlich gilt dieses wieder nicht nur für Ehepaare, sondern im mathematischen Sinne für Verbindungen beliebiger Art.

Sei der Mann m Jahre, die Frau n Jahre alt; die Wahrscheinlichkeit, daſs der Mann nach x Jahren lebt, ist $\varphi_1(m+x)$; die Wahrscheinlichkeit, daſs die Frau nach derselben Zeit noch lebt, ist $\varphi_2(n+x)$, wobei die Wahrscheinlichkeit für die beiden Geschlechter verschieden vorausgesetzt wird. Die Wahrscheinlichkeit, daſs beide noch leben und das nächste Zeitteilchen dx durchleben, ist daher:

$$\varphi_1(m+x) \cdot \varphi_2(n+x) dx.$$

Integriert man diesen Ausdruck von $x = 0$ bis zu demjenigen Werte von x, für welchen einer der Faktoren 0 wird, so erhält man die gesuchte mittlere Ehedauer. Diese ist daher:

(1) $$M_{m,n} = \int \varphi_1(m+x) \cdot \varphi_2(n+x) dx.$$

Um diesen Ausdruck numerisch durch die Zahlen der Sterblichkeitstafeln zu berechnen, möge wieder angenommen werden, daſs die Sterbefälle gleichmäſsig auf das ganze Jahr verteilt sind. Dann wird, wenn

$$x = \varrho + y$$

vorausgesetzt wird, wobei ϱ die ganze Anzahl der Jahre, und y der Bruchteil des Jahres ist:

$$\varphi_1(m+x) = \frac{A'_{m+x}}{A'_m} = \frac{A'_{m+\varrho+y}}{A'_m}$$

$$= \frac{A'_{m+\varrho} + y B'_{m+\varrho}}{A'_m}$$

Anwendungen auf das menschliche Leben.

und es wird, wenn die auf φ_1 bezüglichen Gröfsen durch einen Strich, die auf φ_2 bezüglichen durch zwei Striche bezeichnet werden:

$$(2) \quad M_{m,n} = \int_0^z \frac{(A'_{m+\varrho} + y B'_{m+\varrho})(A''_{n+\varrho} + y B''_{n+\varrho})}{A'_m A''_n} \, dy.$$

Zerlegt man hier das Integral in die einzelnen Jahre und integriert nach y innerhalb eines Jahres, d. h. zwischen den Grenzen 0 und 1, so wird:

$$M_{m,n} = \sum_{\varrho=0}^{\varrho=z} \int_0^1 \frac{(A'_{m+\varrho} + y B'_{m+\varrho})(A''_{n+\varrho} + y B''_{n+\varrho})}{A'_m A''_n} \, dy$$

$$= \sum_{\varrho=0}^{\varrho} \frac{1}{A'_m A''_n} \Big\{ \int_0^1 A'_{m+\varrho} A''_{n+\varrho} \, dy$$

$$+ \int_0^1 y [A'_{m+\varrho} B''_{n+\varrho} + A''_{n+\varrho} B'_{m+\varrho}] \, dy$$

$$+ \int_0^1 y^2 B'_{m+\varrho} B''_{n+\varrho} \, dy \Big\}$$

$$= \sum_{\varrho=0}^{\varrho} \frac{1}{A'_m A''_n} \Big\{ A'_{m+\varrho} A''_{n+\varrho} + \frac{1}{2}(A'_{m+\varrho} B''_{n+\varrho} + A''_{n+\varrho} B'_{m+\varrho})$$

$$+ \frac{1}{3} B'_{m+\varrho} B''_{n+\varrho} \Big\}$$

oder endlich:

$$(3) \quad M_{m,n} = \frac{1}{A'_m A''_n} \Big\{ \sum_{\varrho=0} A'_{m+\varrho} A''_{n+\varrho}$$

$$+ \frac{1}{2} \sum_{\varrho=0} (A'_{m+\varrho} B''_{n+\varrho} + A''_{n+\varrho} B'_{m+\varrho})$$

$$+ \frac{1}{3} \sum_{\varrho=0} B'_{m+\varrho} B''_{n+\varrho} \Big\}$$

Hat man für beide Geschlechter dieselbe Sterblichkeitstafel, so fällt der Unterschied zwischen den mit einem und zwei Strichen bezeichneten Gröfsen weg.

Die mittlere Dauer des Witwen- bezw. Witwerstandes ergiebt sich unmittelbar. Vermindert man nämlich die mittlere Lebensdauer einer Person um die mittlere Dauer der Verbindung derselben mit einer anderen, so erhält man die mittlere Lebensdauer nach dem Ableben der anderen Person, also die gesuchte Gröfse.

118. Welches ist der analytische Ausdruck für die Zahl bezw. der Geburten und Sterbefälle unter der Voraussetzung, dafs das Verhältnis der jährlichen Geburten und der jährlichen Sterbefälle zur Gesamtbevölkerung konstant ist? (Eulers Hypothese.)

Sei V die Bevölkerung zu einer gewissen Zeit; T, G die Zahl der Todesfälle und Geburten in dem auf diesen Zeitpunkt folgenden Jahre;

V_i die Bevölkerung am Ende des i^{ten} Jahres, und T_i, G_i die Zahl der Todesfälle und Geburten in dem darauffolgenden $(i+1)^{\text{ten}}$ Jahre. Dann ist nach der angenommenen Hypothese:

(1) $$\frac{V}{G} = g; \quad \frac{V}{T} = t$$

konstant, also auch:

$$\frac{V_i}{G_i} = g; \quad \frac{V_i}{T_i} = t.$$

Daraus folgt:

(2) $$V_i = g\,G_i = t\,T_i$$

und

(3) $$\frac{G_i}{T_i} = \frac{t}{g}.$$

Hiermit wird der Überschufs der Geburten über die Todesfälle:

$$\Sigma_i = G_i - T_i = \left(\frac{1}{g} - \frac{1}{t}\right) V_i.$$

Da nun

$$V_{i+1} = V_i + \Sigma_i = V_i\left(1 + \frac{1}{g} - \frac{1}{t}\right)$$

ist, so tritt hier überall der konstante Faktor:

(4) $$1 + \frac{1}{g} - \frac{1}{t} = r$$

auf, und es ist:

(5) $$V_{i+1} = rV_i.$$

Hieraus folgt:
$$V_1 = rV; \quad V_2 = r^2V; \quad \ldots$$
(6) $$V_i = r^i V.$$

Setzt man hier für V_i den Ausdruck durch G_i bezw. T_i nach Gleichung (2), so findet man auch:

(7) $$G_i = r^i G; \quad T_i = r^i T,$$

d. h. Bevölkerungszahlen, Geburten und Todesfälle bilden eine geometrische Progression mit demselben Quotienten. Dieser Quotient r kann gefunden werden aus:

(8a) $$r = \frac{V_{i+1}}{V_i} = \frac{G_{i+1}}{G_i} = \frac{T_{i+1}}{T_i}$$

oder

(8b) $$r = \sqrt[i]{\frac{V_i}{V}} = \sqrt[i]{\frac{G_i}{G}} = \sqrt[i]{\frac{T_i}{T}}.$$

Welche Zeit ist notwendig, damit die Bevölkerung auf das m-fache anwachse? Die Bedingung ist:
$$V_i = mV$$
und wenn für V_i der Wert eingesetzt wird:
$$r^i V = mV$$
(9) $$i = \frac{\log m}{\log r}.$$

Die Eulersche Hypothese ist nicht streng; die Verhältnisse der Geburten und Sterbefälle zur Gesamtbevölkerung wechseln, und demnach sind auch die hier abgeleiteten Resultate nur Näherungen. Für r leitete Liagre für die Bevölkerung von Belgien den Wert $r = 1{,}0062$ ab; unter Zugrundelegung desselben ergiebt die Formel (9) für $m = 500$ Millionen:

$$i = 3240{,}7;$$

d. h. in 3241 Jahren würde die Bevölkerung auf das fünfhundertmillionenfache, also ein Menschenpaar auf 1000 Millionen angewachsen sein.

IV. Kapitel.

119. Die Bevölkerung wächst nach Formel (6) des vorigen Paragraphen in geometrischer Progression, wenn die Zeit in arithmetischer Progression zunimmt; es ist daher:

$$(1) \qquad \frac{v}{v_0} = A^{t-t_0} = e^{a(t-t_0)}.$$

Man kann diese Formel direkt ableiten, indem man berücksichtigt, daſs der Bevölkerungszuwachs proportional der instantanen Bevölkerung ist. Diese Voraussetzung giebt nämlich:

$$(2) \qquad \frac{dv}{dt} = av.$$

Man nennt die Geschwindigkeit des Wachstums, also av, die Energie der Entwickelung der Bevölkerung. Die Integration dieser Gleichung giebt:

$$\frac{dv}{v} = a\,dt$$

$$\log_n \frac{v}{v_0} = a(t-t_0); \quad v = v_0\, e^{a(t-t_0)}.$$

Die Beobachtungen ergeben jedoch, daſs die Energie der Entwickelung der Bevölkerung nicht einfach proportional dem momentanen Stande der Bevölkerung ist, sondern etwas geringer und zwar um einen Betrag, der nicht konstant, sondern von der Gröſse der Bevölkerung selbst abhängig ist. Wird derselbe mit $g(v - V_0)$ bezeichnet, wobei V_0 eine Konstante ist, so wäre:

$$(3) \qquad \frac{dv}{dt} = av - g(v - V_0)$$

$$\frac{dv}{dt} = gV_0 - (g-a)v$$

und wenn $\qquad g - a = m,$

$$(4) \qquad V_0 = \frac{m}{g} V$$

gesetzt wird, wobei an Stelle von V_0 eine andere Konstante V eingeführt wird, so ist

$$\frac{dv}{dt} = m(V - v).$$

Da V eine Konstante ist, so können die Variabeln getrennt werden, und schreibt man:

$$dt = -\frac{dv}{m(v-V)},$$

so ergiebt die Integration unmittelbar:

$$t - t_0 = -\frac{1}{m}\log_n(v-V).$$

Sei für $t=0$ die Bevölkerung v_0, so wird:

$$t_0 = \frac{1}{m}\log_n(v_0-V).$$

demnach:

$$t = \frac{1}{m}\log_n\frac{v_0-V}{v-V},$$

woraus

(5) $$v - V = (v_0 - V)e^{-mt}$$

folgt. Aufser der Konstanten v_0, welche die Bevölkerung zur Zeit $t=0$ (Anfangspunkt der Zählung) darstellt, sind in dieser Formel noch zwei Konstante, V, m, enthalten, zu deren Berechnung noch zwei weitere Angaben nötig sind. Sind zu den Zeiten t_1, t_2 die bezüglichen Zahlen v_1, v_2, so hat man

$$v_1 - V = (v_0 - V)e^{-mt_1}$$
$$v_2 - V = (v_0 - V)e^{-mt_2},$$

aus denen sich V und m bestimmen lassen. Man findet durch Elimination von m (indem die erste Gleichung zur t_2^{ten}, die zweite zur t_1^{ten} Potenz erhoben wird, und die so veränderten Gleichungen durcheinander dividiert werden):

(6) $$\left(\frac{v_1-V}{v_0-V}\right)^{t_2} = \left(\frac{v_2-V}{v_0-V}\right)^{t_1}$$

oder, wenn $\frac{t_2}{t_1} = \mu$ ist:

(6a) $$\left(\frac{v_1-V}{v_0-V}\right)^{\mu} = \frac{v_2-V}{v_0-V}.$$

Behufs Elimination von V kann man in beiden Gleichungen schreiben:

IV. Kapitel.

$$v_1 - v_0 e^{-mt_1} = V(1 - e^{-mt_1})$$
$$v_2 - v_0 e^{-mt_2} = V(1 - e^{-mt_2}),$$

und die Division dieser beiden Gleichungen liefert nach einiger Transformation:

(7) $\quad v_2 - v_1 = (v_2 - v_0) e^{-mt_1} - (v_1 - v_0) e^{-mt_2}.$

Die Auflösung läfst sich analytisch durchführen, wenn $\mu = 2$ ist, d. h. wenn man die Bevölkerungszahlen zu den Zeiten t_1 und $2t_1$ zur Bestimmung heranziehen kann. Dann hat man für die Bestimmung von V die Gleichung

$$\left(\frac{v_1 - V}{v_0 - V}\right)^2 = \frac{v_2 - V}{v_0 - V}$$

oder

$$(v_1 - V)^2 = (v_0 - V)(v_2 - V),$$

woraus

$$V = \frac{v_1^2 - v_0 v_2}{2v_1 - (v_0 + v_2)}$$

folgt. Für die Bestimmung von m erhält man:

$$v_2 - v_1 = (v_2 - v_0) e^{-mt_1} - (v_1 - v_0) e^{-2mt_1}$$

und daraus durch Auflösung der quadratischen Gleichung:

$$e^{-mt_1} = \frac{1}{2} \frac{v_2 - v_0}{v_1 - v_0} \pm \sqrt{\frac{1}{4}\left(\frac{v_2 - v_0}{v_1 - v_0}\right)^2 - \frac{v_2 - v_1}{v_1 - v_0}},$$

daher

$$m = -\frac{1}{t_1} \log_n \left\{ \frac{1}{2} \frac{v_2 - v_0}{v_1 - v_0} \pm \frac{1}{2} \frac{\sqrt{(v_2 + v_0)^2 - 4(v_0 + v_2 - v_1)v_1}}{v_1 - v_0} \right\}$$

Die Zweideutigkeit des Zeichens wird umgangen, wenn man m aus einer der beiden ursprünglichen Gleichungen sucht; man erhält dann

$$m = \frac{1}{t_1} \log_n \frac{v_0 - V}{v_1 - V} = \frac{1}{t_2} \log_n \frac{v_0 - V}{v_2 - V},$$

worin der vorhin gefundene Wert von V zu substituieren ist.

120. Nach Laplace versteht man unter der Geburtsziffer das Verhältnis der Bevölkerung zur Anzahl der jährlichen Geburten. Ist die Bevölkerung V, die Zahl der jährlichen Geburten G, so ist die Geburtsziffer definiert durch:

$$g = \frac{V}{G}.$$

Ist die Geburtsziffer durch Volkszählungen hinreichend genau bestimmt, so kann man natürlich, unter der Voraussetzung, dafs dieselbe konstant ist, aus der Zahl der jährlichen Geburten die Volksmenge zu einer anderen Zeit ermitteln. Denn es ist:

$$V = gG.$$

Wie man jedoch sieht, ist diese Bestimmung ebenfalls nur richtig unter der Annahme der Eulerschen Hypothese von der Konstanz der Verhältnisse zwischen Bevölkerung, Geburten und Sterbefällen.

121. Versicherungen.

Über Lebensversicherungen wird in dieser Sammlung vielleicht ein eigner Band erscheinen. Wenn ich es nichtsdestoweniger für nötig halte, an dieser Stelle einiges hierau zu bemerken, so geschieht dieses weniger, um einen kurzen Überblick über dieses Kapitel zu geben, als um allgemeine Gesichtspunkte von einem Standpunkte aus, der im allgemeinen zu wenig hervorgehoben wird und absichtlich oder unabsichtlich übersehen wird, zu beleuchten.

Wenn eine Person Geld in eine Sparkasse auf Zinseszinsen anlegt, um das Geld jederzeit später herauszunehmen, so bleibt sie allezeit faktischer Besitzer dieser Summe. Wenn sie aber dieses Geld einer Versicherungsgesellschaft übergab, um sich oder ihren Erben nach einem festgesetzten Modus eine Summe zu sichern, so hängt es wesentlich von der Basis ab, auf Grund deren die Einzahlung geleistet wird und die Auszahlung geleistet werden soll, ob diese Summe oder eine ihr auf der gegebenen Basis äquivalente wirklich zur Auszahlung gelangt oder nicht.

Bei einer Versicherung auf den Erlebensfall verfallen die Einzahlungen aller jener Personen der Gesellschaft, welche das festgesetzte Alter nicht erreichen; bei einer Versicherung auf den Ablebensfall hat die Gesellschaft eine den geleisteten Einzahlungen gleiche, kleinere oder gröfsere Summe an die Erben auszubezahlen, je nach dem Zeitpunkte, zu

IV. Kapitel.

welchem der Tod erfolgt. Die Basis, auf welcher alle Versicherungen eingegangen werden, ist die, daſs eine sehr groſse Anzahl von Personen der Versicherung beitritt, von diesen gewisse Einzahlungen geleistet werden, und die Gesellschaft an einzelne derselben nach Maſsgabe der Bestimmungen Auszahlungen leistet, so daſs die Summe der Einzahlungen gleich ist der Summe der Auszahlungen und der Regiekosten.

Versicherungen können in verschiedenen Formen eingegangen werden.

1) Durch Kapitalien, welche einmal eingezahlt werden, durch welche sich die betreffenden Versicherten ein Kapital zu einem späteren Zeitpunkte, nach einer Reihe von Jahren, sichern wollen, wenn sie diesen Zeitpunkt erleben; oder aber eine gewisse jährliche Rente, ebenfalls von einem späteren Zeitpunkte ab, wenn sie diesen Zeitpunkt erleben.

2) Durch jährliche Einzahlungen (Prämien), durch welche sich die Betreffenden die Auszahlung einer gröſseren Summe nach einer Reihe von Jahren, wenn sie den vereinbarten Zeitpunkt erleben, sichern wollen, oder aber wieder eine jährliche Rente, zahlbar von einem gewissen Zeitpunkte, wenn dieser erlebt wird.

3) Durch Einzahlung von Kapitalien oder Prämien, durch welche die Zahlenden sofort in dem Momente ihres Todes ihren Erben die Auszahlung einer gewissen Summe sichern wollen.

4) Gemischte Versicherungen, bei denen durch Einzahlung von Kapitalien oder Prämien die Auszahlung einer gewissen Summe für den Erlebensfall an den Versicherten selbst zu einer gewissen Zeit, wenn diese erlebt wird, oder für den Ablebensfall sofort nach dem Tode des Versicherten an die Erben gesichert werden soll.

5) Wechselseitige Versicherungen. Die Einzahlungen werden von zwei Ehegatten geleistet, so daſs die Anstalt die Auszahlung an den überlebenden Teil sofort nach dem Tode des anderen zu leisten hat; oder die Eltern zahlen eine Prämie für ihr Kind; die Einzahlungen hören mit dem Tode des Kindes auf, während mit dem Tode eines des Elternpaares das Kind eine gewisse Summe zu erhalten hat u. s. w.

Anwendungen auf das menschliche Leben. 215

Die mannigfachen Kombinationen, welche hieraus hervorgehen, geben zu einer ausgedehnten Reihe von Problemen Anlafs, von denen an dieser Stelle beispielsweise nur zwei angeführt werden sollen.

122. Welches Kapital (Mise) hat eine m-jährige Person einzuzahlen, damit sie vom Beginn ihres n^{ten} Lebensjahres an bis zu ihrem Tode eine Rente R beziehe?

Angenommen wird, dafs eine grofse Zahl von Personen beitritt; da die Verhältnisse der Lebenden und Verstorbenen für jede beliebe Anzahl von Personen gleich denjenigen der Sterblichkeitstafel angenommen werden mufs, so kann man geradezu annehmen, dafs die der Versicherung beitretenden durch die Zahlen der Sterblichkeitstafel gegeben werden.

Eingezahlt wird daher von A_m m-jährigen Personen; jede leistet die Einlage M; zusammen wird daher eingezahlt: $A_m \cdot M$.

Nach n Jahren sind von diesen noch A_{m+n} Personen am Leben; diese erhalten die Rente R ausbezahlt; nachdem aber die Basis der Versicherung eine jährliche Verzinsung aller laufenden Summen voraussetzt, so ist der Wert dieser Rente nicht vergleichbar mit demjenigen der Einzahlungen, da diese durch n Jahre auf Zinseszinsen angelegt waren. Die Rente mufs daher durch den entsprechenden Reduktionsfaktor auf die Zeit der Einzahlungen, ihren Barwert, reduziert werden.

Wesentlich ist dabei der Zinsfufs, welcher zu Grunde gelegt wird; sei derselbe π_0^0, so wird dieser Reduktionsfaktor $\left(1 + \dfrac{\pi}{100}\right)^{-1} = \dfrac{1}{p}$, und der Barwert einer nach r Jahren zu zahlenden Summe Σ ist:

$$\Sigma_0 = \frac{\Sigma}{\left(1 + \dfrac{\pi}{100}\right)^r} = \frac{\Sigma}{p^r}.$$

Es ist sonach der Barwert der nach n Jahren zu zahlenden Rente R: $\dfrac{R}{p^n}$; und da diese an A_{m+n} Personen zu bezahlen ist, so ist die Summe der Auszahlungen am Ende des n^{ten} Jahres:

$$A_{m+n}\,\frac{R}{p^n}.$$

216   IV. Kapitel.

Ebenso ist die Summe der Auszahlungen am Ende des $(n+1)^\text{ten}$, $(n+2)^\text{ten}$, … Jahres: $A_{m+n+1} \dfrac{R}{p^{n+1}}$, $A_{m+n+2} \dfrac{R}{p^{n+2}}$, …, und die Gleichheit der Einzahlungen und Auszahlungen erfordert, daſs

$$MA_m = \frac{R}{p^n} A_{m+n} + \frac{R}{p^{n+1}} A_{m+n+1} + \frac{R}{p^{n+2}} A^{m+n+2} + \ldots + C,$$

wobei C der auf diese Versicherungsgruppe entfallende Anteil der Regiekosten der Gesellschaft ist. Hieraus folgt:

$$M = \frac{R}{A_m p^n} \left[A_{m+n} + \frac{A_{m+n+1}}{p} + \frac{A_{m+n+2}}{p^2} + \ldots \right] + \frac{C}{A_m}.$$

123. Welche jährliche Prämie hat eine m-jährige Person zu leisten, damit sie entweder sich selbst nach n Jahren, wenn sie diesen Zeitpunkt erlebt, oder, falls letzteres nicht der Fall sein sollte, sofort bei ihrem Tode ihren Erben ein Kapital K sichert?

Einzahlungen:

A_m Personen zahlen jede am Anfange des ersten Jahres die Prämie P, daher zusammen $A_m P$.

A_{m+1} Personen zahlen jede am Anfange des zweiten Jahres dieselbe Prämie; daher betragen die eingezahlten Summen, reduziert auf den obigen Zeitpunkt: $A_{m+1} \dfrac{P}{p}$.

Die von den A_{m+2}, A_{m+3}, … A_{m+n-1} Personen am Anfange des dritten, vierten, … n^ten Jahres eingezahlten Prämien entsprechen den auf denselben Zeitpunkt reduzierten Summen:

$$A_{m+2} \frac{P}{p^2},\ A_{m+3} \frac{P}{p^3},\ \ldots A_{m+n-1} \frac{P}{p^{n-1}}.$$

Auszahlungen:

Die Erben von B_m Personen erhalten am Ende des ersten Jahres die Summe K; der Barwert dieser Auszahlungen (reduziert auf denselben Zeitpunkt) ist $B_m \cdot \dfrac{K}{p}$. Die Erben von B_{m+1}, B_{m+2}, … B_{m+n-1} Personen erhalten

Anwendungen auf das menschliche Leben.

am Ende des zweiten, dritten, ... n^{ten} Jahres die Summe K; die so ausbezahlten Summen sind ihrem Barwerte nach:

$$B_{m+1}\frac{K}{p^2},\ B_{m+2}\frac{K}{p^3},\ \ldots\ B_{m+n-1}\frac{K}{p^n}.$$

Ferner erhalten die A_{m+n} überlebenden Personen selbst die Summe K ausbezahlt; der Barwert dieser Auszahlungen ist:

$$A_{m+n}\frac{K}{p^n},$$

und es muſs

$$P\left[A_m + \frac{A_{m+1}}{p} + \frac{A_{m+2}}{p^2} + \ldots + \frac{A_{m+n-1}}{p^{n-1}}\right] =$$

$$= \frac{K}{p}\left[B_m + \frac{B_{m+1}}{p} + \frac{B_{m+2}}{p^2} + \ldots + \frac{B_{m+n-1}}{p^{n-1}} + \frac{A_{m+n}}{p^{n-1}}\right] + C$$

sein, woraus folgt:

$$P = \frac{\frac{K}{p}\left[B_m + \frac{B_{m+1}}{p} + \frac{B_{m+2}}{p^2} + \ldots + \frac{B_{m+n-1}}{p^{n-1}} + \frac{A_{m+n}}{p^{n-1}}\right] + C}{A_m + \frac{A_{m+1}}{p} + \frac{A_{m+2}}{p^2} + \ldots + \frac{A_{m+n-1}}{p^{n-1}}}.$$

124. Diese zwei Beispiele werden genügen, um den Gang der Rechnung zu veranschaulichen; die Durchführung in ihrem ganzen Umfange muſs dem Spezialwerke vorbehalten bleiben und kann auf dieses verwiesen werden.

Allein zwei Bemerkungen sind hier noch zu machen, welche von eingreifender Bedeutung für das ganze Versicherungswesen sind und welche in der Zukunft vielleicht mehr, als dieses bisher der Fall war, gewürdigt werden werden.

Es möge vorerst nur eine Versicherungsgesellschaft betrachtet werden. Diese eine Gesellschaft hat nun nicht spezielle Abteilungen für die Versicherung von Renten, für die Versicherung von Kapitalien, für einfache oder für gemischte Versicherungen u. s. w.; sie hat nur eine Abteilung, welche die sämtlichen Gelder, seien es Kapitalien oder Prämien, in Empfang nimmt, und welche die Auszahlungen, seien es Kapitalien oder Renten, ausbezahlt.

Die Rechnung wird daher anders angelegt werden müssen.

IV. Kapitel.

Eine gewisse Anzahl, sie sei a_m, m-jähriger, eine gewisse Anzahl a_{m+1} $(m+1)$-jähriger ... u. s. w. zahlen Kapitalien ein; eine gewisse Anzahl b_m m-jähriger, b_{m+1} $(m+1)$-jähriger ... u. s. w. verpflichten sich zu jährlichen Einzahlungen (Prämien); eine gewisse Anzahl c_n n-jähriger, c_{n+1} $(n+1)$-jähriger erhalten Kapitalien ausbezahlt, wieder andere lebenslängliche Renten u. s. w.; und die Summe der sämtlichen Einzahlungen und der sämtlichen Auszahlungen muſs gleich sein. Kann man hier für die Zahlen a_m ... die in den Sterblichkeitstafeln enthaltenen nehmen?

Wäre das Verhältnis derjenigen, welche Kapitalien einzahlen und welche Prämien einzahlen in den verschiedenen Altersstufen dasselbe, ebenso das Verhältnis derjenigen, welche Renten beziehen wollen, und welche sich oder ihren Erben Kapitalien versichern; ebenso das Verhältnis bei denjenigen, welche vermischte Versicherungen eingehen u. s. w., so könnten an Stelle der a_ϱ, b_ϱ, c_ϱ ... die Zahlen der Sterblichkeitstafel A_ϱ gewählt werden.

Die angenommene Voraussetzung trifft aber nicht zu und so wird der theoretisch erhaltene Ansatz dem praktisch erforderlichen Gleichgewicht des Haushalts der Gesellschaft nicht entsprechen. Man kann nun, um eine gröſsere Annäherung zu erzielen, zwei Wege einschlagen: Man kann die Erfahrung zu Rate ziehen und die Zahlen a_ϱ, b_ϱ, c_ϱ ... proportional den thatsächlich diese verschiedenen Arten der Versicherung eingehenden nehmen. Dieses ist aber ein sehr labiler Maſsstab und um das Unternehmen auf eine gesunde Basis zu stellen, wird man nebst dem noch zu einem zweiten Mittel seine Zuflucht nehmen müssen; dieses besteht in einem Zuschlage für die Reserve, bezw. Auszahlung von überschüssigen Gewinnantheilen.

Dieses ist noch aus einem anderen Grunde erforderlich. Es ist nämlich die Frage, ob die aus den Sterblichkeitstafeln entnommenen Zahlen A_m auch wirklich die Berechtigung haben, der Voraussetzung zu Grunde gelegt zu werden. Sterblichkeitstafeln sind ja, wie früher erwähnt, verschieden für verschiedene Stände, und gerade bei der Versicherung kommt dieser Umstand wesentlich in Betracht. Nicht alle Stände gehen Versicherungen ein und diejenigen Personen, welche es thun, entstammen fast ausschlieſslich einer gewissen Klasse von Ständen, während andere sich nur sporadisch beteiligen. Ja mitunter findet man sogar eine vollständige Trennung der Gesellschaftsklassen bei den Versicherungsgesellschaften.

Unterschiede in den Versicherungstabellen haben zum grofsen Teile ihren Grund in diesen verschiedenen Grundlagen der Rechnung. Man sieht aber sofort, dafs diese Tabellen einer Veränderlichkeit mit der Zeit unterliegen müssen, welcher unter allen Umständen Rechnung getragen werden sollte. Wird aber dieses Prinzip zugegeben, so kommt man in Konflikt mit dem ersten Fundamente des Versicherungswesens: die Versicherung hat sich nicht auf kurze Zeiträume zu erstrecken, sondern hat Dezennien ins Auge zu fassen: Auszahlungen und Einzahlungen sind ja durch Zwischenräume von mehreren Jahren von einander getrennt.

125. Betrachtet man nun aber mehrere Versicherungsgesellschaften, wozu der Übergang bereits im Vorigen gegeben ist, so hat man, mehr wie bei einer einzelnen an die wechselnde Beteiligung zu denken; die gröfsere Beteiligung bei einer Gesellschaft bringt für diese mehr Einnahmen, aber auch ein gröfseres Risiko, und manche Lebens- oder auch Feuerversicherungen auf sehr grofse Beträge bedingen für eine einzelne Gesellschaft oft ein aufserordentliches Wagnis. Dieses giebt Anlafs zur Entstehung von Kartellen, Vereinigung von Versicherungsgesellschaften, die sich gegenseitig bei eventuellen aufserordentlich hohen Beträgen der Auszahlungen garantieren. Ein solches, in Europa allgemein bekanntes Kartell bestand für die sogenannten Chicagoversicherungen gegen Unfälle auf der Seereise im Jahre 1893, wo nicht eine einzelne Versicherungsgesellschaft die Versicherung aufnahm, sondern alle Versicherungen durch eine Vereinigung von Versicherungsgesellschaften aufgenommen und garantiert wurden. Ein ähnlicher Vorgang besteht in Amerika bezüglich der Feuerversicherungen. Die allgemein verbreiteten Holzhäuschen sind entschieden einer sehr hohen Feuersgefahr ausgesetzt; eine einzelne Gesellschaft versichert daher nie eine grofse Anzahl von Häusern in derselben Strafse, sondern verschiedene Gesellschaften verteilen die Versicherungen unter sich.

Diese Kartelle geben den Übergang zu einer Unifizierung der Versicherungen in den Händen eines grofsen umfassenden Verwaltungszentrums, welches mit um so größerer Sicherheit und Leichtigkeit arbeiten könnte, je größer die Beteiligung von Seiten der Versicherten ist.

Soweit bisher betrachtet ist dies zum Schutze der Gesellschaften.

Die Versicherung hat aber noch eine andere Seite. In der eben erwähnten Vereinigung der Versicherung ist durchaus nicht die Vereinigung in privaten Händen zu verstehen. Die Versicherungsgesellschaften zahlen jetzt 25 bis 50 $\tfrac{0}{0}$ der ersten Prämie dem Agenten, der die Versicherung zu Stande bringt. Dies sind außerordentliche Beträge; bei der Versicherung eines 30jährigen Mannes für den Ab- und Erlebensfall mit der Einzahlung bis zum 60. Lebensjahre auf die Summe von 10000 Mark beträgt diese Agentengebühr ca. 150 Mark. Dieses zeigt zweierlei: 1) Daß die Regiekosten der Gesellschaft durch diese Zahlungen ganz erheblich und unnötig und zum Nachteile der Versicherten erhöht werden, und 2) daß diese Regiekosten noch durch einen zweiten Umstand höher berechnet werden, als nötig, indem nämlich durch diesen Vorgang die Gesellschaften sich klar und unzweideutig als Gesellschaften, welche auf persönlichen Gewinn ausgehen, dokumentieren. In der That kann man dieses bei privaten Gesellschaften nicht anders erwarten.

126. Ferner mag bei Gelegenheit der folgenden Aufgabe noch auf einen zweiten Übelstand aufmerksam gemacht werden.

Es soll die Aufgabe des § 123 nochmals vorgenommen werden; die Prämie P wird nach dem dort gegebenen Modus berechnet.

Nach l Jahren ($l < n$) kommt der betreffende Versicherte in Geldverlegenheit; er nimmt eine Anleihe auf: er belehnt seine Police und bezahlt dafür Zinsen; der Zinsfuß sei q; er nimmt eine Summe L auf und bezahlt $\dfrac{Lq}{100}$ Zinsen; dadurch wird von diesem Zeitpunkte ab die jährlich zu leistende Zahlung $P + \dfrac{Lq}{100}$ und die zur Auszahlung zu gelangende Summe $K - L$; dasselbe wiederholt sich im nächsten Jahre, und nach einer gewissen Zeit ist die Police verfallen.

Anwendungen auf das menschliche Leben.

Die Frage lautet, wie viel kann der Betreffende, nachdem er durch l Jahre Einzahlungen geleistet hat, erwarten, auf einmal zurückzubekommen; d. h. welchen Betrag erhält er bei Rückkauf der Police?

Werden die Zahlungen zu einem gewissen Zeitpunkte, nach l Jahren eingestellt, so kann, wenn $l = \dfrac{1}{\mu} n$ ist, die Police gegen eine andere, auf den Betrag $\dfrac{1}{\mu} K$ lautende, umgetauscht werden.

Kann dieses nicht geschehen, z. B. weil der Versicherte Geld braucht, so wird der Wert der Police als Barwert von $\dfrac{1}{\mu} K$ zur gegebenen Zeit berechnet.

Für das oben gegebene Beispiel eines 30 jährigen Mannes, der eine Summe von 10 000 Mark versichert, beträgt die jährliche Prämie ca. 300 Mark. Seine 30 jährigen Einzahlungen wären 9000 Mark, so daſs er noch 1000 Mark, bezw. seine Erben noch mehr als diesen Betrag über die Summe der Einzahlungen bekommen.

Nach 15 Jahren kommt er aber in Geldverlegenheit; wie viel ist nun seine Police wert?

Er hat 4500 Mark eingezahlt und jeder wird erwarten, daſs er, wenn auch nicht die Hälfte der 1000 Mark, also 500 Mark, so doch einen kleinen Überschuſs, vielleicht auch überhaupt keinen Überschuſs, vielleicht sogar etwas weniger, aber ungefähr 4000 Mark zurückerhalten dürfte.

Nach der Auffassung der Versicherungsgesellschaft steht nun aber die Rechnung so: Die Einzahlungen erstrecken sich über die Hälfte der Zeit, betragen also auch nur die Hälfte; die versicherte Summe ist daher durch diese Einzahlungen jetzt 5000 Mark, zahlbar nach 15 Jahren für den Erlebensfall; der Barwert (15 Jahre früher) mit 6% Verzinsung ist daher:

$$\frac{5000}{1{,}06^{15}} = 2086 \text{ Mark.}$$

Rechnung und Schluſs decken sich nicht; wo ist also der Fehler?

In dem Augenblicke des Rückkaufs der Police übersieht die Gesellschaft — absichtlich — die Thatsache, daſs für sie das Risiko der Auszahlung der ganzen Summe von 10000 Mark für den Fall des Todes des Versicherten entfällt, und daſs sie somit eine weit höhere Summe auszubezahlen hätte. Die Ausstellung einer Police auf den halben Betrag, und die Auszahlung des Barwertes dieses halben Betrages sind eben zwei ganz verschiedene Dinge, denn bei der Ausstellung der Police auf den halben Betrag besteht für die Versicherungsgesellschaft noch jederzeit das Risiko der sofortigen Auszahlung der ganzen Summe (im gegebenen Beispiele also 5000 Mark). Der eingeschlagene Vorgang ist demnach, gelinde gesagt, eine Übervorteilung der Versicherten, und zwar der bedürftigen Versicherten zu Gunsten der Gesellschaft. Da die Versicherungsgesellschaften diesen Modus nicht zu publizieren und auch den gesetzgebenden Körperschaften, welche die Statuten zu genehmigen haben, nicht vorzulegen für nötig finden, oder die Statuten, wenn vorgelegt nicht beanständet werden, so schien es nötig, doch an dieser Stelle darauf einzugehen.

127. Das Versicherungswesen umfaſst heutzutage nicht mehr bloſs Lebensversicherungen, sondern auch Versicherungen anderer Art. Der steigende Verkehr, der maschinelle Betrieb der Arbeit, bringt eine gewisse Zahl von Unfällen mit sich, gegen welche eine **Unfallversicherung** angezeigt ist; die steigende Bevölkerungszahl einerseits und die Kumulierung der Gelder in den Händen einzelner bringt eine Steigerung der Verarmung mit sich, welche im Falle von akuten Erkrankungen oder bleibender Invalidität zur drückenden Notlage wird. Eine obligatorische **Altersversorgung**, ebenso eine **Kranken- und Invaliditätsversicherung** würde gegen diese ein wirksames Mittel sein. Auch eine obligatorische **Elementarschädenversicherung** gehört hierher, indem die durch Elementarereignisse herbeigeführten Schäden heutzutage weit drückender empfunden werden, als früher, und die sogenannte öffentliche Wohlthätigkeit nur ein notdürftiger Ersatz für die Pflicht der Aushilfe oder besser gesagt, für die gegenseitige Versicherung ist. Endlich gebietet die Erhaltung und Erziehung frühzeitig verwaister Kinder, welche von ihren Eltern keinerlei Geldmittel geerbt haben, eine durchgreifende **Waisenversorgung**.

Jeder einzelne dieser Zweige der Versicherung kann auf Grundlage von statistischen Tabellen und daraus abgeleiteten mathematischen Wahrscheinlichkeiten in mathematischer Weise gelöst werden. In der That bieten die Unfall- und Krankenkassen für die dabei Beteiligten eine wirksame Unterstützung. Auch Feuerversicherungen, Elementarschäden-Versicherungen sind bereits in ausgedehnter Weise errichtet, allerdings, wie die Lebensversicherungen, auf der Basis und zum Zwecke des Gewinnes für die Privatgesellschaften.

Man sieht aber daraus, dafs die mathematischen Hilfsmittel schon jetzt wenigstens teilweise hinreichen, um jede Art von Versicherungen auf eine wissenschaftliche Basis zu stellen, und damit der Realisierung zuzuführen.

Die Frage ist nun die folgende: Können alle diese Versicherungen vereinigt, und den Händen von interessierten Privatgruppen entzogen werden?

128. Unter der Annahme von richtig durchgeführten Volkszählungen soll die Basis für eine allgemeine obligatorische Versicherung gegen materiellen Schaden gegeben werden.

Wie man sieht, sind hierbei die verschiedenen oben genannten Zweige der Versicherung nicht getrennt, und in der That, bei einer allgemeinen, obligatorischen Versicherung gegen einen wie immer herbeigeführten materiellen Schaden fallen diese Unterscheidungen von selbst weg.

a) **Jährlicher Bedarf:**

Es sei ermittelt, dafs die Zahl der temporär Hilfsbedürftigen im Alter von 0, 1, 2, 3, ... n Jahren bezw. h_0, h_1, h_2, ... h_n sei, und die Zahl der bleibend Hilfsbedürftigen H_0, H_1, H_2, ... H_n.

Die Reihe der h umfafst:

1. Unter Kindern alle jene, welche durch den frühzeitigen Tod ihrer Eltern verwaist sind; diese sind als hilfsbedürftig anzusehen, bis sie selbst durch Arbeit ihr Leben erhalten können. Nimmt man hierfür ein Normalalter i, so erstreckt sich die Hilfsbedürftigkeit bis zu diesem Alter. In der Auffassung des jährlichen Bedarfes jedoch hat man die Dauer der Hilfsbedürftigkeit als ein Jahr oder, falls sie

das Ende desselben nicht erleben, die Zeit bis zu ihrem Tode anzusehen. Die aus dem Alter i in das Alter $i+1$ übertretenden brauchen nicht berüchsichtigt zu werden, da sie bereits in der Zahl h_{i+1} des nächsten Jahres enthalten sind.*) Berücksichtigt man die Absterbeordung der Kinder nach den Sterblichkeitstafeln, so hat man als Zahl der Hilfsbedürftigen im ersten Lebensjahre

$$\frac{1}{2}\frac{A_0+A_1}{A_0}h_0;$$

ebenso für die Zahl der Kinder aus dem zweiten, dritten, ... n_{ten} Lebensjahre

$$\frac{1}{2}\frac{A_1+A_2}{A_1}h_1,\quad \frac{1}{2}\frac{A_2+A_3}{A_2}h_2 \ldots \frac{1}{2}\frac{A_{i-1}+A_i}{A_{i-1}}h_{i-1}.$$

2. Für erwachsene Kranke, die Zeit ihrer Krankheit. Hierüber etwas bestimmtes auszusagen, ist nicht leicht; immerhin kann man als Mittel $\frac{1}{10}$ des Jahres ansehen; diese Zahl wird meist ausreichen (bis genauere statistische Angaben eine gröfsere Genauigkeit gestatten) für Maschinenunfälle, Knochenbrüche, akute Krankheiten, bei Frauen die Zeit ihrer Entbindung u. s. w.

3. Für erwachsene Gesunde, die ohne ihr Verschulden arbeitslos geworden sind; hier ist es noch schwerer, gegenwärtig eine Zeitdauer zu fixieren. Der Einfachheit wegen soll hier angenommen werden, dafs diese Zeit ebenfalls $\frac{1}{10}$ des Jahres betrage.

Die Zahlen in 2) und 3) beziehen sich nur auf diejenigen Erwachsenen, welche unterhalb eines zweiten Normalalters J (z. B. 60 Jahre) stehen, über welches hinaus eine Altersversorgung an Stelle der temporären Versorgung tritt. In der That wird man für die Zeiten der Krankheiten, der Arbeitslosigkeit verschiedene Mittelwerte auch nach dem Alter nehmen müssen; allein dieses ist eine Frage, die im Laufe der Zeit durch Statistiken gelöst werden kann, und

---

*) Hinsichtlich des Unterschiedes der auf gleichzeitig Lebende und gleichzeitig Geborene bezüglichen Zahlen vgl. das in § 101 Gesagte.

keine Schwierigkeit gegen die allgemeine Lösung der Frage bieten kann.

4. Elementarereignisse: Hochwasser, Feuer, Hagelschlag u. s. w. bedingen ebenfalls teilweise Unterstützungsbedürftigkeit, welche ihrem Charakter nach in dieselbe Gruppe eingereiht werden kann, wenn sie auch bei ausgedehnteren Untersuchungen darüber, wie sie der wirklichen Durchführung zu Grunde gelegt werden müssen, besonders zu klassifizieren ist.

Die Gruppe der H umfaßt:

1. Erwachsene zwischen dem Alter i und J, welche durch schwere Krankheiten verschiedener Art als bleibend hilfsbedürftig (invalide) anzusehen sind. (H_0, H_1 ... H_{i-1} sind daher null.) Die Zeit ihrer Hilfsbedürftigkeit ist für dieselben ein Jahr*) oder, falls sie das Ende desselben nicht erleben, bis zu ihrem Tode. Berücksichtigt man die Absterbeordnung, so hat man als Zahl der Hilfsbedürftigen in den erwähnten Jahren anzusehen:

$$\frac{1}{2}\frac{A_i + A_{i+1}}{A_i} H_i; \quad \frac{1}{2}\frac{A_{i+1} + A_{i+2}}{A_{i+1}} H_{i+1} \ldots$$

$$\frac{1}{2}\frac{A_{J-1} + A_J}{A_{J-1}} H_{J-1}.$$

2. Erwachsene über dem Alter J, welche ihres Alters wegen entweder arbeitsuntüchtig sind oder aber jüngeren Kräften Platz zu machen haben (Altersversorgung); die Zeit der Hilfsbedürftigkeit ist ein Jahr, oder für früher Verstorbene bis zu ihrem Tode; sie ist daher

$$H_J = \frac{1}{2}(A_J + A_{J+1}), \quad H_{J+1} = \frac{1}{2}(A_{J+1} + A_{J+2}) \ldots$$

Nimmt man den pro Person und Jahr nötigen Unterstützungsbeitrag gleich k_0, k_1, k_2 ... k_n für 0, 1, 2 ... n-jährige Personen, so wird der jährliche Bedarf an Hilfsgeldern:

---

*) Hinsichtlich des Unterschiedes der auf gleichzeitig Lebende und gleichzeitig Geborene bezüglichen Zahlen vgl. das in § 101 Gesagte.

$$\begin{cases} \dfrac{1}{2}\dfrac{A_0+A_1}{A_0}h_0 k_0 + \dfrac{1}{2}\dfrac{A_1+A_2}{A_1}h_1 k_1 + \cdots + \\ \qquad + \dfrac{1}{2}\dfrac{A_{i-1}+A_i}{A_{i-1}}h_{i-1}k_{i-1} \\ + \dfrac{1}{10}[h_i k_i + h_{i+1}k_{i+1} + \cdots + h_{J-1}k_{J-1}] \\ + \dfrac{1}{2}\dfrac{A_i+A_{i+1}}{A_i}H_i k_i + \dfrac{1}{2}\dfrac{A_{i+1}+A_{i+2}}{A_{i+1}}H_{i+1}k_{i+1} + \cdots + \\ \qquad + \dfrac{1}{2}\dfrac{A_{J-1}+A_J}{A_{J-1}}H_{J-1}k_{J-1} \\ + \dfrac{1}{2}(A_J+A_{J+1})k_J + \dfrac{1}{2}(A_{J+1}+A_{J+2})k_{J+1} + \cdots \end{cases}$$

Die Vereinfachung liegt daher darin, dafs man infolge dieser Art der Anlegung und Verwertung der statistischen Tabellen für die Bestimmung des jährlichen Bedarfs von der Dauer der Nutzniefsung unabhängig wird.

Allerdings ist hierzu noch zweierlei zu erwähnen:

1. Wächst die Zahl der Bevölkerung und damit die Zahl der Hilfsbedürftigen; wäre diese letztere aber proportional der Gesamtbevölkerung, so brauchte hierauf nicht Rücksicht genommen zu werden (da auch die Einnahmen proportional wachsen würden). 2. aber wächst der Pauperismus und die Arbeitsunfähigkeit rasch. Ob sich für diese ein Proportionalitätsfaktor ermitteln läfst, oder ob der Zuwachs stärker als in geometrischer Progression wächst, kann hier natürlich nicht entschieden werden.

129. b) Deckung.

Die Frage nach der Deckung des Bedarfes ist schwieriger zu lösen. Doch liegt die Schwierigkeit nicht auf der mathematischen Seite der Frage.

Man könnte annehmen, dafs jeder Erwerbstüchtige und Erwerbende einen Beitrag zu leisten habe; hierin liegt eine Vereinfachung gegenüber dem Modus der Lebensversicherung darin, dafs dieser Beitrag nicht nach Mafsgabe der Absterbeordnung und nicht nach Mafsgabe einer versicherten Summe zu leisten wäre, hingegen eine Schwierigkeit darin, dafs dieser

Beitrag abhängig sein müfste von der Höhe des Erwerbes, überdies aber auch von dem jeweiligen eigenen Bedarfe (arme, kinderreiche Familien könnten nicht so viel beitragen als wohlhabende oder kinderlose). Allein diese Schwierigkeit wird aus der Welt geschafft, wenn man dieselbe auf die volkswirtschaftliche Seite überwälzt. Setzt man fest, dafs jeder, dessen Einkommen ein Minimum von E Mark per Kopf (die Einnahmen aller Mitglieder einer Familie zusammen gerechnet, und durch die Zahl der Mitglieder dividiert, wodurch auch die Zahl der Kinder in einfachster Weise berücksichtigt wird) nicht erreicht, keine Abgaben zu leisten habe und die Abgaben proportional oder noch besser in steigender Progression mit den Einkünften zu leisten sind, so hat man es nicht mehr mit einer Prämie im jetzt gebräuchlichen Sinne des Versicherungswesens zu thun, sondern mit einer Steuer, und zwar mit einer Steuer, die wesentlich den Armen zu gute kommt.

Sollte diese Lösung der Frage befremdlich oder undurchführbar erscheinen, so mag daran erinnert werden, dafs die Deckung der Kosten des öffentlichen Volksschulunterrichtes seit langer Zeit nach demselben Modus stattfindet, und die Lasten derselben viel weniger empfunden werden, weil sie eben die Wohlhabenden trifft, und dafs ein allgemeiner obligatorischer Schulbesuch, eine Schulpflicht, erst durch Einführung dieses Modus der Deckung der Kosten ermöglicht wurde.

130. Wie erwähnt, die Schwierigkeit liegt auf der volkswirtschaftlichen Seite der Frage. Der berühmte Rechtslehrer Rudolf v. Ihering bemerkt in seinem Werke „Zweck im Recht" (I. Band, Seite 533): „Man müfste zu der Geschicklichkeit unserer Finanzkünstler ein sehr geringes Vertrauen haben, wenn es ihnen nicht gelingen sollte, in Form der gesteigerten Einkommen-, Erbschafts-, Luxus- und anderer Steuern auf das Privateigentum einen Druck auszuüben, welcher dem Übermafs seiner Anhäufung auf einzelne Punkte[*]) vorbeugt, und indem es den Überschufs in die

---

[*]) „In der Schlinge der Geldaristokratie sich zu verstricken, das ist allgemein die Gefahr, welche das Zeitalter läuft bei seinen Bestrebungen nach Freiheit", schrieb Herbart in seinem „Lehrbuch der Psychologie" (Werke, Ed. Kehrbach, 4. Band, Seite 420). Seither hat sich manches geändert, aber keineswegs zum besseren.

Staatskasse abführt, damit die Möglichkeit gewährt, den Druck auf andere Teile des gesellschaftlichen Körpers zu verringern, und eine, den Interessen der Gesellschaft mehr entsprechende, d. i. richtigere Verteilung der Güter dieser Welt herbeizuführen, als sie unter dem Einflusse einer Eigentumstheorie bewirkt worden ist, und werden mußte, welche, wenn man sie beim rechten Namen benennen will, die unersättliche Gefräßigkeit des Egoismus ist. Der Name, den sie selber sich beilegt, ist „Heiligkeit des Eigentums", und gerade diejenigen, denen im übrigen nichts heilig ist, der elende Egoist, dessen Leben keinen Akt der Selbstverleugnung aufzuweisen hat, der krasse Materialist, der nur achtet, was er mit Händen greifen kann, der Pessimist, der im Gefühl des eigenen Nichts sein Nichts auf die Welt überträgt, — über die Heiligkeit des Eigentums sind sie alle einverstanden, für das Eigentum rufen sie eine Idee an, die sie sonst nicht kennen, die sie verspotten und thatsächlich mit Füßen treten. Aber der Egoismus hat es von jeher verstanden, Gott und die Heiligen mit seinen Zwecken in Verbindung zu setzen. Als das Strandrecht noch bestand, lautete ein Passus des Kirchengebetes: Gott segne unseren Strand, und der italienische Räuber betet eine Ave Maria, bevor er auf den Raub ausgeht."

Hierzu wäre nur zweierlei zu bemerken: erstens, daß richtige Reformen viel weniger von der Geschicklichkeit, als von dem guten Willen unserer Finanzkünstler abhängig zu sein scheinen, und zweitens, daß Ihering den Räubern, d. h. denjenigen, die man als Räuber zu bezeichnen pflegt, Unrecht thut; andere, die man nicht als Räuber bezeichnet, beten ebenfalls, beten, ehe sie auf Raub ausgehen, wenn es auch allerdings meist nicht ein Ave Maria ist, das sie beten.

Beispielweise möge die folgende Formel vorgeschlagen werden: Einkommen V und Steuer E mögen in der folgenden Weise von einer unabhängigen Variabeln φ abhängen:

$$V = A \frac{\varphi - a \sin \varphi}{\pi}$$

$$E = p \sin \frac{1}{2} \varphi .$$

Hierin sind noch drei willkürliche Konstante, A, a, p. Wählt man

$$A = \frac{\pi}{3} 10\,000\,000$$
$$a = 0{,}5$$
$$p = 30,$$

so findet man die folgende Tafel (auszugsweise aus einer größeren):

Einkommen		Steuer
100 000	Mark	0,90 %
500 000	,,	4,44 %
1 000 000	,,	8,39 %
2 000 000	,,	14,72 %
5 000 000	,,	24,94 %
10 000 000	,,	29,96 %.

Dieselbe Beziehung kann zwischen Vermögen und Erbsteuer angenommen werden, worauf jedoch an dieser Stelle ebenfalls nicht eingegangen werden kann.

V. Kapitel.
Über die Wahrscheinlichkeit der Zeugenaussagen, Urteilssprüche und Ahnungen.

131. Unter der Wahrscheinlichkeit einer Zeugenaussage (ebenso eines Urteilsspruches, einer Ahnung) kann im Sinne der Wahrscheinlichkeitsrechnung nicht die aus dem Willen und dem Intellekt gefolgerte Richtigkeit oder Unrichtigkeit des Schlusses verstanden werden; umgekehrt wird man unter gewissen Annahmen über den Willen und den Intellekt zu einem Resultate für die Wahrscheinlichkeit der Zeugenaussage geführt, und man wird diejenige Annahme über diese psychischen Funktionen als die wahrscheinlicheren anzusehen haben, für welche die gefolgerte Wahrscheinlichkeit a posteriori den gröfseren Wert erreicht. Man darf nicht erwarten, auf diesem Wege Lösungen für schwierige Probleme zu erhalten, für welche der Schlufs ohne die Rechnung etwa zu unsicher wäre. Was hierbei gewonnen wird, sind nur analytische Ausdrücke von an sich klarer, unzweifelhafter Bedeutung für Thatsachen, welche in weniger bestimmter Ausdrucksweise in den Schlüssen gegeben werden: es ist die Logik ausgedrückt in Zahlen.

Sei p die Wahrscheinlichkeit, dafs ein Zeuge nicht betrügt, daher

$1 - p$ die Wahrscheinlichkeit, dafs er betrügt,

q die Wahrscheinlichkeit, dafs der Zeuge nicht irrt,

$1 - q$ die Wahrscheinlichkeit, dafs er irrt.

p und $1 - p$ beziehen sich daher auf die wissentliche (vom Willen abhängige) Wahrheit oder Unwahrheit der Aussage; q und $1 - q$ auf die vom Intellekt abhängige, unabsichtliche.

In allen Fällen, in denen es sich um Zeugenaussagen handelt, können nun die folgenden 4 Möglichkeiten auftreten:

1) Der Zeuge betrügt nicht und irrt nicht; die Wahrscheinlichkeit hierfür ist pq.

2) Der Zeuge betrügt nicht, aber irrt; die Wahrscheinlichkeit hierfür ist $p(1-q)$.

3) Der Zeuge betrügt, aber irrt dabei nicht; die Wahrscheinlichkeit ist hier $(1-p)q$.

4) Der Zeuge betrügt, befindet sich aber dabei im Irrtum; diese Wahrscheinlichkeit ist $(1-p)(1-q)$.

Seien die Wahrscheinlichkeiten für das Eintreffen des Ereignisses E unter diesen 4 Voraussetzungen w_1, w_2, w_3, w_4, so sind die Wahrscheinlichkeiten für die Zeugenaussage in diesen Fällen:

$$W_1 = w_1 pq; \quad W_2 = w_2 p(1-q); \quad W_3 = w_3(1-p)q;$$
$$W_4 = w_4(1-p)(1-q),$$

und die Wahrscheinlichkeit der Zeugenaussage wird gefunden, indem man die Summe der der Wahrheit der Zeugenaussage günstigen Annahmen durch die Summe der aus allen Annahmen gefolgerten Wahrscheinlichkeiten dividiert.

132. Unter n verschiedenen Ereignissen sei eines eingetroffen, unbekannt welches; ein Zeuge sagt aus, es sei das Ereignis E gewesen; wie grofs ist die Wahrscheinlichkeit, dafs dieses wahr sei?

1. Annahme. Für diese mufs das Ereignis E wirklich eingetroffen sein; es ist also:

$$w_1 = \frac{1}{n}; \quad W_1 = \frac{pq}{n}.$$

Diese Annahme ist der Wahrheit der Zeugenaussage günstig.

2. Annahme. Da der Zeuge irrt, er aber aussagt, dafs E eingetroffen ist, so kann dieses nicht der Fall gewesen sein; die Wahrscheinlichkeit für das Nichteintreffen von E ist aber $\frac{n-1}{n}$; unter den $n-1$ nicht eingetroffenen Ereignissen wählt er gerade E; hierfür ist die Wahrscheinlichkeit $\frac{1}{n-1}$; daher ist:

$$w_2 = \frac{n-1}{n} \cdot \frac{1}{n-1} = \frac{1}{n}; \quad W_2 = \frac{p(1-q)}{n}.$$

V. Kapitel.

Diese Annahme ist der Wahrheit der Zeugenaussage nicht günstig.

3. Annahme. Da der Zeuge betrügt, so ist das Ereignis E wieder nicht eingetroffen; die Wahrscheinlichkeit hierfür ist $\frac{n-1}{n}$; da er aber unter den (für ihn) nicht eingetroffenen Ereignissen E wählt, wofür die Wahrscheinlichkeit $\frac{1}{n-1}$ ist, so ist:

$$w_3 = \frac{n-1}{n} \cdot \frac{1}{n-1} = \frac{1}{n}; \quad W_3 = \frac{(1-p)\,q}{n}.$$

Diese Annahme ist der Wahrheit der Zeugenaussage ebenfalls nicht günstig.

4. Annahme. Da der Zeuge betrügt und irrt, so kann E wirklich eingetroffen sein oder auch nicht, wofür die Wahrscheinlichkeiten bezw. $\frac{1}{n}$ und $\frac{n-1}{n}$ sind; in beiden Fällen irrt der Zeuge und glaubt, E befinde sich unter den $(n-1)$ nicht eingetroffenen Ereignissen, von denen er mit der Wahrscheinlichkeit $\frac{1}{n-1}$ irgend eines wählt; die beiden Teile dieser Wahrscheinlichkeit sind daher:

$$\frac{1}{n(n-1)} \text{ bezw. } \frac{n-1}{n(n-1)} = \frac{1}{n},$$

und daher

$$w_4 = \frac{1}{n(n-1)} + \frac{1}{n} = \frac{1}{n-1}; \quad W_4 = \frac{(1-p)(1-q)}{n-1}.$$

Die beiden Teile dieser Annahme müssen jedoch getrennt werden; der erste Teil, für welchen E wirklich eingetroffen ist, ist nämlich der Wahrheit der Zeugenaussage günstig, der zweite Teil, wobei E nicht eingetroffen ist, ungünstig; man hat daher:

$$W'_4 = \frac{(1-p)(1-q)}{n(n-1)}$$

der Wahrheit der Zeugenaussage günstig,

$$W''_4 = \frac{(1-p)(1-q)}{n}$$

der Wahrheit der Zeugenaussage nicht günstig.

Die Wahrscheinlichkeit der Zeugenaussage ist daher:

$$W = \frac{W_1 + W_4'}{W_1 + W_2 + W_3 + W_4}$$

oder

$$W = \frac{\dfrac{pq}{n} + \dfrac{(1-p)(1-q)}{n(n-1)}}{\dfrac{pq}{n} + \dfrac{p(1-q)}{n} + \dfrac{(1-p)q}{n} + \dfrac{(1-p)(1-q)}{n(n-1)} + \dfrac{(1-p)(1-q)}{n}}$$

$$= \frac{pq + \dfrac{(1-p)(1-q)}{n-1}}{1 + \dfrac{(1-p)(1-q)}{n-1}}.$$

Je näher p und q der Einheit sind und je gröfser n ist, desto näher wird $W = pq$. Wenn der Zeuge niemals lügt, so ist $p = 1$ und $W = q$.

133. Sind die $n-1$ übrigen Ereignisse einander gleich, d. h. ist das Ereignis E ein besonderes unter sonst gleichen, ein aufsergewöhnliches, so wird das Resultat etwas geändert. Es sind wieder die 4 verschiedenen Annahmen zu untersuchen.

1. Annahme. Das Ereignis E ist wirklich eingetroffen; es ist:

$$w_1 = \frac{1}{n}; \quad W_1 = \frac{pq}{n}.$$

Diese Annahme ist wieder der Wahrheit der Zeugenaussage günstig.

2. Annahme. Das Ereignis E ist nicht eingetroffen; die Wahrscheinlichkeit hierfür ist $\dfrac{n-1}{n}$; da aber eine Wahl zwischen den $n-1$ anderen Ereignissen nicht stattfinden kann, da alle gleich sind, so ist:

$$w_2 = \frac{n-1}{n}; \quad W_2 = \frac{(n-1)p(1-q)}{n}.$$

Diese Annahme ist der Wahrheit der Zeugenaussage ungünstig.

3. Annahme. Das Ereignis E ist nicht eingetroffen; die Wahrscheinlichkeit ist wieder $\dfrac{n-1}{n}$; es ist daher:

V. Kapitel.

$$W_3 = \frac{(n-1)\,q\,(1-p)}{n},$$

ebenfalls der Wahrheit der Aussage ungünstig.

4. Annahme. Hier ist nur die Möglichkeit, daſs E eingetroffen ist, da eine Wahl zwischen den anderen Ereignissen ausgeschlossen ist; es ist:

$$w_4 = \frac{1}{n}; \quad W_4 = \frac{(1-p)(1-q)}{n}.$$

Diese Annahme ist der Wahrheit der Aussage günstig.

Es ist daher:

$$W = \frac{W_1 + W_4}{W_1 + W_2 + W_3 + W_4},$$

demnach:

$$W = \frac{\frac{pq}{n} + \frac{(1-p)(1-q)}{n}}{\frac{pq}{n} + \frac{(1-p)(1-q)}{n} + \frac{(n-1)p(1-q)}{n} + \frac{(n-1)q(1-p)}{n}}$$

$$= \frac{1}{1 + \frac{(n-1)[p(1-q) + q(1-p)]}{pq + (1-p)(1-q)}}.$$

Setzt man

$$pq + (1-p)(1-q) = \pi,$$

so wird

$$p(1-q) + q(1-p) = 1 - \pi,$$

folglich:

$$W = \frac{\pi}{\pi + (n-1)(1-\pi)}.$$

π ist die Wahrscheinlichkeit, daſs der Zeuge eine wahre Thatsache aussagt, indem er entweder nicht irrt und nicht betrügt oder irrt und betrügt.

W ist um so kleiner, je gröſser n ist, und nur wenn π sehr nahe 1 ist, wird der Einfluſs von n geringer.

134. Zwei Zeugen sagen aus, daſs unter n verschiedenen, gleich wahrscheinlichen Ereignissen ein gewisses, E, eingetroffen ist; wie groſs ist die Wahrscheinlichkeit hierfür?

Die auf den zweiten Zeugen bezüglichen Gröfsen sollen durch einen Strich unterschieden werden.
Es sind acht verschiedene Annahmen möglich.

1) Der erste Zeuge sagt die Wahrheit und irrt nicht; lügt der zweite auch nicht, so kann er ebenfalls nicht irren, denn das Ereignis ist wirklich eingetroffen; die bezüglichen Wahrscheinlichkeiten sind:

$$p, q, p', q'; \quad w_1 = \frac{1}{n}; \quad W_1 = \frac{p q p' q'}{n}.$$

Diese Wahrscheinlichkeit ist der Wahrheit der Zeugenaussage günstig.

2) Der erste Zeuge lügt nicht und irrt nicht; sagt der zweite nicht die Wahrheit, so mufs er irren, denn das Ereignis ist wirklich eingetroffen; die Wahrscheinlichkeiten sind:

$$p, q, 1-p', 1-q';$$

ferner die Wahrscheinlichkeit, dafs das Ereignis eingetroffen ist, $\frac{1}{n}$, und die Wahrscheinlichkeit, dafs der zweite Zeuge, während er irrt und E unter den nicht eingetroffenen Ereignissen hält, bei der Aussage gerade auf E verfällt, $\frac{1}{n-1}$, daher:

$$w_2 = \frac{1}{n(n-1)}; \quad W_2 = \frac{pq(1-p')(1-q')}{n(n-1)}.$$

Diese Annahme ist der Wahrheit der Zeugenaussage ebenfalls günstig.

3. Annahme. Der erste Zeuge sagt die Wahrheit, irrt aber; sagt der zweite Zeuge die Wahrheit, so kann er auch nicht irren, denn das Ereignis ist nicht eingetroffen; die Wahrscheinlichkeiten sind:

$$p, 1-q, p', 1-q';$$

die Wahrscheinlichkeit für das Nichteintreffen des Ereignisses ist $\frac{n-1}{n}$ und die Wahrscheinlichkeit, dafs die beiden Zeugen, indem sie irren, gerade auf das Ereignis E verfallen, $\frac{1}{(n-1)^2}$, daher:

$$W_3 = \frac{p(1-q)p'(1-q')}{n(n-1)}.$$

V. Kapitel.

Durch dieselbe Schlußweise gelangt man für die folgenden Fälle zu den Resultaten:

4) Der erste Zeuge sagt die Wahrheit und irrt; sagt der zweite Zeuge die Wahrheit, so muß er irren, die Wahrscheinlichkeiten sind:

$$p, 1-q, 1-p', q', \frac{n-1}{n}, \frac{1}{(n-1)^2}; \quad W_4 = \frac{p(1-q)(1-p')q'}{n(n-1)}.$$

5) Der erste Zeuge lügt und irrt nicht; lügt der zweite ebenfalls, so muß er auch irren; die Wahrscheinlichkeiten sind:

$$1-p, q, 1-p', q', \frac{n-1}{n}, \frac{1}{(n-1)^2}; \quad W_5 = \frac{(1-p)q(1-p')q'}{n(n-1)}.$$

6) Der erste Zeuge lügt und irrt nicht; sagt der zweite Zeuge die Wahrheit, so muß er irren, denn das Ereignis ist nicht eingetroffen; die Wahrscheinlichkeiten sind:

$$1-p, q, p', 1-q', \frac{n-1}{n}, \frac{1}{(n-1)^2}; \quad W_6 = \frac{(1-p)qp'(1-q')}{n(n-1)}.$$

In den Fällen 3, 4, 5, 6 ist die Zeugenaussage unwahr; diese Fälle sind der Wahrscheinlichkeit der Zeugenaussage entgegen.

7) Der erste Zeuge irrt und lügt; dann kann der zweite Zeuge, wenn er die Wahrheit sagt, nicht irren, denn das Ereignis ist wirklich eingetroffen; die Wahrscheinlichkeiten sind:

$$1-p, 1-q, p', q', \frac{1}{n}, \frac{1}{n-1}; \quad W_7 = \frac{(1-p)(1-q)p'q'}{n(n-1)}.$$

Dieser Fall ist der Wahrheit der Zeugenaussage günstig.

8) Der erste Zeuge lügt und irrt; wenn der zweite Zeuge auch lügt, so irrt er auch, denn das Ereignis ist eingetroffen; die Wahrscheinlichkeiten sind:

$$1-p, 1-q, 1-p', 1-q', \frac{1}{n}, \frac{1}{(n-1)^2};$$

$$W_8 = \frac{(1-p)(1-q)(1-p')(1-q')}{n(n-1)^2}.$$

Dieser Fall ist der Wahrheit der Zeugenaussage günstig.

Es ist daher:
$$W = \frac{W_1 + W_2 + W_7 + W_8}{W_1 + W_2 + W_3 + W_4 + W_5 + W_6 + W_7 + W_8}.$$

Setzt man
$$pqp'q' = a$$
$$pq(1-p')(1-q') + (1-p)(1-q)p'q' = b$$
$$p(1-q)p'(1-q') + p(1-q)(1-p')q' +$$
$$+ (1-p)q(1-p')q' +$$
$$+ (1-p)qp'(1-q') = c$$
$$(1-p)(1-q)(1-p')(1-q') = d$$

so wird:
$$W = \frac{a + \dfrac{b}{n-1} + \dfrac{d}{(n-1)^2}}{a + \dfrac{b+c}{n-1} + \dfrac{d}{(n-1)^2}}.$$

Wenn beide Zeugen stets die Wahrheit sagen, so ist $p = p' = 1$ und es wird, nur abhängig von dem Irrtum:

$$a = qq'; \quad b = 0; \quad c = (1-q)(1-q'); \quad d = 0;$$
$$W = \frac{1}{1 + \dfrac{(1-q)(1-q')}{(n-1)qq'}}.$$

Wenn beide Zeugen nicht irren, so wird $q = q'$, und es wird, nur abhängig von der Wahrhaftigkeit der Zeugen:

$$W = \frac{1}{1 + \dfrac{(1-p)(1-p')}{(n-1)pp'}}.$$

Der zweite Ausdruck geht aus dem ersteren hervor, wenn q durch p ersetzt wird. Ist $n = 2$, und haben beide Ereignisse die gleiche Wahrscheinlichkeit $\frac{1}{2}$, so daſs die Wahrscheinlichkeit für das Eintreffen oder Nichteintreffen des Ereignisses E die gleiche ist, so wird für den ersten Fall:

$$W = \cfrac{1}{1 + \cfrac{(1-q)(1-q')}{qq'}}.$$

Sind die beiden Zeugen im gleichen Grade dem Irrtum unterworfen, so wird $q = q'$ und

$$W = \cfrac{1}{1 + \cfrac{(1-q)^2}{q^2}}.$$

135. Das Eintreffen und Nichteintreffen eines Ereignisses E sei gleich wahrscheinlich; von $m + n$ Zeugen sagen m das Eintreffen von E, die n übrigen das Nichteintreffen von E; wie grofs ist die Wahrscheinlichkeit des Eintreffens von E nach der Aussage der Zeugen?

Die Zeugenaussagen können nur in zwei Kombinationen auftreten:

1. Die m ersten Zeugen sagen die Wahrheit, die n anderen lügen; das Ereignis E ist also eingetroffen; die entsprechende Wahrscheinlichkeit ist:

$$W_1 = \frac{1}{2} p^m (1-p')^n.$$

2. Die m ersten Zeugen lügen, die n anderen sagen die Wahrheit; das Ereignis E ist nicht eingetroffen; die entsprechende Wahrscheinlichkeit ist:

$$W_2 = \frac{1}{2} (1-p)^m p'^n.$$

Der Wahrheit der Zeugenaussage für das Eintreffen von E ist nur die erste Annahme günstig; es ist daher:

$$W = \frac{W_1}{W_1 + W_2} = \frac{p^m(1-p')^n}{p^m(1-p')^n + (1-p)^m p'^n}.$$

Ist die Glaubwürdigkeit aller Zeugen dieselbe, so ist $p = p'$, und es wird:

$$W = \frac{p^m(1-p)^n}{p^m(1-p)^n + (1-p)^m p^n}.$$

Von den beiden Zahlen m und n sei m die gröfsere, dann ist $m = n + s$ und man kann Zähler und Nenner durch $p^n(1-p)^n$ dividieren und erhält:

$$W = \frac{p^s}{p^s + (1-p)^s} = \frac{1}{1 + \left(\frac{1-p}{p}\right)^s}.$$

Je nachdem $\frac{1-p}{p} \gtreqless 1$, d. h. $p \lesseqgtr \frac{1}{2}$ ist, wird W mit wachsendem s kleiner / gröfser werden.

136. Ein Augenzeuge sagt aus, dafs von n verschiedenen, gleich mögliche Ereignissen ein gewisses E eingetroffen ist; diese Aussage wird durch fortgesetzte Überlieferung (gemeiniglich Klatsch genannt) von $(r-1)$ weiteren Zeugen ausgesagt; wie grofs ist die Wahrscheinlichkeit, dafs das Ereignis E, gemäfs der Aussage des r^{ten} Zeugen wirklich eingetroffen ist?

Sei die Wahrscheinlichkeit, dafs das Ereignis wirklich eingetroffen ist, nachdem es durch den ϱ^{ten} Zeugen bestätigt wurde, gleich y_ϱ.

Wenn nun ein weiterer $(\varrho+1)^{\text{ter}}$ Zeuge hinzutritt, so kann dessen Aussage in doppelter Weise zu stande kommen; indem er die Wahrheit sagt, oder indem er lügt. Die Wahrscheinlichkeit $y_{\varrho+1}$ ist daher die Summe zweier Wahrscheinlichkeiten.

a. Im ersten Falle setzt sich die Wahrscheinlichkeit zusammen aus der Wahrscheinlichkeit $q_{\varrho+1}$, dafs der Zeuge wahr aussagt und der Wahrscheinlichkeit y_ϱ, dafs das Ereignis, gemäfs der Überlieferung durch den ϱ^{ten} Zeugen wahr ist; diese Wahrscheinlichkeit ist daher:

$$y'_{\varrho+1} = q_{\varrho+1} y_\varrho.$$

b. Im zweiten Falle, wenn der Zeuge, indem er behauptet E habe stattgefunden, lügt, wofür die Wahrscheinlichkeit $1 - q_{\varrho+1}$ ist, hat E nicht stattgefunden, wofür die Wahrscheinlichkeit nach der ϱ^{ten} Zeugenaussage $1 - y_\varrho$ ist. Indem aber ein Ereignis stattgefunden hat und der Zeuge aus den $(n-1)$ übrigen gerade E, als ob es stattgefunden hätte, wählt, so ist die Wahrscheinlichkeit hierfür $\frac{1}{n-1}$; daher:

$$y''_{\varrho+1} = \frac{(1-q_{\varrho+1})(1-y_\varrho)}{n-1}$$

V. Kapitel.

und es wird also:
$$y_{\varrho+1} = y'_{\varrho+1} + y''_{\varrho+1}$$
oder
$$y_{\varrho+1} = q_{\varrho+1} y_\varrho + \frac{(1 - q_{\varrho+1})(1 - y_\varrho)}{n - 1}.$$

Diese Gleichung kann geschrieben werden:
$$y_{\varrho+1} = \frac{n q_{\varrho+1} - 1}{n - 1} y_\varrho + \frac{1 - q_{\varrho+1}}{n - 1},$$

welche Gleichung sich auf die Form bringen läfst:
$$y_{\varrho+1} - \eta = \frac{n q_{\varrho+1} - 1}{n - 1} (y_\varrho - \eta)$$
und man findet:
$$\eta = \frac{1}{n},$$
so dafs:
$$y_{\varrho+1} - \frac{1}{n} = \frac{n q_{\varrho+1} - 1}{n - 1} \left(y_\varrho - \frac{1}{n}\right)$$

ist. Aus dieser Gleichung folgt:
$$y_2 - \frac{1}{n} = \frac{n q_2 - 1}{n - 1} \left(y_1 - \frac{1}{n}\right)$$
$$y_3 - \frac{1}{n} = \frac{n q_3 - 1}{n - 1} \left(y_2 - \frac{1}{n}\right)$$
$$y_4 - \frac{1}{n} = \frac{n q_4 - 1}{n - 1} \left(y_3 - \frac{1}{n}\right)$$
$$\cdots \cdots \cdots \cdots \cdots$$
$$y_r - \frac{1}{n} = \frac{n q_r - 1}{n - 1} \left(y_{r-1} - \frac{1}{n}\right).$$

Multipliziert man diese Gleichungen miteinander, so erhält man:
$$y_r - \frac{1}{n} = \frac{(n q_2 - 1)(n q_3 - 1) \ldots (n q_r - 1)}{(n - 1)^{r-1}} \left(y_1 - \frac{1}{n}\right).$$

y_1 ist nun die Wahrscheinlichkeit des Ereignisses, nachdem es durch einen einzigen Zeugen bestätigt wurde; diese

Wahrscheinlichkeit ist nach Schluſs von § 132 gleich q_1, somit wird:
$$y_r = \frac{1}{n} + \frac{n-1}{n} \cdot \frac{(nq_1-1)(nq_2-1) \ldots (nq_r-1)}{(n-1)^r}.$$

Je gröſser n ist, desto mehr nähert sich der Ausdruck
$$\frac{nq_\varrho - 1}{n-1} = \frac{q_\varrho - \dfrac{1}{n}}{1 - \dfrac{1}{n}}$$

der Grenze q_ϱ, demnach der Ausdruck y_r der Grenze:
$$y_r^{(0)} = q_1 q_2 \ldots q_r.$$

In dem Ausdrucke $\dfrac{nq_\varrho - 1}{n-1}$ ist der Zähler kleiner als der Nenner, weil $q_\varrho < 1$ ist; mit wachsendem r, d. h. wenn die Zahl der Faktoren zunimmt, wird daher das zweite Glied in y_r immer kleiner, und wenn $r = \infty$ ist, so wird das Zusatzglied verschwinden, und $y_r = \dfrac{1}{n}$; d. h.: Wird das Eintreffen eines Ereignisses nicht durch einen Augenzeugen sondern durch aufeinanderfolgende Überlieferungen durch einen Zeugen bekräftigt, welcher dasselbe durch eine lange Reihe von Mitteilungen erfahren hat, so wird die Wahrscheinlichkeit für das wirkliche Eintreffen des Ereignisses sich immer mehr und mehr der Grenze der apriorischen Wahrscheinlichkeit $\dfrac{1}{n}$ des Ereignisses nähern.

Wird das Eintreffen des Ereignisses durch einen Augenzeugen bekräftigt, so erhält man hierfür den Ausdruck, indem $r = 1$ gesetzt wird, und es ist:
$$y_1 = \frac{1}{n} + \frac{1}{n}(nq_1 - 1) = q_1,$$

d. h. die Wahrscheinlichkeit gleich der Wahrscheinlichkeit, daſs der Zeuge sich nicht irrt.

137. Welches ist die Wahrscheinlichkeit für die Richtigkeit eines Urteiles, welches mit Stimmeneinhelligkeit von

V. Kapitel.

einem Kollegium von s Richtern gefällt wird, wenn die Wahrscheinlichkeit, dafs jeder der Richter nicht irrt, gleich q ist?

Die Richtigkeit und Unrichtigkeit des Urteilspruches der Richter sind natürlich zwei Ereignisse, die sich gegenseitig ausschliefsen; die Aufgabe fällt thatsächlich zusammen mit dem Schlufs der Aufgabe in § 135, und es ist daher:

$$(1) \qquad W = \frac{p^s}{p^s + (1-p)^s}.$$

Den Wert von p bestimmt Laplace aus dem Verhältnis der bei einem Gerichtshofe einstimmig gefällten Urteile zur Zahl der in Verhandlung gezogenen Fälle überhaupt. Einstimmig gefällte Urteile sind natürlich nur möglich, wenn keiner der Richter irrt oder wenn alle Richter irren. In dem ersteren Falle ist die Wahrscheinlichkeit p^s, im letzteren $(1-p)^s$ und es ist daher die Wahrscheinlichkeit für einstimmig gefällte Urteile:

$$w = p^s + (1-p)^s.$$

Diese Wahrscheinlichkeit läfst sich aber aus der Zahl der einstimmig gefällten Urteile i zur Gesamtzahl n ermitteln; es ist:

$$w = \frac{i}{n}$$

und man hat daher p aus der Gleichung

$$(2) \qquad p^s + (1-p)^s = \frac{i}{n}$$

zu bestimmen. Für $s = 2$ und $s = 3$ reduziert sich diese Gleichung auf eine quadratische; $s = 2$ kann für den vorliegenden Fall ausgeschlossen werden, da ein Zweirichterkollegium, wenn überhaupt zulässig, nur einstimmige Urteile schöpfen dürfte. Für $s = 3$ wird:

$$3p^2 - 3p + 1 = \frac{i}{n},$$

$$p = \frac{1}{2} \pm \sqrt{\frac{4i - n}{12n}}.$$

Nimmt man an, dafs die Wahrscheinlichkeit, dafs die Richter

nicht irren, gröfser ist als $\frac{1}{2}$, so mufs das negative Zeichen wegbleiben und es wird:

(3) $$p = \frac{1}{2} + \sqrt{\frac{4i-n}{12n}}.$$

Für $i = \frac{n}{2}$ ist $p = 0{,}789$; die Auflösung der Gleichung ist aber nur reell, wenn $i > \frac{n}{4}$ ist; ist $i = \frac{n}{4}$, so ist $p = \frac{1}{2}$; d. h. beträgt bei einem Gerichtshofe die Zahl der einstimmig gefällten Urteile $\frac{1}{4}$ aller geschöpften Urteile, so deutet dieses darauf, dafs die Wahrscheinlichkeit dafür, dafs die Richter nicht irren, $\frac{1}{2}$ ist, also gleich der Wahrscheinlichkeit, dafs sie irren.

$i = \frac{n}{4}$ ist aber ein sehr hoher Prozentsatz von einstimmig gefällten Urteilen, welcher in der Praxis wohl nie beobachtet wird. In der That gelten auch diese Formeln nur für ein Dreirichterkollegium; setzt man in Gleichung (2):

$$p = \frac{1}{2}(1+x),$$

so nimmt sie die Form an:

(4) $$(1+x)^s + (1-x)^s = 2 \cdot \frac{i}{n}.$$

Entwickelt man diese Gleichung nach Potenzen von x, so folgt:

$$2^{s-1}\frac{i}{n} = 1 + \binom{s}{2}x^2 + \binom{s}{4}x^4 + \cdots \begin{matrix} + x^s & \text{für } s \text{ gerade,} \\ + \binom{s}{s-1}x^{s-1} & \text{für } s \text{ ungerade.} \end{matrix}$$

Berücksichtigt man rechts nur das erste Glied, so folgt:

(5) $$x^2 = 2 \cdot \frac{2^{s-1}\frac{i}{n} - 1}{s(s-1)}.$$

Dieser Wert für x ist reell, wenn

$$2^{s-1} \cdot \frac{i}{n} > 1$$

ist; ist (abgesehen von den Gliedern höherer Ordnung):

$$\frac{i}{n} = \frac{1}{2^{s-1}},$$

so wird $p = \frac{1}{2}$; für $s = 3$ geht dieses in die obige Formel über. Für $s = 12$ wird $p = \frac{1}{2}$, wenn:

$$\frac{i}{n} = \frac{1}{2^{11}} = \frac{1}{2048} \text{ nahe} = 0,0005,$$

und dieses stimmt mit der Erfahrung sehr gut überein.

Die Gleichung

$$(1 + x)^s + (1 - x)^s = 2^s \cdot \mu,$$

wenn $\frac{i}{n} = \mu$ gesetzt wird, enthält übrigens nur die drei Größen s, x, μ und man kann eine Tafel berechnen, welche für verschiedene Werte von s und μ den Wert von x giebt. Ohne eine Auflösung von Gleichungen erhält man die folgende Tafel für den Wert von μ mit den beiden Argumenten s und x:

$x =$ $s =$	0,1	0,2	0,3	0,4	0,5	0,6	0,7	0,8	0,9
3	0,258	0,280	0,317	0,370	0,438	0,520	0,617	0,730	0,857
4	0,132	0,155	0,194	0,249	0,320	0,412	0,522	0,656	0,814
5	0,069	0,088	0,121	0,170	0,238	0,319	0,444	0,590	0,774
6	0,036	0,051	0,077	0,119	0,179	0,262	0,377	0,531	0,735
7	0,019	0,030	0,050	0,082	0,134	0,210	0,321	0,478	0,698
8	0,010	0,018	0,032	0,059	0,100	0,168	0,273	0,430	0,663
9	0,005	0,010	0,021	0,040	0,075	0,134	0,232	0,387	0,630
10	0,003	0,006	0,013	0,028	0,057	0,107	0,197	0,349	0,599
11	0,002	0,003	0,008	0,020	0,042	0,086	0,167	0,314	0,569
12	0,001	0,002	0,005	0,014	0,032	0,069	0,142	0,282	0,540

Aus dieser Tafel ersieht man z. B., dafs, wenn bei einem 12-Richterkollegium unter 100 Urteilen ein Urteil einstimmig geschöpft wurde, für die Wahrscheinlichkeit, dafs die Richter nicht irren,

$$x = 0{,}35, \text{ daher } p = \frac{1}{2}(1 + x) = 0{,}675,$$

also bereits über $\frac{2}{3}$ ist.

138. Von den n Mitgliedern eines Gerichtshofes stimmen p Mitglieder für die Schuld, q Mitglieder ($p + q = n$) für die Unschuld des Angeklagten. Wie grofs ist die Wahrscheinlichkeit, dafs auf Grund dieses Verdiktes der Angeklagte unschuldig ist?

Sei die Wahrscheinlichkeit, dafs jeder der Richter nicht irrt, x, so macht Laplace („*Théorie des probabilités,*" Introduction S. CVII) die Annahme, dafs diese Gröfse jedenfalls gröfser als $\frac{1}{2}$ sei und daher zwischen den Grenzen $\frac{1}{2}$ und 1 liegt, und zwar so, dafs zwischen diesen Grenzen alle möglichen Werte gleich wahrscheinlich seien.

Die Aufgabe ist nun die folgende: Die Schuldigsprechung durch p und die Unschuldigsprechung durch q Richter ist ein Ereignis E, dessen Wahrscheinlichkeit für einen gegebenen Wert von x gleich y sei; auf Grund dieses Ereignisses ist die Wahrscheinlichkeit W eines anderen Ereignisses E', nämlich die Schuld des Angeklagten oder die Richtigkeit des Urteiles zu suchen; ist diese Wahrscheinlichkeit für einen gewissen Wert x gleich z, so ist die Wahrscheinlichkeit W nach § 29:

$$W = \frac{\int_{\frac{1}{2}}^{1} y z\, dx}{\int_{\frac{1}{2}}^{1} y\, dx},$$

und die Wahrscheinlichkeit der Nichtschuld ist:

$$W' = 1 - W.$$

Das Ereignis E kann auf zweifache Weise zustande kommen:

V. Kapitel.

Entweder indem die p Richter, welche den Angeklagten schuldig sprachen, nicht irren, die q übrigen irren; die Wahrscheinlichkeit hierfür ist: $x^p(1-x)^q$; oder indem die p schuldigsprechenden Richter irren, die q übrigen nicht irren, wofür die Wahrscheinlichkeit $(1-x)^p x^q$ ist; es ist also:

$$y = x^p(1-x)^q + (1-x)^p x^q.$$

Nur im ersten Falle ist der Schuldspruch ein gerechter; für die Gerechtigkeit, d. h. Wahrheit desselben, ist daher nur der erste Teil als günstig anzusehen; daher wird:

$$z = \frac{x^p(1-x)^q}{x^p(1-x)^q + (1-x)^p x^q}$$

und somit:

$$W = \frac{\int\limits_{\frac{1}{2}}^{1} x^p(1-x)^q \, dx}{\int\limits_{\frac{1}{2}}^{1} [x^p(1-x)^q + x^q(1-x)^p] \, dx}.$$

Das Integral im Nenner kann in zwei Teile zerfällt werden; setzt man im zweiten Teile

$$x = 1-y; \quad dx = -dy,$$

so wird, da den Grenzen $\frac{1}{2}$ und 1 für x die Grenzen $\frac{1}{2}$ und 0 für y entsprechen:

$$\text{Nenner} = \int\limits_{\frac{1}{2}}^{1} [x^p(1-x)^q + x^q(1-x)^p] \, dx$$

$$= \int\limits_{\frac{1}{2}}^{1} x^p(1-x)^q \, dx - \int\limits_{\frac{1}{2}}^{0} (1-y)^q y^p \, dy$$

$$= \int\limits_{\frac{1}{2}}^{1} x^p(1-x)^q \, dx + \int\limits_{0}^{\frac{1}{2}} (1-x)^q x^p \, dx$$

$$= \int\limits_{0}^{1} x^p(1-x)^q \, dx.$$

Es ist daher:

$$W = \frac{\int_{\frac{1}{2}}^{1} x^p(1-x)^q\,dx}{\int_{0}^{1} x^p(1-x)^q\,dx}$$

und die Wahrscheinlichkeit des Irrtums der Richter:

$$W' = \frac{\int_{0}^{\frac{1}{2}} x^p(1-x)^q\,dx}{\int_{0}^{1} x^p(1-x)^q\,dx}.$$

Das Zählerintegral kann man nun auch leicht auf die Grenzen 0 und 1 bringen; setzt man

$$y = 2x,$$

so wird:

$$\int_{0}^{\frac{1}{2}} x^p(1-x)^q\,dx = \int_{0}^{1} \left(\frac{y}{2}\right)^p \left(\frac{2-y}{2}\right)^q \frac{dy}{2}$$

$$= \frac{1}{2^{p+q+1}} \int_{0}^{1} y^p [1+(1-y)]^q\,dy$$

$$= \frac{1}{2^{p+q+1}} \left\{ \int_{0}^{1} y^p\,dy + \binom{q}{1}\int_{0}^{1} y^p(1-y)\,dy + \right.$$

$$+ \binom{q}{2}\int_{0}^{1} y^p(1-y)^2\,dy + \ldots$$

$$\left. + \binom{q}{q}\int_{0}^{1} y^p(1-y)^q\,dy \right\}$$

$$= \frac{1}{2^{p+q+1}}\left\{\frac{1}{p+1}+\binom{q}{1}\frac{\Gamma(p+1)\Gamma(2)}{\Gamma(p+3)}+\right.$$
$$+\binom{q}{2}\frac{\Gamma(p+1)\Gamma(3)}{\Gamma(p+4)}+\cdots$$
$$\left.+\frac{\Gamma(p+1)\Gamma(q+1)}{\Gamma(p+q+2)}\right\}$$
$$=\frac{1}{2^{p+q+1}}\left\{\frac{1}{p+1}+\frac{q}{(p+1)(p+2)}+\right.$$
$$+\frac{q(q-1)}{(p+1)(p+2)(p+3)}+\cdots$$
$$\left.+\frac{q(q-1)\ldots 2\cdot 1}{(p+1)(p+2)\ldots(p+q+1)}\right\}.$$

Der Nenner ist:
$$\int_0^1 x^p(1-x)^q\,dx=\frac{\Gamma(p+1)\Gamma(q+1)}{\Gamma(p+q+2)}=\frac{q(q-1)\ldots 2\cdot 1}{(p+1)(p+2)\ldots(p+q+1)},$$

demnach:
$$W'=\frac{1}{2^{p+q+1}}\left\{\frac{(p+q+1)(p+q)\ldots(p+2)}{1\cdot 2\ldots q}+\right.$$
$$+\frac{(p+q+1)(p+q)\ldots(p+3)}{1\cdot 2\ldots(q-1)}+\cdots$$
$$\left.+\frac{(p+q+1)(p+q)}{1\cdot 2}+\frac{p+q+1}{1}+1\right\}$$

oder:
$$W'=\frac{1}{2^{p+q+1}}\sum_{i=0}^{i=q}\binom{p+q+1}{i}.$$

Für $p+q=12$ ist, wenn:

$q=\;\;$ 0, 1, 2, 3, 4, 5 Geschworene für die Schuldlosigkeit,

und $p=$ 12, 11, 10, 9, 8, 7 Geschworene für die Schuld stimmen,

so daſs die
Majorität $p-q=$ 12, 10, 8, 6, 4, 2 Stimmen beträgt:

$$W' = \frac{1}{8192}, \frac{14}{8192}, \frac{92}{8192}, \frac{378}{8192}, \frac{1093}{8192}, \frac{2380}{8192}$$

oder

$$W' = \frac{1}{8192}, \frac{7}{4096}, \frac{23}{2048}, \frac{189}{4096}, \frac{1093}{8192}, \frac{595}{2048}.$$

139. Die Ableitung ist auf der Annahme gegründet, dafs x, die Wahrscheinlichkeit, dafs der Richter nicht irrt, alle Werte zwischen $\frac{1}{2}$ und 1 annehmen kann. Nun gründet sich aber das Urteil der Richter auf das Zeugenverhör, den Lokalaugenschein u. s. w., und gerade jene Fälle sind die für den Angeklagten verhängnisvollen, in welchen die Majorität der Richter irrt. Dieses kann nun aber nur dann eintreten, wenn man zugiebt, dafs x auch Werte annehmen kann, die kleiner als $\frac{1}{2}$ sind. Das, was man im juristischen Sinne Rechtsirrtum nennt, dasjenige, was zum sogenannten Justizmorde führen kann, ist also durchaus nicht in dieser Rechnung inbegriffen. Es wäre daher auch gefehlt, diese Rechnung auf die Wahrscheinlichkeit der Justizmorde und etwa daraus abzuleitende Versicherungen für die Entschädigung unschuldig Verurteilter ableiten zu wollen.

Es wäre nun die Frage, was läfst sich folgern, wenn man für x alle möglichen Werte zwischen 0 und 1 als zulässig ansehen wollte.

Es ändert sich an der ganzen Deduktion nichts als die Grenzen der Integrale; es wird:

$$W = \frac{\int_0^1 x^p (1-x)^q \, dx}{\int_0^1 [x^p (1-x)^q + x^q (1-x)^p] \, dx}$$

$$= \frac{\int_0^1 x^p (1-x)^q \, dx}{\int_0^1 x^p (1-x)^q \, dx + \int_0^1 x^q (1-x)^p \, dx}.$$

Es ist aber:
$$\int_0^1 x^p(1-x)^q\,dx = \int_0^1 x^q(1-x)^p\,dx;$$
demnach:
$$W = \frac{1}{2}.$$

Sobald man die Wahrscheinlichkeit, daſs die Richter nicht irren, aller Werte zwischen den Grenzen 0 und 1 fähig hält, wird jeder Urteilspruch die Wahrscheinlichkeit $\frac{1}{2}$ haben, d. h. an der Schwelle der Unentschiedenheit stehen.

Dieses ist an sich klar, zeigt aber, daſs die Anwendung in dieser Form zu keinem neuen Resultate führt, indem alle Resultate wesentlich davon abhängig sind, welche Werte man für x als zulässig ansieht.

Angenommen nun aber, man lasse den Wert x zwischen den Grenzen x_0 und 1 liegen, wobei x_0 vorerst unbestimmt bleibt. Dann wird die Wahrscheinlichkeit, daſs der Urteilsspruch gerecht ist, gleich:

$$W = \frac{\int_{x_0}^1 x^p(1-x)^q\,dx}{\int_{x_0}^1 [x^p(1-x)^q + x^q(1-x)^p]\,dx}.$$

Der Nenner läſst sich schreiben, indem im zweiten Integrale wieder die Substitution $x = 1 - y$ gemacht wird:

$$N = \int_{x_0}^1 [x^p(1-x)^q + x^q(1-x)^p]\,dx =$$
$$= \int_{x_0}^1 x^p(1-x)^q\,dx - \int_{1-x_0}^0 (1-y)^q y^p\,dy$$
$$= \int_0^1 x^p(1-x)^q\,dx - \int_0^{x_0} x^p(1-x)^q\,dx + \int_0^{1-x_0} x^p(1-x)^q\,dx$$
$$= \frac{\Gamma(p+1)\,\Gamma(q+1)}{\Gamma(p+q+2)} + \int_{x_0}^{1-x_0} x^p(1-x)^q\,dx.$$

Die Wahrscheinlichkeit des Irrtums ist $W' = 1 - W$, also:

$$W' = \frac{\dfrac{\Gamma(p+1)\Gamma(q+1)}{\Gamma(p+q+2)} + \int\limits_{x_0}^{1-x_0} x^p(1-x)^q\,dx - \int\limits_{x_0}^{1} x^p(1-x)^q\,dx}{\dfrac{\Gamma(p+1)\Gamma(q+1)}{\Gamma(p+q+2)} + \int\limits_{x_0}^{1-x_0} x^p(1-x)^q\,dx}$$

$$= \frac{\dfrac{\Gamma(p+1)\Gamma(q+1)}{\Gamma(p+q+2)} - \int\limits_{1-x_0}^{1} x^p(1-x)^q\,dx}{\dfrac{\Gamma(p+1)\Gamma(q+1)}{\Gamma(p+q+2)} + \int\limits_{x_0}^{1-x_0} x^p(1-x)^q\,dx} =$$

$$= \frac{\int\limits_{0}^{1-x_0} x^p(1-x)^q\,dx}{\dfrac{\Gamma(p+1)\Gamma(q+1)}{\Gamma(p+q+2)} + \int\limits_{0}^{1-x_0} x^p(1-x)^q\,dx}.$$

Der Wert von W' hängt daher wesentlich von dem Werte ab, welchen man x_0 beilegt.

W' ist eine Funktion von 3 Gröfsen: p, q und x_0. Für ein konstantes n allerdings fällt eine dieser Gröfsen weg, da $q = n - p$ ist; da überdies in diesem Falle p nur die ganzzahligen Werte 1, 2, 3, ... $\dfrac{n-1}{2}$ oder $\dfrac{n}{2}$ annimmt, je nachdem n ungerade oder gerade ist, so könnte man leicht eine Tafel konstruieren, welche W' als Funktion von x_0 für $\dfrac{n-1}{2}$ oder $\dfrac{n}{2}$ Werte von p giebt.

Es ist jedoch noch eine Bemerkung zu machen; strenge genommen sollte man auch für die obere Grenze von x nicht die Einheit, sondern einen Wert $x_1 < 1$ einführen. In der Praxis würde man dann, je nach dem gegebenen Falle, die Grenzen x_0 und x_1 für x so weit einengen, als die Aufgabe selbst es gestattet. Allein in den meisten Fällen wird die Durchführung scheitern: in den wenigsten Fällen kennt man die Werte x_0 und x_1, zwischen denen die Wahrscheinlichkeit des Irrtums liegt. Sie ist eben eine Funktion von Größen, die ganz außerhalb der Fragestellung liegen, nämlich von solchen die nicht von den Eigenschaften der Richter abhängig sind, sondern von äußeren Umständen, und dieselben Ursachen, welche praktisch zum Irrtum und in weiterer Konsequenz zum Justizmorde führen, bewirken, daß die Formel ebenfalls keinen Aufschluß geben kann.

140. Wahrscheinlichkeit von Ahnungen. Durch das am Schlusse des vorigen Paragraphen Gesagte wird sofort ersichtlich, daß wir über die Wahrscheinlichkeit von Ahnungen schwerlich durch die Rechnung etwas erfahren können. Es ist jedoch ein so eingewurzelter Glaube, daß Ahnungen, namentlich wenn sie außerordentliche Dinge betreffen, Vorboten, Enthüllungen über Zukünftiges oder Warnungen vor zukünftigen Dingen enthalten, daß es nötig ist, die Haltlosigkeit dieser Annahme durch Zahlen zu erhärten. Nur dieses kann der Zweck der folgenden Bemerkung sein.

Was sind Ahnungen?

Wenn eine von unserem gegenwärtigen Zustande zu zukünftigen Ereignissen führende Gedankenreihe teilweise unter der Schwelle des Bewußtseins verläuft und an einem gewissen Punkte durch das Zurücktreten von über der Schwelle des Bewußtseins befindlichen, die ersteren zurückdrängenden Gedankenreihen hervortritt, so entsteht eine auf unseren zukünftigen Zustand bezügliche, scheinbar jeglicher Verknüpfung mit der Gegenwart entbehrende Vorstellung in unserem Geiste, welche als Ahnung bezeichnet wird.

Daß Gedankenreihen unter der Schwelle des Bewußtseins verlaufen können und plötzlich im Bewußtsein auftauchen, ist nicht allgemein bekannt oder anerkannt, und mögen die folgenden Beispiele zur Erläuterung dienen.

Ein flüchtiger Blick in einer Gemäldegalerie, in einer Kunstsammlung, in einer Bibliothek, wenn wir auch nur raschen Schrittes vorübereilen, wird in unserem Geiste eine Vorstellung des Gesehenen erzeugen, die sofort zurücktritt, so daß diese Vorstellung oder Vorstellungen scheinbar spurlos verschwinden. Wir werden uns aber sofort erinnern, bereits in dieser Abteilung, in diesem Zimmer gewesen zu sein, wenn wir ein zweites Mal hereintreten; ja wir werden uns erinnern, ein oder das andere Bild, ein oder das andere Buch in der Sammlung gesehen zu haben, wenn wir dasselbe gelegentlich anderswo sehen.

Wenn wir, in Gedanken versunken, einen gewohnten Weg zurücklegen, z. B. den Weg von unserer Wohnung in unser Amt, so werden wir, ohne auf den Weg zu achten, fortschreiten, werden aber sofort aus unseren Gedanken erweckt, wenn wir einen falschen Weg einzuschlagen beginnen oder einige Minuten gegangen sind. Die ganze Vorstellungsreihe von den Häusern, Thüren, Auslagefenstern, Ecksteinen u. s. w., wie sie unserem gewöhnlichen Wege entspricht, war, unter der Schwelle des Bewußtseins verlaufend, in der gewöhnlichen Anordnung in unserem Geiste; eine Störung dieser Anordnung bringt dieselbe ganz plötzlich in das Bewußtsein.

141. Hierzu ist jedoch noch zu bemerken, daß Ahnungen häufig auf die Seite des Gefühles verlegt werden. Die Ahnung gelangt angeblich als ein Gefühl der Furcht, der Hoffnung ins Bewußtsein. Um diesen Irrtum zu widerlegen ist eine kurze philosophische Bemerkung nötig, wie denn in der Wahrscheinlichkeitsrechnung mancherlei Berührungspunkte zwischen Philosophie und Mathematik gegeben sind und auch gebührende Rücksicht finden müssen.

Jede Vorstellung, die im Geiste (Intellekte) entsteht, ist von einem Gefühle begleitet. Wundt hat dieses, die Vorstellung begleitende Gefühl den Gefühlston der Vorstellung genannt. Vorstellungen die ganz ohne Gefühl verlaufen, wären als unbetont zu bezeichnen; doch wird eine genauere Überlegung oder Untersuchung jederzeit einen gewissen, wenn auch niedrigen Grad des Gefühlstones ergeben, welcher unter Umständen auch plötzlich stark anwachsen kann (Freude an einer wissenschaftlichen Arbeit, am Resultat u. s. w.). Hoffnung, Furcht, Freude, Schmerz bei den Ahnungen entsprechen daher dem Gefühlston, der auf die Zukunft bezüglichen Vorstellung. Das primäre ist stets die in uns befindliche, erweckte oder plötzlich ins Bewußtsein tretende Vorstellung.*)

---

*) Diese Anschauung giebt auch in sehr einfacher Weise eine Verknüpfung zwischen zwei entgegengesetzten, aber wie aus dem obigen folgt, gleichberechtigten Lösungen für die seit 2000 Jahren als

V. Kapitel.

142. Es frägt sich nun, inwiefern haben die Ahnungen eine Bedeutung für das Vorhersehen der Zukunft?

Zunächst mag bemerkt werden, daſs Ahnungen, die nicht eingetroffen sind, übergangen werden; daſs aber denjenigen Ahnungen, welche eintreffen, ein so besonderes Gewicht beigelegt wird, daſs diejenigen Personen, welche mehrere eingetroffene Ahnungen zu verzeichnen haben, als besonders bevorzugt oder begnadet angesehen werden oder werden wollen, zeigt, daſs wirklich eingetroffene Ahnungen zu den Seltenheiten gehören.

Es werde angenommen, daſs N Gedankenreihen unter der Schwelle des Bewuſstseins verlaufen, indem sie durch M (in der Regel eine) in dem Bewuſstsein befindliche zurückgedrängt wurden; von diesen N Gedankenreihen mögen N_1 ohne Beziehung zur Zukunft, einfach mit den gegenwärtigen Verhältnissen in Beziehung stehen: Arbeiten oder Gedanken an die gegenwärtige Beschäftigung, die für eine kurze oder längere Zeit bei Seite gelegt wurden u. s. w. und N_2 mögen sich auf die Zukunft beziehen: Sorgen oder Fürsorge für die Zukunft oder jene luftigen, ätherisch durchsichtigen Gebäude, welche in der kürzesten Zeit aus dem aller-

---

punctum saliens der Ethik angesehenen Frage. Da auf dieselbe meines Wissens noch nirgends hingewiesen wurde, sei es mir gestattet, sie an dieser Stelle zu erwähnen.

Die Frage lautet: Was ist Glückseligkeit? Einerseits wird Glückseligkeit als Endzweck des Handelns angesehen; die Tugendlehre wird Glückseligkeitslehre (Eudämonologie); dann aber wird die Ausübung der Tugend scheinbar egoistisch, nämlich Zweck, um zur Glückseligkeit zu gelangen. Dieses wird dann andererseits als Mangel erklärt, indem die Tugend um ihrer selbst willen und nicht um der daraus zu erhoffenden Glückseligkeit willen auszuüben ist. Ja man ging sogar so weit, zu behaupten, daſs eine Handlung, die dem Menschen Vergnügen bereitet, gar nicht tugendhaft ist, eine Anschauung, gegen welche sich ein bekanntes Distichon Schillers wendet. Die Lösung liegt nun darin, daſs jede Handlung oder Vorstellung von einem Gefühlston begleitet ist, der gar nicht eliminiert werden kann. Glückseligkeit ist dann der Gefühlston der reinsten und vollständigsten Pflichterfüllung, d. h. der Tugend. Dann kann die Tugend ganz wol nur um ihrer selbst willen geübt werden, aber man kann als Motiv ebensowol die zu erhoffende Glückseligkeit gelten lassen. Dadurch nähert man sich allerdings wieder der Eudämonologie der alten Schulen, jedoch mit dem Unterschiede, daſs Glückseligkeit als Zweck nur fakultativ, nicht obligatorisch ist.

schlechtesten Materiale aufgebaut werden, und die daher so leicht und rasch einstürzen, die sogenannten Luftschlösser u. s. w.

Von den N Gedankenreihen tritt, sobald eine im Bewußtsein befindliche Gedankenreihe zurückgedrängt wird, plötzlich eine ins Bewußtsein; sie kann der Reihe der N_1 oder der N_2 angehören; gehört sie der Reihe der N_1 an, so wird sie einfach weitergeführt, gehört sie der Reihe der N_2 an, so wird sie als eine auftretende Ahnung im gewöhnlichen Sinne des Wortes zu betrachten sein.

Die dem Auftreten einer Ahnung günstigen Fälle sind daher ihrer Zahl nach N_2, während alle möglichen Fälle N sind; die Wahrscheinlichkeit einer Ahnung kann daher ausgedrückt werden durch den Bruch:

$$W = \frac{N_2}{N} = \frac{N_2}{N_1 + N_2}.$$

Je größer N_1 ist, desto geringer wird die Wahrscheinlichkeit einer Ahnung. Vielbeschäftigte Leute, geistig regsame Leute, allgemein Personen mit einem bedeutenden Gedankenreichtum, leiden (man kann diesen Ausdruck ganz wol gebrauchen) selten an Ahnungen; Träge, körperlich und geistig wenig beschäftigte Leute, namentlich aber unter diesen solche, die viel an die Zukunft denken, sind öfter heimgesucht. Jedoch muß noch auf einen Umstand Rücksicht genommen werden. Menschen mit richtiger geistiger Schulung, die mehr Verständnis für die Bedeutung einer plötzlich auftretenden Gedankenreihe haben, werden dieselbe kühler und richtiger beurteilen, als andere, welche mit einem vielleicht noch ziemlich bedeutenden Gedankenreichtum (namentlich dann, wenn derselbe phantastischer unnatürlicher Lektüre entnommen ist) eine ungenügende geistige Schulung verbinden, was häufiger bei Frauen als bei Männern der Fall zu sein pflegt. Man muß also schreiben:

$$W = \frac{1}{\varkappa} \frac{N_2}{N_1 + N_2},$$

wobei der im Nenner auftretende Faktor $\varkappa$ stets größer als 1 ist, und zwar um so größer, je größer die geistige Schulung, d. h. der Bildungsgrad ist.

143. Wie verhält es sich nun schließlich mit dem Eintreffen der Ahnungen? Der Verlauf der Gedankenreihe N_2

V. Kapitel.

ist nicht zu übersehen; ein Teil n_1 wird dem normaler Weise, mit Berücksichtigung aller Umstände zu erwartenden Verlauf der Ereignisse folgen. Ein anderer n_2 wird, sich in mannigfachen Kombinationen bewegend, aus dem Geleise des Gewöhnlichen heraustreten, oder den allergewagtesten und kühnsten Kombinationen folgend, Wunderbares versprechen. Im allgemeinen wird nun $n_2 < n_1$, d. h. $n_2 < \frac{1}{2} N_2$ sein, wenn auch zugegeben werden muſs, daſs unter Umständen für einzelne Personen n_2 auch gröſser als n_1 werden kann.

Die n_1 Kombinationen, welche sich im normalen Geleise bewegen, werden der Mannigfaltigkeit der betrachteten und berücksichtigten Umstände gemäſs, und der Natürlichkeit der Folgerungen wegen, öfters eintreffen. Eben deshalb wird auch auf die Erfüllung dieser Art von Ahnungen weniger Gewicht gelegt; diese Art ist es, welche Verständigere in das Gebiet der richtigen Voraussagung, der richtigen Beurteilung der Verhältnisse legen.

Von den n_2 kann nun aber ausnahmsweise ebenfalls einmal eine durch die seltsame Verkettung der Umstände thatsächlich in Erfüllung gehen, und dann hat man es im wahren Sinne der gebräuchlichen Ausdrucksweise mit einer eingetroffenen Ahnung zu thun.

Unter den n_2 Gedankenreihen mögen also ν wirklich eintreffen, wofür die Wahrscheinlichkeit gleich dem Produkte der Wahrscheinlichkeit dieser Gedankenreihe:

$$\omega_1 = \frac{n_2}{n_1 + n_2} = \frac{n_2}{N_2}$$

mit der Wahrscheinlichkeit des Eintreffens derselben:

$$\omega_2 = \frac{\nu}{n_2},$$

also

$$\omega = \frac{n_2}{N_2} \cdot \frac{\nu}{n_2} = \frac{\nu}{N_2}$$

ist; so daſs die Wahrscheinlichkeit einer eingetroffenen Ahnung gleich:

Über die Wahrscheinlichkeit der Zeugenaussagen etc. 257

$$W = w \cdot \omega = \frac{1}{\varkappa} \frac{N_2}{N_1 + N_2} \cdot \frac{\nu}{N_2} = \frac{1}{\varkappa} \frac{\nu}{N}$$

wird. Es ist jedoch besser die Form beizubehalten:

$$W = \frac{1}{\varkappa} \frac{N_2}{N_1 + N_2} \cdot \frac{n_2}{n_1 + n_2} \cdot \frac{\nu}{n_2},$$

da in dieser Form die Kleinheit der ν gegenüber N besser zum Vorschein tritt.

Die Formel kann angewendet werden auf das Auftreten von Ahnungen bei einem Individuum, wobei dann für $\varkappa$ eine individuelle Konstante zu setzen ist; sie kann angewendet werden auf die Ahnungen ganzer Menschengruppen, wo dann für $\varkappa$ eine von dem mittleren Bildungsgrade der Gruppe oder im weiteren Sinne des Volkes abhängige Konstante zu setzen ist.

Numerische Werte zu geben ist aufserordentlich schwer; es soll aber, wie erwähnt, dieses auch hier gar nicht der Zweck der Formel sein; nur zwei allgemeine Fälle sollen erwähnt werden.

Der eine bezieht sich unmittelbar auf das zuletzt gesagte, dafs $\varkappa$ von dem mittleren Bildungsgrade eines Volkes abhängt; die grofse Menge der Ahnungen und der diesen gleichzusetzenden Vorurteile, sie mögen welchen Ursprunges immer sein, gehören der geistigen Kindheit der Völker an.

Die zweite Frage ist die, ob denn überhaupt Ahnungen auftreten und eintreffen müssen. Wäre die Wahrscheinlichkeit $W = 0$, so würde überhaupt nie eine eintreffen. Dieses könnte nur der Fall sein, wenn $\varkappa = \infty$ oder $\nu = 0$ wäre. Der Wert $\varkappa = \infty$ würde einer vollkommenen Aufklärung, einer vollständigen Vorurteilslosigkeit entsprechen, welche nur möglich wäre, wenn schon in der Kindheit darauf gesehen würde, Vorurteile nicht einzuimpfen. Ein in der Kindheit eingeprägtes Vorurteil, namentlich wenn es durch Berufung auf die Gefühlsseite mit dem innersten Menschen verwachsen ist, läfst sich nur langsam und schwer wieder eliminieren.

Dafs ν verschwindet, kann hingegen überhaupt nicht angenommen werden; dieses wäre vielleicht mehr auffallend, als das Gegenteil; und gerade das Verschwinden von ν wäre vielleicht als Wunder zu bezeichnen. Nimmt man aber z. B. an, die Wahrscheinlichkeit W einer Ahnung wäre

$\frac{1}{100\,000\,000}$, jedenfalls, als Wahrscheinlichkeit aufgefaſst, eine Gröſse von auſserordentlicher Kleinheit, kleiner als irgend eine Wahrscheinlichkeit, die man den Rechnungen zu Grunde zu legen gewohnt ist, so frägt es sich, wie viele Ahnungen in diesem Falle eintreffen.

Nimmt man einen mittleren Gedankenreichtum einer Person während des ganzen Lebens gleich 1000, an sich ebenfalls eine sehr mäſsige Gröſse, so würden bei einer Bevölkerung von 30 000 000 Menschen die Zahl der eingetroffenen Ahnungen

$$\frac{30\,000\,000 \cdot 1000}{100\,000\,000} = 300$$

sein, eine, im Verhältnis zur wirklich eingetroffenen Zahl, noch sehr bedeutende Gröſse, die daher gar nichts Wunderbares hat.

VI. Kapitel.
Anwendung auf die Naturgesetze.
Ausgleichungsrechnung.

144. Es wurde bereits in der Einleitung gesagt, daſs die aus den Beobachtungen abgeleiteten Naturgesetze empirische Gewiſsheit haben. Es wurde weiter schon darauf hingewiesen, daſs die meisten Naturgesetze nur als mehr oder weniger gute Annäherungen anzusehen sind und daſs sich bei den in diese Gruppe gehörigen Gesetzen Abweichungen finden, welche darauf hindeuten, daſs der mathematische Ausdruck des Gesetzes in irgend welcher Weise zu modifizieren ist, um den Erscheinungen völlig zu genügen.

Aber nur dann, wenn die Abweichungen der Erscheinungen von dem Gesetze regelmäſsig sind, läſst sich auf eine in dieser Art zu bestimmende Modifikation schlieſsen, und die an dem mathematischen Ausdrucke des Gesetzes anzubringende Korrektion — ebenfalls in mathematischer Form — auch berechnen.

Von diesen Abweichungen sind aber wol zu unterscheiden jene, welche keine Gesetzmäſsigkeit zeigen; Abweichungen dieser Art können nicht der Unvollkommenheit des Gesetzes zugeschrieben werden, sondern müssen vielmehr durch subjektive Ursachen entstanden erklärt werden. In der That wird jeder Beobachtung, und aus diesen werden ja die Naturgesetze abgeleitet, möglicherweise eine Unvollkommenheit anhaften, die als Folge der Unvollkommenheit unserer Sinne aufgefaſst werden muſs. Die Messungen mögen noch so genau ausgeführt werden, die hierzu nötigen

Hilfsmittel noch so sehr vervollkommnet, die Theorie der Messung noch so genau durchgeführt, alle Fehlerquellen nicht nur qualitativ, sondern auch quantitativ noch so genau berücksichtigt werden, so wird man immer wieder Abweichungen finden, die, der Genauigkeit und Sorgfalt entsprechend, immer geringer werden, nichtsdestoweniger aber vorhanden sind und daher berücksichtigt werden müssen.

Sobald sich in diesen Abweichungen eine Regelmäfsigkeit zeigt, liegt schon eine Gesetzmäfsigkeit vor, für welche eine Ursache angenommen werden muſs. Ob nun die Abweichungen alle dasselbe Zeichen und nahe dieselbe Gröfse haben, oder ob sie stetig anwachsen oder abnehmen oder irgend eine andere Gesetzmäfsigkeit zeigen, die Gesetzmäfsigkeit selbst, gleichgültig welcher Art dieselbe ist, stellt uns vor die Frage nach der Ursache derselben. Nur dann, wenn eine derartige Gesetzmäfsigkeit überhaupt nicht zu konstatieren ist, entfällt diese Untersuchung; und nur diese vollständig unregelmäfsigen, überhaupt keine Gesetze befolgenden Abweichungen sind es, welche von einem ganz anderen Gesichtspunkte aus zu betrachten sind; diese Abweichungen, die bald positiv, bald negativ, bald gröfser, bald kleiner sind, und die man als **zufällige Beobachtungsfehler** oder als **Beobachtungsfehler** schlechtweg bezeichnet, bilden den Gegenstand der Ausgleichungsrechnung.

145. Es tritt hier nämlich unmittelbar die Frage auf, welcher unter den verschiedenen beobachteten Werten der richtige, wahre Wert ist. In dieser Form gestellt, läfst sich die Frage nun aber gar nicht beantworten, denn man kann aus dem blofsen Anblick keineswegs ersehen, welches der richtige Wert ist. Man muſs im Gegenteil annehmen, dafs alle erhaltenen Werte das gleiche Recht auf Berücksichtigung haben, und wenn eine vollkommene Übereinstimmung nicht zu erzielen ist, dafs alle und nicht nur einzelne von den Werten mit Beobachtungsfehlern affiziert sind.

Kann man aber infolgedessen aus den verschiedenen erhaltenen Werten den wahren Wert nicht ersehen, so muſs man die Frage so stellen: Welches ist der wahrscheinlichste Wert, oder eigentlich, wie erhält man aus den verschiedenen nicht übereinstimmenden Resultaten den wahrscheinlichsten Wert. Hierbei muſs es sich nicht um eine einzige, bestimmte

Anwendung auf die Naturgesetze. Ausgleichungsrechnung.

Größe a handeln, statt welcher die Beobachtungen einen Wert $a \pm \varepsilon$ ergeben, wobei ε alle möglichen Abweichungen vorstellt; es kann sich auch um eine nach einem bestimmten Gesetze veränderliche Größe y handeln, welche in irgend einer Weise von gegebenen Daten x abhängen soll, so daß

$$y = f(x)$$

ist, wobei man für die gegebenen Daten $x_1, x_2, \ldots x_r$ Werte $a_1, a_2, \ldots a_r$ aus den Beobachtungen erhält, welche von den durch den mathematischen Ausdruck geforderten

$$y_1 = f(x_1); \quad y_2 = f(x_2) \ldots y_r = f(x_r)$$

abweichen. In diesem Falle handelt es sich nun darum, den wahrscheinlichsten Ausdruck der Funktion $f(x)$ zu finden. Läßt sich die Funktion $f(x)$ von vornherein in einer analytischen Form mit gewissen numerischen Koeffizienten angeben, so handelt es sich darum, die wahrscheinlichsten Werte dieser Koeffizienten zu ermitteln; ist auch über die Form der Funktion $f(x)$ nichts bekannt, so wird die Frage noch komplizierter, und ohne gewisse Suppositionen überhaupt nicht zu lösen, wie dieses gleich an dem ersten Beispiele, die Bestimmung des Fehlergesetzes, ersichtlich wird.

Es wird schon aus dem Vorangehenden klar sein, daß es sich hierbei um eine Bestimmung des wahrscheinlichsten Wertes nach dem Gesetze der mathematischen Wahrscheinlichkeit handelt, und daß man sich hierbei nicht durch einfache Schlüsse leiten lassen darf. Allerdings wird man häufig in die Lage versetzt, gewisse Beobachtungen vollständig auszuschließen; eine Berechtigung für diesen Vorgang kann man nur aus der Thatsache schöpfen, daß von vornherein bekannt ist, daß die Geringfügigkeit der Abweichungen der anderen Resultate darauf schließen läßt, daß das richtige oder wahrscheinliche Resultat nicht weit von diesen Resultaten entfernt sein kann, und ein einziger unter vielen Werten, welcher sich besonders weit entfernt, durch irgend welche unbekannte, aber jedenfalls vorauszusetzende Ursachen besonders entstellt ist. Da dann selbstverständlich durch Berücksichtigung dieses entstellenden Resultates auch der wahrscheinlichste Wert nur entstellt, statt der Wahrheit näher gebracht wird, so ist man berechtigt, jenes auszuschließen. Eine mathematische Formu-

VI. Kapitel.

lierung dieses Prinzipes wird später in dem Gewichte jeder einzelnen Beobachtung gegeben.

146. Der einfachste Fall nun ist derjenige, daſs man es mit einer groſsen Zahl direkt aus der Beobachtung geschöpfter Resultate zu thun hat. In diesem Falle wird seit den ältesten Zeiten als der wahrscheinlichste Wert das arithmetische Mittel aller Beobachtungen angesehen. Wenn auch natürlich, scheinbar einleuchtend und sehr einfach, so liegen hierin schon zwei der Erfahrung entnommene Elemente, für welche eine nähere Erörterung nicht ohne weiteres übergangen werden sollte, wenngleich dies meistenteils geschieht.

Zu Grunde gelegt werden der Beobachtung entnommene Resultate. Gemessene Sonnenhöhen werden zu Zeitbestimmungen, zu Polhöhenbestimmungen verwendet; gemessene Temperaturen und die zugehörigen Dampfspannungen behufs Ableitung einer Formel für die Abhängigkeit derselben voneinander; Winkelmessungen nebst den Basismessungen zum Behufe einer Triangulierung; beobachtete Rektascensionen und Deklinationen eines Gestirnes behufs seiner Bahnbestimmung sind der Beobachtung entnommene Gröſsen. Allein sie sind dennoch keine einfachen, gegebenen Gröſsen; die Beobachtung selbst besteht aus Elementaroperationen; sie wird an verschiedenen Instrumenten ausgeführt, wobei wir verschiedene unserer Sinne, in erster Linie das Gesicht, dann bei Beobachtung des Uhrschlages das Gehör, bei Registrierungen die Hand zu Hilfe nehmen. Bei allen Messungen, Winkelmessungen und Längenmessungen, hat man einen Fehler der Einstellung (des beobachteten Objektes an Fäden oder zwischen diesen) und einen Fehler der Ablesung (am Nonius, Schraubenmikroskop). Die Rektascensionen und Deklinationen von Gestirnen, deren Bahnen bestimmt werden sollen, werden überdies durch mikrometrische Anschlüsse an andere bekannte Objekte (Fixsterne) erhalten; die Fehler der Beobachtung sind zusammengesetzt aus den Fehlern der mikrometrischen Messung und den Fehlern der Vergleichssterne. Hieraus folgt: Als der Beobachtung unmittelbar entnommene Daten hat man die durch gewisse Operationen oder auch Gruppen von solchen erhaltenen Resultate anzusehen; dabei hängt es wesentlich von dem Zwecke und der Ausdehnung der vorzunehmenden

Anwendung auf die Naturgesetze. Ausgleichungsrechnung. 263

Untersuchung ab, was als derselben zu Grunde zu legende „Beobachtung" anzusehen ist. Bei der Untersuchung über die Genauigkeit von mikrometrischen Messungen oder über die Einstellungsfehler am Fernrohre und zwischen den Teilstrichen wird man Operationen, welche bei der Bahnbestimmung ganz übergangen werden, zu Grunde legen; bei dieser werden als gegebene Beobachtungen Gröfsen (Rektascensionen und Deklinationen) angesehen, welche in anderen Fällen als Resultate betrachtet werden. Als „einfache Beobachtung" mufs daher das aus einer abgeschlossenen Gruppe von Operationen erhaltene Messungsresultat angesehen werden, welches als Fundament einer Untersuchung dient, so dafs sein Beobachtungsfehler, gleichgültig wie er zu stande kommt, als Element der Ausgleichung angesehen wird.

Dieser Beobachtungsfehler ist nun allerdings nicht direkt bestimmbar; wäre er es, so bedürfte es keiner Ausgleichung, sondern seine Kenntnis würde unmittelbar zur Kenntnis des wahren Wertes der gesuchten Gröfse führen; da dieser aber ganz bestimmt und unzweideutig ist, so gilt dasselbe von dem Fehler jeder einzelnen Beobachtung. Dieser kann nun aber auf zwei verschiedene Arten bestimmt werden, entweder durch Vergleichung der sämtlichen zu Grunde gelegten Beobachtungen oder für jede einzelne durch Berücksichtigung der Elementaroperationen, aus denen sie aufgebaut ist. Dafs sich in der That auf diesen zwei verschiedenen Wegen für den Beobachtungsfehler derselbe Wert ergiebt, zeigt sich freilich a posteriori, denn von vornherein läfst sich dies allerdings nicht beweisen, dafs man im gegebenen Falle berechtigt ist, von den Elementaroperationen abzusehen und die oben definierte „einfache Beobachtung" der Rechnung zu Grunde zu legen.

147. Eine zweite Erörterung betrifft die Frage nach dem arithmetischen Mittel. Als die einfachste Kombination aller einfachen Beobachtungen bot es sich in der frühesten Zeit der wissenschaftlichen Untersuchungen dar. Gaufs führt dasselbe als Begründung der Methode der kleinsten Quadrate mit den Worten ein: *„Pro cujus valore correcto itaque assumere conveniet, medium arithmeticum inter illas determinationes, quatenus quidam nulla adest ratio, cur unam alteramve praeferamus."* [„Es wird daher als dessen (wahrscheinlichster) Wert das arithmetische Mittel aller jener

VI. Kapitel.

Bestimmungen anzunehmen sein, da kein Grund vorhanden ist, einen oder den anderen derselben vorzuziehen."]*) Seither wurde dieser Satz meist der Theorie der Fehlerausgleichungen als Axiom zu Grunde gelegt. Und in der That ist dies die einzige Form, in welcher sich die Methode der kleinsten Quadrate begründen läfst, denn der Satz ist nicht nur nicht beweisbar — alle Beweise sind Scheinbeweise, ganz ähnlich wie die Beweise für die Winkelsumme des Dreieckes — sondern es lassen sich auch andere, fast ebenso einfache und ebenso natürliche Formen für den wahrscheinlichsten Wert einer direkt aus einfachen Beobachtungen abgeleiteten Gröfse geben, welche aber auf ganz andere Darstellungen führen.

Derartige andere Suppositionen sind z. B. das geometrische Mittel und das arithmetische Mittel der reziproken Werte.

Seien die Einzelresultate einer aus direkten Messungen erhaltenen Gröfse $a_1, a_2, \ldots a_n$, so kann man als den wahrscheinlichsten Wert

(1) $$x = \frac{1}{n}(a_1 + a_2 + \ldots + a_n)$$

oder

(1a) $$x = \sqrt[n]{a_1 a_2 \ldots a_n}$$

oder

(1b) $$\frac{1}{x} = \frac{1}{n}\left(\frac{1}{a_1} + \frac{1}{a_2} + \ldots + \frac{1}{a_n}\right)$$

ansehen; man nennt dann die Unterschiede:

(2) $$x - a_1 = v_1; \; x - a_2 = v_2; \ldots x - a_n = v_n$$

die übrig bleibenden Fehler, und man hat im ersten Falle, wie man sofort sieht:

(3) $$v_1 + v_2 + \ldots + v_n = 0.$$

Die Gleichung (1a) giebt, wenn man die Abweichungen von der Einheit

(2a) $$\frac{x}{a_1} - 1 = v'_1; \; \frac{x}{a_2} - 1 = v'_2 \ldots \frac{x}{a_n} - 1 = v'_n$$

nennt:

---

*) „Theoria motus corporum coelestium", Werke, Bd. VII, S. 226.

(3a) $$(1 + v_1')(1 + v_2') \ldots (1 + v_n') = 1$$
oder mit Vernachlässigung der zweiten und höheren Potenzen der v' wieder die Gleichung (3).

Setzt man ferner im Falle (1b):

(2b) $$\frac{1}{x} - \frac{1}{a_1} = v_1''; \quad \frac{1}{x} - \frac{1}{a_2} = v_2'' \ldots \frac{1}{x} - \frac{1}{a_n} = v_n'',$$

so folgt wieder:

(3b) $$v_1'' + v_2'' + \ldots + v_n'' = 0,$$

und wie eine einfache Substitution lehrt:

$$v_1'' = -\frac{v_1}{x^2}, \quad v_2'' = -\frac{v_2}{x^2} \ldots v_n'' = -\frac{v_n}{x^2}.$$

Zur theoretischen Ableitung eines Fehlergesetzes müssen aber alle möglichen Fehler als möglich, wenn auch nicht als gleich wahrscheinlich angesehen werden; demnach müssen alle, auch solche, als zulässig angesehen werden, für welche die Gleichung (3) nicht mehr gilt. Das Fehlergesetz, auf welches man unter der Annahme des Axiomes (3a) oder (3b) geführt wird, kann daher dem Falle (3) nur dann entsprechen, wenn die Fehler v_1', v_2', $\ldots v_n'$ hinreichend klein sind, jedenfalls viel kleiner als die Einheit, also die Fehler v_1, v_2, $\ldots v_n$, viel kleiner als die aus der Beobachtung erhaltenen Werte a_1, a_2, $\ldots a_n$, mit anderen Worten, wenn der wahrscheinliche Fehler des Resultates wesentlich kleiner ist als dieses selbst. In allen Fällen, wo dies nicht der Fall ist, kann sich das Resultat von der Wahrheit und selbst von der Wahrscheinlichkeit noch sehr beträchtlich entfernen.

148. Aus dem Begriffe des zufälligen Fehlers lassen sich nun schon einige Schlüsse ziehen. Erstens folgt, dafs, eine sehr grofse Zahl von Beobachtungen vorausgesetzt, die Zahl der positiven und negativen Fehler gleich sein wird müssen, da im entgegengesetzten Falle schon auf eine konstante Fehlerquelle geschlossen werden müfste. Zweitens folgt, dem Begriffe des „Fehlers" entsprechend, als einer durch die Unvollkommenheit der Sinne und der äufseren Umstände erzeugten Abweichung, dafs die numerischen Beträge der Fehler stets klein bleiben müssen, und kleinere Abweichungen wahrscheinlicher sind, als gröfsere, und dafs

VI. Kapitel.

die Fehler stets unter einer gewissen, allerdings nicht strenge angebbaren oberen Grenze bleiben müssen. Abnorm grofse Abweichungen deuten, wie schon früher erwähnt wurde, auf eine Abnormität in den begleitenden Umständen. Theoretisch allerdings wird auch ein solcher Fehler nicht gerade auszuschliefsen sein, so lange eine obere Grenze für die Fehler nicht festgesetzt werden kann; praktisch ist er als eine das wirkliche Resultat nicht darstellende Beobachtung anzusehen.

Jedenfalls wird die Wahrscheinlichkeit für das Auftreten eines Fehlers $\varDelta$ eine Funktion dieses Fehlers $\varphi(\varDelta)$ sein und die Kontinuität derselben wird es erfordern, dafs jeder noch so grofse Fehler mit einer gewissen Wahrscheinlichkeit behaftet ist; selbstverständlich vorausgesetzt, dafs $\varphi(\varDelta)$ für grofse Werte von $\varDelta$ Werte annimmt, die theoretisch der kontinuierlichen Wertereihe angehörig, jedoch so klein sind, dafs sie praktisch als verschwindend angesehen werden können.

Hiernach ist die Funktion $\varphi(\varDelta)$ zu bestimmen.

Die Wahrscheinlichkeit, dafs der Fehler zwischen zwei Grenzen liegt, ist um so gröfser, je weiter diese Grenzen auseinander liegen; innerhalb eines unendlich kleinen Intervalles kann man die Wahrscheinlichkeit für das Auftreten eines Fehlers von der Gröfse $\varDelta$ bis $\varDelta + d\varDelta$ konstant gleich $\varphi(\varDelta)$ setzen; es wird daher die Wahrscheinlichkeit, dafs ein Fehler zwischen den Grenzen $\varDelta$ und $\varDelta + d\varDelta$ ist, gleich $\varphi(\varDelta)d\varDelta$, und die Wahrscheinlichkeit, dafs er zwischen den um ein endliches Intervall verschiedenen Grenzen $\varDelta'$ und $\varDelta''$ liegt,

$$w = \int_{\varDelta'}^{\varDelta''} \varphi(\varDelta) d\varDelta.$$

Alle nur denkbaren Fehler werden zwischen zwei Grenzen $\pm c$ liegen; demnach ist die Wahrscheinlichkeit, dafs der Fehler innerhalb dieser Grenzen bleibt, gleich der Gewifsheit, d. i. gleich 1. Der Wert von c ist nun allerdings nicht angebbar; ob nun aber ein Fehler gröfser als c nicht auftritt, oder der theoretisch zulässigen Annahme gemäfs, auch aufserhalb eines endlichen c, bis $\pm \infty$ jeder Fehler als zulässig angesehen wird, so wird stets das Integral,

Anwendung auf die Naturgesetze. Ausgleichungsrechnung.

wenn die Grenzen bis $\pm \infty$ erweitert werden, nicht größer als 1 werden können. Die Gleichung:

(1) $$\int_{-\infty}^{+\infty} \varphi(\varDelta) d\varDelta = 1$$

kann demnach unter allen Umständen als erfüllt angesehen werden.

Es seien nun bei einer Reihe von Beobachtungen die Resultate $a_1, a_2 \ldots, a_n$ erhalten worden. Für irgend einen willkürlich angenommenen Wert x bleibt ein Fehlersystem:

$$\varDelta_1 = x - a_1; \; \varDelta_2 = x - a_2; \; \ldots \varDelta_n = x - a_n.$$

Jeder dieser Fehler hat eine gewisse, durch $\varphi(\varDelta_1), \varphi(\varDelta_2), \ldots \varphi(\varDelta_n)$ bestimmte Wahrscheinlichkeit, und die (zusammengesetzte) Wahrscheinlichkeit für das Zusammentreffen gerade dieses Fehlersystems ist:

(2) $$W = \varphi(\varDelta_1) \cdot \varphi(\varDelta_2) \cdot (\varphi \varDelta_3) \cdot \ldots \cdot \varphi(\varDelta_n).$$

W ist eine Funktion von x, und wird unter verschiedenen Annahmen über x auch verschiedene Werte annehmen. Unter allen Annahmen über x wird diejenige die wahrscheinlichste sein, welche die Wahrscheinlichkeit W zu einem Maximum macht; denn je größer die Wahrscheinlichkeit für das Auftreten eines Fehlersystems, desto wahrscheinlicher ist dieses, d. h. der Wert der Unbekannten, der dasselbe erzeugt. Für das Maximum von W muß $\dfrac{dW}{dx} = 0$ sein, d. h. wenn man Gleichung (2) logarithmisch differenziert:

(3) $$\frac{1}{W} \frac{dW}{dx} = \frac{1}{\varphi(\varDelta_1)} \frac{d\varphi(\varDelta_1)}{dx} + \frac{1}{\varphi(\varDelta_2)} \frac{d\varphi(\varDelta_2)}{dx} + \cdots + \frac{1}{\varphi(\varDelta_n)} \frac{d\varphi(\varDelta_n)}{dx}.$$

Nun ist:

$$\frac{d\varphi(\varDelta_i)}{dx} = \frac{d\varphi(\varDelta_i)}{d\varDelta_i} \frac{d\varDelta_i}{dx} = \frac{d\varphi(\varDelta_i)}{d\varDelta_i}.$$

Wird dies in Gleichung (3) substituiert und

$$\frac{1}{\varphi(\varDelta)} \frac{d\varphi(\varDelta)}{d\varDelta} = f(\varDelta)$$

gesetzt, so geht die Gleichung (3) über in:
$$(4) \qquad f(\varDelta_1) + f(\varDelta_2) + \ldots + f(\varDelta_n) = 0.$$
Für das weitere ist es nun nicht gleichgiltig, welche Voraussetzung zu Grunde gelegt wird. Hier ist nun zunächst das Axiom des arithmetischen Mittels zu betrachten.

Für diesen Fall besteht die Gleichung:
$$(5) \qquad \varDelta_1 + \varDelta_2 + \ldots + \varDelta_n = 0.$$
Setzt man den hieraus folgenden Wert
$$\varDelta_n = -\varDelta_1 - \varDelta_2 - \ldots - \varDelta_{n-1}$$
in (4) ein, und differenziert nach $\varDelta_i$, so folgt wegen $\dfrac{\partial \varDelta_n}{\partial \varDelta_i} = -1$:
$$\frac{df(\varDelta_i)}{d\varDelta_i} + \frac{df(\varDelta_n)}{d\varDelta_n}\frac{d\varDelta_n}{d\varDelta_i} = \frac{df(\varDelta_i)}{d\varDelta_i} - \frac{df(\varDelta_n)}{d\varDelta_n} = 0$$
$$i = 1, 2, 3 \ldots, n-1.$$
Aus dieser Gleichung folgt sofort:
$$(6) \qquad \frac{df(\varDelta_1)}{d\varDelta_1} = \frac{df(\varDelta_2)}{d\varDelta_2} = \frac{df(\varDelta_3)}{d\varDelta_3} = \ldots = \frac{df(\varDelta_n)}{d\varDelta_n}.$$

Da hier jedes Glied eine Funktion nur eines einzigen Fehlers ist, so können diese Gleichungen nur erfüllt sein, wenn jede dieser Funktionen $\dfrac{df(\varDelta_i)}{d\varDelta_i}$ gleich einer Konstanten ist; bezeichnet man diese mit k, so ist daher
$$\frac{df(\varDelta)}{d\varDelta} = k$$
für jedes einzelne $\varDelta$; die erste Integration liefert hier:
$$(7) \qquad f(\varDelta) = \frac{1}{\varphi(\varDelta)}\frac{d\varphi(\varDelta)}{d\varDelta} = k\varDelta + c_1.$$
Die Integrationskonstante c_1 kann hier sofort bestimmt werden. Substituiert man nämlich den Wert von $f(\varDelta)$ aus (7) in (4) und berücksichtigt Gleichung (5), so folgt:
$$c_1 = 0$$
und daher:
$$(7\,\text{a}) \qquad \frac{1}{\varphi(\varDelta)}\frac{d\varphi(\varDelta)}{d\varDelta} = k\varDelta.$$

Anwendung auf die Naturgesetze. Ausgleichungsrechnung.

Diese Gleichung kann sofort wieder integriert werden, und giebt:

$$\log_n \varphi(\Delta) = \frac{1}{2} k \Delta^2 + \log_n c_2,$$

(8) $$\varphi(\Delta) = c_2 e^{\frac{1}{2} k \Delta^2}.$$

Aus dieser Gleichung kann man zunächst entnehmen, daſs k negativ sein muſs; denn wäre k positiv, so würde $\varphi(\Delta)$ mit Δ unbegrenzt wachsen, während es für negative k mit wachsenden Δ sehr rasch abnimmt, und für $\Delta = \infty$ verschwindet, wie es sein muſs. Setzt man daher:

$$\frac{1}{2} k = - h^2,$$

so folgt:

$$\varphi(\Delta) = c_2 e^{-h^2 \Delta^2}.$$

Hier ist noch die Integrationskonstante c_2 zu bestimmen. Es ist aber:

$$\int_{-\infty}^{+\infty} e^{-t^2} dt = \sqrt{\pi};$$

substituiert man daher in der Gleichung (1) für $\varphi(\Delta)$ seinen Wert, so wird:

$$\int_{-\infty}^{+\infty} \varphi(\Delta) d\Delta = \int_{-\infty}^{+\infty} c_2 e^{-h^2 \Delta^2} d\Delta = 1.$$

Durch die Substitution $h\Delta = t$ geht dieses Integral über in:

$$\frac{1}{h} \int_{-\infty}^{+\infty} c_2 e^{-t^2} dt = \frac{1}{h} c_2 \sqrt{\pi} = 1,$$

demnach:

$$c_2 = \frac{h}{\sqrt{\pi}}$$

und schließlich die das Fehlergesetz darstellende Funktion:

(9) $$\varphi(\Delta) = \frac{h}{\sqrt{\pi}} e^{-h^2 \Delta^2}.$$

149. Für den dritten der in § 147 angeführten Fälle:

(1) $$\Delta_i = \frac{1}{x} - \frac{1}{a_i}$$

wird:

(2) $$\frac{d\Delta_i}{dx} = -\frac{1}{x^2}; \quad \frac{d\varphi(\Delta_i)}{dx} = -\frac{d\varphi(\Delta_i)}{d\Delta_i} \cdot \frac{1}{x^2}$$

und da, wenn man diesen Wert in die Gleichung (3) des vorigen Paragraphen substituiert, $\frac{1}{x^2}$ als gemeinschaftlicher Faktor heraustritt, so erhält man wieder die Gleichung (4) des vorigen Paragraphen, und die weiteren Entwickelungen bleiben dieselben, so daſs auch für diesen Fall das Fehlergesetz:

(3) $$\varphi(\Delta) = \frac{h}{\sqrt{\pi}} e^{-h^2 \Delta^2}$$

gilt. Anders jedoch verhält es sich mit der zweiten in § 147 erörterten Annahme:

(1a) $$\Delta_i = \frac{x}{a_i} - 1.$$

Hier ist:

(2a) $$\frac{d\Delta_i}{dx} = \frac{1}{a_i},$$

demnach erhält man aus Gleichung (3) § 148 die folgende:

(4) $$\frac{1}{a_1}\frac{1}{\varphi(\Delta_1)}\frac{d\varphi(\Delta_1)}{d\Delta_1} + \frac{1}{a_2}\frac{1}{\varphi(\Delta_2)}\frac{d\varphi(\Delta_2)}{d\Delta_2} + \cdots +$$
$$+ \frac{1}{a_n}\frac{1}{\varphi(\Delta_n)}\frac{d\varphi(\Delta_n)}{d\Delta_n} = 0,$$

und wenn wieder:

$$\frac{1}{a_i}\frac{1}{\varphi(\Delta_i)}\frac{d\varphi(\Delta_i)}{d\Delta_i} = f(\Delta_i)$$

gesetzt wird, die Gleichung:

(5) $$f(\Delta_1) + f(\Delta_2) + \ldots + f(\Delta_n) = 0.$$

Aus der Gleichung:

$$(1 + \Delta_1)(1 + \Delta_2) \cdots (1 + \Delta_n) = 1,$$

Anwendung auf die Naturgesetze. Ausgleichungsrechnung.

folgt durch logarithmische Differentiation:
$$\frac{\partial \Delta_n}{\partial \Delta_i} = -\frac{1+\Delta_n}{1+\Delta_i}.$$

Denkt man sich daher Δ_n aus (6) bestimmt, und in (5) substituiert, und differenziert dann nach Δ_i, so folgt, da Δ_i nur in den beiden Summanden $f(\Delta_i)$ und $f(\Delta_n)$ enthalten ist:

$$\frac{df(\Delta_i)}{d\Delta_i} - \frac{1+\Delta_n}{1+\Delta_i}\frac{df(\Delta_n)}{d\Delta_n} = 0$$

$$(1+\Delta)\frac{df(\Delta)}{d\Delta} = k;\quad f(\Delta) = k\log_n(1+\Delta) + c_1,$$

und da sich durch Substitution in (5) wieder $c_1 = 0$ findet:

(7) $$\frac{1}{a}\frac{1}{\varphi(\Delta)}\frac{d\varphi(\Delta)}{d\Delta} = k\log_n(1+\Delta).$$

Durch Integration dieser Gleichung folgt:

$$\log_n\varphi(\Delta) = ak\int\log_n(1+\Delta)\,d\Delta + \log_n c_2$$
$$= ak(1+\Delta)[\log_n(1+\Delta) - 1] + \log_n c_2,$$

(8) $$\varphi(\Delta) = c_2\, e^{ak(1+\Delta)[\log_n(1+\Delta)-1]}.$$

Entwickelt man hier den Exponenten unter der Voraussetzung kleiner Δ in eine Reihe, und setzt c_2 für den konstanten Faktor $c_2 e^{-ak}$, und ferner wieder $\frac{1}{2}ak = -h^2$, so erhält man:

(8a) $$\varphi(\Delta) = c_2\, e^{-h^2\Delta^2 + \frac{2}{2\cdot 3}h^2\Delta^3 - \frac{2}{3\cdot 4}h^2\Delta^4 + \cdots}.$$

Dieses Gesetz unterscheidet sich von dem Gesetze (3) wesentlich. Die Gleichung (3) gilt für Fälle, in denen die Wahrscheinlichkeit für gleich grofse positive und negative Fehler dieselbe ist. Nach (8a) ist jedoch die Wahrscheinlichkeit für negative Fehler etwas kleiner als für positive. Dieses widerspricht schon der ersten Annahme über die Vertheilung der Fehler, und wenn auch die Zulässigkeit der Annahme, dafs positive und negative Fehler nicht genau die gleiche Wahrscheinlichkeit haben, diskutierbar ist, so ist doch sofort zu schliefsen, dafs die Annahme gleicher Wahrscheinlichkeit für gleich grofse, entgegengesetzt

VI. Kapitel.

bezeichnete Fehler die Zulässigkeit des geometrischen Mittels ausschliefst.

150. Da der Satz vom arithmetischen Mittel demnach keinesfalls als die einzig zulässige Annahme angesehen werden mufs, so wäre es jedenfalls analytisch richtiger, statt der hypothetischen oder apriorischen Einführung desselben der Methode der Fehlerausgleichung eine analytische Begründung des Satzes zu Grunde zu legen, oder wenigstens an Stelle dieses Satzes andere Hypothesen einzuführen, welche nicht so leicht eliminiert, oder durch andere gleichwertige ersetzt werden können. Dieser Weg ist in den beiden folgenden Methoden eingeschlagen, aber, wie gleich erwähnt werden mag, die Resultate sind darum durchaus nicht strenger, indem in beiden Fällen an gewissen Stellen stillschweigende Voraussetzungen gemacht werden, die das Resultat bedingen, aber ebensowenig unzweideutige Bestimmungsstücke geben wie der Satz vom arithmetischen Mittel.

Hagen setzt voraus, dafs jeder Fehler als das Resultat des Zusammenwirkens einer aufserordentlich grofsen Anzahl von voneinander unabhängigen Fehlerquellen sei, welche positive und negative Elementarfehler erzeugen. Vorausgesetzt wird dabei, dafs positive und negative Elementarfehler gleich möglich sind, und auch in gleicher Anzahl und Gröfse eintreffen.

Sei die Zahl der Fehlerquellen μ; der positive Elementarfehler δ, der negative δ', so dafs $\delta' = -\delta$ ist; die Wahrscheinlichkeiten derselben seien p bezw. q; der Voraussetzung nach aber $p = q = \dfrac{1}{2}$.

Die Wahrscheinlichkeit, dafs der Fehler δ m mal, der Fehler δ' n mal eintrifft, ist nach § 30 Formel 1:

$$(1) \qquad w = \frac{\mu!\, p^m\, q^n}{m!\, n!},$$

und der gröfste Wert dieses Ausdruckes entsteht für (§ 30, Formeln 4a und b):

$$(2) \qquad m = \mu p, \quad n = \mu q,$$

und ist (§ 31, Formel 1):

$$(1\,\mathrm{a}) \qquad w_0 = \frac{1}{\sqrt{2\pi\mu p q}}.$$

Anwendung auf die Naturgesetze. Ausgleichungsrechnung.

Für

(2a) $$m = \mu p + l, \quad n = \mu q - l$$

ist die Wahrscheinlichkeit

(3a) $$W_0^{(+l)} = w_0 \, e^{-\omega'}$$

und ebenso für

(2b) $$m = \mu p - l, \quad n = \mu q + l,$$

(3b) $$W_0^{(-l)} = w_0 \, e^{-\omega''},$$

wobei

$$\omega' = \frac{1}{2}\frac{l(l+1)}{m} + \frac{1}{2}\frac{l(l-1)}{n} - \frac{1}{6}\frac{l^2}{m^2}\left(l+\frac{3}{2}\right) + \\ + \frac{1}{6}\frac{l^2}{n^2}\left(l-\frac{3}{2}\right) + \dots$$

$$\omega'' = \frac{1}{2}\frac{l(l-1)}{m} + \frac{1}{2}\frac{l(l+1)}{n} + \frac{1}{6}\frac{l^2}{m^2}\left(l-\frac{3}{2}\right) - \\ - \frac{1}{6}\frac{l^2}{n^2}\left(l+\frac{3}{2}\right) + \dots$$

ist. Für den vorliegenden Fall, für welchen $p = q = \frac{1}{2}$ ist, wird:

a) für
$$m = \frac{1}{2}\mu, \quad n = \frac{1}{2}\mu$$

die Wahrscheinlichkeit:

(4) $$w_0 = \frac{1}{\sqrt{\frac{1}{2}\pi\mu}},$$

und wenn Glieder von der Ordnung $\frac{1}{\mu^2}$ weggelassen werden:

b) für
$$m = \frac{1}{2}\mu + l, \quad n = \frac{1}{2}\mu - l$$

die Wahrscheinlichkeit:

$$W_0^{(+l)} = w_0 \, e^{-\omega'}; \quad \omega' = \frac{2l^2}{\mu},$$

c) für
$$m = \frac{1}{2}\mu - l, \quad n = \frac{1}{2}\mu + l$$

die Wahrscheinlichkeit:
$$W_0^{(-l)} = w_0\, e^{-\omega''}; \quad \omega'' = \frac{2l^2}{\mu},$$

so daſs

(5) $\qquad W_0^{(+l)} = W_0^{(-l)} = w_0\, e^{-\frac{2l^2}{\mu}}.$

ist. Da nun m Elementarfehler im Betrage δ, n Elementarfehler im Betrage $-\delta$ vorkommen, so wird die Summe der Elementarfehler

$$m(+\delta) + n(-\delta):$$

im Falle a):

(6a) $\qquad \frac{1}{2}\mu\delta - \frac{1}{2}\mu\delta = 0,$

im Falle b):

(6b) $\qquad \left(\frac{1}{2}\mu + l\right)\delta - \left(\frac{1}{2}\mu - l\right)\delta = +2l\delta = x,$

im Falle c):

(6c) $\qquad \left(\frac{1}{2}\mu - l\right)\delta - \left(\frac{1}{2}\mu + l\right)\delta = -2l\delta = -x,$

wenn der Wert des Fehlers für eine gegebene Wertekombination von m und n mit x bezeichnet wird.

Die aufeinander folgenden Wertekombinationen entstehen, wenn l alle möglichen aufeinander folgenden Werte annimmt; das Fehlerintervall ist daher:
$$\Delta x = 2(l+1)\delta - 2l\delta = 2\delta,$$

demnach
$$l\Delta x = x$$

oder
$$l = \frac{x}{\Delta x}.$$

Führt man diesen Wert in die Gleichung (5) ein, so folgt:
$$W_0^{(+l)} = W_0^{(-l)} = w_0\, e^{-2\frac{x^2}{\mu \Delta x^2}}.$$

Anwendung auf die Naturgesetze. Ausgleichungsrechnung.

Da Δx das Intervall zweier aufeinander folgender Fehler, μ die Anzahl der Elementarfehler ist, so wird $\mu \Delta x$ der gröfste mögliche Wert der Fehler.*) Dieser mufs, da alle möglichen Fehler als zulässig angesehen werden müssen, selbst als unendlich grofs angenommen werden, so dafs $(\mu \Delta x) \Delta x$ eine endliche Gröfse geben wird. Setzt man

$$\frac{1}{2}\mu \Delta x^2 = \frac{1}{h^2},$$

so wird

(7) $\qquad W_0^{(+l)} = W_0^{(-l)} = w_0\, e^{-h^2 x^2},$

und wenn an Stelle von Δx der unendlich kleine Wert dx gesetzt wird:

(8) $\qquad w_0 = \dfrac{h}{\sqrt{\pi}}\, dx.$

w_0 stellt die Wahrscheinlichkeit des Fehlers 0 (Formel 6a) vor; $W_0^{(+l)} = W_0^{(-l)}$ die Wahrscheinlichkeit des Fehlers x (Formeln 6b und 6c).**) Mit Rücksicht auf (8) wird Formel (7), wenn nunmehr diese Wahrscheinlichkeit mit w_x an Stelle von $W_0^{(+l)}$ und $W_0^{(-l)}$ bezeichnet wird:

(9) $\qquad w_x = \dfrac{h}{\sqrt{\pi}} e^{-h^2 x^2} dx.$

151. Die beschränkende Voraussetzung, welche hier zu dem Resultate führt, liegt schon in der Formulierung. Dafs jeder Fehler als das Resultat des Zusammenwirkens einer grofsen Anzahl von voneinander unabhängigen Fehlerquellen anzusehen sei, ist nicht nur einleuchtend, sondern selbstverständlich. Diese Fehlerquellen sind ja die bereits erwähnten Unvollkommenheiten unserer Sinne, die Unvollkommenheiten in der technischen Ausführung der instrumentellen Hilfsmittel, deren wir uns zur Beobachtung

---

*) Strenge genommen ist μ unendlich grofs, Δx unendlich klein vorauszusetzen.

**) Es ist übrigens zu bemerken, dafs hier die Wahrscheinlichkeit für positive und negative Fehler gleich grofs ist, aber nur mit Vernachlässigung von höheren Potenzen von $\dfrac{1}{\mu}$, wie sofort aus den Ausdrücken für ω' und ω'' folgt.

bedienen, u. s. w. Daſs positive und negative Elementarfehler entstehen, muſs zugegeben werden; wenn auch einzelne der Fehlerquellen Fehler mehr in der einen Richtung und Gröſse (z. B. positive) erzeugen, andere Fehlerquellen dagegen in der entgegengesetzten Richtung, so wird in der Gesamtheit, und auf diese kommt es dabei wesentlich an, da man die Fehlerquellen und ihre Resultate nur gemeinschaftlich betrachten und nicht separieren kann, ein regelloses Durcheinander von Elementarfehlern entstehen, unter denen eine Gesetzmäſsigkeit nicht erkannt wird. Sind nun thatsächlich die Elementarfehler in sehr groſser Anzahl, dann kann man nach dem Gesetze der groſsen Zahlen annehmen, daſs positive und negative Fehler, und zwar von verschiedener Gröſse, gleich wahrscheinlich seien, und auch gleich oft vorkommen. Einerseits nun aber ist die Voraussetzung einer auſserordentlich groſsen Zahl von Elementarfehlern nicht zutreffend, und andererseits widerspricht die Annahme eines konstanten Elementarfehlers δ der Wirklichkeit. Strenge genommen muſs also der Schluſssatz so lauten: Unter der Annahme einer beliebigen, aber sehr groſsen Zahl von Elementarfehlern, aus denen sich die Fehler zusammensetzen, und der Voraussetzung, daſs die positiven und negativen Elementarfehler gleich oft und alle in gleicher Gröſse δ vorkommen, gilt dasselbe Fehlergesetz, welches sich aus dem Satze vom arithmetischen Mittel ableiten läſst. In dieser Form aber deckt sich thatsächlich, wie man leicht sieht, die Voraussetzung mit dem Satze vom arithmetischen Mittel: Der Beweis ist daher nur ein Scheinbeweis.

152. Laplace unterscheidet zwischen dem Mittelwerte und dem wahrscheinlichsten Werte, und sucht die Wahrscheinlichkeit, daſs die Differenz zwischen beiden unter eine gewisse Grenze herabsinkt.

Seien daher
$$p_1 + p_2 + \ldots + p_i = \mu$$
Beobachtungen angestellt, und zwar möge für dieselbe unbekannte Gröſse p_1 mal der Wert a_1, p_2 mal der Wert a_2, $\ldots p_i$ mal der Wert a_i gefunden worden sein. Dann ist das arithmetische Mittel, da $a_1 + a_1 + \ldots + a_1$ im ganzen p_1 mal auftritt, also für die Summe sämtlicher a_1 der Wert

Anwendung auf die Naturgesetze. Ausgleichungsrechnung.

$p_1 a_1$, und ebenso für die übrigen $p_2 a_2, \ldots p_i a_i$ zu setzen ist:

(1) $$x = \frac{1}{\mu}(p_1 a_1 + p_2 a_2 + \ldots + p_i a_i).$$

Die Wahrscheinlichkeit, daſs der Wert a_1 eintreffe, sei w_1, ebenso seien die Wahrscheinlichkeiten für die übrigen Werte $w_2 \ldots w_i$; dann ist der wahrscheinlichste Wert der unbekannten Gröſse

(2) $$X = w_1 a_1 + w_2 a_2 \ldots + w_i a_i,$$

wobei aber

$$w_1 + w_2 + \ldots + w_i = 1$$

ist. Da die Wahrscheinlichkeiten a posteriori

$$w_1 = \frac{p_1}{\mu}, \quad w_2 = \frac{p_2}{\mu}, \quad \ldots w_i = \frac{p_i}{\mu}$$

sind, so fallen die Formeln (1) und (2) zusammen, wenn die Wahrscheinlichkeiten a posteriori, d. h. die empirischen Wahrscheinlichkeiten mit den wahren Werten derselben übereinstimmen. Da aber dieses nicht der Fall sein muſs, und die Wahrscheinlichkeiten $w_1, w_2, \ldots w_i$ unbekannt sind, so wird X von x verschieden sein, und es handelt sich darum, die Wahrscheinlichkeit dafür zu suchen, daſs die Differenz $X - x$ unter eine gewisse Grenze herabsinke.

153. Für den Fall zweier verschiedener Werte a_1, a_2, wird:

$$p_1 + p_2 = \mu$$

(1) $$x = \frac{1}{\mu}(p_1 a_1 + p_2 a_2)$$

$$X = w_1 a_1 + w_2 a_2$$

$$w_1 + w_2 = 1.$$

Aus diesen Gleichungen folgt:

(2) $$w_1 = \frac{a_2 - X}{a_2 - a_1}; \quad w_2 = \frac{X - a_1}{a_2 - a_1}.$$

Die Wahrscheinlichkeit für das p_1 malige Eintreffen von a_1 und das p_2 malige Eintreffen von a_2 ist:

278   VI. Kapitel.

oder
$$W' = \frac{\mu!}{p_1!\,p_2!}\, w_1^{p_1} w_2^{p_2}$$

(3) $$W' = \frac{\mu!}{p_1!\,p_2!} \frac{(a_2-X)^{p_1}(X-a_1)^{p_2}}{(a_2-a_1)^\mu}.$$

Alle möglichen Werte von X liegen nun zwischen a_1 und a_2; daher ist die Wahrscheinlichkeit, daſs X zwischen den Werten X_1 und X_2 liegt, nach § 26, wenn der gemeinschaftliche Faktor $\dfrac{\mu!}{p_1!\,p_2!}\dfrac{1}{(a_2-a_1)^\mu}$ im Zähler und Nenner weggelassen wird:

(4) $$W = \frac{\int_{X_1}^{X_2}(a_2-X)^{p_1}(X-a_1)^{p_2}\,dX}{\int_{a_1}^{a_2}(a_2-X)^{p_1}(X-a_1)^{p_2}\,dX},$$

wobei vorausgesetzt ist, daſs a_2 der gröſsere der beiden Werte a_1 und a_2 ist.

Die Berechnung des Nennerintegrales stöſst auf keine Schwierigkeiten; durch die Substitution

(5) $$\begin{aligned} X - a_1 &= (a_2 - a_1)\,\xi \\ dX &= (a_2 - a_1)\,d\xi \\ a_2 - X &= (a_2 - a_1)(1 - \xi) \end{aligned}$$

erhält man mit Unterdrückung des gemeinschaftlichen Faktors $(a_2-a_1)^{\mu+1}$ im Zähler und Nenner:

$$W = \frac{\int_{\xi_1}^{\xi_2}\xi^{p_2}(1-\xi)^{p_1}\,d\xi}{\int_{a_1}^{a_2}\xi^{p_2}(1-\xi)^{p_1}\,d\xi},$$

wobei sich die Grenzen ξ_1, ξ_2, a_1, a_2 aus Gleichung (5) bestimmen; es ist:

$$\xi_1 = \frac{X_1-a_1}{a_2-a_1};\quad \xi_2 = \frac{X_2-a_1}{a_2-a_1}$$

$$a_1 = 0;\quad a_2 = 1$$

und damit der Nenner:

Anwendung auf die Naturgesetze. Ausgleichungsrechnung.

$$\int_0^1 \xi^{p_2}(1-\xi)^{p_1} d\xi = \frac{\Gamma(p_2+1)\,\Gamma(p_1+1)}{\Gamma(p_1+p_2+2)} = \frac{p_1!\,p_2!}{(p_1+p_2+1)!}$$

$$= \frac{1}{\mu+1}\frac{1}{\binom{\mu}{p_1}}.$$

Allein das Zählerintegral läfst sich nicht in derselben einfachen Weise entwickeln, und es wird daher nötig, eine Reihenentwickelung vorzunehmen.

154. Laplace setzt:

(1) $$X = x + z = \frac{1}{\mu}(p_1 a_1 + p_2 a_2) + z,$$

so dafs

$$z = X - x$$

eine kleine Gröfse bedeutet; dann ist:

$$dX = dz$$

$$X - a_1 = \frac{(a_2-a_1)p_2}{\mu} + z = \frac{(a_2-a_1)p_2}{\mu}\left[1 + \frac{\mu z}{(a_2-a_1)p_2}\right]$$

$$a_2 - X = \frac{(a_2-a_1)p_1}{\mu} - z = \frac{(a_2-a_1)p_1}{\mu}\left[1 - \frac{\mu z}{(a_2-a_1)p_1}\right].$$

Der Ausdruck unter dem Integralzeichen in Formel (4) des vorigen Paragraphen geht dann über in:

$$(a_2-X)^{p_1}(X-a_1)^{p_2}\,dX$$

(2) $$= (a_2-a_1)^{\mu}\frac{p_1^{p_1}p_2^{p_2}}{\mu^{\mu}}\left[1+\frac{\mu z}{(a_2-a_1)p_2}\right]^{p_2}\left[1-\frac{\mu z}{(a_2-a_1)p_1}\right]^{p_1}dz.$$

Der vor der Klammer stehende Ausdruck

$$(a_2-a_1)^{\mu}\frac{p_1^{p_1}p_2^{p_2}}{\mu^{\mu}}$$

tritt vor das Integralzeichen und ist sowol im Zähler als im Nenner, kann daher weggelassen werden.

Für die Grenzen folgt aus Gleichung (1):

(3) $$z_1 = X_1 - \frac{1}{\mu}(p_1 a_1 + p_2 a_2)$$

$$z_2 = X_2 - \frac{1}{\mu}(p_1 a_1 + p_2 a_2),$$

280 VI. Kapitel.

wenn z_1 und z_2 die Grenzen des Integrales sind, welche den Grenzen X_1, X_2 entsprechen. Für das Nennerintegral werden die a_1 und a_2 entsprechenden Grenzen, wenn dieselben mit $-c_1$ und $+c_2$ bezeichnet werden:

(4)
$$c_1 = -a_1 + \frac{1}{\mu}(p_1 a_1 + p_2 a_2) = \frac{p_2}{\mu}(a_2 - a_1)$$
$$c_2 = +a_2 - \frac{1}{\mu}(p_1 a_1 + p_2 a_2) = \frac{p_1}{\mu}(a_2 - a_1),$$

und es wird somit:

(5) $$W = \frac{\int_{z_1}^{z_2}\left[1 + \frac{\mu z}{(a_2 - a_1)p_2}\right]^{p_2}\left[1 - \frac{\mu z}{(a_2 - a_1)p_1}\right]^{p_1} dz}{\int_{-c_1}^{+c_2}\left[1 + \frac{\mu z}{(a_2 - a_1)p_2}\right]^{p_2}\left[1 - \frac{\mu z}{(a_2 - a_1)p_1}\right]^{p_1} dz}.$$

Da z eine kleine Größe ist, und μ von derselben Ordnung wie p_1 und p_2, so kann man nach Potenzen von z entwickeln; da aber in der hier auftretenden Form in den Ausdrücken $\binom{p_1}{a}$, $\binom{p_2}{a}$ verschiedene Potenzen von p auftreten, welche mit den Potenzen von $\left(\frac{\mu}{p_1}\right)$, $\left(\frac{\mu}{p_2}\right)$ multipliziert, Glieder verschiedener Ordnungen in demselben Ausdruck erzeugen, so ist es, ebenso wie in § 31, wieder besser, die exponentielle Form zu wählen. Es ist:

$$\left[1 + \frac{\mu z}{(a_2 - a_1)p_2}\right]^{p_2} = e^{\omega_2}$$
$$\left[1 - \frac{\mu z}{(a_2 - a_1)p_1}\right]^{p_1} = e^{\omega_1},$$

wobei
$$\omega_1 = p_1 \log_n\left(1 - \frac{\mu z}{(a_2 - a_1)p_1}\right)$$
$$\omega_2 = p_2 \log_n\left(1 + \frac{\mu z}{(a_2 - a_1)p_2}\right).$$

Anwendung auf die Naturgesetze. Ausgleichungsrechnung.

Entwickelt man hier, so erhält man:

$$\omega_1 = -\frac{\mu z}{(a_2 - a_1)} - \frac{1}{2}\frac{\mu^2 z^2}{(a_2 - a_1)^2 p_1} - \frac{1}{3}\frac{\mu^3 z^3}{(a_2 - a_1)^3 p_1^2} - \cdots$$

$$\omega_2 = +\frac{\mu z}{(a_2 - a_1)} - \frac{1}{2}\frac{\mu^2 z^2}{(a_2 - a_1)^2 p_2} + \frac{1}{3}\frac{\mu^3 z^3}{(a_2 - a_1)^3 p_2^2} - \cdots$$

folglich:

(6a) $$\left[1 + \frac{\mu z}{(a_2 - a_1) p_2}\right]^{p_2} \left[1 - \frac{\mu z}{(a_2 - a_1) p_1}\right]^{p_1} = e^{\omega_1 + \omega_2},$$

wobei, wie eine leichte Reduktion ergiebt:

(6b) $$\omega_1 + \omega_2 = -\frac{1}{2}\frac{\mu^2 z^2}{(a_2 - a_1)^2}\left[\frac{1}{p_1} + \frac{1}{p_2}\right]$$
$$-\frac{1}{3}\frac{\mu^3 z^3}{(a_2 - a_1)^3}\left[\frac{1}{p_1^2} - \frac{1}{p_2^2}\right] - \cdots$$

Setzt man nun hier, was stets erlaubt ist, da p_1 und p_2 stets positiv sind:

(7) $$\frac{1}{2}\frac{\mu^2 z^2}{(a_2 - a_1)^2}\left[\frac{1}{p_1} + \frac{1}{p_2}\right] = t^2,$$

so wird:

$$dz = \sqrt{\frac{2(a_2 - a_1)^2}{\mu^2\left(\dfrac{1}{p_1} + \dfrac{1}{p_2}\right)}}\, dt$$

$$= \sqrt{\frac{2(a_2 - a_1)^2 p_1 p_2}{\mu^2}}\, dt = \frac{(a_2 - a_1)}{\mu}\sqrt{\frac{2 p_1 p_2}{\mu}}\, dt$$

$$\frac{1}{n}\frac{\mu^n z^n}{(a_2 - a_1)^n}\left(\frac{1}{p_1^{n-1}} \pm \frac{1}{p_2^{n-1}}\right) = \frac{1}{n}\frac{2^{\frac{n}{2}} t^n}{\left(\dfrac{1}{p_1} + \dfrac{1}{p_2}\right)^{\frac{n}{2}}}\left(\frac{1}{p_1^{n-1}} \pm \frac{1}{p_2^{n-1}}\right)$$

$$= \frac{1}{n}\frac{2^{\frac{n}{2}} t^n}{\mu^{\frac{n}{2}}} (p_1 p_2)^{\frac{n}{2}} \frac{p_2^{n-1} \pm p_1^{n-1}}{(p_1 p_2)^{n-1}}$$

$$= \frac{1}{n}\frac{2^{\frac{n}{2}} t^n}{\mu^{\frac{n}{2}} (p_1 p_2)^{\frac{n}{2}-1}} (p_2^{n-1} \pm p_1^{n-1}).$$

VI. Kapitel.

Der Ausdruck unter dem Integralzeichen wird demnach:

$$e^{\omega_1+\omega_2}dz = e^{-t^2}e^{-\frac{1}{3}\frac{4(p_2-p_1)}{\sqrt{2\mu p_1 p_2}}t^3-\frac{\mu^2-3p_1p_2}{\mu p_1 p_2}t^4-\ldots}\cdot\frac{a_2-a_1}{\mu}\sqrt{\frac{2p_1p_2}{\mu}}dt.$$

Da das Integral im Zähler und Nenner dasselbe ist, so kann wieder der Koeffizient

$$\frac{a_2-a_1}{\mu}\sqrt{\frac{2p_1p_2}{\mu}}$$

weggelassen werden. Ferner können die von t^3, t^4, ... abhängigen Ausdrücke gegenüber dem Ausdrucke mit dem Koeffizienten t^2 weggelassen werden, da sie nebst den höheren Potenzen der t noch einen Koeffizienten von der Ordnung $\frac{1}{\sqrt{\mu}}, \frac{1}{\mu}, \ldots$ enthalten, so daß

$$(8) \qquad W = \frac{\int_{t_1}^{t_2} e^{-t^2}dt}{\int_{-\tau_1}^{+\tau_2} e^{-t^2}dt}$$

wird. Aus den Gleichungen (7) und (3), (4) folgen die Grenzen t_1, t_2, τ_1, τ_2:

$$(9)\quad\begin{aligned}t_1 &= \frac{\mu z_1}{a_2-a_1}\sqrt{\frac{\mu}{2p_1p_2}} = \frac{\mu\sqrt{\mu}}{(a_2-a_1)\sqrt{2p_1p_2}}\left[X_1-\frac{1}{\mu}(p_1a_1+p_2a_2)\right]\\ t_2 &= \frac{\mu z_2}{a_2-a_1}\sqrt{\frac{\mu}{2p_1p_2}} = \frac{\mu\sqrt{\mu}}{(a_2-a_1)\sqrt{2p_1p_2}}\left[X_2-\frac{1}{\mu}(p_1a_1+p_2a_2)\right]\end{aligned}$$

$$(10)\quad\begin{aligned}\tau_1 &= \sqrt{\frac{\mu p_2}{2p_1}}\\ \tau_2 &= \sqrt{\frac{\mu p_1}{2p_2}}.\end{aligned}$$

Da p_1, p_2, μ von derselben Ordnung, aber jedenfalls sehr groß sind, so kann man praktisch die Grenzen c_1, c_2 als unendlich ansehen und findet für den Nenner:

$$\int_{-\tau_1}^{+\tau_2} e^{-t^2}dt = \int_{-\infty}^{+\infty} e^{-t^2}dt = \sqrt{\pi},$$

Anwendung auf die Naturgesetze. Ausgleichungsrechnung. 283

folglich:

$$\text{(11)} \qquad W = \frac{1}{\sqrt{\pi}} \int_{t_1}^{t_2} e^{-t^2} dt.$$

W ist die Wahrscheinlichkeit, dafs X zwischen den Grenzen X_1 und X_2 liegt. Es ist aber nach (9):

$$\text{(12)} \qquad \begin{aligned} X_1 &= \frac{(a_2 - a_1)\sqrt{2 p_1 p_2}}{\mu \sqrt{\mu}} t_1 + \frac{1}{\mu}(p_1 a_1 + p_2 a_2) \\ X_2 &= \frac{(a_2 - a_1)\sqrt{2 p_1 p_2}}{\mu \sqrt{\mu}} t_2 + \frac{1}{\mu}(p_1 a_1 + p_2 a_2). \end{aligned}$$

Berücksichtigt man Formel (1) in § 153, so folgt hieraus, dafs

$$\text{(13)} \qquad \begin{aligned} z_1 &= X_1 - x = \frac{(a_2 - a_1)\sqrt{2 p_1 p_2}}{\mu \sqrt{\mu}} t_1 \\ z_2 &= X_2 - x = \frac{(a_2 - a_1)\sqrt{2 p_1 p_2}}{\mu \sqrt{\mu}} t_2 \end{aligned}$$

ist, d. h. dafs $X - x$ zwischen den Grenzen

$$\frac{(a_2 - a_1)\sqrt{2 p_1 p_2}}{\mu \sqrt{\mu}} t_1 \quad \text{und} \quad \frac{(a_2 - a_1)\sqrt{2 p_1 p_2}}{\mu \sqrt{\mu}} t_2$$

liegt.

Nun ist die Frage sofort zu lösen: Welches ist die Wahrscheinlichkeit, dafs der Unterschied $X - x$, d. h. der Unterschied zwischen dem wahrscheinlichsten und dem Mittelwerte, unterhalb einer gewissen Gröfse c liegt. Dazu hat man

$$z_1 = -c; \quad z_2 = +c$$

zu setzen, und es wird W durch den Ausdruck

$$W = \frac{1}{\sqrt{\pi}} \int_{t_1}^{t_2} e^{-t^2} dt$$

gegeben, wobei

$$t_1 = -\frac{\mu \sqrt{\mu}}{(a_2 - a_1)\sqrt{2 p_1 p_2}} c; \quad t_2 = +\frac{\mu \sqrt{\mu}}{(a_2 - a_1)\sqrt{2 p_1 p_2}} c$$

ist, so dafs endlich

VI. Kapitel.

$$(14) \quad W = \frac{2}{\sqrt{\pi}} \int_0^{\vartheta} e^{-t^2} dt; \quad \vartheta = \frac{\mu \sqrt{\mu}}{(a_2 - a_1)\sqrt{2 p_1 p_2}} c$$

die Wahrscheinlichkeit ist, daſs $X - x$ zwischen den Grenzen $\pm c$ liegt.

155. In ähnlicher Weise, wenn auch wesentlich schwieriger, ist die Lösung des allgemeinen Falles. Nach (1) und (2) § 152 ist wieder:

$$(1) \quad X = w_1 a_1 + w_2 a_2 + \ldots + w_i a_i$$

$$(2) \quad x = \frac{1}{\mu}(p_1 a_1 + p_2 a_2 + \ldots + p_i a_i),$$

wobei

$$(3) \quad w_1 + w_2 + w_3 + \ldots + w_i = 1$$

$$(4) \quad p_1 + p_2 + p_3 + \ldots + p_i = \mu$$

ist. Die Wahrscheinlichkeit, daſs X zwischen den Werten X_1 und X_2 liegt, ist, wie in § 153:

$$(5) \quad W = \frac{\int_{X_1}^{X_2} w_1^{p_1} w_2^{p_2} \ldots w_i^{p_i} dw}{\int_{m_1}^{m_2} w_1^{p_1} w_2^{p_2} \ldots w_i^{p_i} dw},$$

wobei Kürze halber dw an Stelle von $dw_1\, dw_2 \ldots dw_i$ gesetzt wurde; die w lassen sich jedoch hier nicht so einfach ausdrücken.

Hier kann nun zunächst das folgende bemerkt werden: Jede Transformation der w auf andere Variable bringt an Stelle des Produktes der Differentialien $dw_1, dw_2, \ldots dw_i$ das Produkt der neuen Differentialien, multipliziert mit der Funktionaldeterminante der Substitution. Bei einer linearen Substitution wird diese Funktionaldeterminante eine Konstante, die im Nenner und Zähler gleichmäſsig vor das Integralzeichen tritt und daher weggelassen werden kann. Dasselbe gilt von allen konstanten Koeffizienten, welche bei der Transformation der Funktion unter dem Integralzeichen selbst auftreten, so daſs dieselben nicht weiter berücksichtigt zu werden brauchen.

Anwendung auf die Naturgesetze. Ausgleichungsrechnung. 285

Macht man die Substitution
$$X = x + z$$
(6) $$w_1 = \frac{p_1}{\mu} + \zeta_1; \quad w_2 = \frac{p_2}{\mu} + \zeta_2; \quad \ldots \quad w_i = \frac{p_i}{\mu} + \zeta_i,$$
so findet man durch die Substitution in (3) und (1):

(7) $$\zeta_1 + \zeta_2 + \zeta_3 + \ldots + \zeta_i = 0$$
$$a_1 \zeta_1 + a_2 \zeta_2 + \ldots + a_i \zeta_i = z.$$

Bezeichnet man die Funktion unter dem Integralzeichen ohne Rücksicht auf die Konstanten mit F, also:
$$F = \frac{1}{\text{Konst.}} w_1^{p_1} w_2^{p_2} w_3^{p_3} \ldots w_i^{p_i},$$
wobei Konst. irgend eine in dem Produkte auftretende Konstante bedeutet, so wird durch die Substitution (6):
$$\text{Konst.} = \frac{p_1^{p_1} p_2^{p_2} \ldots p_i^{p_i}}{\mu^\mu}$$
$$F = \left(1 + \frac{\mu \zeta_1}{p_1}\right)^{p_1} \left(1 + \frac{\mu \zeta_2}{p_2}\right)^{p_2} \ldots \left(1 + \frac{\mu \zeta_i}{p_i}\right)^{p_i},$$
und an Stelle des Produktes dw tritt das Produkt
$$d\zeta = d\zeta_1 \, d\zeta_2 \, \ldots \, d\zeta_i.$$

F kann nun in die Form gebracht werden:
$$F = e^{\omega_1 + \omega_2 + \ldots + \omega_i},$$
wobei:
$$\omega_1 = p_1 \log_n \left(1 + \frac{\mu \zeta_1}{p_1}\right) = \mu \zeta_1 - \frac{1}{2} \frac{\mu^2 \zeta_1^2}{p_1} + \frac{1}{3} \frac{\mu^3 \zeta_1^3}{p_1^2} - \ldots$$
$$\omega_2 = p_2 \log_n \left(1 + \frac{\mu \zeta_2}{p_2}\right) = \mu \zeta_2 - \frac{1}{2} \frac{\mu^2 \zeta_2^2}{p_2} + \frac{1}{3} \frac{\mu^3 \zeta_2^3}{p_2^2} - \ldots$$
$$\cdot \quad \cdot \quad \cdot \quad \cdot \quad \cdot \quad \cdot \quad \cdot \quad \cdot \quad \cdot \quad \cdot \quad \cdot \quad \cdot \quad \cdot$$
$$\omega_i = p_i \log_n \left(1 + \frac{\mu \zeta_i}{p_i}\right) = \mu \zeta_i - \frac{1}{2} \frac{\mu^2 \zeta_i^2}{p_i} + \frac{1}{3} \frac{\mu^3 \zeta_i^3}{p_i^2} - \ldots$$

folglich, da die Summe der ersten Ausdrücke gemäfs der ersten Gleichung (7) verschwindet:

$$F = e^{-\frac{1}{2}\mu^2\left(\frac{\zeta_1^2}{p_1} + \frac{\zeta_2^2}{p_2} + \cdots + \frac{\zeta_i^2}{p_i}\right)} \cdot e^{+\frac{1}{8}\mu^3\left(\frac{\zeta_1^3}{p_1^2} + \frac{\zeta_2^3}{p_2^2} + \cdots + \frac{\zeta_i^3}{p_i^2}\right)} \cdots$$

Die ζ sind nicht voneinander unabhängig; nach (7) lassen sich zwei derselben durch die $(i-2)$ übrigen und ε ausdrücken. Führt man an Stelle der ζ um symmetrische Resultate zu erhalten $(i-2)$ neue Variable ξ durch die Gleichungen ein:

(8)
$$a_{11}\zeta_1 + a_{12}\zeta_2 + \cdots + a_{1i}\zeta_i = \xi_1$$
$$a_{21}\zeta_1 + a_{22}\zeta_2 + \cdots + a_{2i}\zeta_i = \xi_2$$
$$\cdots \cdots \cdots \cdots \cdots$$
$$a_{i-2,1}\zeta_1 + a_{i-2,2}\zeta_2 + \cdots + a_{i-2,i}\zeta_i = \xi_{i-2},$$

so lassen sich aus den Geichungen (7) und (8) die ζ durch die ξ ausdrücken. Bezeichnet man die Unterdeterminanten der Determinante:

$$\Delta = \begin{vmatrix} 1, & 1, & 1, & \ldots & 1 \\ a_1, & a_2, & a_3, & \ldots & a_i \\ a_{11}, & a_{12}, & a_{13}, & \ldots & a_{1i} \\ a_{21}, & a_{22}, & a_{23}, & \ldots & a_{2i} \\ \cdot & \cdot & \cdot & & \cdot \\ \cdot & \cdot & \cdot & & \cdot \\ a_{i-2,1}, & a_{i-2,2}, & & \ldots & a_{i-2,i} \end{vmatrix}$$

von der zweiten Zeile an (die Unterdeterminanten der ersten Zeile werden nicht benötigt) mit:

$$\mathfrak{A}_1, \mathfrak{A}_2, \ldots \mathfrak{A}_i$$
$$A_{11}, A_{12}, \ldots A_{1i}$$
$$A_{21}, A_{22}, \ldots A_{2i}$$
$$\cdots \cdots \cdots$$
$$A_{i-2,1}, A_{i-2,2}, \ldots A_{i-2,i},$$

so wird:

Anwendung auf die Naturgesetze. Ausgleichungsrechnung.

(9)
$$\Delta \zeta_1 = \mathfrak{A}_1 s + A_{11}\xi_1 + A_{21}\xi_2 + \ldots + A_{i-2,1}\xi_{i-2}$$
$$\Delta \zeta_2 = \mathfrak{A}_2 s + A_{12}\xi_1 + A_{22}\xi_2 + \ldots + A_{i-2,2}\xi_{i-2}$$
$$\cdots \cdots \cdots \cdots \cdots \cdots \cdots \cdots \cdots$$
$$\Delta \zeta_i = \mathfrak{A}_i s + A_{1i}\xi_1 + A_{2i}\xi_2 + \ldots + A_{i-2,i}\xi_{i-2}.$$

156. Wie man sofort sieht, wird aber die weitere Durchführung sehr umständlich. Hier mag nur erwähnt werden, daſs die bisher unbestimmt gelassenen Koeffizienten so bestimmt werden könnten, daſs die Resultate möglichst einfach werden. Das einfachste wäre, den Ausdruck:

$$\frac{\zeta_1^2}{p_1} + \frac{\zeta_2^2}{p_2} + \ldots + \frac{\zeta_i^2}{p_i}$$

auf die Form zu bringen:

$$(\mathfrak{A}\xi_1 + \mathfrak{B}\xi_2 + \ldots + \mathfrak{K}\xi_{i-2} + \mathfrak{L}s)^2.$$

Dieses ist aber nicht möglich; allerdings hat man $i(i-2)$ Koeffizienten $a_{i,k}$ zur Verfügung, zu deren Bestimmung $\frac{(i-1)(i-2)}{2}$ Gleichungen dienen und da die Zahl der Gleichungen kleiner als die Zahl der Unbekannten ist, so sind scheinbar noch unendlich viele Lösungen möglich; nichts desto weniger ist dieses nicht möglich, da sich zeigen läſst, daſs nicht alle Gleichungen voneinander unabhängig werden.

Für den Fall dreier Ereignisse wird die Aufgabe noch relativ leicht lösbar, weshalb dieser Fall hier noch weitergeführt werden soll.

In diesem Fall reduziert sich das System der Gleichungen (8) auf die einzige Gleichung:

$$a_1\zeta_1 + a_2\zeta_2 + a_3\zeta_3 = \xi,$$

und es wird:

$$\Delta = \begin{vmatrix} 1 & 1 & 1 \\ a_1 & a_2 & a_3 \\ a_1 & a_2 & a_3 \end{vmatrix}$$

dann, indem die Unterdeterminanten aufgelöst werden:

VI. Kapitel.

$$
\text{(1)} \quad \begin{aligned}
\Delta \zeta_1 &= (a_3 - a_2)\xi - (a_3 - a_2)z, \\
\Delta \zeta_2 &= (a_1 - a_3)\xi - (a_1 - a_3)z, \\
\Delta \zeta_3 &= (a_2 - a_1)\xi - (a_2 - a_1)z.
\end{aligned}
$$

Damit findet man:

$$
\begin{aligned}
\frac{\zeta_1^2}{p_1} + \frac{\zeta_2^2}{p_2} + \frac{\zeta_3^2}{p_3} &= \frac{1}{\Delta^2}(A\xi^2 - 2B\xi z + Cz^2) \\
&= \frac{1}{\Delta^2}\left(\sqrt{A}\cdot\xi - \frac{B}{\sqrt{A}}z\right)^2 + \frac{1}{\Delta^2}\left(C - \frac{B^2}{A}\right)z^2,
\end{aligned}
$$

wobei:

$$
\text{(2)} \quad \begin{aligned}
A &= \frac{(a_3-a_2)^2}{p_1} + \frac{(a_1-a_3)^2}{p_2} + \frac{(a_2-a_1)^2}{p_3}, \\
B &= \frac{(a_3-a_2)(a_3-a_2)}{p_1} + \frac{(a_1-a_3)(a_1-a_3)}{p_2} \\
&\qquad + \frac{(a_2-a_1)(a_2-a_1)}{p_3}, \\
C &= \frac{(a_3-a_2)^2}{p_1} + \frac{(a_1-a_3)^2}{p_2} + \frac{(a_2-a_1)^2}{p_3}.
\end{aligned}
$$

ist. Die Bedingung dafür, daſs sich ein Ausdruck von der Form:

$$(\mathfrak{A}\xi + \mathfrak{B}z)^2$$

ergeben sollte, wäre daher:

$$B^2 - AC = 0.$$

Man findet aber nach einigen leichten Reduktionen:

$$B^2 - AC = \frac{\Delta^2 \mu}{p_1 p_2 p_3},$$

welcher Ausdruck nicht verschwinden kann.

Da nun, ebenso wie früher, die von den dritten Potenzen der ζ abhängigen Glieder weggelassen werden können, und

$$\frac{B^2 - AC}{A\Delta^2} = \frac{\mu}{A p_1 p_2 p_3}$$

ist, so folgt:

Anwendung auf die Naturgesetze. Ausgleichungsrechnung.

(3) $$Fdw = e^{-\frac{1}{2}\frac{\mu^2}{A^2}\left(\sqrt{A}\xi - \frac{B}{\sqrt{A}}z\right)^2} e^{-\frac{1}{2}\frac{\mu^3}{A p_1 p_2 p_3}z^2} d\xi dz.$$

Setzt man endlich noch:

(4) $$\frac{\mu}{A\sqrt{2}}\left(\sqrt{A}\xi - \frac{B}{\sqrt{A}}z\right) = y; \quad \frac{1}{\sqrt{2}}\frac{\mu\sqrt{\mu}}{\sqrt{A}\sqrt{p_1 p_2 p_3}}z = t,$$

so erhält man:

(5) $$Fdw = e^{-y^2} e^{-t^2} dy\, dt.$$

Wesentlich ist nun die Bestimmung der Grenzen. t ist nur von z abhängig, y jedoch von z und ξ, also von z und den ζ. Nun wird geschlossen, daſs A und B von der Ordnung $\dfrac{1}{\sqrt{\mu}}$, demnach y von der Ordnung $\sqrt{\mu}$ ist, daher die Grenzen mit wachsendem μ sich den Grenzen $\pm\infty$ nähern, somit konstant werden, so daſs das Doppelintegral in das Produkt zweier Integrale zerfällt, von denen das eine:

$$\int e^{-y^2} dy$$

im Zähler und Nenner dieselben Grenzen hat, daher weggelassen werden kann, so daſs:

(6) $$W = \frac{\int_{t_1}^{t_2} e^{-t^2} dt}{\int_{-\tau_1}^{+\tau_2} e^{-t^2} dt}$$

wird. Das Nennerintegral wird nun wieder für unendlich werdende Grenzen $\sqrt{\pi}$, und t_1, t_2 sind bestimmt durch:

$$t_1 = \frac{1}{\sqrt{2}}\frac{\mu\sqrt{\mu}}{\sqrt{A}\sqrt{p_1 p_2 p_3}}z_1$$

$$t_2 = \frac{1}{\sqrt{2}}\frac{\mu\sqrt{\mu}}{\sqrt{A}\sqrt{p_1 p_2 p_3}}z_2$$

oder, wenn $z_1 = -c$, $z_2 = +c$ gesetzt wird:

(7) $$W = \frac{2}{\sqrt{\pi}}\int_0^\vartheta e^{-t^2} dt$$

$$\vartheta = \pm\frac{1}{\sqrt{2}}\frac{\mu\sqrt{\mu}}{\sqrt{A}\sqrt{p_1 p_2 p_3}}c$$

VI. Kapitel.

als Wahrscheinlichkeit, daſs $X - x$ zwischen den Grenzen $\pm c$ liegt.

157. Würden die Koeffizienten a gleich den a angenommen, d. h. $a_i = a_i$, so würde allerdings $A = B$, $\xi = s$ und demnach $y = 0$ werden. Diese Annahme darf aber nicht gemacht werden, weil sonst $\varDelta = 0$ würde. $A - B$ würde übrigens auch Null, wenn $a_1 - a_1 = a_2 - a_2 = a_3 - a_3$ wäre. Aber auch in diesem Falle würde $\varDelta$ verschwinden, indem dann, wenn die Differenz $a_i - a_i = \beta$ gesetzt wird:

$$\varDelta = \begin{vmatrix} 1 & 1 & 1 \\ a_1 & a_2 & a_3 \\ a_1 & a_2 & a_3 \end{vmatrix} = \begin{vmatrix} 1 & 1 & 1 \\ a_1 & a_2 & a_3 \\ \beta & \beta & \beta \end{vmatrix} = \beta \begin{vmatrix} 1 & 1 & 1 \\ a_1 & a_2 & a_3 \\ 1 & 1 & 1 \end{vmatrix} = 0$$

ist. Da nun y nicht verschwinden kann, so würde das Integral jedenfalls auf den Wert von W von Einfluſs sein, wenn nicht durch die Annahme, daſs wegen des Faktors $\sqrt{\mu}$ die Grenzen $\pm \infty$ gesetzt werden können, eine Vereinfachung eintreten würde. Diese Annahme aber ist ungerechtfertigt, denn genau dasselbe gilt für das zweite Integral, denn der Koeffizient von s in dem Ausdrucke für t ist ebenfalls von der Ordnung $\sqrt{\mu}$. Auch diese Ableitung ist daher nicht strenge, der Beweis nur ein Scheinbeweis.

158. In seiner „*Theorie analytiques des probabilités*" schlägt Laplace einen anderen Weg ein. Er nimmt bei seiner Fehlertheorie ebenfalls kein bestimmtes Fehlergesetz an, sondern geht von der folgenden Voraussetzung aus:

Seien zunächst die Fehler einer Beobachtung

$$-n\nu, -(n-1)\nu, -(n-2)\nu, \ldots -\nu, 0, +\nu, \ldots +(n-2)\nu, +(n-1)\nu, +n\nu$$

als gleich wahrscheinlich vorausgesetzt, wobei also, ν als sehr klein vorausgesetzt, alle möglichen Fehler zwischen 0 und $\pm n\nu$ liegend, als zulässig angenommen sind; dann ist die Wahrscheinlichkeit jedes dieser Fehler gleich $\dfrac{1}{2n+1}$. Ist s die Zahl der Beobachtungen, so ist der Koeffizient von $e^{\pm i\nu\omega\sqrt{-1}}$ in der Entwickelung des Polynomes

Anwendung auf die Naturgesetze. Ausgleichungsrechnung.

(1) $\quad U = \big(e^{-n\nu\omega\sqrt{-1}} + e^{-(n-1)\nu\omega\sqrt{-1}} + \ldots + e^{-\nu\omega\sqrt{-1}} + 1 +$
$\quad\quad\quad + e^{+\nu\omega\sqrt{-1}} + \ldots + e^{+(n-1)\nu\omega\sqrt{-1}} +$
$\quad\quad\quad + e^{+n\nu\omega\sqrt{-1}}\big)^s$

die Zahl der Kombinationen, in welchen die Summe der Fehler $l\nu$ ist. Denn betrachtet man die s^{te} Potenz als ein Produkt von s Faktoren, so wird in irgend einem Gliede dieses Produktes der Exponent aus der Summe mehrerer Exponenten von $e^{\pm\alpha\nu\omega\sqrt{-1}}$, $e^{\pm\beta\nu\omega\sqrt{-1}}$ ... hervorgehen, d. h. aus der Summe von einer Reihe von Fehlern und zwar derjenigen, deren Summe eben l ist. Da der Koeffizient jedes dieser Glieder für jede mögliche Kombination stets die Einheit ist, so wird der Koeffizient dieses Gliedes in der Potenz $l\nu\omega\sqrt{-1}$ die Zahl der Kombinationen ausdrücken, für welche die Fehlersumme stets l ist. Es sind daher in den beiden Gliedern:

$$L e^{+l\nu\omega\sqrt{-1}} + L' e^{-l\nu\omega\sqrt{-1}}$$

die Koeffizienten L und L', welche, wie man leicht sieht, bei vollständig symmetrischer Verteilung der Fehler einander gleich sein müssen, die Zahl der Fälle, in denen die Summe der Fehler, abgesehen vom Zeichen, $l\nu$ ist.

Da nun
$$U e^{-l\nu\omega\sqrt{-1}} = L + \ldots$$
$$U e^{+l\nu\omega\sqrt{-1}} = L' + \ldots$$

wenn man nur die konstanten, von $e^{\alpha\omega\sqrt{-1}}$ unabhängigen Glieder berücksichtigt, so wird:

$$U\big(e^{+l\nu\omega\sqrt{-1}} + e^{-l\nu\omega\sqrt{-1}}\big) = L + L' + \ldots \text{ periodische Glieder,}$$

oder unter der Voraussetzung $L = L'$:

$$U \cos l\nu\omega = L + \ldots \text{ periodische Glieder.}$$

Multipliziert man mit $d\omega$ und integriert zwischen den Grenzen 0 und π, so fallen rechts alle Glieder mit Ausnahme des ersten weg, und es folgt daher:

(2) $$L = \frac{1}{\pi}\int_0^\pi U \cos l\nu\omega\, d\omega$$

$$= \frac{1}{\pi}\int_0^\pi (1 + 2\cos\nu\omega + 2\cos 2\nu\omega + \ldots + 2\cos n\nu\omega)^2 \cos l\nu\omega\, d\omega.$$

Zur Ermittelung dieses Integrals hat man zu beachten, daſs

$$1 + \cos\nu\omega + \cos 2\nu\omega + \ldots + \cos n\nu\omega =$$

$$= \frac{1 - \cos\nu\omega + \cos n\nu\omega - \cos(n+1)\nu\omega}{2 - 2\cos\nu\omega}$$

$$= \frac{2\sin\frac{1}{2}\nu\omega^2 + 2\sin\left(n+\frac{1}{2}\right)\nu\omega \sin\frac{1}{2}\nu\omega}{4\sin\frac{1}{2}\nu\omega^2}$$

$$= \frac{1}{2} + \frac{\sin\left(n+\frac{1}{2}\right)\nu\omega}{2\sin\frac{1}{2}\nu\omega},$$

demnach:

$$1 + 2\cos\nu\omega + 2\cos 2\nu\omega + \ldots + 2\cos n\nu\omega = \frac{\sin\left(n+\frac{1}{2}\right)\nu\omega}{\sin\frac{1}{2}\nu\omega}$$

und daher

(3) $$L = \frac{1}{\pi}\int_0^\pi \left(\frac{\sin\left(n+\frac{1}{2}\right)\nu\omega}{\sin\frac{1}{2}\nu\omega}\right)^2 \cos l\nu\omega\, d\omega$$

ist.

159. Um dieses Integral auszumitteln, setzt **Laplace**:

(1) $$\left[\frac{\sin\left(n+\frac{1}{2}\right)\nu\omega}{\sin\frac{1}{2}\nu\omega}\right]^2 = (2n+1)^2 e^{-t^2}.$$

Anwendung auf die Naturgesetze. Ausgleichungsrechnung.

Hieraus folgt, wenn man die Logarithmen nimmt:

$$\log \sin \left(n + \frac{1}{2}\right)\nu\omega - \log \sin \frac{1}{2}\nu\omega = \log(2n+1) - \frac{1}{s}t^2.$$

Entwickelt man links in eine Reihe, so erhält man:

$$\log_n\left[\left(n+\frac{1}{2}\right)\nu\omega\right] + \log_n\left[1 - \frac{1}{6}\left(\left(n+\frac{1}{2}\right)\nu\omega\right)^2 + \right.$$
$$\left. + \frac{1}{120}\left(\left(n+\frac{1}{2}\right)\nu\omega\right)^4 \ldots\right] -$$
$$- \log_n\left[\frac{1}{2}\nu\omega\right] - \log_n\left[1 - \frac{1}{6}\left(\frac{1}{2}\nu\omega\right)^2 + \frac{1}{120}\left(\frac{1}{2}\nu\omega\right)^4 \ldots\right] =$$
$$= \log_n(2n+1) - \frac{1}{s}t^2$$

oder

$$-\frac{1}{6}\left(\left(n+\frac{1}{2}\right)\nu\omega\right)^2 + \frac{1}{120}\left(\left(n+\frac{1}{2}\right)\nu\omega\right)^4 - \frac{1}{72}\left(\left(n+\frac{1}{2}\right)\nu\omega\right)^4 + \ldots$$
$$+ \frac{1}{6}\left(\frac{1}{2}\nu\omega\right)^2 - \frac{1}{120}\left(\frac{1}{2}\nu\omega\right)^4 + \frac{1}{72}\left(\frac{1}{2}\nu\omega\right)^4 - \ldots$$
$$= -\frac{1}{s}t^2.$$

Und entsprechend reduziert:

$$(\nu\omega)^2\left\{1 + \frac{\left(n+\frac{1}{2}\right)^2 + \left(\frac{1}{2}\right)^2}{30}(\nu\omega)^2 + \ldots\right\} = \frac{6t^2}{n(n+1)s}$$

$$(2)\quad \omega = \frac{t\sqrt{6}}{\sqrt{n\nu(n+1)\nu s}} \cdot \frac{1}{1 + \dfrac{\left(n+\frac{1}{2}\right)^2 + \left(\frac{1}{2}\right)^2}{30}\dfrac{6t^2}{n(n+1)s} - \ldots}$$

$$= \frac{t\sqrt{6}}{\sqrt{n\nu(n+1)\nu s}}\left[1 - \frac{n^2+n+\frac{1}{2}}{5}\frac{t^2}{n(n+1)s} + \ldots\right].$$

VI. Kapitel.

Hiermit wird:

$$L = \frac{(2n+1)^s}{\pi} \frac{\sqrt{6}}{\sqrt{n\nu(n+1)\nu s}}$$

(3)
$$\int dt \left[1 - \frac{3\left(n^2+n+\frac{1}{2}\right)}{5} \frac{t^2}{n(n+1)s} + \ldots\right] e^{-t^2} \times$$

$$\times \cos\left\{\frac{l\nu t \sqrt{6}}{\sqrt{n\nu(n+1)\nu s}} \left(1 - \frac{n^2+n+\frac{1}{2}}{5} \frac{t^2}{n(n+1)s} + \ldots\right)\right\}.$$

Die Grenzen für t folgen aus der Beziehung zwischen t und ω leicht; dem Werte $\omega = 0$ entspricht $t = 0$, dem Werte $\omega = \pi$ entspricht derjenige Wert t_1 von t, welcher aus

$$e^{-t_1^2} = \frac{1}{(2n+1)^s} \left(\frac{\sin(2n+1)\frac{\nu\pi}{2}}{\sin\frac{\nu\pi}{2}}\right)^s$$

folgt. Die Berechnung des Integrales ist daher im allgemeinen in dieser Form nicht durchführbar; sie wird aber durchführbar, wenn s, die Zahl der Beobachtungen, sehr grofs ist. In diesem Falle wird nämlich n, d. i. die Zahl der Werte für die Fehler, ebenfalls sehr grofs; da aber ν, das Intervall der verschiedenen Fehler, sehr klein, und demnach $n\nu = a$ eine endliche Gröfse ist, so kann man schreiben:

$$e^{-t^2} = \frac{1}{(2n+1)^s} \left(\frac{\sin\left(a\pi + \frac{\nu\pi}{2}\right)}{\sin\frac{\nu\pi}{2}}\right)^s$$

$$= \left(\frac{\sin a\pi + \frac{\nu\pi}{2}\cos a\pi}{(2n+1)\frac{\nu\pi}{2}}\right)^s$$

$$= \left(\frac{\sin a\pi}{a\pi} + \frac{\cos a\pi}{2n+1}\right)^s,$$

Anwendung auf die Naturgesetze. Ausgleichungsrechnung.

und da $\dfrac{\sin a\pi}{a\pi}$ stets ein echter Bruch ist, und $\dfrac{\cos a\pi}{2n+1}$ mit wachsendem n verschwindet, so wird die s^{te} Potenz dieses Ausdruckes sich mit wachsendem s der Grenze 0 nähern und man hat
$$\lim_{\lim s = \infty} e^{-t^2} = 0,$$
daher in diesem Falle
$$\text{für } \omega = \frac{\pi}{2} : t = \infty.$$

Da in diesem Falle übrigens auch in dem Klammerausdruck innerhalb des Integrales die von t^2 abhängigen Glieder gegenüber dem ersten wegzulassen sind, so wird, unter der Voraussetzung einer sehr grofsen, unendlich werdenden Zahl von Beobachtungen:

(4) $\quad L = \dfrac{(2n+1)^s \sqrt{6}}{\pi \sqrt{n\nu(n+1)\nu s}} \displaystyle\int_0^\infty dt\, e^{-t^2} \cos \dfrac{l\nu t \sqrt{6}}{\sqrt{n\nu(n+1)\nu s}},$

und da
$$\int_{-\infty}^{+\infty} e^{-ht^2} \cos kt\, dt = \sqrt{\frac{\pi}{h}}\, e^{-\frac{k^2}{4h}}$$
ist, so wird ausgeführt:

(5)
$$L = \frac{(2n+1)^s \sqrt{6}}{\sqrt{n\nu(n+1)\nu s}} \frac{\sqrt{\pi}}{2\pi} e^{-\frac{1}{4} \frac{6 l^2 \nu^2}{n\nu(n+1)\nu s}}$$
$$= \frac{(2n+1)^s \sqrt{3}}{\sqrt{n\nu(n+1)\nu \cdot 2s \cdot \pi}} e^{-\frac{3}{2} \frac{l^2 \nu^2}{n\nu(n+1)\nu s}}.$$

L ist die Zahl der Fälle, in denen die Summe der Zahl der Fehler $l\nu$ ist; im Sinne der Wahrscheinlichkeitsrechnung die dieser Fehlersumme günstigen Fälle; die Zahl aller möglichen Fälle ist $(2n+1)^\nu$, daher die Wahrscheinlichkeit, dafs die Summe der Fehler $l\nu$ ist:

(6) $\quad w = \dfrac{\sqrt{3}}{\sqrt{n\nu(n+1)\nu \cdot 2s\pi}}\, e^{-\frac{3}{2} \frac{l^2 \nu^2}{n\nu(n+1)\nu s}}.$

Setzt man

(7) $$+\frac{3}{2}\frac{l^2\nu^2}{n\nu(n+1)\nu\cdot s} = t^2$$

oder

$$l\nu = \frac{\sqrt{2}\,t\,\sqrt{n\nu(n+1)\nu s}}{\sqrt{3}},$$

so geht der obige Ausdruck über in

(8) $$w = \frac{\sqrt{3}}{\sqrt{n\nu(n+1)\nu\cdot 2s\pi}}e^{-t^2}$$

als Wert der Wahrscheinlichkeit, daſs die Summe der Fehler

$$\frac{\sqrt{2}\,\sqrt{n\nu(n+1)\nu s}}{\sqrt{3}}t$$

ist.

Aus dem Ausdrucke für w erhält man leicht den Wert der Wahrscheinlichkeit, daſs die Summe der Fehler zwischen zwei endlichen Grenzen L und L' enthalten sind, in der Form

(9) $$W = \int_L^{L'} \frac{\sqrt{3}}{\sqrt{n\nu(n+1)\nu\cdot 2s\pi}}e^{-\frac{3}{2}\frac{l^2\nu^2}{n\nu(n+1)\nu s}}dl.$$

Macht man hier wieder die obige Substitution, so folgt:

(9a) $$W = \int_T^{T'} e^{-t^2}\frac{\sqrt{3}}{\sqrt{n\nu(n+1)\nu\cdot 2s\pi}}\cdot\frac{\sqrt{2}\,\sqrt{n\nu(n+1)\nu s}}{\sqrt{3}}dt$$
$$= \frac{1}{\sqrt{\pi}}\int_T^{T'} e^{-t^2}dt$$

als Wahrscheinlichkeit, daſs die Summe der Fehler zwischen den Grenzen

$$\frac{\sqrt{2}\,\sqrt{n\nu(n+1)\nu s}}{\sqrt{3}}T \quad\text{und}\quad \frac{\sqrt{2}\,\sqrt{n\nu(n+1)\nu s}}{\sqrt{3}}T'$$

enthalten ist, und

Anwendung auf die Naturgesetze. Ausgleichungsrechnung.

(10) $$W' = \frac{2}{\sqrt{\pi}} \int_0^T e^{-t^2} dt$$

als Wahrscheinlichkeit, dafs die Summe der Fehler zwischen den Grenzen

$$\pm \frac{\sqrt{2}\sqrt{n\nu(n+1)\nu s}}{\sqrt{3}} T$$

enthalten ist. Da ν als ein sehr kleines Intervall und $n\nu = a$ als die Grenze anzusehen ist, bis zu welcher noch Fehler auftreten, so kann hier

$$n\nu = a$$

gesetzt und ν gegenüber a vernachlässigt werden, und man erhält schliefslich, wenn noch

$$\sqrt{\frac{2}{3}}\, t = t'; \quad \sqrt{\frac{2}{3}}\, T = \tau$$

gesetzt, und unter dem Integralzeichen die Integrationsvariable t' wieder durch t ersetzt wird, als die Wahrscheinlichkeit, dafs die Summe der Fehler zwischen den Grenzen

$$\pm a\sqrt{s}\,\tau$$

liegt, den Wert

(11) $$W_1 = \frac{\sqrt{6}}{\sqrt{\pi}} \int_0^\tau e^{-\frac{3}{2} t^2} dt.$$

Dividiert man die Summe der Fehler durch deren Zahl, so erhält man in dem Quotienten einen mittleren Wert des Fehlers, welchen Laplace als mittleren Fehler bezeichnet. Gegenwärtig verbindet man mit diesem Namen eine andere Bedeutung und nennt den so erhaltenen mittleren Wert des Fehlers den durchschnittlichen Fehler. Da s die Zahl der Beobachtungen ist, so ist, wenn die Summe der Fehler $a\sqrt{s}\,\tau$ beträgt, der durchschnittliche Fehler

$$\eta = \frac{a\sqrt{s}\,\tau}{s} = \frac{a\,\tau}{\sqrt{s}}.$$

160. Bei dieser Ableitung wurde vorausgesetzt, dafs die Wahrscheinlichkeit für alle Fehler $\nu, 2\nu, 3\nu, \ldots x\nu \ldots n\nu$

dieselbe ist. Dieses wird nun aber keineswegs der Fall sein; im Gegenteil mufs angenommen werden, dafs diese Wahrscheinlichkeit selbst eine Funktion von der Gröfse des Fehlers ist; sei die Wahrscheinlichkeit für das Vorkommen eines Fehlers $x\nu = y$ von vornherein gleich $\varphi(x)$ gesetzt. Nimmt man an, dafs alle Fehler zwischen den Grenzen $-a$ und $+a$ enthalten sind, so mufs

$$(1) \qquad \int_{-a}^{+a} \varphi(x)\,dx = 1$$

sein. Da nun unter einer sehr grofsen Zahl von Fehlern, welche Voraussetzung bei der Laplaceschen Deduktion gemacht werden mufs, jeder Fehler in der Summe U so oft zu setzen ist, als seiner Wahrscheinlichkeit entspricht, so hat man nunmehr das Glied $\cos x\nu\omega$ mit $n\varphi(x)$ zu multiplizieren, da n die Zahl aller möglichen Fehler ist. Es ist aber

$$2n\varphi(x)\cos x\nu\omega = 2n\varphi(x) - \frac{x^2}{n} n^2\nu^2\omega^2\varphi(x) + \ldots$$
$$= 2n\varphi(x) - \frac{x^2}{n} a^2\omega^2\varphi(x) + \ldots,$$

x hat nun alle Werte von 0 bis n anzunehmen, d. h. man hat die Summe nach x zu bilden. Es wird daher

$$(2) \qquad U = \left(2n\int_0^n \varphi(x)\,dx - \frac{a^2\omega^2}{n}\int_0^a x^2\varphi(x)\,dx + \ldots\right)^s$$

oder, wenn

$$2\int_0^n \varphi(x)\,dx = k_0$$

$$\frac{1}{n^2}\int_0^n x^2\varphi(x)\,dx = k$$

. . . .

gesetzt wird:

$$(3) \qquad U = n^s[1 - a^2\omega^2 k + \ldots]^s.$$

Anwendung auf die Naturgesetze. Ausgleichungsrechnung.

Zu bemerken ist, daſs
$$k_0 = \int_{-n}^{+n} \varphi(x)\, dx = 1$$
ist. Der gesuchte Koeffizient wird daher
$$L = \frac{1}{\pi} \int_0^\pi U \cos l\nu\omega\, d\omega =$$
$$= \frac{n^s}{\pi} \int_0^\pi [1 - a^2\omega^2 k + \ldots]^s \cos l\nu\omega\, d\omega.$$

Setzt man hier

(4) $\qquad (1 - a^2\omega^2 k + \ldots)^s = e^{-t^2},$

so wird
$$t^2 = -s \log_n [1 - ka^2\omega^2 + \ldots] = ska^2\omega^2 - \ldots$$
und mit Vernachlässigung der folgenden Glieder
$$t^2 = ska^2\omega^2$$
(5) $\qquad \omega = \sqrt{\frac{1}{sk}}\, \frac{t}{a}.$

Den Integrationsgrenzen 0 und π nach ω im Integrale für L entsprechen die Grenzen $t = 0$, und $t = \sqrt{sk} \cdot a\pi$, wofür man für sehr groſse s, welche Voraussetzung von Laplace stets gemacht wird:
$$L = \frac{n^s}{\pi} \int_0^\infty e^{-t^2} \cos\left\{l\nu \sqrt{\frac{1}{sk}}\, \frac{t}{a}\right\} \cdot \sqrt{\frac{1}{sk}}\, \frac{dt}{a}$$
$$= \frac{n^s}{a\pi} \sqrt{\frac{1}{sk}} \int_0^\infty e^{-t^2}\, dt\, \cos\left\{l\nu \sqrt{\frac{1}{sk}}\, \frac{t}{a}\right\}$$
oder

(6) $\qquad L = \dfrac{n^s}{a\pi} \sqrt{\dfrac{1}{sk}}\, \sqrt{\pi}\, e^{-\frac{1}{4} \frac{l^2\nu^2}{a^2} \frac{1}{sk}}$

erhält. Die Zahl aller Fälle, in denen die Summe der Fehler alle Werte zwischen $-l\nu$ und $+l\nu$ annehmen kann, erhält man in dem Ausdrucke

$$L' = \int_{-l}^{+l} L\, dl$$

oder

$$L' = \frac{n^s}{a\pi} \sqrt{\frac{1}{sk}} \sqrt{\pi} \int_{-l}^{+l} e^{-\frac{1}{4} \frac{l^2 \nu^2}{a^2} \frac{1}{sk}} d(l\nu).$$

Setzt man hier

$$\frac{1}{4} \frac{l^2 \nu^2}{a^2} \frac{1}{sk} = t^2,$$

so wird

$$l\nu = 2a\sqrt{sk} \cdot t$$

(7) $$L = \frac{n^s}{a\sqrt{\pi}} \sqrt{\frac{1}{sk}} e^{-t^2}$$

die Zahl der Fälle, in denen die Summe des Fehlers $2a\sqrt{sk} \cdot t$ ist, und

(8) $$L' = \frac{2n^s}{\sqrt{\pi}} \int e^{-t^2} dt$$

die Zahl der Fälle, in denen die Summe der Fehler zwischen $\pm 2a\sqrt{sk} \cdot t$ liegt, d. h. der durchschnittliche Fehler

$$\pm \frac{2a\sqrt{k}}{\sqrt{s}} t$$

ist. Die Zahl aller möglichen Fälle erhält man, indem man in dem Integral die Grenzen 0 und ∞ nimmt; da dann

$$\int_0^\infty e^{-t^2} dt = \frac{1}{2} \sqrt{\pi}$$

ist, so folgt für die Zahl aller möglichen Fälle n^s. Dividiert man L bezw. L' hierdurch, so erhält man die bezw. Wahrscheinlichkeiten

Anwendung auf die Naturgesetze. Ausgleichungsrechnung.

(9)
$$W = \frac{1}{a\sqrt{\pi}} \sqrt{\frac{1}{sk}} e^{-t^2}$$
$$W' = \frac{2}{\sqrt{\pi}} \int_0^t e^{-t^2} dt.$$

Setzt man
$$2\sqrt{k}\, t = r, \quad t = \frac{r}{2\sqrt{k}},$$

so erhält man als die Wahrscheinlichkeit, daſs der durchschnittliche Fehler $\pm \dfrac{ar}{\sqrt{s}}$ ist:

(10)
$$W' = \frac{1}{\sqrt{\pi k}} \int e^{-\frac{r^2}{4k}} dr.$$

161. Als Fundament für alle weiteren Untersuchungen kann nun die Formel (9) des § 148 (und 150)

(1)
$$\varphi(\varDelta) = \frac{h}{\sqrt{\pi}} e^{-h^2 \varDelta^2}$$

zu Grunde gelegt werden. Hieraus erhält man die Wahrscheinlichkeit, daſs ein Fehler zwischen den Grenzen $-\gamma$ und $+\gamma$ liegt, d. h. daſs sein absoluter Betrag kleiner als γ ist:

$$W_\gamma = \int_{-\gamma}^{+\gamma} \varphi(\varDelta)\, d\varDelta = \frac{2h}{\sqrt{\pi}} \int_0^\gamma e^{-h^2 \varDelta^2} d\varDelta.$$

Substituiert man hier $h\varDelta = t$, so wird:

(2)
$$W_\gamma = \frac{2}{\sqrt{\pi}} \int_0^{h\gamma} e^{-t^2} dt.$$

h ist eine Konstante, welche gemäſs Gleichung (1) das verschieden rasche Wachstum von $\varphi(\varDelta)$ bedingt; sie wird daher für zwei verschiedene Beobachtungsreihen verschieden sein; sei für ein anderes Fehlersystem (aus einer anderen

VI. Kapitel.

Beobachtungsreihe) diese Konstante h', so ist die Wahrscheinlichkeit eines Fehlers δ gegeben durch:

$$W'_\delta = \frac{2}{\sqrt{\pi}} \int_0^{h'\delta} e^{-t^2} dt.$$

Die zu integrierende Funktion ist hier dieselbe, ebenso die untere Grenze, der Wert des Integrales daher nur von der oberen Grenze abhängig. Sollen daher in den beiden Fehlersystemen ein Fehler γ des ersten und ein Fehler δ des zweiten gleich wahrscheinlich sein, so muſs:

$$W_\gamma = W'_\delta$$
$$h\gamma = h'\delta,$$

demnach:

(3) $\qquad h : h' = \delta : \gamma$

sein. Die Konstanten h, h' für verschiedene Fehlersysteme verhalten sich also umgekehrt wie Fehler gleicher Wahrscheinlichkeit.

Sei z. B. $\gamma > \delta$, d. h. im ersten Fehlersystem ein gröſserer Fehler ebenso wahrscheinlich wie in dem zweiten ein kleinerer; dieses besagt aber, daſs die erste Beobachtungsreihe weniger genau ist. δ und γ selbst sind von verschiedener Gröſse, so aber, daſs jedem γ des ersten Fehlersystems ein kleinerer Fehler gleicher Wahrscheinlichkeit des zweiten Systems entspricht. Das Verhältnis dieser beiden Fehler ist gegeben durch das Verhältnis der Konstanten h; da für $\gamma > \delta$ aber $h < h'$ ist, so wird dem Fehlersystem mit gröſseren Fehlern ein kleineres h entsprechen. Diese Konstante ist daher eine Charakteristik für die Genauigkeit der Beobachtungen und wurde von Gauſs das Maſs der Präzision genannt.

Die Wahrscheinlichkeit des Fehlers $\Delta = 0$ ist nach (1):

$$\varphi(0) = \frac{h}{\sqrt{\pi}},$$

somit ist:

(4) $\qquad \varphi(\Delta) : \varphi(0) = e^{-h^2 \Delta^2}.$

Hieraus folgt, daſs, wenn man für gewisse Beobachtungen gefunden hat, daſs sich die Wahrscheinlichkeit eines Fehlers Δ zur Wahrscheinlichkeit des Fehlers Null verhält wie $e^{-q\Delta^2} : 1$,

Anwendung auf die Naturgesetze. Ausgleichungsrechnung. 303

man daraus das Maß der Präzision unmittelbar findet, und zwar gleich: $h = \sqrt{q}$.

162. Das Integral

$$J(x) = \int_0^x e^{-t^2} dt$$

oder an Stelle desselben das Integral

$$\Phi(x) = \frac{2}{\sqrt{\pi}} \int_0^x e^{-t^2} dt$$

spielt in der Wahrscheinlichkeitsrechnung eine hervorragende Rolle. Die Berechnung desselben kann in verschiedener Weise erfolgen. Die bekanntesten Formeln sind:

$$\int_0^x e^{-t^2} dt = x - \frac{x^3}{1 \cdot 3} + \frac{x^5}{2! \cdot 5} - \frac{x^7}{3! \cdot 7} + \frac{x^9}{4! \cdot 9} - \cdots$$

$$\int_0^x e^{-t^2} dt = xe^{-x^2}\left[1 + \frac{2x^2}{1 \cdot 3} + \frac{(2x^2)^2}{1 \cdot 3 \cdot 5} + \frac{(2x^2)^3}{1 \cdot 3 \cdot 5 \cdot 7} + \cdots\right]$$

$$\int_0^x e^{-t^2} dt = \frac{\sqrt{\pi}}{2} - \frac{e^{-x^2}}{2x}[1 - q + 1 \cdot 3 q^2 - 1 \cdot 3 \cdot 5 q^3 + \cdots]$$

$$\int_0^x e^{-t^2} dt = \frac{\sqrt{\pi}}{2} - \frac{e^{-x^2}}{2x} \cdot \cfrac{1}{1 + \cfrac{q}{1 + \cfrac{2q}{1 + \cfrac{3q}{1 + \cdots}}}}$$

$$q = \frac{1}{2x^2}.$$

Die ersten beiden Reihen sind konvergent für jeden Wert von x; die dritte Reihe ist semikonvergent für jeden Wert von x.

Der häufige Gebrauch der Funktion $J(x)$ läßt es jedoch als wünschenswert erscheinen, um die jedesmalige Rechnung zu ersparen, eine Tafel dieser Funktion zu geben. Eine

Tafel der $J(x)$ findet sich in v. Oppolzer's „Lehrbuch zur Bahnbestimmung von Planeten und Kometen", 2. Bd. S. 587. Eine Tafel der Funktion $\Phi(x)$ giebt Encke im „Berliner Astronomischen Jahrbuch" für 1834 auf fünf Dezimalen und Meyer „Vorlesungen über Wahrscheinlichkeitsrechnung", deutsch von Czuber, S. 545, auf sieben Dezimalen, aber in sehr weiten Intervallen. Die im Anhange gegebene Tafel der $\Phi(x)$ auf sechs Dezimalen ist aus der letzteren durch Interpolation abgeleitet (weshalb in einzelnen Fällen die letzte Dezimale bis auf eine Einheit unrichtig sein kann).

163. Die Wahrscheinlichkeit eines Fehlers γ aus einem Fehlersystem, d. h. aus einer Beobachtungsreihe, für welche das Maß der Präzision h ist, ist durch den Ausdruck gegeben:

$$(1) \qquad \Psi(\gamma) = \frac{2}{\sqrt{\pi}} J(h\gamma) = \Phi(h\gamma).$$

h ist aber zunächst nicht bekannt, sondern nur eine Verhältniszahl für gleich wahrscheinliche Fehler. Man kann diese Konstante selbst daher auch durch die in verschiedenen Beobachtungsreihen auftretenden Fehler gleicher Wahrscheinlichkeit ausdrücken. Welchen Fehler man zu Grunde legt, d. h. welche Wahrscheinlichkeit der dabei zu Grunde gelegte Fehler hat, ist dabei völlig gleichgültig; wesentlich ist nur, daß für seine Wahrscheinlichkeit ein ganz bestimmter Wert angegeben wird. Zweckmäßig wählt man dabei jenen Fehler, dessen Wahrscheinlichkeit $\frac{1}{2}$ ist. Bezeichnet man diesen Fehler mit r, so ist er daher definiert durch die Beziehung:

$$(2) \qquad W(r) = \frac{1}{2};$$

man nennt ihn nach Gauß den wahrscheinlichen Fehler. Alle Fehler zwischen 0 und r haben die Wahrscheinlichkeiten größer als $\frac{1}{2}$; alle Fehler über r haben Wahrscheinlichkeiten, die kleiner sind als $\frac{1}{2}$; hieraus folgt, daß aus der ganzen Reihe der Fehler ebensoviele über als unter r liegen. Anders ausgesprochen, ordnet man die Fehler nach ihrer Größe und sucht denjenigen Fehler, welcher in der Mitte der ganzen Reihe steht, so ist dieser Fehler r.

Anwendung auf die Naturgesetze. Ausgleichungsrechnung.

Gleichung (2) giebt in Verbindung mit (1):

(3) $$\Phi(hr) = \frac{2}{\sqrt{\pi}} J(hr) = \frac{1}{2} = 0{,}5.$$

Die Tafel der $\Phi(x)$ giebt:

$$\Phi(0{,}476) = 0{,}4991582$$
$$\Phi(0{,}477) = 0{,}5000574.$$

Interpoliert man hier, so erhält man den Wert $\varrho = hr$, welcher der Gleichung (3) genügt:

$$\varrho = hr = 0{,}4769362.$$

Einen genaueren Wert erhält man, wenn man $\varrho = a + x'$ setzt und $a = 0{,}476$ oder, wenn man einen besseren Näherungswert annimmt: $a = 0{,}476936$ und x' aus der Gleichung bestimmt:

$$\frac{\sqrt{\pi}}{4} = (a + x') - \frac{(a + x')^3}{3} + \frac{(a + x')^5}{10} - \frac{(a + x')^7}{42} \ldots$$

Entwickelt man hier und behält nur die ersten Potenzen von x' bei, was mit dem Werte $a = 0{,}476936$ völlig ausreichend ist (eventuell kann man mit dem letzterhaltenen Werte die Rechnung wiederholen), so folgt:

$$x' = \frac{\dfrac{\sqrt{\pi}}{4} - a + \dfrac{1}{3}a^3 - \dfrac{1}{10}a^5 + \dfrac{1}{42}a^7 \ldots}{1 - a^2 + \dfrac{1}{2}a^4 - \dfrac{1}{6}a^6 + \ldots}.$$

Man findet:
$$\varrho = 0{,}4769362761$$

und dann ist:

(4) $$r = \frac{\varrho}{h}; \quad h = \frac{\varrho}{r}.$$

Ist daher der wahrscheinliche Fehler bekannt, so erhält man leicht [nach Gleichung (4)] das Maſs der Präzision und umgekehrt.

164. Es wurde hierbei von der Vergleichung von Fehlern gleicher Wahrscheinlichkeit gesprochen; unmittelbar vergleichbar sind aber nur homogene Gröſsen, z. B. Längenmaſse untereinander oder Winkelmaſse untereinander. Ist z. B. die eine Beobachtungsreihe eine Serie von Längenmessungen, die andere eine Serie von Winkelmessungen, so werden auch die Fehler in derselben Einheit ausgedrückt. Ebensowenig wie man aber die Messungsresultate: Längen, Winkel, miteinander vergleichen kann, ebensowenig kann man ihre Fehler im allgemeinen und ihre wahrscheinlichen Fehler insbesondere miteinander vergleichen. Um einen Maßstab für die Genauigkeit der Beobachtungen zu erhalten, genügt es allerdings, den wahrscheinlichen Fehler zu kennen; wie dieser bestimmt wird, wird später gezeigt. Mit der Angabe dieses wahrscheinlichen Fehlers ist aber durchaus kein absoluter Maßstab gegeben; denn die Angabe, daß der wahrscheinliche Fehler einer Beobachtungsreihe 10" oder 1" oder 0,"1 ist, ist bedeutungslos, wenn man nicht weiß, welcher Fehler normalerweise erwartet werden kann: während der wahrscheinliche Fehler einer Winkelmessung bei einer Triangulierung einen Bruchteil einer Bogensekunde beträgt, ist derselbe bei einem Positionsmikrometer eine oder auch mehrere Bogenminuten im Positionswinkel; hingegen hat im letzteren Falle die Bogensekunde in der Distanz die Bedeutung einer Länge. So wird man häufig in die Lage kommen, Längen- und Winkelmessungen miteinander zu vergleichen. In diesem Falle muß man dann stets auf die Elementaroperationen zurückgehen, d. i. die Einstellung zwischen Fäden, die Lesungsfehler an den Teilungen u. s. w. berücksichtigen.

Eine der wichtigsten Fragen, bei welcher diese Überlegungen eine wesentliche Rolle spielen, ist die Frage, ob es bei einer Triangulation vorteilhafter ist, eine oder wenige Basismessungen zu machen und die sämtlichen notwendigen oder gesuchten Distanzen durch Triangulation, d. i. Messung der Dreieckswinkel, zu bestimmen, oder ob man besser direkt mehrere oder direkt alle gesuchten Seiten mißt. Auch die Frage, ob es besser ist, eine kurze Basis zu messen, oder ob eine längere Basis vorzuziehen ist, gehört hierher. Eigentlich spielt hierbei auch eine wichtige Rolle der Kostenpunkt, d. i. der Aufwand an Geldmitteln. Da aber unter allen Umständen mit gegebenen Geldmitteln ein Resultat erreicht werden muß, so ist die Frage korrekter so zu stellen, wie man mit denselben Mitteln das möglichst günstigste, d. h. genaueste Resultat erhält. Hierfür ist nun aber der Fehler der Längen- bezw. Winkelmessung allein nicht maßgebend,

Anwendung auf die Naturgesetze. Ausgleichungsrechnung.

165. Ist r der wahrscheinliche Fehler einer Beobachtung, und drückt man den Fehler γ in Teilen desselben aus, so daſs

$$\gamma = nr$$

ist, so wird

$$\Phi(\gamma) = \frac{2}{\sqrt{\pi}} J(h\gamma) = \frac{2}{\sqrt{\pi}} J(n\varrho) = \Psi(n).$$

Da $\varrho = 0{,}47694$ eine Konstante ist, so kann man das Integral J als Funktion von n darstellen, und erhält dann für jeden Fehler γ die Wahrscheinlichkeit, sobald derselbe in Teilen des wahrscheinlichen Fehlers ausgedrückt ist. Eine Tafel der $\Psi(n)$ auf vier Dezimalen giebt J. P. Herr in seinem „Lehrbuch der sphärischen Astronomie", Seite 15; es genügt hier, dieselbe im Auszuge mitzuteilen.

Tafel der $J(n\varrho) = J(0{,}47694\,\varrho) = \Psi(n)$.

$n =$	0.	1.	2.	3.
·0	0,000	0,500	0,823	0,957
·1	0,054	0,542	0,843	0,963
·2	0,107	0,582	0,862	0,969
·3	0,160	0,619	0,879	0,974
·4	0,213	0,655	0,894	0,978
·5	0,264	0,688	0,908	0,982
·6	0,314	0,719	0,920	0,985
·7	0,363	0,748	0,931	0,987
·8	0,410	0,775	0,941	0,990
·9	0,456	0,800	0,950	0,992
·0	0,500	0,823	0,957	0,993

Für $n = 1$, d. h. $\gamma = r$ ist, wie aus der Definition von r folgt, $W(\gamma) = 0{,}5$. Aus dieser Tafel kann man leicht die aus dem gefundenen Fehlergesetze folgende Anzahl der zwischen gegebenen Grenzen liegenden Fehler finden. Man findet, daſs unter 1000 einfachen Beobachtungen der Fehler 54 mal zwischen $0{,}0\,r$ und $0{,}1\,r$, 53 mal zwischen $0{,}1\,r$ und $0{,}2\,r$, ..., 42 mal zwischen $1{,}0\,r$ und $1{,}1\,r$ u. s. w. liegt.

Sei z. B. $r = 0{,}''3$, so wird für den Fehler $0{,}''1$, $0{,}''2$, $0{,}''3$, ... $n = \frac{1}{3}, \frac{2}{3}, 1$ ..., und es wird demnach in dieser Beobachtungsreihe die Zahl der Fehler zwischen $0{,}''0$ und $0{,}''1$ gleich $N \left[\Psi\left(\frac{1}{3}\right) - \Psi(0) \right] = (0{,}178 - 0) \cdot N = 0{,}178\,N$ sein, wenn N die Zahl der Beobachtungen ist.

Man kann dies dazu benutzen, die aus dieser Theorie gefolgerte mit der wirklichen Anzahl der Fehler zu vergleichen. Hat man N Beobachtungen, für welche man den wahrscheinlichen Fehler r gefunden hat, so müfste zwischen $\gamma_1 = n_1 r$ und $\gamma_2 = n_2 r$ die Zahl der Fehler $N[\Psi(n_2) - \Psi(n_1)]$ sein. In der That liefert die Vergleichung dieser theoretisch geforderten mit den wirklichen Zahlen eine genügende Übereinstimmung; woraus a posteriori auf die Richtigkeit des Fehlergesetzes geschlossen werden könnte. Immerhin mufs jedoch bemerkt werden, dafs gröfsere Fehler etwas häufiger vorkommen als die Theorie erfordert, dafs aber andererseits sehr grofse Fehler, welche theoretisch immerhin als zulässig anzusehen sind, praktisch, wenn man von seltenen Ausnahmen, die durch gelegentlich übersehene Fehlerquellen herrühren, absieht, nicht mehr auftreten.

166. An Stelle des wahrscheinlichen Fehlers kann man noch zwei andere Fehler einführen, welche in derselben Weise ein Bild von der Genauigkeit der beobachteten oder bestimmten Gröfsen geben: den durchschnittlichen und den mittleren Fehler. Wie erwähnt, ist es im Grunde genommen gleichgültig, welchen Fehler man als Mafsstab hierfür annimmt; doch haben nebst dem wahrscheinlichen Fehler noch die beiden zuletzt erwähnten manche Vorteile.

Das arithmetische Mittel aller Fehler, welches vielleicht als die nächstliegende Kombination erscheinen würde, eignet sich hierfür nicht; denn da positive und negative Fehler gleich wahrscheinlich sind, so wird das arithmetische Mittel um so näher der Null sein, je gröfser die Zahl der betrachteten einfachen Beobachtungen ist. Man kann dem Ziele auf zwei Arten näher kommen; erstens, indem man alle Fehler ihrem absoluten Betrage nach, also positiv nimmt; dann erhält man in dem Mittel aller Werte einen Mafsstab für die durchschnittliche Gröfse des Fehlers, und nennt

Anwendung auf die Naturgesetze. Ausgleichungsrechnung.

auch das arithmetische Mittel aller, mit dem absoluten Betrage genommenen Fehler den **durchschnittlichen Fehler**; er ist, wenn man den absoluten Betrag einer Gröfse durch Einschliefsen in Klammern bezeichnet, also:*)

$$\text{val. absol.} (\pm n) = (n),$$

bestimmt durch:

(1) $$\eta = \frac{1}{n} [(\varDelta_1) + (\varDelta_2) + (\varDelta_3) + \ldots + (\varDelta_n)].$$

Man kann sich hierbei auch auf die positiven Fehler beschränken, da die Summe der negativen Fehler wenigstens äufserst nahe gleich derjenigen der positiven sein mufs. Zweitens aber verschwindet der Einflufs des Zeichens ebenfalls, wenn man die Fehler quadriert. Das arithmetische Mittel aus den Quadraten aller Beobachtungsfehler giebt das Quadrat des sogenannten **mittleren Fehlers**. Nach dieser Definition ist derselbe bestimmt durch:

(2) $$\varepsilon^2 = \frac{1}{n} (\varDelta_1^2 + \varDelta_2^2 + \varDelta_3^2 + \ldots + \varDelta_n^2).$$

Die Berechnung dieser Werte hat hiernach keine Schwierigkeiten. Um das Mittel aus allen positiven Fehlern bezw. das Mittel aus allen Fehlerquadraten zu bilden, hat man jeden Fehler oder sein Quadrat so oft zu setzen, als er vorkommt, die Summe aus allen zu bilden und durch die Gesamtzahl der Fehler zu dividieren. Da die Wahrscheinlichkeit eines Fehlers zwischen den Grenzen $\varDelta$ und $\varDelta + d\varDelta$ gleich $\varphi(\varDelta) d\varDelta$ ist, so sind unter n Fehlern $n\varphi(\varDelta) d\varDelta$ Fehler von der Gröfse $\varDelta$. Es ist daher:

(3) $$\eta = \frac{1}{n} \int_{-\gamma}^{+\gamma} \varDelta n\varphi(\varDelta) d\varDelta; \quad \varepsilon^2 = \frac{1}{n} \int_{-\gamma}^{+\gamma} \varDelta^2 \cdot n\varphi(\varDelta) d\varDelta.$$

Ist nun n sehr grofs, so dafs die äufserste Fehlergrenze theoretisch unendlich gesetzt werden kann, so ist:

---

*) In den zahlentheoretischen Untersuchungen ist es üblich, diesen Wert durch Einschliefsen in eckige Klammern zu bezeichnen; da dieses Zeichen in der Ausgleichungsrechnung eine andere Bedeutung hat (vgl. § 167), so werden hier die runden Klammern gewählt.

(3a) $$\eta = \int_{-\infty}^{+\infty} \Delta \varphi(\Delta) d\Delta; \quad \varepsilon^2 = \int_{-\infty}^{+\infty} \Delta^2 \varphi(\Delta) d\Delta.$$

Setzt man hier für $\varphi(\Delta)$ seinen Wert (Formel 9 § 150), und setzt wieder $h\Delta = t$, so folgt:

(4) $$\eta = \frac{2}{h\sqrt{\pi}} \int_0^\infty t e^{-t^2} dt = \frac{1}{h\sqrt{\pi}} = \frac{r}{\varrho\sqrt{\pi}}$$

(5) $$\varepsilon^2 = \frac{2}{h^2\sqrt{\pi}} \int_0^\infty t^2 e^{-t^2} dt = \frac{1}{h^2\sqrt{\pi}} \left\{ (-t e^{-t^2})_0^\infty + \int_0^\infty e^{-t^2} dt \right\}$$

$$= \frac{1}{2h^2} = \frac{r^2}{2\varrho^2}$$

(5a) $$\varepsilon = \frac{r}{\varrho\sqrt{2}} = \sqrt{\frac{\pi}{2}} \, \eta.$$

Mit den numerischen Werten von ϱ und π wird hieraus:

$\eta = 1{,}1829\,r;\quad r = 0{,}84535\,\eta$

$\varepsilon = 1{,}4826\,r;\quad r = 0{,}67449\,\varepsilon$

$\log 0{,}84535 = 9{,}92704$

$\log 0{,}67449 = 9{,}82898.$

Hieraus folgt, daſs sowol der mittlere, als der durchschnittliche Fehler zum wahrscheinlichen Fehler in einer konstanten Beziehung stehen. Kennt man den einen, so sind die beiden anderen mit bestimmt. Es folgt aber weiter, daſs der wahrscheinliche Fehler kleiner als die beiden anderen ist, und daſs der mittlere Fehler der gröſste ist. Beides ist leicht einzusehen. Denn da ebensoviele Fehler unter als über dem wahrscheinlichen Fehler liegen, die Summe der ersteren aber kleiner ist, als die Summe der letzteren, so muſs das Mittel aus allen Fehlern jedenfalls gröſser sein, und demzufolge das Mittel aus den Quadraten noch gröſser.

167. Die nunmehr zunächst zu lösenden Aufgaben sind, aus gegebenen einfachen Beobachtungen den wahrscheinlichsten Wert derselben zu finden (sind alle gleich genau, so muſs man auf das Gesetz vom arithmetischen Mittel ge-

Anwendung auf die Naturgesetze. Ausgleichungsrechnung.

führt werden, welches ja zu Grunde gelegt wurde); dann aber auch den wahrscheinlichen (oder mittleren) Fehler einer Beobachtung und des wahrscheinlichsten Wertes. Dann weiter die Ableitung des wahrscheinlichsten Wertes und des wahrscheinlichsten Fehlers des Resultates für Größen, welche nicht durch einfache Beobachtungen gegeben sind, sondern als Funktionen von durch Beobachtungen gegebenen Größen erhalten werden.

Seien zunächst $a_1, a_2, \ldots a_n$ einfache Beobachtungen; ferner der wahrscheinlichste Wert x, der unbekannte wahre Wert x_0. Die dem wahrscheinlichsten Werte entsprechende Reihe der Fehler, die sogenannten übrigbleibenden Fehler sind:

(1) $\quad x - a_1 = v_1; \quad x - a_2 = v_2; \ldots x - a_n = v_n;$

während die unbekannten wahren Fehler

(2) $\quad x_0 - a_1 = \varDelta_1; \quad x_0 - a_2 = \varDelta_2; \ldots x_0 - a_n = \varDelta_n$

sind. Der allgemeinste Fall ist nun der, daß die Beobachtungen nicht alle gleiche Genauigkeit haben, sondern daß jeder einzelnen Beobachtung ein anderes Maß der Präzision $h_1, h_2, \ldots h_n$ zukommt. Man erhält dann als Wahrscheinlichkeit des Zusammentreffens gerade der Fehler $v_1, v_2, \ldots v_n$ den Ausdruck:

(3) $\quad W = \varphi(v_1) \varphi(v_2) \ldots \varphi(v_n) = \dfrac{h_1 h_2 \ldots h_n}{(\sqrt{\pi})^n} e^{-(h_1^2 v_1^2 + h_2^2 v_2^2 + \ldots + h_n^2 v_n^2)}.$

Der wahrscheinlichste Wert von x ist derjenige, welcher die Wahrscheinlichkeit W zu einem Maximum macht, wozu die notwendige und hinreichende Bedingung ist, daß der Exponent, d. i. die Summe:

(4) $\quad\quad\quad S = h_1^2 v_1^2 + h_2^2 v_2^2 + \ldots + h_n^2 v_n^2,$

also die Summe der mit gewissen Konstanten multiplizierten Quadrate der Beobachtungsfehler ein Minimum werde. Dieser Bedingung verdankt die Ausgleichungsrechnung den Namen der „Methode der kleinsten Quadrate". In der Praxis wird es bequemer, an Stelle der Quadrate der h andere Zahlen einzuführen, welche diesen Quadraten proportional sind. Setzt man:

(5) $\quad\quad\quad h_1^2 = h^2 p_1, \; h_2^2 = h^2 p_2, \; \ldots h_n^2 = h^2 p_n,$

VI. Kapitel.

wo man die den Quadraten der Präzisionsmaſse proportionalen, stets positiven p die Gewichte der Beobachtungen nennt, so geht die Summe (4) über in die Summe:

(4a) $$\Sigma = p_1 v_1^2 + p_2 v_2^2 + \ldots + p_n v_n^2,$$

welche sich von S nur um den Faktor h^2 unterscheidet, welcher, da er konstant ist, weggelassen werden kann. h ist das Maſs der Präzision einer (unter den einfachen Beobachtungen vorhandenen oder auch nicht vorhandenen) Beobachtung von dem Gewichte 1. Die Summe Σ wird ein Minimum für jenen Wert von x, für welchen $\frac{\partial \Sigma}{\partial x} = 0$ wird, und da $\frac{\partial v_\varrho}{dx} = 1$ ist, so wird die Bedingung für das Minimum:

(6) $$p_1 v_1 + p_2 v_2 + \ldots + p_n v_n = [pv] = 0,$$

woraus:

(7) $$x = \frac{p_1 a_1 + p_2 a_2 + \ldots + p_n a_n}{p_1 + p_2 + \ldots + p_n}$$

folgt. In der Ausgleichungsrechnung treten Summen dieser Form wiederholt auf, und es ist allgemein üblich, diese Summen durch ein eigenes Symbol auszudrücken; man bezeichnet eine Summe, deren einzelne Glieder sich nur durch die Indices unterscheiden durch Einschluſs der vom Index befreiten Charakteristik in eckige Klammern, also:

$$A_1 + A_2 + \ldots + A_m = [A].$$

In dieser Bezeichnungsweise ist daher:

(7a) $$x = \frac{[pa]}{[p]}.$$

Haben alle Beobachtungen dasselbe Maſs der Präzision, also auch das gleiche Gewicht, so wird $p_1 = p_2 = \ldots = p_n$ und es folgt, wie natürlich, der Satz vom arithmetischen Mittel.

168. Ersetzt man in Gleichung (4) § 163 h durch p, so hat man zunächst für zwei Beobachtungen, für welche die Masse der Präzision h_1, h_2; die Gewichte p_1, p_2, die wahrscheinlichen Fehler r_1, r_2 sind:

Anwendung auf die Naturgesetze. Ausgleichungsrechnung. 313

$$r_1 = \frac{\varrho}{h_1}; \quad r_2 = \frac{\varrho}{h_2}$$

oder mit Rücksicht auf Gleichung (5) des vorigen Paragraphen:

(1) $$r_1 = \frac{\varrho}{h\sqrt{p_1}}; \quad r_2 = \frac{\varrho}{h\sqrt{p_2}}$$

und daraus für die beiden Beobachtungen:

(2) $$r_1 : r_2 = \frac{1}{\sqrt{p_1}} : \frac{1}{\sqrt{p_2}}; \quad p_1 : p_2 = \frac{1}{r_1^2} : \frac{1}{r_2^2}.$$

Die wahrscheinlichen Fehler verhalten sich daher umgekehrt wie die Quadratwurzeln aus den Gewichten, die Gewichte umgekehrt wie die Quadrate der wahrscheinlichen Fehler.

Da sich weiter die durchschnittlichen und mittleren Fehler linear durch die wahrscheinlichen Fehler ausdrücken lassen, so folgt, daſs auch für diese dieselbe Beziehung gilt, d. h. es ist wenn ε_1, ε_2 die mittleren, η_1, η_2 die durchschnittlichen Fehler bedeuten:

(3) $$\varepsilon_1 : \varepsilon_2 = \frac{1}{\sqrt{p_1}} : \frac{1}{\sqrt{p_2}}; \quad \eta_1 : \eta_2 = \frac{1}{\sqrt{p_1}} : \frac{1}{\sqrt{p_2}}.$$

Der wahre Wert x_0 ist nun aber von dem wahrscheinlichen x wol zu unterscheiden; man findet x, nicht aber x_0. Es sei nun:

$$x_0 = x + \xi,$$

so wird, wie aus den Gleichungen (1) und (2) des vorigen Paragraphen folgt:

(4) $$\Delta_1 = v_1 + \xi; \quad \Delta_2 = v_2 + \xi \ldots,$$

demnach, wenn man jede dieser Gleichungen quadriert mit p_1, bezw. $p_2 \ldots$ multipliziert und addiert:

$$[p\Delta^2] = [pv^2] + 2[pv]\xi + [p]\xi^2,$$

oder, da $[pv]$ gemäſs Gleichung (6) des vorigen Paragraphen verschwindet:

(5) $$[p\Delta^2] = [pv^2] + [p]\xi^2.$$

Hieraus folgt für die Wahrscheinlichkeit des Wertes x_0:

VI. Kapitel.

$$W' = \frac{h^n \sqrt{p_1 p_2 \ldots p_n}}{(\sqrt{\pi})^n} e^{-h^2[p\varDelta^2]} = \frac{h^n \sqrt{p_1 p_2 \ldots p_n}}{(\sqrt{\pi})^n} e^{-h^2[pv^2] - h^2[p]\xi^2},$$

während die Wahrscheinlichkeit des Wertes x nach (3) § 167

$$W = \frac{h^n \sqrt{p_1 p_2 \ldots p_n}}{(\sqrt{\pi})^n} e^{-h^2[pv^2]}$$

ist. Daher ist:

(6) $\qquad W' : W = e^{-h^2[p]\xi^2}.$

Dieses ist für den Wert x das Verhältnis der Wahrscheinlichkeiten eines Fehlers ξ zum Fehler 0; es folgt daher nach dem Satze (4) § 161, daſs das Maſs der Präzision H und daraus das Gewicht P des abgeleiteten wahrscheinlichsten Wertes x bestimmt ist durch:

(7) $\qquad H = h\sqrt{[p]};\ P = [p].$

Es seien nun n einfache Beobachtungen von gleicher Genauigkeit vorausgesetzt; dann kann man, da die Gewichte nur Relativzahlen sind, das Gewicht jeder Beobachtung gleich 1 setzen, und das Gewicht des arithmetischen Mittels ist nach obigem gleich n. Hieraus folgt eine einfache Deutung für die Gewichtszahlen: die Gewichte repräsentieren die Anzahl einfacher Beobachtungen von gleicher Genauigkeit, welche man zu einem Mittel vereinigt denken kann, um die gegebene Beobachtung zu ersetzen.

Sind die einzelnen Beobachtungen von ungleicher Genauigkeit, und nennt man $\varepsilon_1, \varepsilon_2, \varepsilon_3 \ldots$; $\eta_1, \eta_2, \eta_3 \ldots$; $r_1, r_2, r_3 \ldots$ die mittleren, bezw. durchschnittlichen und wahrscheinlichen Fehler der einzelnen Beobachtungen, ε, η, r, dieselben für die Gewichtseinheit, und E, H, R für den wahrscheinlichsten Wert, so hat man gemäſs (3):

(8)
$$\varepsilon_\iota = \frac{\varepsilon}{\sqrt{p_\iota}};\quad \eta_\iota = \frac{\eta}{\sqrt{p_\iota}};\quad r_\iota = \frac{r}{\sqrt{p_\iota}}$$
$$E = \frac{\varepsilon}{\sqrt{[p]}};\ H = \frac{\eta}{\sqrt{[p]}};\ R = \frac{r}{\sqrt{[p]}}.$$

Es mag bemerkt werden, daſs r, ε, η sich ändern, wenn man für p eine andere Einheit wählt. Wählt man $p_\iota = \lambda p'_\iota$, so wird

Anwendung auf die Naturgesetze. Ausgleichungsrechnung. 315

(9) $\qquad r = \sqrt{\lambda}\, r'; \quad \eta = \sqrt{\lambda}\, \eta'; \quad \varepsilon = \sqrt{\lambda}\, \varepsilon'$

sein, so daſs $r_\iota, \eta_\iota, \varepsilon_\iota, R, H, E$ wie natürlich unverändert bleiben.

169. Nach Gleichung (3) § 167 ist die Wahrscheinlichkeit des wahrscheinlichsten Wertes x abhängig von der Gröſse der unter dieser Annahme übrig bleibenden Fehler v, überdies aber auch von dem Werte h, welcher bisher vorerst unbestimmt blieb. Schreibt man die Gleichung aber für die wirklich stattfindenden Fehler Δ, so wird die Wahrscheinlichkeit dieses Fehlersystemes:

(1) $\qquad W = \dfrac{h^n \sqrt{p_1 p_2 \ldots p_n}}{(\sqrt{\pi})^n}\, e^{-h^2(p_1 \Delta_1^2 + p_2 \Delta_2^2 + \ldots + p_n \Delta_n^2)},$

und dieser Wert hängt, da Δ wirklich gemachte Beobachtungsfehler sind, nunmehr von der Genauigkeit der Beobachtungen, also von h ab; und jener Wert von h wird der wahrscheinlichste sein, welcher die Wahrscheinlichkeit W zu einem Maximum macht, d. h. für welchen $\dfrac{\partial W}{\partial h} = 0$ ist. Differenziert man die Gleichung (1) logarithmisch, so erhält man

$$\frac{1}{W}\frac{\partial W}{\partial h} = \frac{n}{h} - 2h[p\Delta^2],$$

und dieser Wert, gleich Null gesetzt, giebt:

(2) $\qquad h = \dfrac{1}{\sqrt{2}}\sqrt{\dfrac{n}{[p\Delta^2]}}.$

Da nun nach Gleichung (5) § 166 $\varepsilon^2 = \dfrac{1}{2h^2}$ ist, so folgt

(3) $\qquad \varepsilon = \pm\sqrt{\dfrac{[p\Delta^2]}{n}}; \quad r = \pm \varrho\sqrt{2}\sqrt{\dfrac{[p\Delta^2]}{n}}.$

Hiermit wäre der mittlere und wahrscheinliche Fehler der Gewichtseinheit bestimmt; in der That erhält man hieraus auch die Beziehungen (9) des vorigen Paragraphen, wenn man andere Gewichte p' durch die Gleichungen $p_\iota = \lambda p'_\iota$ einführt.

316   VI. Kapitel.

Sind ε und r bekannt, so folgen nach den Gleichungen (8) des vorigen Paragraphen die mittleren und wahrscheinlichen Fehler der einzelnen Beobachtungen und des Mittels. Allein dieses setzt die Kenntnis der $\varDelta$ voraus; da dies aber die wahren Beobachtungsfehler sind, der wahre Wert x_0 aber nicht bekannt ist, so bleiben auch die $\varDelta$ stets unbekannt; bekannt sind nur die übrig bleibenden Fehler v gegen den wahrscheinlichsten Wert x. Nun ist $x = x_0 + \xi$, daher
$$\varDelta_i = v_i + \xi.$$
Multipliziert man diese Gleichungen mit den Gewichten und addiert, so folgt:

(4) $\qquad [p\varDelta] = [pv] + [p]\xi,$

daher mit Rücksicht auf Formel (6) § 167:

(4a) $\qquad [p\varDelta] = [p]\xi.$

Quadriert man diese Gleichung und berücksichtigt, dafs wegen der gleichen Verteilung der Fehler
$$[p_\iota p_\varkappa \varDelta_\iota \varDelta_\varkappa] = 0$$
ist, so folgt:

(5) $\qquad \xi^2 = \dfrac{[p^2 \varDelta^2]}{[p]^2},$

und damit aus Gleichung (5) § 168

(6) $\qquad [p\varDelta^2] = [pv^2] + \dfrac{1}{[p]}[p^2\varDelta^2].$

Im allgemeinen sind $[p\varDelta^2]$ und $[p^2\varDelta^2]$ voneinander verschieden; aber bei einer gewissen, sofort näher zu erörternden Wahl der p werden dieselben als gleich angenommen werden können; setzt man dieses zunächst voraus, so wird
$$[p\varDelta^2] = \dfrac{[p]}{[p]-1}[pv^2]$$
und dann aus (3):

(7) $\qquad \varepsilon^2 = \dfrac{[pv^2]}{[p]-1} \dfrac{[p]}{n}.$

$\dfrac{[p]}{n}$ ist das mittlere Gewicht aller einfachen Beobachtungen; da die Gewichte nur Relativzahlen sind, so kann man sie

Anwendung auf die Naturgesetze. Ausgleichungsrechnung.

so verteilen, daſs $\frac{[p]}{n} = p_0 = 1$ ist; dann geht (7) über in

(8) $$\varepsilon^2 = \frac{[pv^2]}{n-1}; \quad \varepsilon = \pm \sqrt{\frac{[pv^2]}{n-1}}.$$

Dies setzt aber voraus, daſs man für die Gewichte der einfachen Beobachtungen Zahlen wählt, die teils gröſser, teils kleiner als 1 sind, so aber, daſs $[p] = n$ ist. In diesem Falle wird auch die Voraussetzung $[p\varDelta^2] = [p^2\varDelta^2]$ als zutreffend angesehen werden können.

Die Beschränkung $[p] = n$ kann aber nunmehr wieder fallen gelassen werden; da nämlich die Gewichte nur Relativzahlen sind, so kann man an Stelle der p andere Gewichte p' einführen, die durch $p' = \varkappa p$ definiert sein mögen. Multipliziert man nun in (7) Zähler und Nenner mit $\varkappa$, so wird

$$\varepsilon^2 = \frac{[\varkappa p v^2]}{[\varkappa p] - \varkappa} \cdot \frac{[p]}{n} = \frac{[p'v^2]}{\varkappa(n-1)}.$$

Da nun ε der Fehler für $p = 1$, d. h. für $p' = \varkappa$ ist, so ist der Fehler für $p' = 1$ bestimmt durch $\varepsilon' = \varepsilon \sqrt{\varkappa}$; es wird demnach

$$\varepsilon'^2 = \frac{[p'v^2]}{n-1},$$

welche Gleichung nunmehr ganz allgemein für jede beliebige Wahl der p' gilt.*)

---

*) In der Regel findet man die folgende Ableitung: ξ ist wegen $x = x_0 + \xi$ der Fehler des wahrscheinlichsten Wertes von x; setzt man für diesen den mittleren Fehler E, so wird die Gleichung (5) § 168:

$$[p\varDelta^2] = [pv^2] + [p]E^2 = [pv^2] + \varepsilon^2$$

und hieraus, wenn für $[p\varDelta^2]$ aus (8) substituiert wird:

$$n\varepsilon^2 = [pv^2] + \varepsilon^2; \quad \varepsilon = \pm \sqrt{\frac{[pv^2]}{n-1}}.$$

Diese Ableitung ist jedoch nicht strenge, da man für ξ ebensowol R als E setzen kann. Thut man dies, so folgt:

$$[p\varDelta^2] = [pv^2] + [p]R^2 = [pv^2] + 2\varrho^2[p]E^2 = [pv^2] + 2\varrho^2\varepsilon^2$$

und folglich:

$$\varepsilon = \pm \sqrt{\frac{[pv^2]}{n-2\varrho^2}} = \pm \sqrt{\frac{[pv^2]}{n-0{,}455}}.$$

VI. Kapitel.

170. In der Praxis bietet jedoch, namentlich für den Anfänger, die Bestimmung der Gewichte einige Schwierigkeit. Allgemeine Regeln lassen sich hierfür nur schwer, und keinesfalls alle Fälle erschöpfend geben. Am leichtesten wird es, wenn die mittleren oder wahrscheinlichen Fehler der Beobachtungen bekannt sind (beispielsweise bei Winkelmessungen in Bogensekunden). In diesem Falle wird man zunächst für einen gewissen, wirklich vorhandenen oder auch unter den Beobachtungen nicht vertretenen Fehler (z. B. für den Fehler gleich $1''$) das Gewicht gleich 1 setzen, und erhält dann die Gewichte der übrigen umgekehrt proportional den Quadraten der mittleren oder wahrscheinlichen Fehler; sind diese z. B. $0,''1$, $0,''2$, $0,''3$, so werden die Gewichte, wenn die Gewichtseinheit dem Fehler $0,''25$ entspricht, bezw. $\frac{100}{16}$, $\frac{25}{16}$, $\frac{100}{144}$, also nahe 6, $1\frac{1}{2}$, $\frac{2}{3}$. Meist aber sind die mittleren Fehler nicht bekannt, und man hat dieselben erst aus dem Verlaufe der Ausgleichungsrechnung selbst zu suchen. Kann man sich solche wenigstens genähert verschaffen, z. B. indem man Beobachtungen derselben Art von demselben Beobachter bei anderen Gelegenheiten zu Rate zieht (wozu auch im gewissen Sinne die Schlüsse aus der Vertrauenswürdigkeit der Beobachter oder wenigstens der Beobachtungen gehören), oder daſs man die Fehler aus den Elementaroperationen ableiten kann, so wird man oft auf diesem Wege zum Ziele gelangen. Der erstere Weg bleibt immerhin etwas unsicher, namentlich wenn man auf Schlüsse angewiesen ist; der letztere Weg hingegen wird in sehr vielen Fällen umständlich, so daſs man es vorzieht, eine erste, provisorische Ausgleichung mit gleichen Gewichten vorzunehmen; nach dieser provisorischen Ausgleichung ergeben sich aus den Abweichungen der Einzelserien vom Resultate hinreichend genaue Gewichte, mit denen die Rechnung wiederholt werden kann. Meist wird eine einmalige Wiederholung ausreichen, und man wird in dieser Weise am raschesten zum Ziele kommen.

171. Ist eine Gröſse aus mehreren Beobachtungsdaten zusammengesetzt, welche selbst gewissen Fehlern unterworfen sind, so werden diese natürlich auch das Resultat beeinflussen.

Anwendung auf die Naturgesetze. Ausgleichungsrechnung. 319

Die Abhängigkeit einer Größe von anderen gegebenen Daten kann nun in algebraischer und transcendenter Weise stattfinden; im ersteren Falle sind dann die algebraischen Elementaroperationen zu untersuchen.

1. Es ist der wahrscheinliche Fehler einer aus der Summe (oder Differenz) zweier anderer Größen bestehenden Größe zu suchen, wenn der wahrscheinliche Fehler der Summanden bekannt ist. Sei

(1) $$X = x \pm y$$

und sind a, b die beobachteten oder aus Beobachtungen abgeleiteten wahrscheinlichsten Werte von x, y, so wird der hieraus folgende wahrscheinlichste Wert von x

$$A = a \pm b$$

sein. Für die Bestimmung des wahrscheinlichen Fehlers seien nun Δ_1', Δ_1'', $\Delta_1''' \ldots \Delta_1^{(m)}$ die Fehler der Beobachtungen, welche zur Bestimmung von x dienten; Δ_2', $\Delta_2'' \ldots \Delta_2^{(n)}$ ebenso die Fehler in den einzelnen Beobachtungen für y, so werden die aus den einzelnen Beobachtungen abgeleiteten Werte von X um die Beträge

$$\pm \Delta_1' \pm \Delta_2'; \; \pm \Delta_1' \pm \Delta_2''; \; \pm \Delta_1' \pm \Delta_2''' \ldots \pm \Delta_1'' \pm \Delta_2';$$
$$\pm \Delta_1'' \pm \Delta_2'' \ldots$$

fehlerhaft sein, wobei man jeden einzelnen Wert von x mit jedem einzelnen Wert y kombinieren kann. Das Doppelzeichen bei einer der beiden Größen kann dabei wegbleiben, da in dem später auftretenden Quadrate dieses gleichgültig wird. Liegen m Beobachtungen von x, n Beobachtungen von y vor, so erhält man mn Werte für x, und der mittlere Fehler E wird gegeben durch

$$E^2 = \frac{[(\Delta_1^{(i)} \pm \Delta_2^{(\varkappa)})^2]}{mn}.$$

Da aber jedes $\Delta_1^{(i)}$ mit n verschiedenen $\Delta_2^{(\varkappa)}$ verbunden ist, also n-mal auftritt, ebenso jedes $\Delta_2^{(\varkappa)}$ m-mal, so wird

$$E^2 = \frac{[(\Delta_1^{(i)})^2]}{m} + \frac{[(\Delta_2^{(\varkappa)})^2]}{n} \pm 2 \frac{[\Delta_1^{(i)} \Delta_2^{(\varkappa)}]}{mn}.$$

VI. Kapitel.

Das letzte Glied verschwindet, da Δ_1 und Δ_2 als zufällige Fehler in gleicher Größe positiv und negativ vorkommen; demnach ist:

(2) $$E^2 = \frac{[(\Delta_1^{(i)})^2]}{m} + \frac{[(\Delta_2^{(x)})^2]}{n}; \quad E^2 = \varepsilon_x^2 + \varepsilon_y^2,$$

wenn ε_x, ε_y die mittleren Fehler der Größen x, y sind. Ebenso folgt für

(3) $$X = x \pm y \pm z \pm \cdots$$

der mittlere Fehler

(3a) $$E^2 = \varepsilon_x^2 + \varepsilon_y^2 + \varepsilon_z^2 + \cdots$$

2. **Bestimmung des Fehlers des Vielfachen von x.** Ist $X = mx$, so erzeugt jeder Fehler Δ von x einen Fehler $m\Delta$ in X, folglich wird der mittlere Fehler E für

(4) $$X = mx : E = m\varepsilon.$$

Durch Verbindung von (2) und (4) folgt für die Funktion

(5) $$X = ax + by + cz + \cdots$$

der mittlere Fehler

(5a) $$E^2 = (a\varepsilon_x)^2 + (b\varepsilon_y)^2 + (c\varepsilon_z)^2 + \cdots$$

Setzt man in (3) mit Beibehaltung der oberen Zeichen $x = y = z = \cdots$, so erhielte man aus (3a):

$$E = \sqrt{m} \cdot \varepsilon$$

ein Resultat, das scheinbar mit dem Resultate (4) im Widerspruche steht. Dieser Widerspruch schwindet aber, wenn man bedenkt, daß im zweiten Falle das Resultat durch Vervielfachung der einfachen Messung erhalten wurde, im ersten Falle aber die Messung m-mal vorgenommen wurde; durch die Wiederholung der Messung wird der Fehler jedenfalls verkleinert.

3. Ist X eine beliebige Funktion der beobachteten Größe $x, y, z, \ldots$ so daß

(6) $$X = f(x, y, z, \ldots)$$

ist, und sind die wahrscheinlichsten Werte der $x, y, z, \ldots$ bezw. $a, b, c, \ldots$ mit den wahrscheinlichen Fehlern r_x, r_y, r_z, $\ldots$, während die wahren Werte $x_0 = a + \xi$, $y_0 = b + \eta$, $z_0 = c + \zeta \ldots$ sind, so wird

Anwendung auf die Naturgesetze. Ausgleichungsrechnung.

$$X = f(a + \xi,\ b + \eta,\ c + \zeta, \ldots)$$

sein. Da die Inkremente ξ, η, ζ, ... kleine Beträge sind, so kann man die Funktion f nach dem Taylorschen Lehrsatz entwickeln und erhält:

$$X = f(a, b, c, \ldots) + \frac{\partial f(a, b, c, \ldots)}{\partial a}\xi + \frac{\partial f(a, b, c, \ldots)}{\partial b}\eta$$
$$+ \frac{\partial f(a, b, c, \ldots)}{\partial c}\zeta + \ldots$$

Indem man weiter die zweiten und höheren Potenzen der ξ, η, ζ, ... vernachlässigen kann, erhält man X in Form einer linearen Funktion der ξ, η, ζ, ..., deren wahrscheinlichste Werte 0 mit den wahrscheinlichen Fehlern $r_x, r_y, r_z, \ldots$ sind. Es wird daher der wahrscheinliche Fehler von X nach (5) gegeben durch:

(7) $\qquad r_X^2 = \left(\frac{\partial f}{\partial a}\right)^2 r_x^2 + \left(\frac{\partial f}{\partial b}\right)^2 r_y^2 + \left(\frac{\partial f}{\partial c}\right)^2 r_z^2 + \ldots$

172. In der Praxis erhält man am häufigsten nicht unmittelbar die gesuchten Größen; die unmittelbaren Beobachtungen liefern Daten, aus denen erst die gesuchten Größen bestimmt werden müssen. Diese selbst sind durch irgend welche Beziehungen, Gleichungen verbunden, in welchen die zu suchenden Größen als Unbekannte auftreten. Sobald alle übrigen, in diesen Gleichungen als Koeffizienten der Unbekannten auftretenden Größen bekannt sind, wobei einzelne, wie erwähnt, aus Beobachtungen bestimmt werden, wird auch die Auflösung der Gleichungen zur Kenntnis der Unbekannten führen. Diese Bestimmung ist eindeutig, wenn ebensoviele Gleichungen vorliegen, als Unbekannte sind. Doch hat man es hier in seiner Wahl, die Zahl der Gleichungen selbst festzusetzen. Sei

(1) $\qquad V = f(X, Y, Z, \ldots \cdot a, b, c, \ldots)$

eine Funktion der Unbekannten X, Y, Z, ..., und diese wären aus einer Reihe von Funktionalwerten V, welche durch die Beobachtung für verschiedene Werte der Koeffizienten a, b, c, ... bestimmt sind, zu ermitteln. Ist z. B. V eine Rektascension oder Deklination, als Funktion der sechs Bahnelemente: Länge des aufsteigenden Knotens Ω, Neigung der Bahn i, Länge des Perihels π, halbe große Achse a, Excentricität e und Zeit des Periheldurchgangs t_0, so sind a, b, c Koeffizienten, welche Funktionen der Zeit sind. Diese erhalten daher für verschiedene Zeitmomente verschiedene Werte, so daß auch V mit der Zeit veränderlich ist. Sind umgekehrt verschiedene Werte der V aus der Beobachtung gegeben, so werden, da $a, b, c, \ldots$ als Funktionen der Zeit gegeben sind oder berechnet werden können, nur die sechs Unbekannten $X, Y, Z, \ldots$ zur Bestimmung übrig bleiben.

Zur näheren Erläuterung möge die Bestimmung der Länge λ eines Planeten aus seinen auf die Ekliptik bezogenen Elementen dienen; es ist:

$$(2) \quad \operatorname{tg}(\lambda - \Omega) = \frac{r \sin(v + \pi - \Omega) \cos i + R \sin(\odot - \Omega)}{r \cos(v + \pi - \Omega) + R \cos(\odot - \Omega)},$$

wobei Ω, i, π die angegebene Bedeutung haben, R, $\odot$ Radius vector und Länge der Sonne bedeuten, und r, v Radius vector und wahre Anomalie des Planeten, aus den übrigen Bahnelementen und der Zeit zu berechnen sind. Die Abhängigkeit ist eine sehr komplizierte, und daher eine direkte Bestimmung der Elemente aus beobachteten Längen (und dasselbe gilt für die Breiten) mit ziemlichen Schwierigkeiten verbunden.

Beobachtet man nun genau so viele Werte von V als Unbekannte zu bestimmen sind, so wird eine direkte Auflösung möglich sein, wenn dieselbe auch, wie im gegebenen Falle, mitunter mancherlei Schwierigkeiten bietet. Sind aber mehr beobachtete Werte gegeben, so werden sich aus denselben nur dann genaue, die sämtlichen Gleichungen befriedigende Werte für $x, y, z, \ldots$ finden lassen, wenn die beobachteten V fehlerfrei wären; dieses ist aber nicht der Fall, und es tritt daher wieder die Aufgabe auf, aus den sämtlichen beobachteten Werten die wahrscheinlichsten Werte der Unbekannten zu ermitteln. Zumeist wird sich die Aufgabe in dieser Form darbieten; da nämlich die Beobachtungen stets mit gewissen unvermeidlichen Beobachtungsfehlern behaftet sind, so würde das Resultat sehr wesentlich von diesen abhängig sein, wenn man in der That nur die zur Ableitung des Resultates eben nötigen Beobachtungen anstellen würde. Gerade um sich von diesem Übelstande zu befreien, ver-

Anwendung auf die Naturgesetze. Ausgleichungsrechnung.

mehrt man absichtlich die Zahl der Beobachtungen, und eine direkte Auflösung der Gleichungen (in der eben erforderlichen Zahl) giebt nur erste Näherungen, welche dann für die weiteren Untersuchungen in vielen Fällen nicht nur erwünscht, sondern geradezu nötig sind.

Die hierher gehörigen Probleme lassen sich jedoch in zwei Gruppen trennen: die eine umfaſst jene, bei denen die Unbekannten voneinander völlig unabhängig sind (z. B. die sechs Bahnelemente eines Himmelskörpers), und eine zweite Gruppe, wo zwischen den zu suchenden Unbekannten Beziehungen bestehen, die sich in Form von Bedingungsgleichungen ausdrücken lassen (z. B. bei einer Triangulation die Winkel eines Dreiecks u. s. w.).

173. Ausgleichung voneinander unabhängiger Beobachtungen. Die allgemeine Form der Gleichungen (1) des vorigen Paragraphen ist, wie das Beispiel Formel (2) zeigt, für die Auflösung nicht geeignet. Will man die bisher verwendeten Prinzipien auch hier anwenden, so ist das erste Erfordernis, daſs die zu behandelnden Gleichungen linear sind. Diese Bedingung kann man stets erfüllen, wenn man genäherte Werte der Unbekannten hat; sollte dieses nicht der Fall sein, so wird man sich zunächst genäherte Werte durch eine vorläufige Auflösung einzelner der Gleichungen verschaffen (erste Bahnbestimmung). Sind dieselben $x_0, y_0, z_0, \ldots$ und sind die wahren Werte $X = x_0 + x$, $Y = y_0 + y$, $Z = z_0 + z, \ldots$, so erhält man durch Entwickelung der Gleichung (1) § 172 nach der Taylorschen Reihe:

$$V = f(x_0 + x, y_0 + y, z_0 + z, \ldots)$$
(1) $$= f(x_0, y_0, z_0, \ldots) + \left(\frac{\partial f}{\partial x}\right)_0 x + \left(\frac{\partial f}{\partial y}\right)_0 y + \left(\frac{\partial f}{\partial z}\right)_0 z + \ldots,$$

und die zu bestimmenden Unbekannten sind nunmehr $x, y, z, \ldots$ So würde z. B. aus Gleichung (2) § 172 eine Beziehung folgen:

(2) $$\lambda = \lambda_0 + A\varDelta\Omega + B\varDelta i + C\varDelta\pi + D\varDelta a + E\varDelta e + F\varDelta t_0,$$

wobei $\lambda_0, A, B, \ldots$ Funktionen der Zeit sind, und λ der beobachtete Wert.

Damit man aber stets, wie gefordert, lineare Beziehungen erhält, ist es nötig, daſs die angenommenen Werte $x_0, y_0, z_0, \ldots$ bereits sehr nahe richtig sind, so daſs man die zweiten und höheren Potenzen der Korrektionen $x, y, z, \ldots$ vernachlässigen kann. Wäre diese Voraussetzung nicht erfüllt, so dafs man wenigstens die zweiten Potenzen berücksichtigen müfste, so ist die Methode in dieser Form nicht mehr anwendbar. Die Berücksichtigung der zweiten und höheren Potenzen ist aber nicht durchführbar, bietet aber auch keine Vorteile, da, wenn sich die Korrektionen schliefslich zu grofs ergeben, eine zweite, in seltenen Fällen eine dritte Wiederholung der Auflösung erforderlich und hinreichend sein wird, wobei man jeder folgenden Ausgleichung die verbesserten Werte $x_0 + x$, $y_0 + y, \ldots$ als Näherungen zu Grunde legt und dann bei der Wiederholung viel kleinere Korrektionen $x', y', z', \ldots$ findet.

Immerhin aber giebt es, allerdings sehr seltene, Fälle, in denen diese Bedingung nicht erfüllt ist. Findet dieselbe statt, d. h. giebt jede folgende Näherung einen kleineren Wert, so gehört die Auflösung zu denjenigen Operationen, welche man als konvergent bezeichnet; in jenen Fällen, in denen dieses nicht der Fall ist, kann nun die Auflösung divergent sein oder oscillieren. Hieraus ist auch sofort klar, dafs die Auflösung in jenen Fällen unmöglich wird, wenn die Entwickelung der Funktion f nach der Taylorschen Reihe nicht gestattet ist, d. h. wenn die Korrektionen $x, y, z, \ldots$ so beschaffen sind, dafs die durch dieselben bestimmten Punkte $X, Y, Z, \ldots$ aufserhalb des Konvergenzbereiches der Funktion f fällt. Es wird daher in den meisten dieser Fälle ausreichen, nicht die Näherungen $x_0, y_0, z_0, \ldots$ oder die korrigierten Werte $x_0 + x, y_0 + y, z_0 + z, \ldots$, sondern andere, von diesen verschiedene (zwischen ihnen liegende) Näherungen $(x_0), (y_0), (z_0), \ldots$ zu Grunde zu legen, so dafs der durch diese bestimmte Konvergenzbereich den zu bestimmenden Punkt $X = (x_0) + (x)$, $Y = (y_0) + (y), Z = (z_0) + (z)$ einschliefst. Meist wird man dabei ebenfalls auf Versuche angewiesen sein; doch soll dieser sehr seltene Fall hier nicht weiter untersucht werden.

174. Im folgenden soll nun angenommen werden, dafs die zu bestimmenden Korrektionen hinreichend klein sind, damit die Beziehungen (2) als linear angenommen werden können. Die Werte $f(x_0, y_0, z_0, \ldots)$ und deren Differentialquotienten hängen von Koeffizienten ab, die für jede Beobachtung andere Werte annehmen; sind daher $V_1, V_2, V_3, \ldots$ beobachtete Werte von V, und nennt man für den ersten Wert:

Anwendung auf die Naturgesetze. Ausgleichungsrechnung. 325

(1) $\quad f(x_0, y_0, z_0, \ldots) = m_1; \quad \left(\dfrac{\partial f}{\partial x}\right)_0 = a_1; \quad \left(\dfrac{\partial f}{\partial y}\right)_0 = b_1 \ldots$

und ebenso für die folgenden Beobachtungen $m_2, m_3, \ldots,$
$a_2, a_3, \ldots, b_2, b_3, \ldots$ und setzt die ebenfalls bekannten Gröfsen:

(2) $\quad V_1 - m_1 = n_1; \quad V_2 - m_2 = n_2; \quad V_3 - m_3 = n_3, \ldots$

so erhält man aus der ganzen Serie der Beobachtungen die nunmehr in den Unbekannten linearen Gleichungen:

(3)
$$\begin{aligned} n_1 &= a_1 x + b_1 y + c_1 z + \cdots \\ n_2 &= a_2 x + b_2 y + c_2 z + \cdots \\ n_3 &= a_3 x + b_3 y + c_3 z + \cdots \end{aligned}$$

Die Zahl dieser Gleichungen wird aber in den hier zu behandelnden Fällen gröfser als die Zahl der Unbekannten, und da die Beobachtungen mit gewissen Fehlern behaftet sind, so werden dieselben nicht streng erfüllbar sein, und es werden gewisse Fehler:

(4)
$$\begin{aligned} v_1 &= a_1 x + b_1 y + c_1 z + \cdots - n_1 \\ v_2 &= a_2 x + b_2 y + c_2 z + \cdots - n_2 \end{aligned}$$

übrig bleiben. Die wahrscheinlichsten Werte der Unbekannten werden nach Gleichung (3) und (4a) § 167 diejenigen sein, für welche
$$\Sigma = [pv^2]$$
ein Minimum wird. Hierfür ist erforderlich, dafs

$$\dfrac{\partial \Sigma}{\partial x} = \dfrac{\partial \Sigma}{\partial v_1}\dfrac{\partial v_1}{\partial x} + \dfrac{\partial \Sigma}{\partial v_2}\dfrac{\partial v_2}{\partial x} + \cdots = 0$$

$$\dfrac{\partial \Sigma}{\partial y} = \dfrac{\partial \Sigma}{\partial v_1}\dfrac{\partial v_1}{\partial y} + \dfrac{\partial \Sigma}{\partial v_2}\dfrac{\partial v_2}{\partial y} + \cdots = 0$$

$$\dfrac{\partial \Sigma}{\partial z} = \dfrac{\partial \Sigma}{\partial v_1}\dfrac{\partial v_1}{\partial z} + \dfrac{\partial \Sigma}{\partial v_2}\dfrac{\partial v_2}{\partial z} + \cdots = 0$$

ist, oder da

$$\dfrac{\partial v_1}{\partial x} = a_1, \quad \dfrac{\partial v_2}{\partial x} = a_2, \quad \dfrac{\partial v_3}{\partial x} = a_3 \ldots$$

$$\dfrac{\partial v_1}{\partial y} = b_1, \quad \dfrac{\partial v_2}{\partial y} = b_2, \quad \dfrac{\partial v_3}{\partial y} = b_3 \ldots$$

ist:

$$\frac{1}{2}\frac{\partial \Sigma}{\partial x} = p_1 a_1 v_1 + p_2 a_2 v_2 + p_3 a_3 v_3 + \ldots = [pav] = 0$$

(5) $$\frac{1}{2}\frac{\partial \Sigma}{\partial y} = p_1 b_1 v_1 + p_2 b_2 v_2 + p_3 b_3 v_3 + \ldots = [pbv] = 0$$

$$\frac{1}{2}\frac{\partial \Sigma}{\partial z} = p_1 c_1 v_1 + p_2 c_2 v_2 + p_3 c_3 v_3 + \ldots = [pcv] = 0$$

. . . .

Die weitere Behandlung der Gleichungen wird wesentlich vereinfacht, wenn man die Gleichungen (3) sofort mit den Quadratwurzeln aus den Gewichten multipliziert. Sind dann

(6) $\sqrt{p_i}\, n_i = N_i; \quad \sqrt{p_i}\, a_i = A_i; \quad \sqrt{p_i}\, b_i = B_i \ldots,$

so werden die Gleichungen (3):

(7)
$$N_1 = A_1 x + B_1 y + C_1 z + \ldots$$
$$N_2 = A_2 x + B_2 y + C_2 z + \ldots$$
$$N_3 = A_3 x + B_3 y + C_3 z + \ldots$$

. . . .

Die Gleichungen (4) werden, wenn dieselben Bezeichnungen (6) eingeführt werden und noch

(6a) $\sqrt{p_i}\, v_i = w_i$

gesetzt wird:

(8)
$$w_1 = A_1 x + B_1 y + C_1 z + \ldots - N_1$$
$$w_2 = A_2 x + B_2 y + C_2 z + \ldots - N_2$$
$$w_3 = A_3 x + B_3 y + C_3 z + \ldots - N_3$$

. . . .

und man sieht sofort, dafs hiermit die Gleichungen (5) die Form annehmen:

(9) $[Aw] = 0; \quad [Bw] = 0; \quad [Cw] = 0; \quad \ldots$

wo nach (8) die w die übrigbleibenden Fehler der Gleichungen (7) sind. Man kann demnach die Gleichungen (3) dadurch, dafs man sie mit den Quadratwurzeln aus den Gewichten der Beobachtungen multipliziert, auf die Gewichtseinheit reduzieren, d. h. auf eine

Anwendung auf die Naturgesetze. Ausgleichungsrechnung. 327

Form bringen, in welcher sie so behandelt werden können, als ob sie sämtlich dasselbe Gewicht 1 hätten.

Die Gleichungen (7) unterscheiden sich von den Gleichungen (3) in keiner Beziehung; schreibt man daher in (7) wieder an Stelle der grofsen Buchstaben die kleinen, so wird man wieder auf die Gleichungen (3) geführt. Betrachtet man daher diese als schon mit den Quadratwurzeln aus den Gewichten multipliziert, so wird in (5) überall $p = 1$ zu setzen sein, und es folgt:

(5a) $\quad [av] = 0; \quad [bv] = 0; \quad [cv] = 0; \ldots$

Setzt man hier für v die Werte aus (4) ein, so erhält man:

(10)
$$[aa]x + [ab]y + [ac]z + \ldots = [an]$$
$$[ab]x + [bb]y + [bc]z + \ldots = [bn]$$
$$[ac]x + [bc]y + [cc]z + \ldots = [cn]$$
$$\cdot \cdot \cdot \cdot \cdot \cdot \cdot \cdot \cdot \cdot \cdot \cdot$$

Die Gleichungen (3), d. h. die linear gemachten Gleichungen (1) § 172 werden als die Bedingungsgleichungen bezeichnet; ihre Zahl ist gröfser als die Zahl der Unbekannten. Die Gleichungen (10) heifsen die Normalgleichungen, und zwar bezeichnet man diejenige mit dem quadratischen Koeffizienten $[aa]$ bei x als Normalgleichung für x, diejenige mit dem quadratischen Koeffizienten $[bb]$ bei y als die Normalgleichung für y u. s. w. Die Zahl der letzteren ist, da jede aus dem Differentialquotienten von Σ nach einer der Unbekannten entsteht, genau gleich der Zahl der Unbekannten; diese Gleichungen können daher auf gewöhnlichem Wege aufgelöst werden.

175. So einfach die Ausführung in der analytischen Darstellung erscheint, so sind doch für die praktische Durchführung noch einige Bemerkungen nötig, und zwar sowol für die Bildung der Normalgleichungen, als auch für deren Auflösung.

Bezüglich des ersteren ist zu bemerken, dafs die Koeffizienten der Bedingungsgleichungen aufserordentlich verschieden sein können; Koeffizienten welche sehr klein sind, geben auch kleine Produkte ii, ik, welche gegenüber den anderen Produkten in den Summen $[aa]$, $[ab]$ ... verschwinden, oder doch wenigstens belanglos werden; ist dies nun für alle Koeffizienten derselben Unbekannten in den

328   VI. Kapitel.

verschiedenen Bedingungsgleichungen der Fall, so gilt dasselbe für die betreffende Summe, und bei der Auflösung wird der Einfluſs des betreffenden Koeffizienten der Normalgleichung verschwinden. Aus diesem Grunde empfiehlt es sich, die Gleichungen homogen zu machen, d. h. alle Koeffizienten auf dieselbe Gröſsenordnung zu bringen. Sei a_α der gröſste Koeffizient unter den a; b_β der gröſste Koeffizient unter den b; c_γ unter den c ...; n_ν der gröſste der n-Werte, und setzt man

(1) $$\frac{a_\alpha x}{n_\nu} = (x);\quad \frac{b_\beta y}{n_\nu} = (y);\quad \frac{c_\gamma z}{n_\nu} = (z) \ldots$$

so werden die Bedingungsgleichungen (3), wenn dieselben durch n_ν dividiert werden:

(2)
$$\frac{n_1}{n_\nu} = \frac{a_1}{a_\alpha}(x) + \frac{b_1}{b_\beta}(y) + \frac{c_1}{c_\gamma}(z) + \cdots$$
$$\frac{n_2}{n_\nu} = \frac{a_2}{a_\alpha}(x) + \frac{b_2}{b_\beta}(y) + \frac{c_2}{c_\gamma}(z) + \cdots$$
. . . .

Da hier die Nenner die gröſsten Werte der betreffenden Koeffizienten sind, so sind die in den Gleichungen (2) auftretenden Koeffizienten sämtlich kleiner als 1, aber jeder hat mindestens einmal den Wert 1, so daſs sie numerisch allerdings von verschiedener Gröſse sein können (was in der Natur der Sache liegt) aber gemäſs der vorgenommenen Transformation alle von derselben Ordnung sind.

Bei den mannigfachen numerischen Operationen, welchen die Koeffizienten unterworfen werden, ist eine Kontrolle für die Sicherheit der Koeffizienten von groſser Wichtigkeit; eine solche erhält man in einfacher Weise, indem man zunächst die Summen sämtlicher Koeffizienten (ohne Rücksicht auf ihre verschiedene Bedeutung) bildet, also:

(3)
$$a_1 + b_1 + c_1 + \cdots + n_1 = s_1$$
$$a_2 + b_2 + c_2 + \cdots + n_2 = s_2$$
. . . .

und auf diese ebenfalls dieselben Operationen: $[as]$, $[bs]$, ... anwendet. Multipliziert man die erste dieser Gleichungen

Anwendung auf die Naturgesetze. Ausgleichungsrechnung.

mit a_1, die zweite mit a_2, die dritte mit a_3 und addiert, so erhält man

$$[aa] + [ab] + [ac] + \ldots + [an] = [as].$$

Ebenso indem die erste Gleichung (3) mit b_1, die zweite mit b_2 u. s. w. multipliziert wird:

$$[ab] + [bb] + [bc] + \ldots + [bn] = [bs]$$

und ebenso

$$[ac] + [bc] + [cc] + \ldots + [cn] = [cs]$$

. . . .

Die Produkte $ab, ac, \ldots$ können, wenn man Produktentafeln hat (z. B. die Crelleschen Multiplikationstafeln) direkt aus diesen entnommen werden; anderenfalls ist eine Rechenmaschine bei der Ausführung von grofsem Vorteil. In Ermangelung dieser Hilfsmittel wird die Bildung der Produkte umständlich und leichter Fehlern unterworfen, weshalb gerade für diese Fälle die Probegleichungen der s besondere Bedeutung gewinnen.

Einfach gestaltet sich die Rechnung mittels Quadrattafeln. Da nämlich

$$ab = \frac{1}{2}[(a+b)^2 - a^2 - b^2]$$

ist, so wird:

(4) $$[ab] = \frac{1}{2}\{[(a+b)^2] - [a^2] - [b^2]\}.$$

Für diese Form der Rechnung hat man daher für jede Bedingungsgleichung die Ausdrücke

$$a, b, c, \ldots n, s, (a+b), (a+c), \ldots (a+n), (a+s),$$
$$(b+c), \ldots (b+n), (b+s) \ldots$$

zu bilden, dann die Quadrate

$$a^2, b^2, c^2, \ldots n^2, s^2, (a+b)^2, (a+c)^2, \ldots$$
$$(a+n)^2, (a+s)^2, (b+c)^2, \ldots (b+n)^2, (b+s)^2 \ldots,$$

und zwar für alle Bedingungsgleichungen die zusammengehörigen $a_1^2, a_2^2, \ldots$ untereinander zu schreiben und zu addieren. Aus den Summen

$$[a^2], [b^2], [c^2], \ldots [n^2], [s^2], [(a+b)^2], [(a+c)^2] \ldots$$

330 VI. Kapitel.

erhält man, ohne die Vermittlung der einzelnen Produkte ab, ac, ... die Summen $[ab]$, $[ac]$, ... nach (4).

176. Der Gang der Rechnung ist hiernach der folgende:
1. Linearmachen der Bedingungsgleichungen;
2. Multiplikation der linearen Bedingungsgleichungen mit den Quadratwurzeln der den bezüglichen Beobachtungen entsprechenden Gewichte;
3. Homogenmachen der Bedingungsgleichungen;
4. Ableitung der Normalgleichungen.

Ein Beispiel wird diesen Vorgang erläutern.

Aus den Beobachtungen der ersten Opposition 1883 des Planeten Russia leitete ich das folgende Elementensystem ab:

Äquator und mittleres Äquinoktium 1883,0
Epoche 1883, März 15,5

Mittlere Anomalie	$M = 328°\ 8'\ 25''02$
Länge des aufsteigenden Knotens .	$\Omega' =\ \ \ 8\ 57\ 28,82$
Abstand des Perihels vom Knoten .	$\omega' = 191\ 43\ 44,91$
Länge des Perihels	$\pi' = 200\ 41\ 13,73$
Neigung der Bahn	$i' =\ \ 18\ 17\ 34,00$
Numerische Excentricität	$\log e = 4,5543400$
Excentricitätswinkel	$\varphi = 10°\ 0'\ 20''49$
Mittlere tägliche siderische Bewegung	$\mu = 870''6486$.

An Stelle von φ und π' wurden, wie dies bei der Rechnung für Planeten vorteilhaft ist, zwei andere Gröfsen Φ und Ψ durch die Beziehung angeführt:

$$\Phi = \sin\varphi \sin\pi'$$
$$\Psi = \sin\varphi \cos\pi',$$

so dafs

$$\log\Phi = 8{,}_n 78802;\ \log\Psi = 9{,}_n 21097$$

war. Ferner wurde an Stelle der mittleren Anomalie M die mittlere Länge:

$$L' = M + \pi'$$

eingeführt. Nach den Beobachtungen der zweiten Opposition wurden nun die Korrektionen aus den Gleichungen:

Anwendung auf die Naturgesetze. Ausgleichungsrechnung.

$$\cos\delta\, \Delta a = \left(\cos\delta\, \frac{\partial a}{\partial L'}\right)\Delta L' + \left(\cos\delta\, \frac{\partial a}{\partial \mu}\right)\Delta \mu + \left(\cos\delta\, \frac{\partial a}{\partial \Phi}\right)\Delta \Phi$$

$$+ \left(\cos\delta\, \frac{\partial a}{\partial \Psi}\right)\Delta \Psi + \left(\frac{\cos\delta}{\sin i'}\, \frac{\partial a}{\partial \Omega'}\right)\sin i'\Delta \Omega'$$

$$+ \left(\cos\delta\, \frac{\partial a}{\partial i'}\right)\Delta i'$$

$$\Delta \delta = \left(\frac{\partial \delta}{\partial L'}\right)\Delta L' + \left(\frac{\partial \delta}{\partial \mu}\right)\Delta \mu + \left(\frac{\partial \delta}{\partial \Phi}\right)\Delta \Phi + \left(\frac{\partial \delta}{\partial \Psi}\right)\Delta \Psi$$

$$+ \left(\frac{1}{\sin i'}\, \frac{\partial \delta}{\partial \Omega'}\right)\sin i'\Delta \Omega' + \left(\frac{\partial \delta}{\partial i'}\right)\Delta i'$$

gesucht. Aus 23 Beobachtungen der ersten Opposition (1883) und 5 Beobachtungen der zweiten Opposition (1884) erhielt ich die folgenden 4 Normalorte:

		a		δ
I	1883 Februar 9,5	$9^h 58^m 43^s\!,590$	$= 149°\,40'\,53''\!,85$	$+ 10°\,50'\ 2''\!,13$
II	1883 März 8,5	9 36 54,603	$= 144\ 13\ 39,05$	$+ 14\ 22\ 57,83$
III	1883 April 4,5	9 30 43,764	$= 142\ 40\ 56,46$	$+ 16\ 19\ 22,99$
IV	1884 August 8,5	20 39 28,290	$= 309\ 52\ 4,35$	$- 14\ 46\ 59,63$

Ephemeride, Korrektionen derselben für die Normalorte und die Koeffizienten der Bedingungsgleichungen wurden nach den bekannten Formeln gerechnet (worüber an dieser Stelle nicht gesprochen werden kann) und es ergaben sich die folgenden Bedingungsgleichungen:

a) Rektascensionen:

$+\ 0''\!,36 = 0{,}34010\, \Delta L' + 1{,}_n78673\, \Delta \mu + 0{,}55458\, \Delta \Phi\ +$
$-\ \ \ 0{,}46\ \ \ \ \ \ 0{,}32712\ \ \ \ \ \ \ 1{,}_n82104\ \ \ \ \ \ 0{,}54854$
$+\ \ \ 0{,}06\ \ \ \ \ \ 0{,}25209\ \ \ \ \ \ \ 1{,}_n68935\ \ \ \ \ \ 0{,}48719$
$+\ 51{,}76\ \ \ \ \ \ 0{,}16937\ \ \ \ \ \ \ 2{,}86985\ \ \ \ \ \ 0{,}_n22285$

$\quad\quad\quad\quad\quad + 0{,}26873\, \Delta \Psi + 8{,}55377\, \sin i'\Delta \Omega' + 9{,}47223\, \Delta i'$
$\quad\quad\quad\quad\quad\ \ \ 0{,}24601\ \ \ \ \ \ \ \ \ \ 8{,}69151\ \ \ \ \ \ \ \ \ \ \ \ 9{,}34630$
$\quad\quad\quad\quad\quad\ \ \ 0{,}13463\ \ \ \ \ \ \ \ \ \ 8{,}85856\ \ \ \ \ \ \ \ \ \ \ \ 9{,}16264$
$\quad\quad\quad\quad\quad\ \ \ 0{,}_n40968\ \ \ \ \ \ \ \ \ 9{,}_n05672\ \ \ \ \ \ \ \ \ \ \ 9{,}33844$

b) **Deklinationen:**

$0,"57 = 9,74085_n \Delta L' + 1,02750 \Delta \mu + 9,96092_n \Delta \Phi +$

   0,37   9,67173$_n$ 1,32437   9,88704$_n$

   0,31   9,54358$_n$ 1,36176   9,77013$_n$

15,68   9,37661   2,09342   9,47107$_n$

                             $+ 9,63809_n \Delta \Psi + 0,11961 \sin i' \Delta \Omega' + 0,07381 \Delta i'$

                                9,63962   0,15861   9,98725

                                9,56425$_n$ 0,13403   9,81567

                                9,60523$_n$ 9,95978$_n$ 0,12559$_n$

wobei die Koeffizienten logarithmisch angesetzt sind. Die Gewichte der Gleichungen wurden als gleich angenommen, so daſs die Multiplikation mit den Quadratwurzeln aus den Gewichten entfällt.

Um die Gleichungen homogen zu machen ist nach den Gleichungen (1) § 175, wenn man die Unbekannten in der Reihenfolge $\Delta \Phi$, $\Delta \Psi$, $\sin i' \Delta \Omega'$, $\Delta i'$, $\Delta L'$, $\Delta \mu$ ordnet:

$$\log a_\alpha = 0,55458 \qquad x = \frac{a_\alpha}{n_\nu} \Delta \Phi$$

$$\log b_\beta = 0,40968 \qquad y = \frac{b_\beta}{n_\nu} \Delta \Psi$$

$$\log c_\gamma = 0,15861 \qquad z = \frac{c_\gamma}{n_\nu} \sin i' \Delta \Omega'$$

$$\log d_\delta = 0,12559 \qquad t = \frac{d_\delta}{n_\nu} \Delta i'$$

$$\log e_\varepsilon = 0,34010 \qquad u = \frac{e_\varepsilon}{n_\nu} \Delta L'$$

$$\log f_\varphi = 2,86955$$
$$\log n_\nu = 1,71399 \qquad v = \frac{f_\varphi}{n_\nu} \Delta \mu.$$

Die Bedingungsgleichungen werden dann:

Anwendung auf die Naturgesetze. Ausgleichungsrechnung. 333

a) **Rektascensionen:**

$0{,}00000\,x + 9{,}85905\,y + 8{,}39516\,z + 9{,}34664\,t\ +$

$9{,}99396$	$9{,}83633$	$8{,}53290$	$9{,}22071$	
$9{,}93261$	$9{,}72495$	$8{,}69995$	$9{,}03705$	
9_n66827	0_n00000	8_n89811	$9{,}21285$	

			$\log s$
$+\ 0{,}00000\,u + 8_n91688\,v =\ 7{,}84231$			$0{,}46154$
$9{,}98702\qquad 8_n95119\qquad\ \ 7_n94877$			$0{,}43851$
$9{,}91199\qquad 8_n81950\qquad\ \ 7{,}06416$			$0{,}36134$
$9{,}82927\qquad 0{,}00000\qquad\ \ 0{,}00000$			$0{,}11168$

b) **Deklinationen:**

$9_n40634\,x + 9_n22841\,y + 9{,}96100\,z + 9{,}94822\,t\ +$

9_n33246	$9{,}22994$	$0{,}00000$	$9{,}86166$
9_n21555	9_n15427	$9{,}97542$	$0{,}69008$
8_n91649	$9{,}19555$	9_n80117	0_n00000

			$\log s$
$+\ 9_n40075\,u + 8{,}15765\,v =\ 8_n04188$			$0{,}05284$
$9_n33163\qquad 8{,}45452\qquad\ \ 7{,}85421$			$0{,}06574$
$9_n20348\qquad 8{,}49191\qquad\ \ 7{,}77737$			$0{,}00221$
$9{,}03651\qquad 9{,}22357\qquad\ \ 9{,}48136$			0_n11160

wobei die Logarithmen der zur Probe dienenden s ebenfalls angeschrieben sind.

Man erhält nun zur Bildung der Normalgleichungen aus den 8 Bedingungsgleichungen:

	aa	$ab\ldots$	$ac\ldots$	an	as	bb
1	$+\,1{,}00000$	$+\,0{,}72285$	$+\,0{,}02484$	$+\,0{,}00696$	$+\,2{,}89437$	$+\,0{,}52251$
2	$+\,0{,}97275$	$+\,0{,}67653$	$+\,0{,}03364$	$-\,0{,}00876$	$+\,2{,}70688$	$+\,0{,}47061$
3	$+\,0{,}73320$	$+\,0{,}45453$	$+\,0{,}04291$	$+\,0{,}00099$	$+\,1{,}96766$	$+\,0{,}28177$
4	$+\,0{,}21704$	$+\,0{,}46588$	$+\,0{,}03684\ldots$	$-\,0{,}46588$	$-\,0{,}60249$	$+\,1{,}00000$
5	$+\,0{,}06496$	$+\,0{,}04313$	$-\,0{,}23299$	$+\,0{,}00281$	$-\,0{,}28786$	$+\,0{,}02863$
6	$+\,0{,}04623$	$+\,0{,}03651$	$-\,0{,}21501$	$-\,0{,}00154$	$-\,0{,}25015$	$+\,0{,}02883$
7	$+\,0{,}02698$	$+\,0{,}02345$	$-\,0{,}15523$	$-\,0{,}00098$	$-\,0{,}16510$	$+\,0{,}02038$
8	$+\,0{,}00681$	$+\,0{,}01294$	$+\,0{,}05220$	$-\,0{,}02499$	$+\,0{,}10668$	$+\,0{,}02461$

VI. Kapitel.

In derselben Weise alle einzelnen Produkte bildend, erhält man schliefslich die Normalgleichungen:

$+ 3{,}06779\, x + 2{,}43582\, y - 0{,}41280\, z + 0{,}02273\, t +$
$+ 2{,}43582\, x + 2{,}37734\, y - 0{,}21306\, z - 0{,}01755\, t +$
$- 0{,}41280\, x - 0{,}21306\, y + 3{,}13938\, z + 2{,}63790\, t -$
$+ 0{,}02273\, x - 0{,}01755\, y + 2{,}63790\, z + 2{,}67214\, t +$
$+ 2{,}46945\, x + 1{,}23193\, y - 0{,}61890\, z + 0{,}01627\, t +$
$- 0{,}72180\, x - 1{,}19399\, y - 0{,}12241\, z + 0{,}00421\, t +$

[*s]

$+ 2{,}46945\, u - 0{,}72180\, v = - 0{,}49139 + 6{,}36999$
$+ 1{,}23193\, u - 1{,}19399\, v = - 1{,}04818 + 3{,}57239$
$- 0{,}61890\, u - 0{,}12241\, v = - 0{,}26808 + 4{,}14204$
$+ 0{,}01627\, u + 0{,}00421\, v = - 0{,}14114 + 5{,}19447$
$+ 3{,}21103\, u + 0{,}45525\, v = + 0{,}70746 + 7{,}47261$
$+ 0{,}45525\, u + 1{,}04915\, v = + 1{,}05107 + 0{,}52150$
$[nn] = + 1{,}09212 + 0{,}90183$

Da

$\log [nn] = 0{,}03827$
$\log n_r^2 = 3{,}42798$

ist, so wird $\log [nn]$ ausgedrückt in Bogensekunden 3,46625, und

$$[nn] = 2925{,}8''.$$

In der letzten Kolonne neben den Normalgleichungen sind die $[as]$, $[bs]$ ... $[ns]$ angesetzt.

177. Die Auflösung der Normalgleichungen wird sehr einfach mittels Determinanten. Obzwar die Theorie derselben heutzutage wol als ziemlich allgemein bekannt vorausgesetzt werden kann, werden doch einige praktische Winke, welche die Berechnung erleichtern können, nicht unwillkommen sein.

Hat man ein System von m linearen Gleichungen mit m Unbekannten:

Anwendung auf die Naturgesetze. Ausgleichungsrechnung.

(1)
$$a_{11}x_1 + a_{12}x_2 + \ldots + a_{1m}x_m = q_1$$
$$a_{21}x_1 + a_{22}x_2 + \ldots + a_{2m}x_m = q_2$$
$$\cdots\cdots\cdots\cdots\cdots\cdots$$
$$a_{m1}x_1 + a_{m2}x_2 + \ldots + a_{mm}x_m = q_m,$$

so können dieselben in folgender Weise aufgelöst werden. Man multipliziert die Gleichungen (1) der Reihe nach mit vorläufig unbestimmten Größen $A_{11}, A_{21}, A_{31}, \ldots A_{m1}$, und addiert und bestimmt die A_{k1}, so daß

(2a)
$$a_{11}A_{11} + a_{21}A_{21} + \ldots + a_{m1}A_{m1} = D$$
$$a_{12}A_{11} + a_{22}A_{21} + \ldots + a_{m2}A_{m1} = 0$$
$$a_{13}A_{11} + a_{23}A_{21} + \ldots + a_{m3}A_{m1} = 0$$
$$\cdots\cdots\cdots\cdots\cdots\cdots$$
$$a_{1m}A_{11} + a_{2m}A_{21} + \ldots + a_{mm}A_{m1} = 0$$

ist, so erhält man:
$$D \cdot x_1 = A_{11}q_1 + A_{21}q_2 + A_{31}q_3 + \ldots + A_{m1}q_m.$$

Multipliziert man weiter die Gleichungen (1) der Reihe nach mit den wieder zu bestimmenden Größen $A_{12}, A_{22}, \ldots A_{m2}$ und addiert, und bestimmt die A_{k2} durch:

(2b)
$$a_{11}A_{12} + a_{21}A_{22} + \ldots + a_{m1}A_{m2} = 0$$
$$a_{12}A_{12} + a_{22}A_{22} + \ldots + a_{m2}A_{m2} = D$$
$$a_{13}A_{12} + a_{23}A_{22} + \ldots + a_{m3}A_{m2} = 0$$
$$\cdots\cdots\cdots\cdots\cdots\cdots$$
$$a_{1m}A_{12} + a_{2m}A_{22} + \ldots + a_{mm}A_{m2} = 0,$$

so wird:
$$D \cdot x_2 = A_{12}q_1 + A_{22}q_2 + \ldots + A_{m2}q_m.$$

In derselben Weise für alle Unbekannten fortschreitend erhält man für die m^2 Koeffizienten:

(3)
$$\begin{matrix} a_{11} & a_{12} & \ldots & a_{1m} \\ a_{21} & a_{22} & \ldots & a_{2m} \\ \cdot & \cdot & \cdot & \cdot \\ a_{m1} & a_{m2} & \ldots & a_{mm} \end{matrix}$$

der Gleichungen (1) m^2 zugehörige Größen:

(4)
$$\begin{matrix} A_{11} & A_{12} & \ldots & A_{1m} \\ A_{21} & A_{22} & \ldots & A_{2m} \\ \cdot & \cdot & \cdot & \cdot \\ A_{m1} & A_{m2} & \ldots & A_{mm}, \end{matrix}$$

welche gemäſs (2a), (2b) den Gleichungen genügen:

(2)
$$a_{1i}A_{1i} + a_{2i}A_{2i} + \ldots + a_{mi}A_{mi} = D$$
$$a_{1k}A_{1i} + a_{2k}A_{2i} + \ldots + a_{mk}A_{mi} = 0,$$

welche Bedingungen zu erfüllen stets möglich ist, da die m Gleichungssysteme von je m linearen Gleichungen (2a), (2b) stets auflösbar sind, wenn D nicht Null ist. Mit Hilfe der so erhaltenen Gröſsen A_{ik} wird dann:

(5)
$$D \cdot x_1 = A_{11}q_1 + A_{21}q_2 + \ldots + A_{m1}q_m$$
$$D \cdot x_2 = A_{12}q_1 + A_{22}q_2 + \ldots + A_{m2}q_m$$
$$\cdots\cdots\cdots\cdots\cdots\cdots$$
$$D \cdot x_m = A_{1m}q_1 + A_{2m}q_2 + \ldots + A_{mm}q_m.$$

Multipliziert man die Gleichungen (2a) der Reihe nach mit unbestimmten Gröſsen $\mathfrak{A}_{11}, \mathfrak{A}_{12}, \ldots \mathfrak{A}_{1m}$ und addiert, und setzt:

(2'a)
$$a_{11}\mathfrak{A}_{11} + a_{12}\mathfrak{A}_{12} + \ldots + a_{1m}\mathfrak{A}_{1m} = \varDelta$$
$$a_{21}\mathfrak{A}_{11} + a_{22}\mathfrak{A}_{12} + \ldots + a_{2m}\mathfrak{A}_{1m} = 0$$
$$\cdots\cdots\cdots\cdots\cdots\cdots$$
$$a_{m1}\mathfrak{A}_{11} + a_{m2}\mathfrak{A}_{12} + \ldots + a_{mm}\mathfrak{A}_{1m} = 0,$$

so lassen sich die $\mathfrak{A}_{ik}$ ebenfalls bestimmen; es folgt aber aus (2a):
$$\varDelta A_{11} = D\mathfrak{A}_{11};$$
es kann daher $\varDelta = D$ angenommen werden, und dann wird $\mathfrak{A}_{11} = A_{11}$. Die Gleichungen (2'a) sind linear, daher stets auflösbar, wenn $\varDelta$ nicht verschwindet; die Auflösung wird aber leicht, denn multipliziert man die Gleichungen der Reihe nach mit $A_{1k}, A_{2k}, \ldots A_{mk}$, und addiert, so folgt mit Rücksicht auf (2):
$$D\mathfrak{A}_{1k} = \varDelta A_{1k},$$
daher für $\varDelta = D$ auch $\mathfrak{A}_{1k} = A_{1k}$.

Anwendung auf die Naturgesetze. Ausgleichungsrechnung.

Genau in derselben Weise findet man aus den Gleichungen (2b) und den übrigen analogen Gleichungen ganz allgemein:

$$a_{i1}\mathfrak{A}_{i1} + a_{i2}\mathfrak{A}_{i2} + \ldots + a_{im}\mathfrak{A}_{im} = \varDelta$$
$$a_{k1}\mathfrak{A}_{i1} + a_{k2}\mathfrak{A}_{i2} + \ldots + a_{km}\mathfrak{A}_{im} = 0$$

und für $\varDelta = D$: $\mathfrak{A}_{ik} = A_{ik}$. Die Größen A_{ik} unterliegen daher weiter den Bedingungen

(2′) $$\left.\begin{array}{l} a_{i1}A_{i1} + a_{i2}A_{i2} + \ldots + a_{im}A_{im} = D \\ a_{k1}A_{i1} + a_{k2}A_{i2} + \ldots + a_{km}A_{im} = 0 \end{array}\right\}.$$

Die Größe D hängt von den a_{ik} und den A_{ik}, diese letzteren selbst wieder von den a_{ik} und von D ab, so daß D als eine Funktion der a_{ik} angesehen werden kann; man bezeichnet diese von den Größen a_{ik} abhängige Größe D durch das Symbol

(3a) $$D = \begin{vmatrix} a_{11} & a_{12} & \ldots & a_{1m} \\ a_{21} & a_{22} & \ldots & a_{2m} \\ \cdot & \cdot & & \cdot \\ a_{m1} & a_{m2} & \ldots & a_{mm} \end{vmatrix}$$

als die Determinante der m^2 Größen a_{ik} und das System (4) der A_{ik} als Unterdeterminanten oder Minoren (erster Ordnung) dieser Determinante (vgl. Bd. VI dieser Sammlung). Die Gleichungen (2) und (2′) sagen aus:

1. Bildet man die Produkte aus den Elementen einer Zeile (oder Kolumne) der Determinante D und den zugehörigen Unterdeterminanten, d. i. den Unterdeterminanten derselben Zeile (oder Kolumne), so ist die Summe der betreffenden Produkte gleich der Determinante D.

2. Bildet man die Produkte der Elemente einer Zeile (oder Kolumne) der Determinante D mit den Unterdeterminanten irgend einer anderen Zeile (oder Kolumne), so ist die Summe dieser Produkte gleich Null.

178. Wären die Determinante und die Unterdeterminanten bestimmt, so erhielte man die Auflösung der Gleichungen (1) durch die Formeln (5). Wollte man aber die Determinanten aus den Formeln (2) (2′) bestimmen, so hätte man dieselbe Aufgabe, wie die Lösung der Gleichungen (1) selbst; eine Vereinfachung tritt also nur dann ein, wenn die Determinanten auf andere Weise bestimmt werden können.

Geht man von der Auflösung zweier Gleichungen mit zwei Unbekannten aus, so wird

$$a_{11} x_1 + a_{12} x_2 = q_1$$
$$a_{21} x_1 + a_{22} x_2 = q_2$$
$$A_{11} = a_{22} \qquad A_{12} = - a_{21}$$
$$A_{21} = - a_{12} \qquad A_{22} = a_{11}$$
$$D = \begin{vmatrix} a_{11} & a_{12} \\ a_{21} & a_{22} \end{vmatrix} = a_{11} a_{22} - a_{12} a_{21}.$$

Für drei Gleichungen mit drei Unbekannten

$$a_{11} x_1 + a_{12} x_2 + a_{13} x_3 = q_1$$
$$a_{21} x_1 + a_{22} x_2 + a_{23} x_3 = q_2$$
$$a_{31} x_1 + a_{32} x_2 + a_{33} x_3 = q_3$$

findet man

$$A_{11} = \begin{vmatrix} a_{22} & a_{23} \\ a_{32} & a_{33} \end{vmatrix} \qquad A_{12} = - \begin{vmatrix} a_{21} & a_{23} \\ a_{31} & a_{33} \end{vmatrix} \qquad A_{13} = \begin{vmatrix} a_{21} & a_{22} \\ a_{31} & a_{32} \end{vmatrix}$$

$$A_{21} = - \begin{vmatrix} a_{12} & a_{13} \\ a_{32} & a_{33} \end{vmatrix} \qquad A_{22} = \begin{vmatrix} a_{11} & a_{13} \\ a_{31} & a_{33} \end{vmatrix} \qquad A_{23} = - \begin{vmatrix} a_{11} & a_{12} \\ a_{31} & a_{32} \end{vmatrix}$$

$$A_{31} = \begin{vmatrix} a_{12} & a_{13} \\ a_{22} & a_{23} \end{vmatrix} \qquad A_{32} = - \begin{vmatrix} a_{11} & a_{13} \\ a_{21} & a_{23} \end{vmatrix} \qquad A_{33} = \begin{vmatrix} a_{11} & a_{12} \\ a_{21} & a_{22} \end{vmatrix}$$

$$D = \begin{vmatrix} a_{11} & a_{12} & a_{13} \\ a_{21} & a_{22} & a_{23} \\ a_{31} & a_{32} & a_{33} \end{vmatrix} = + a_{12} a_{23} a_{31} + a_{13} a_{21} a_{32} + a_{11} a_{22} a_{33}$$
$$- a_{13} a_{22} a_{31} - a_{11} a_{23} a_{32} - a_{12} a_{21} a_{33}.$$

Für die Berechnung von D läfst sich ein einfacher Algorithmus angeben: Man wiederhole die Elemente der ersten und zweiten Zeile nach links bezw. nach rechts, und verschiebe jede Zeile um ein Element nach links bezw. rechts, nach dem Schema

$$a_{12}\ a_{13}\ a_{11}\ a_{12}\ a_{13} \qquad\qquad a_{11}\ a_{12}\ a_{13}\ a_{11}\ a_{12}$$
$$a_{23}\ a_{21}\ a_{22}\ a_{23} \qquad\qquad\qquad a_{21}\ a_{22}\ a_{23}\ a_{21}$$
$$a_{31}\ a_{32}\ a_{33} \qquad\qquad\qquad\qquad a_{31}\ a_{32}\ a_{33}$$

Anwendung auf die Naturgesetze. Ausgleichungsrechnung. 339

dann giebt das Produkt von je drei übereinander stehenden Gliedern (Summe der Logarithmen) der ersten Anordnung (Verschiebung nach links) ein positives Glied, und das Produkt je dreier übereinander stehender Glieder der zweiten Anordnung (Verschiebung nach rechts) ein negatives Glied der Determinante.

In derselben Weise fortfahrend findet man ganz allgemein, daſs die Unterdeterminante A_{ik} der Determinante D erhalten wird, indem man die i^{te} Zeile und k^{te} Kolumne wegläſst und mit $(-1)^{i+k}$ multipliziert. Es ist also:

$$A_{ik} = (-1)^{i+k} \begin{vmatrix} a_{11} \, a_{12} \ldots a_{1\,k-1} \, a_{1\,k+1} \ldots a_{1m} \\ a_{21} \, a_{22} \ldots a_{2\,k-1} \, a_{2\,k+1} \ldots a_{2m} \\ \cdot \quad \cdot \quad \cdot \quad \cdot \quad \cdot \quad \cdot \quad \cdot \quad \cdot \\ \cdot \quad \cdot \quad \cdot \quad \cdot \quad \cdot \quad \cdot \quad \cdot \quad \cdot \\ a_{i-1\,1} \, a_{i-1\,2} \ldots a_{i-1,\,k-1} \, a_{i-1,\,k+1} \ldots a_{i-1,\,m} \\ a_{i+1\,1} \, a_{i+1\,2} \ldots a_{i+1,\,k-1} \, a_{i+1,\,k+1} \ldots a_{i+1,\,m} \\ \cdot \quad \cdot \quad \cdot \quad \cdot \quad \cdot \quad \cdot \quad \cdot \quad \cdot \\ a_{m1} \, a_{m2} \ldots a_{m\,k-1} \, a_{m\,k+1} \ldots a_{mm} \end{vmatrix}$$

und man kann dieses auch durch den Übergang von m auf $m + 1$ (durch Hinzufügung einer neuen Unbekannten und einer neuen Gleichung) verifizieren. Für eine Determinante mit $4^2 = 16$ Gliedern läſst sich noch der folgende Rechnungsmechanismus angeben: Man schreibe die Elemente nach dem folgenden Schema untereinander; in den ersten beiden Gruppen in ungeänderter Folge der Zeilen; in der dritten und vierten Gruppe die zweite Zeile nach der vierten; in der fünften und sechsten Gruppe die zweite und dritte Zeile nach der vierten. Die Summe der Logarithmen von je vier übereinander stehenden Zahlen giebt ein Glied der Determinante; diejenigen Glieder, bei denen ein Minuszeichen über dem Kopfe steht, sind mit entgegengesetzten Zeichen zu nehmen.

$- \quad + \quad - \quad +$ $\qquad\qquad\qquad\qquad$ $+ \quad - \quad + \quad -$

$a_{12} \, a_{13} \, a_{14} \, a_{11} \,|\, a_{12} \, a_{13} \, a_{14}$ $\qquad\qquad$ $a_{11} \, a_{12} \, a_{13} \,|\, a_{14} \, a_{11} \, a_{12} \, a_{13}$

$a_{23} \, a_{24} \, a_{21} \, a_{22} \,|\, a_{23} \, a_{24}$ $\qquad\qquad\quad\;$ $a_{21} \, a_{22} \,|\, a_{23} \, a_{24} \, a_{21} \, a_{22}$

$a_{34} \, a_{31} \, a_{32} \, a_{33} \,|\, a_{34}$ $\qquad\qquad\qquad\qquad$ $a_{31} \,|\, a_{32} \, a_{33} \, a_{34} \, a_{31}$

$a_{41} \, a_{42} \, a_{43} \, a_{44}$ $\qquad\qquad\qquad\qquad\qquad\quad\;$ $a_{41} \, a_{42} \, a_{43} \, a_{44}$

$-\quad+\quad-\quad+$ $\qquad\qquad\qquad\qquad$ $+\quad-\quad+\quad-$

$a_{12}\,a_{13}\,a_{14}\,a_{11}|a_{12}\,a_{13}\,a_{14}$ $\qquad\qquad$ $a_{11}\,a_{12}\,a_{13}|a_{14}\,a_{11}\,a_{12}\,a_{13}$

$a_{33}\,a_{34}\,a_{31}\,a_{32}|a_{33}\,a_{34}$ $\qquad\qquad\quad$ $a_{31}\,a_{32}\,a_{33}\,a_{34}\,a_{31}\,a_{32}$

$a_{44}\,a_{41}\,a_{42}\,a_{43}|a_{44}$ $\qquad\qquad\qquad\quad$ $a_{41}|a_{42}\,a_{43}\,a_{44}\,a_{41}$

$a_{21}\,a_{22}\,a_{23}\,a_{24}$ $\qquad\qquad\qquad\qquad\quad$ $a_{21}\,a_{22}\,a_{23}\,a_{24}$

$-\quad+\quad-\quad+$ $\qquad\qquad\qquad\qquad$ $+\quad-\quad+\quad-$

$a_{12}\,a_{13}\,a_{14}\,a_{11}|a_{12}\,a_{13}\,a_{14}$ $\qquad\qquad$ $a_{11}\,a_{12}\,a_{13}|a_{14}\,a_{11}\,a_{12}\,a_{13}$

$a_{43}\,a_{44}\,a_{41}\,a_{42}|a_{43}\,a_{44}$ $\qquad\qquad\quad$ $a_{41}\,a_{42}\,a_{43}\,a_{44}\,a_{41}\,a_{42}$

$a_{24}\,a_{21}\,a_{22}\,a_{23}|a_{24}$ $\qquad\qquad\qquad\quad$ $a_{21}|a_{22}\,a_{23}\,a_{24}\,a_{21}$

$a_{31}\,a_{32}\,a_{33}\,a_{34}$ $\qquad\qquad\qquad\qquad\quad$ $a_{31}\,a_{32}\,a_{33}\,a_{34}$

Die Determinante wird darnach:

$-a_{12}\,a_{23}\,a_{34}\,a_{41}\quad +a_{13}\,a_{24}\,a_{31}\,a_{42}\quad -a_{14}\,a_{21}\,a_{32}\,a_{43}\quad +a_{11}\,a_{22}\,a_{33}\,a_{44}$

$+a_{14}\,a_{23}\,a_{32}\,a_{41}\quad -a_{11}\,a_{24}\,a_{33}\,a_{42}\quad +a_{12}\,a_{21}\,a_{34}\,a_{43}\quad -a_{13}\,a_{22}\,a_{31}\,a_{44}$

$-a_{12}\,a_{33}\,a_{44}\,a_{21}\quad +a_{13}\,a_{34}\,a_{41}\,a_{22}\quad -a_{14}\,a_{31}\,a_{42}\,a_{23}\quad +a_{11}\,a_{32}\,a_{43}\,a_{24}$

$+a_{14}\,a_{33}\,a_{42}\,a_{21}\quad -a_{11}\,a_{34}\,a_{43}\,a_{22}\quad +a_{12}\,a_{31}\,a_{44}\,a_{23}\quad -a_{13}\,a_{32}\,a_{41}\,a_{24}$

$-a_{12}\,a_{43}\,a_{24}\,a_{31}\quad +a_{13}\,a_{44}\,a_{21}\,a_{32}\quad -a_{14}\,a_{41}\,a_{22}\,a_{33}\quad +a_{11}\,a_{42}\,a_{23}\,a_{34}$

$+a_{14}\,a_{43}\,a_{22}\,a_{31}\quad -a_{11}\,a_{44}\,a_{23}\,a_{32}\quad +a_{12}\,a_{41}\,a_{24}\,a_{33}\quad -a_{13}\,a_{42}\,a_{21}\,a_{34}$

179. a) Aus den Beziehungen (2) oder (2′) (§ 177) folgt:
$$D = a_{1i}A_{1i} + a_{2i}A_{2i} + \ldots + a_{mi}A_{mi}$$
$$+ a(a_{1k}A_{1i} + a_{2k}A_{2i} + \ldots + a_{mk}A_{mi})$$
$$= (a_{1i} + a\,a_{1k})A_{1i} + (a_{2i} + a\,a_{2k})A_{2i} + \ldots +$$
$$+ (a_{mi} + a\,a_{mk})A_{mi}.$$

Dieses ist aber eine Determinante, bei welcher $a_{\varrho i} + a\,a_{\varrho k}$ an Stelle von $a_{\varrho i}$ getreten ist, daher der Satz:

> Eine Determinante bleibt ungeändert, wenn man die Glieder irgend einer Zeile (oder Kolumne) mit einer gewissen Konstanten multipliziert zu einer anderen Zeile (oder Kolumne) addiert.

b) Wäre $a_{\varrho i} = a_{\varrho k}$ $\varrho = 1, 2 \ldots m$, so folgt sofort aus den Beziehungen (2) oder (2′), daſs $D = 0$ ist, d. h.:

Eine Determinante, bei welcher die Elemente einer Zeile identisch sind mit den Elementen einer anderen Zeile, ist 0.

Dieser Satz folgt auch aus den unmittelbar vorhergehenden, wenn man $a = -1$ wählt.

c) Vertauscht man in einer Determinante die i^{te} und i'^{te} Zeile (oder Kolumne), so ändert die Determinante das Zeichen, wenn $(i + i')$ ungerade ist, und das Zeichen bleibt ungeändert, wenn $(i + i')$ gerade ist, d. h. es ist, wenn (D) die neue Determinante ist:

$$(D) = (-1)^{i+i'} D.$$

Bezeichnet man die Unterdeterminanten von a_{i1}, $a_{i'1}$, ohne Rücksicht auf das Zeichen mit Δ, Δ', so ist

$$A_{i1} = (-1)^i \Delta; \quad A_{i'1} = (-1)^{i'} \Delta',$$

und in der Entwickelung der Determinante nach der ersten Kolumne treten die Glieder auf:

$$+ \ldots + a_{i1} (-1)^i \Delta + \ldots + a_{i'1} (-1)^{i'} \Delta' + \ldots$$

Vertauscht man die i^{te} und i'^{te} Zeile, so wird diese Entwickelung

$$+ \ldots + a_{i'1} (-1)^i \Delta' + \ldots + a_{i1} (-1)^{i'} \Delta + \ldots$$

Nun blieben bei der Entwickelung nach der ersten Kolumne allerdings alle anderen Glieder stehen; allein da bei der Entwickelung nach der i^{ten} bezw. i'^{ten} Zeile eine Änderung des Zeichens der Glieder $(-1)^i \Delta$, $(-1)^{i'} \Delta'$ nicht auftritt, so folgt unmittelbar der obige Satz.

180. Mit Hilfe der zuletzt erwähnten Sätze kann man jede Determinante von mehr als $3^2 = 9$ Gliedern zurückführen auf solche von 9 Elementen. Hat man die Determinante:

(1)
$$D = \begin{vmatrix} a_{11} & a_{12} & \ldots & a_{1m} \\ a_{21} & a_{22} & \ldots & a_{2m} \\ \cdot & \cdot & \cdot & \cdot \\ a_{m1} & a_{m2} & \ldots & a_{mm} \end{vmatrix}$$

zu berechnen, so multipliziert man die erste Zeile mit $-\dfrac{a_{21}}{a_{11}}$ und addiert sie zur zweiten, dann mit $-\dfrac{a_{31}}{a_{11}}$ und addiert

VI. Kapitel.

zur dritten, ... schliefslich mit $-\dfrac{a_{m1}}{a_{11}}$ und addiert zur letzten. Setzt man dann

(2) $$\left.\begin{array}{l} a_{2i} - \dfrac{a_{21}}{a_{11}} a_{1i} = b_{2i} \\[4pt] a_{3i} - \dfrac{a_{31}}{a_{11}} a_{1i} = b_{3i} \\[4pt] \cdots \cdots \cdots \cdots \\[4pt] a_{mi} - \dfrac{a_{m1}}{a_{11}} a_{1i} = b_{mi} \end{array}\right\} i = 2,3 \ldots m$$

so folgt:
$$D = \begin{vmatrix} a_{11} & a_{12} & a_{13} & \ldots & a_{1m} \\ 0 & b_{22} & b_{23} & \ldots & b_{2m} \\ 0 & b_{32} & b_{33} & \ldots & b_{3m} \\ \cdot & \cdot & \cdot & & \cdot \\ \cdot & \cdot & \cdot & & \cdot \\ 0 & b_{m2} & b_{m3} & \ldots & b_{mm} \end{vmatrix}$$

Entwickelt man hier nach der ersten Kolumne, so wird sich die Determinante auf den ersten Ausdruck reduzieren, da alle folgenden Elemente der ersten Kolumne 0 sind, und es wird:

(3) $$D = a_{11} \begin{vmatrix} b_{22} & b_{23} & \ldots & b_{2m} \\ b_{32} & b_{33} & \ldots & b_{3m} \\ \cdot & \cdot & & \cdot \\ b_{m2} & b_{m3} & \ldots & b_{mm} \end{vmatrix}$$

Geht man hier in derselben Weise vor, d. h. multipliziert man die erste Zeile mit $-\dfrac{b_{32}}{b_{22}}$ und addiert zur zweiten; mit $-\dfrac{b_{42}}{b_{22}}$ und addiert zur dritten u. s. w. und setzt:

(4) $$\left.\begin{array}{l} b_{3i} - \dfrac{b_{32}}{b_{22}} b_{2i} = c_{3i} \\[4pt] b_{4i} - \dfrac{b_{42}}{b_{22}} b_{2i} = c_{4i} \\[4pt] \cdots \cdots \cdots \cdots \\[4pt] b_{mi} - \dfrac{b_{m2}}{b_{22}} b_{2i} = c_{mi} \end{array}\right\} i = 3,4 \ldots m,$$

Anwendung auf die Naturgesetze. Ausgleichungsrechnung. 343

so erhält man weiter:

(5) $$D = a_{11} b_{22} \begin{vmatrix} c_{33} & c_{34} & \ldots & c_{3m} \\ c_{43} & c_{44} & \ldots & c_{4m} \\ \cdot & \cdot & \cdot & \cdot \\ c_{m3} & c_{m4} & \ldots & c_{mm} \end{vmatrix}$$

In dieser Weise fortfahrend, erhält man schliefslich, wenn man so weit geht, bis man eine 16 gliederige Determinante erhält.

(6) $$D = a_{11} b_{22} \ldots k_{m-4, m-4} \begin{vmatrix} l_{m-3, m-3} & l_{m-3, m-2} & l_{m-3, m-1} & l_{m-3, m} \\ l_{m-2, m-3} & l_{m-2, m-2} & l_{m-2, m-1} & l_{m-2, m} \\ l_{m-1, m-3} & l_{m-1, m-2} & l_{m-1, m-1} & l_{m-1, m} \\ l_{m, m-3} & l_{m, m-2} & l_{m, m-1} & l_{m, m} \end{vmatrix}$$

Da man nun die Unterdeterminanten erhält, wenn man die betreffenden Zeilen und Kolumnen wegläfst, so wird man die 16 Unterdeterminanten der rechten unteren Ecke erhalten, indem man den angezeigten Weg bis zu der zuletzt erhaltenen Form von D rechnet und nunmehr die Unterdeterminanten der letzten Determinante sucht. Es ist also z. B.:

(7) $$A_{m-1, m-2} = -a_{11} b_{22} \ldots k_{m-4, m-4} \begin{vmatrix} l_{m-3, m-3} & l_{m-3, m-1} & l_{m-3, m} \\ l_{m-2, m-3} & l_{m-2, m-1} & l_{m-2, m} \\ l_{m, m-3} & l_{m, m-1} & l_{m, m} \end{vmatrix}$$

Unter Umständen kann es bequemer sein, viergliederige Determinanten zu rechnen; der Weg, der hierbei einzuschlagen ist, ist derselbe; der Modus der Berechnung ist zum Schlusse von § 178 gegeben.

181. Es ist leicht, die hier vorzunehmenden Operationen übersichtlich zusammenzufassen, wozu das auf Seite 344 folgende Schema dienen kann.

Da die Determinante D für die Auflösung der Normalgleichungen symmetrisch ist, so braucht man nur $\frac{1}{2} n (n + 1)$ Minoren zu rechnen; für 6 Unbekannte wird man dabei am besten den folgenden Weg einschlagen: Es ist die Determinante

$$D = \begin{vmatrix} [aa] & [ab] & \ldots & [af] \\ [ab] & [bb] & \ldots & [bf] \\ \cdot & \cdot & \cdot & \cdot \\ [af] & [bf] & \ldots & [ff] \end{vmatrix}$$

Rechnungsschema
für die Auflösung der Normalgleichungen.

	a_{11} $\log a_{11}$	a_{12} $\log a_{12}$	a_{13} $\log a_{13}$	a_{14} $\log a_{14}$	a_{15} $\log a_{15}$	...	$[an]$ $\log[an]$	$[as]$ $\log[as]$
$\log\dfrac{a_{21}}{a_{11}} = \log\mu_{12}$	a_{21}*) $\log a_{21}$	a_{22} $\mu_{12}a_{12}$	a_{23} $\mu_{12}a_{13}$	a_{24} $\mu_{12}a_{14}$	a_{25} $\mu_{12}a_{15}$	...	$[bn]$ $\mu_{12}[an]$	$[bs]$ $\mu_{12}[as]$
$\log\dfrac{a_{31}}{a_{11}} = \log\mu_{13}$	a_{31} $\log a_{31}$	a_{32} $\mu_{13}a_{12}$	a_{33} $\mu_{13}a_{13}$	a_{34} $\mu_{13}a_{14}$	a_{35} $\mu_{13}a_{15}$	...	$[cn]$ $\mu_{13}[an]$	$[cs]$ $\mu_{13}[as]$
	...	...	...	...	...	...	...	...
		b_{22} $\log b_{22}$	b_{23} $\log b_{23}$	b_{24} $\log b_{24}$	b_{25} $\log b_{25}$	...	$[bn1]$ $\log[bn1]$	$[bs1]$ $\log[bs1]$
$\log\dfrac{b_{32}}{b_{22}} = \log\mu_{23}$		b_{32} $\log b_{32}$	b_{33} $\mu_{23}b_{23}$	b_{34} $\mu_{23}b_{24}$	b_{35} $\mu_{23}b_{25}$	...	$[cn1]$ $\mu_{23}[bn1]$	$[cs1]$ $\mu_{23}[bs1]$
$\log\dfrac{b_{42}}{b_{22}} = \log\mu_{24}$		b_{42} $\log b_{42}$	b_{43} $\mu_{24}b_{23}$	b_{44} $\mu_{24}b_{24}$	b_{45} $\mu_{24}b_{25}$	...	$[dn1]$ $\mu_{24}[bn1]$	$[ds1]$ $\mu_{24}[bs1]$
		...	...	...	...	...	...	...
			c_{33} $\log c_{33}$	c_{34} $\log c_{34}$	c_{35} $\log c_{35}$	...	$[cn2]$ $\log[cn2]$	$[cs2]$ $\log[cs2]$
$\log\dfrac{c_{43}}{c_{33}} = \log\mu_{34}$			c_{43} $\log c_{43}$	c_{44} $\mu_{34}c_{34}$	c_{45} $\mu_{34}c_{35}$	...	$[dn2]$ $\mu_{34}[cn2]$	$[ds2]$ $\mu_{34}[cs2]$
			...	...	...	...	...	...

---

*) Die im Schema mit kleineren Buchstaben eingesetzten Werte sind im allgemeinen ebenfalls zu berechnen; über die Bedeutung derselben für die Gaußsche Methode der Auflösung s. Seite 346.

Anwendung auf die Naturgesetze. Ausgleichungsrechnung. 345

Diese Determinante kann in den folgenden zwei Formen geschrieben werden:

$$D=\begin{vmatrix}[ae] & [be] & [ce] & [de] & [ee] & [ef]\\ [af] & [bf] & [cf] & [df] & [ef] & [ff]\\ [aa] & [ab] & [ac] & [ad] & [ae] & [af]\\ [ab] & [bb] & [bc] & [bd] & [be] & [bf]\\ [ac] & [bc] & [cc] & [cd] & [ce] & [cf]\\ [ad] & [bd] & [cd] & [dd] & [de] & [df]\end{vmatrix}=\begin{vmatrix}[cc] & [cd] & [ac] & [bc] & [ce] & [cf]\\ [cd] & [dd] & [ad] & [bd] & [de] & [df]\\ [ac] & [ad] & [aa] & [ab] & [ae] & [af]\\ [bc] & [bd] & [ab] & [bb] & [be] & [bf]\\ [ce] & [de] & [ae] & [be] & [ee] & [ef]\\ [cf] & [df] & [af] & [bf] & [ef] & [ff]\end{vmatrix}$$

Wendet man hierauf das Verfahren von § 180 an, so erhält man, wenn man bis zu neungliederigen Unterdeterminanten geht, $2 \cdot 16 = 32$ Unterdeterminanten und zwar von den $\frac{1}{2} \cdot 6 \cdot 7 = 21$ zu berechnenden Unterdeterminanten der Elemente

$$[aa]\ [ab]^*\ [ac]\ [ad]\ [ae]\dagger\ [af]\dagger$$
$$[bb]\ [bc]\ [bd]\ [be]\dagger\ [bf]\dagger$$
$$[cc]\ [cd]^*\ [ce]\ [cf]$$
$$[dd]\ [de]\ [df]$$
$$[ee]\ [ef]^*$$
$$[ff]$$

3 Unterdeterminanten (die mit * bezeichneten) doppelt, 4 (die mit † bezeichneten) dreifach und die übrigen 14 einfach.

182. In dem angeführten Schema (§ 181) sind zum Schlusse noch zwei Kolumnen angefügt, welche bei der Berechnung der Determinanten wegbleiben. Sie sind jedoch mit zu nehmen, wenn die Berechnung nach der folgenden, Gaufsschen Methode durchgeführt wird, die gegenüber der vorhin angeführten etwas kürzer ist, wenn die Gewichte der Unbekannten nicht benötigt werden.

Wendet man auf die Gleichungen (1) § 177 die durch die Formeln (2) § 180 angezeigten Operationen an, indem man die mit $\mu_{12} = \dfrac{a_{21}}{a_{11}}$ multiplizierte erste Gleichung von der

VI. Kapitel.

zweiten, die mit $\mu_{13} = \dfrac{a_{31}}{a_{11}}$ multiplizierte erste Gleichung von der dritten u. s. w. abzieht, und setzt man überdies:*)

(1) $[bn] - \mu_{12}[an] = [bn1]; \quad [cn] - \mu_{13}[an] = [cn1] \ldots,$

so erhält man die Gleichungen

(2)
$$b_{22}x_2 + b_{23}x_3 + \ldots + b_{2m}x_m = [bn1]$$
$$b_{32}x_2 + b_{33}x_3 + \ldots + b_{3m}x_m = [cn1]$$
. . . .
. . . .

Wendet man auf diese Gleichungen wieder die durch die Formeln (4) § 180 angezeigten Operationen an und setzt:

---

*) In der in der Methode der kleinsten Quadrate eingeführten Bezeichnungsweise hat man: $a_{11} = [aa]$, $a_{12} = [ab]$ u. s. w. und dann nach Gaufs:

$$[bb] - \frac{[ab]}{[aa]}[ab] = [bb1]; \qquad [bc] - \frac{[ab]}{[aa]}[ac] = [bc1] \ldots$$

$$[cc] - \frac{[ac]}{[aa]}[ac] = [cc1]; \qquad [cd] - \frac{[ac]}{[aa]}[ad] = [cd1] \ldots$$

. . . .
. . . .

$$[cc1] - \frac{[bc1]}{[bb1]}[bc1] = [cc2]; \quad [cd1] - \frac{[bc1]}{[bb1]}[bd1] = [cd2] \ldots$$

$$[dd1] - \frac{[bd1]}{[bb1]}[bd1] = [dd2]; \quad [de1] - \frac{[bd1]}{[bb1]}[be1] = [de2] \ldots$$

. . . .
. . . .

allgemein:

$$[kl] - \frac{[ak]}{[ab]}[al] = [kl1]$$

$$[kl1] - \frac{[bk1]}{[bb1]}[bl1] = [kl2],$$

welcher Bezeichnung sich auch die obige in n und s anschliefst. In diesem Falle sind daher auch die in dem Schema mit kleineren Typen eingesetzten Ausdrücke unnötig und bleiben weg. Bei der Berechnung der Determinanten und deren Unterdeterminanten ist die letztere Bezeichnungsweise jedoch in allen jenen Fällen unrichtig, wenn durch Vertauschung von Zeilen und Kolumnen die Determinante nicht mehr symmetrisch ist, und dann ist auch das vollständige Schema auf Seite 344 zu benutzen.

Anwendung auf die Naturgesetze. Ausgleichungsrechnung.

(3)
$$[cn1] - \frac{[bc1]}{[bb1]}[bn1] = [cn2];$$
$$[dn1] - \frac{[bd1]}{[bb1]}[bn1] = [dn2] \ldots$$

so folgt:

(4)
$$c_{33}x_3 + c_{34}x_4 + \ldots = [cn2]$$
$$c_{43}x_3 + c_{44}x_4 + \ldots = [dn2]$$
$$\cdot \cdot \cdot \cdot \cdot \cdot \cdot \cdot \cdot$$
$$\cdot \cdot \cdot \cdot \cdot \cdot \cdot \cdot \cdot$$

Zur weiteren Berechnung benötigt man nur je die erste dieser Gleichungen, welche das System der **Eliminationsgleichungen** bilden; diese sind:

(5)
$$[aa]x_1 + [ab]x_2 + [ac]x_3 + \ldots = [an]$$
$$[bb1]x_2 + [bc1]x_3 + \ldots = [bn1]$$
$$[cc2]x_3 + \ldots = [cn2]$$
$$\cdot \cdot \cdot \cdot \cdot \cdot \cdot \cdot \cdot \cdot \cdot \cdot \cdot$$
$$\cdot \cdot \cdot \cdot \cdot \cdot \cdot \cdot \cdot \cdot \cdot \cdot \cdot$$

Jede folgende derselben enthält um eine Unbekannte weniger; die letzte enthält nur eine Unbekannte und kann daher sofort bestimmt werden. Substituiert man ihren Wert in die Vorhergehende, so erhält man eine zweite Unbekannte u. s. w. Schließlich erhält man aus der letzten der angeschriebenen Gleichungen x_3, aus der vorhergehenden x_2 und aus der ersten x_1.

Zur Prüfung der weiteren Rechnung ist noch eine letzte Kolumne für die gleichen Operationen mit den $[as]$, $[bs]$, ... $[bs1]$, ... reserviert. Bestimmt man nämlich:

(6)
$$[bs] - \frac{[ab]}{[aa]}[as] = [bs1]; \quad [cs] - \frac{[ac]}{[aa]}[as] = [cs1] \ldots$$
$$[cs1] - \frac{[bc1]}{[bb1]}[bs1] = [cs2]; \quad \ldots,$$

so hat man, wie man leicht findet, die **Probegleichungen**:

(7)
$$[bs1] = [bb1] + [bc1] + \ldots$$
$$[cs1] = [bc1] + [cc1] + \ldots$$
$$\cdot \cdot \cdot \cdot \cdot \cdot \cdot \cdot \cdot \cdot$$
$$[cs2] = [cc2] + [cd2] + \ldots$$

Da die Rechnungsschemata vollständig gleichartig sind, so können die Operationen gleichzeitig ausgeführt werden; man kann dann die Operationen auch weiter nach unten fortsetzen, wobei man schliefslich bei r Unbekannten nach r maliger Anwendung der Operationen
$$[nnr] = [nsr]$$
erhalten mufs.

183. Diese Methode hat aber einen doppelten Nachteil. Erstens giebt sie die Unbekannten nicht independent, und zweitens erfordert sie eine weitere Auflösung von Gleichungssystemen, bei denen allerdings die Koeffizienten dieselben sind und nur die rechten Seiten verschieden, nämlich der Gleichungen (2a), (2b), ... § 177 zur Bestimmung der Gewichte.

Die den Unbekannten $x_1, x_2, x_3, \ldots$ anhaftenden Fehler rühren von den Beobachtungsfehlern, d. i. den Fehlern in V her, welche unverändert in den n wieder auftreten. Haben die Gleichungen (3) § 174 verschiedenes Gewicht, und seien die Fehler bezw. $\varepsilon_1, \varepsilon_2, \ldots \varepsilon_m$, so werden diese Fehler nach der Multiplikation mit den Quadratwurzeln aus den Gewichten nach Gleichung (3a) § 171 gleich $\sqrt{p_1}\,\varepsilon_1, \sqrt{p_2}\,\varepsilon_2, \ldots$ Nach Gleichung (8) § 168 sind aber diese Beträge gleich ε; für die mit den Quadratwurzeln aus den Gewichten multiplizierten Gleichungen ist daher der mittlere Fehler jedes n derselbe, gleich ε.

Um nun die Unbekannten $x_1, x_2, x_3, \ldots$ durch die n auszudrücken, hat man zu beachten, dafs in den Ausdrücken (5) § 177 die q durch die $[an]$, $[bn]$, ... zu ersetzen sind. Denkt man sich diese Summen aufgelöst, so wird:

(1)
$$x_1 = a_{11} n_1 + a_{12} n_2 + a_{13} n_3 + \cdots$$
$$x_2 = a_{21} n_1 + a_{22} n_2 + a_{23} n_3 + \cdots$$
$$x_3 = a_{31} n_1 + a_{32} n_2 + a_{33} n_3 + \cdots$$
$$\cdots\cdots\cdots\cdots\cdots$$
$$\cdots\cdots\cdots\cdots\cdots$$

werden, und daher wird nach (5) § 171:
$$\varepsilon_{x_1}^2 = (a_{11}\,\varepsilon)^2 + (a_{12}\,\varepsilon)^2 + (a_{13}\,\varepsilon)^2 + \cdots$$
und ebenso für die übrigen Unbekannten, daher:

Anwendung auf die Naturgesetze. Ausgleichungsrechnung.

(2)
$$\varepsilon_{x_1}^2 = (a_{11}^2 + a_{12}^2 + a_{13}^2 + \ldots)\varepsilon^2$$
$$\varepsilon_{x_2}^2 = (a_{21}^2 + a_{22}^2 + a_{23}^2 + \ldots)\varepsilon^2$$
$$\varepsilon_{x_3}^2 = (a_{31}^2 + a_{32}^2 + a_{33}^2 + \ldots)\varepsilon^2.$$
. . . .
. . . .

Substituiert man nun in (5) § 177:[*]

$$q_1 = [an]; \quad q_2 = [bn]; \quad q_3 = [cn] \ldots$$

und löst die Summen auf, so erhält man:

$$D a_{11} = A_{11} a_1 + A_{21} b_1 + A_{31} c_1 + \cdots$$
$$D a_{12} = A_{11} a_2 + A_{21} b_2 + A_{31} c_2 + \cdots$$
$$D a_{13} = A_{11} a_3 + A_{21} b_3 + A_{31} c_3 + \cdots$$
. . . .
. . . .
$$D \cdot a_{21} = A_{12} a_1 + A_{22} b_1 + A_{32} c_1 + \cdots$$
$$D \cdot a_{22} = A_{12} a_2 + A_{22} b_2 + A_{32} c_2 + \cdots$$
. . . .

allgemein:

(3) $$D \cdot a_{ik} = A_{1i} a_k + A_{2i} b_k + A_{3i} c_k + \cdots$$

Um nun die Quadrate der a zu bilden, kann man auf doppelte Weise vorgehen. Der erste Vorgang wäre einfach zu quadrieren; würde man dies thun, so würden sich rechts nicht so einfach zu reduzierende Ausdrücke ergeben. Übersichtliche Resultate erhält man, wenn man die erste Gleichung mit a_{i1}, die zweite mit a_{i2} u. s. w., allgemein die Ausdrücke für $a_{i1}, a_{i2}, a_{i3} \ldots$ mit $a_{i1}, a_{i2}, a_{i3} \ldots$ multipliziert und addiert. Es folgt dann:

$$D(a_{i1}^2 + a_{i2}^2 + a_{i3}^2 + \cdots) = A_{1i}(a_1 a_{i1} + a_2 a_{i2} + a_3 a_{i3} + \cdots)$$
$$+ A_{2i}(b_1 a_{i1} + b_2 a_{i2} + b_3 a_{i3} + \cdots)$$
$$+ A_{3i}(c_1 a_{i1} + c_2 a_{i2} + c_3 a_{i3} + \cdots)$$
. . . .

---

[*] Auf eine Vertauschung der Reihenfolge der Gleichungen braucht hier nicht Rücksicht genommen zu werden, da die Zwischenrechnungen im Resultate wegfallen.

VI. Kapitel.

Um die rechts auftretenden Summen in den Klammern zu entwickeln, multipliziere man die Gleichungen für $a_{i1}, a_{i2}, a_{i3} \ldots$ der Reihe nach mit $a_1, a_2, a_3 \ldots$ und addiere, dann mit $b_1, b_2, b_3 \ldots$ u. s. w. Man erhält dann

$$D(a_1 a_{i1} + a_2 a_{i2} + a_3 a_{i3} + \ldots) = A_{1i}[aa] + A_{2i}[ab] + A_{3i}[ac] + \ldots$$
$$D(b_1 a_{i1} + b_2 a_{i2} + b_3 a_{i3} + \ldots) = A_{1i}[ab] + A_{2i}[bb] + A_{3i}[bc] + \ldots$$
$$D(c_1 a_{i1} + c_2 a_{i2} + c_3 a_{i3} + \ldots) = A_{1i}[ac] + A_{2i}[bc] + A_{3i}[cc] + \ldots$$
$$\ldots \ldots \ldots \ldots \ldots \ldots \ldots \ldots \ldots \ldots$$

Gemäß den Gleichungen (2) und (2′) § 177 verschwinden hier die rechten Seiten für alle Kombinationen mit Ausnahme derjenigen, in denen $[ai], [bi], [ci] \ldots$ auftritt; für diese Kombinationen wird aber die Summe gleich D, so daß

(4) $\qquad a_{i1}^2 + a_{i2}^2 + a_{i3}^2 + \ldots = \dfrac{A_{ii}}{D}$

wird. Hieraus folgt:

(5) $\qquad \varepsilon_{x_1}^2 = \dfrac{A_{11}}{D} \varepsilon^2; \quad \varepsilon_{x_2}^2 = \dfrac{A_{22}}{D} \varepsilon^2; \quad \varepsilon_{x_3}^2 = \dfrac{A_{33}}{D} \varepsilon^2 \ldots$

oder die Gewichte der Unbekannten:

(6) $\qquad \dfrac{1}{p_{x_1}} = \dfrac{A_{11}}{D}; \quad \dfrac{1}{p_{x_2}} = \dfrac{A_{22}}{D}; \quad \dfrac{1}{p_{x_3}} = \dfrac{A_{33}}{D} \ldots$

d. h.: **Die Gewichte der Unbekannten sind gleich den reciproken Werten der durch die Determinante D dividierten Unterdeterminanten der Diagonalreihe und zwar derjenigen Unterdeterminante, welche aus der zur betreffenden Unbekannten gehörigen Zeile (Normalgleichung) entnommen ist.**

184. In dem Falle, daß die Normalgleichungen nicht unbestimmt (d. h. nicht mittels Determinanten) sondern nach der Gaußschen Methode, mittels der Eliminationsgleichungen, aufgelöst wurden, erhält man die Gewichte nicht unmittelbar. Setzt man aber in den Gleichungen (10) § 174 oder (1) § 177:

$$q_1 = [an] = D; \quad q_2 = [bn] = 0; \quad q_3 = [cn] = 0,$$

Anwendung auf die Naturgesetze. Ausgleichungsrechnung.

so folgt $x_1 = A_{11}$, es kommt dieses auf die Bestimmung der Unterdeterminanten aus den Gleichungen (2a), (2b) § 177 hinaus. Zur Bestimmung derselben hat man daher die Normalgleichungen noch r mal (für r Unbekannte) aufzulösen, wobei an Stelle der rechten Seite die Ausdrücke:

1) $[an] = 1;\ [bn] = 0;\ [cn] = 0;\ \ldots$
2) $[an] = 0;\ [bn] = 1;\ [cn] = 0;\ \ldots$
3) $[an] = 0;\ [bn] = 0;\ [cn] = 1;\ \ldots$
. . . .

gesetzt werden, wobei man aber im ersten Falle nur x_1, im zweiten nur x_2, im dritten nur $x_3 \ldots$ benötigt.

Man kann diese Auflösung mit der Auflösung der Normalgleichungen verbinden, wenn man in dem Schema § 181 noch r Kolumnen einfügt in denen für die rechten Seiten an Stelle der $[an]$, $[bn]$, $[cn]$ je eine der r Kombinationen 1), 2), 3) ... gesetzt wird.

185. Zur Kenntnis der mittleren Fehler ε_{x_1}, ε_{x_2}, $\varepsilon_{x_3} \ldots$ ist schließlich noch die Kenntnis von ε nötig. Um dieses zu bestimmen, hat man zu beachten, daß durch Substitution der wahrscheinlichsten Werte $x_1, x_2, x_3 \ldots$ in die Bedingungsgleichungen, diese nicht strenge erfüllt sein können; aus den übrigbleibenden Fehlern

$$\begin{aligned} v_1 &= a_1 x + b_1 y + c_1 z + \ldots - n_1 \\ v_2 &= a_2 x + b_2 y + c_2 z + \ldots - n_2 \\ v_3 &= a_3 x + b_3 y + c_3 z + \ldots - n_3 \\ &\quad \cdots \cdots \cdots \cdots \cdots \end{aligned}$$

(1)

kann man den mittleren Fehler ε der Gewichtseinheit bestimmen. Nach dem Begriffe des mittleren Fehlers ist, wenn ϱ die Zahl der Bedingungsgleichungen ist:

(2) $$\varepsilon^2 = \frac{[\varDelta \varDelta]}{\varrho},$$

wobei $\varDelta$ die wahren Beobachtungsfehler sind. Diese sind aber nicht bekannt; denn die wahren Werte der Unbekannten, welche sich von den wahrscheinlichen um gewisse Beträge

VI. Kapitel.

$\xi, \eta, \zeta \ldots$ unterscheiden, sind eben nicht bekannt. Substituiert man in die Bedingungsgleichungen die wahren Werte $x + \xi, y + \eta, z + \zeta, \ldots$ so erhielte man die wahren Beobachtungsfehler:

$$\Delta_1 = a_1(x + \xi) + b_1(y + \eta) + c_1(z + \zeta) + \ldots - n_1$$
$$\Delta_2 = a_2(x + \xi) + b_2(y + \eta) + c_2(z + \zeta) + \ldots - n_2$$
(3) $\quad \Delta_3 = a_3(x + \xi) + b_3(y + \eta) + c_3(z + \zeta) + \ldots - n_3$

. . . .
. . . .

Multipliziert man nun die Gleichungen (1) und (3) der Reihe nach mit $\Delta_1, \Delta_2, \Delta_3 \ldots$ und addiert, so erhält man:

(4) $\quad [v\Delta] = [a\Delta]x + [b\Delta]y + [c\Delta]z + \ldots - [n\Delta]$
$\quad\quad [\Delta\Delta] = [a\Delta](x+\xi) + [b\Delta](y+\eta) + [c\Delta](z+\zeta) + \ldots - [n\Delta].$

Aus diesen Gleichungen folgt durch Subtraktion:

(5) $\quad [\Delta\Delta] = [v\Delta] + [a\Delta]\xi + [b\Delta]\eta + [c\Delta]\zeta + \ldots$

Um noch die unbekannte Summe $[v\Delta]$ durch bekannte oder bestimmbare Größen auszudrücken, multipliziere man die Gleichungen (1) und (3) bezw. mit $v_1, v_2, v_3 \ldots$ und addiert; dann folgt:

$$[vv] = [av]x + [bv]y + [cv]z + \ldots - [nv]$$
$$[v\Delta] = [av](x+\xi) + [bv](y+\eta) + [cv](z+\zeta) + \ldots - [nv]$$

und mit Rücksicht auf (5a) § 174:

$$[vv] = - [nv]; \ [v\Delta] = - [nv],$$

demnach:
$$[v\Delta] = [vv].$$

Substituiert man dies in Gleichung (5), so geht diese Gleichung über in:

(6) $\quad [\Delta\Delta] = [vv] + [a\Delta]\xi + [b\Delta]\eta + [c\Delta]\zeta + \ldots$

186. Hier sind nun $[vv]$ und $\xi, \eta, \zeta \ldots$ noch zu bestimmen.

Die Bestimmung von $[vv]$ ist einfach. Da $[vv] = -[nv]$ ist, so folgt, durch Multiplikation der Gleichungen (1) des vorigen Paragraphen mit $-n_1, -n_2, -n_3 \ldots$ und Addition:

Anwendung auf die Naturgesetze. Ausgleichungsrechnung.

$$-[nv] = [nn] - [an]x - [bn]y - [cn]z - \ldots$$

folglich:

(1) $\quad [vv] = [nn] - [an]x - [bn]y - [cn]z - \ldots$

Sobald die Unbekannten $x, y, z \ldots$ bestimmt sind, erhält man nach (1) die Quadratsumme der übrigbleibenden Fehler. Jederzeit wird man übrigens auch durch Substitution in die Bedingungsgleichungen die übrigbleibenden Fehler (1) § 185 selbst suchen, und daraus die Fehlerquadratsumme bilden; die Übereinstimmung der Resultate giebt eine durchgreifende Probe der Rechnung.

Hat man die Gaußsche Methode der Berechnung angewendet, so erhält man $[vv]$ noch in einer anderen Weise. Substituiert man nämlich den Wert von x aus der ersten Eliminationsgleichung (5) § 182, so wird:

$$[vv] = [nn] - [bn]y - [cn]z - \ldots$$

$$- [an]\frac{[an]}{[aa]} - \frac{[an]}{[aa]}[ab]y - \frac{[an]}{[aa]}[ac] - \ldots$$

$$[vv] = [nn1] - [bn1]y - [cn1]z - \ldots$$

Substituiert man weiter aus der zweiten Eliminationsgleichung, so erhält man in derselben Weise:

$$[vv] = [nn2] - [cn2]z - \ldots$$

und, so fortfahrend, für r Unbekannte:

(2) $\quad\quad\quad [vv] = [nnr].$

Weniger einfach wird die Darstellung der $\xi, \eta, \zeta, \ldots$ Multipliziert man die Gleichungen (3) des vorigen Paragraphen mit $a_1, a_2, a_3, \ldots$ und addiert, ferner mit $b_1, b_2, b_3, \ldots$ und addiert u. s. w., so folgt mit Rücksicht auf die Normalgleichungen (10) § 174, welchen die wahrscheinlichsten Werte $x, y, z, \ldots$ genügen müssen:

(3)
$$[aa]\xi + [ab]\eta + [ac]\zeta + \ldots = [a\varDelta]$$
$$[ab]\xi + [bb]\eta + [bc]\zeta + \ldots = [b\varDelta]$$
$$[ac]\xi + [bc]\eta + [cc]\zeta + \ldots = [c\varDelta]$$

Nun sind sowol $\xi, \eta, \zeta, \ldots$, als auch die Summen $[a\varDelta]$,

VI. Kapitel.

$[b\Delta]$, $[c\Delta]$, ... unbekannt; ξ, η, ζ, ... sind allerdings eine geringere Zahl Unbekannter, als die wahren Beobachtungsfehler Δ; nichtsdestoweniger wird es besser, die ξ, η, ζ, ... zu eliminieren, da über dieselben absolut nichts bekannt ist, während für die Δ wenn auch nicht die absolute Gröfse, so doch die allgemeine Verteilung und ein durchschnittlicher Wert derselben bekannt ist; in der That reicht dieses zur Elimination der ξ, η, ζ aus.

Bestimmt man aber die ξ, η, ζ aus den Gleichungen (3), so hat man zu beachten, dafs diese Gleichungen bis auf die rechten Seiten identisch sind mit den Normalgleichungen (10) § 174. Für die vorliegenden Zwecke wird es nun am besten sein die Lösung dieser in der Form (1) § 183 zu wählen, da nur an Stelle der n die Δ treten. Man hat daher:

$$\xi = a_{11}\Delta_1 + a_{12}\Delta_2 + a_{13}\Delta_3 + \cdots$$
$$\eta = a_{21}\Delta_1 + a_{22}\Delta_2 + a_{23}\Delta_3 + \cdots$$
$$\zeta = a_{31}\Delta_1 + a_{32}\Delta_2 + a_{33}\Delta_3 + \cdots$$
$$\cdots \cdots \cdots \cdots \cdots \cdots$$

wobei die a_{ik} dieselbe Bedeutung haben, wie in § 183, so dafs für dieselben die Beziehungen (3), (4) § 183 gelten. Es wird demnach:

$$[a\Delta]\xi = (a_1\Delta_1 + a_2\Delta_2 + a_3\Delta_3 + \cdots)(a_{11}\Delta_1 + a_{12}\Delta_2 +$$
$$+ a_{13}\Delta_3 + \cdots)$$
$$= a_1 a_{11}\Delta_1^2 + a_2 a_{12}\Delta_2^2 + a_3 a_{13}\Delta_3^2 + \cdots + \Sigma a_i a_{ik}\Delta_i\Delta_k.$$

Die letzte Summe enthält nur die Kombinationen aller wahren Beobachtungsfehler Δ_i und mufs daher, der Natur derselben gemäfs, verschwinden. Für die Quadrate der einzelnen Beobachtungsfehler in der ersten Summe kann man, da ξ nur sehr klein ist, einen mittleren Wert setzen, also das Quadrat des mittleren Fehlers, d. i. ε^2 und erhält dann*)

(4) $\qquad [a\Delta]\xi = (a_1 a_{11} + a_2 a_{12} + a_3 a_{13} + \cdots)\varepsilon^2 = \varepsilon^2.$

---

*) Man könnte hier denselben Einwand wie in § 169 erheben, und statt des mittleren Fehlers z. B. den wahrscheinlichen setzen; thut man dies, so wäre der Nenner $m - 2\varrho^2 r = m - 0{,}455 r$ an Stelle von $m - r$; dem Begriffe des mittleren Fehlers gemäfs ist hier allerdings als Mittel aus allen Δ^2 das Quadrat des mittleren Fehlers ε^2 korrekter.

Anwendung auf die Naturgesetze. Ausgleichungsrechnung. 355

Dasselbe gilt für die übrigen Summen $[b\varDelta]\eta$, $[c\varDelta]\zeta \ldots$ und da deren Zahl gleich der Zahl r der Unbekannten ist, so folgt aus (6) § 185:
$$[\varDelta\varDelta] = [vv] + r\varepsilon^2.$$
Da aber nach (2) § 185
$$[\varDelta\varDelta] = m\varepsilon^2$$
ist, wenn m die Zahl der Bedingungsgleichungen ist, so ergiebt sich durch Elimination von $[\varDelta\varDelta]$:

(5) $$\varepsilon^2 = \frac{[vv]}{m-r},$$

wobei m die Zahl der Bedingungsgleichungen und r die Zahl der Unbekannten ist, und $[vv]$ aus (1) oder (2) zu bestimmen ist.

187. Ist die Zahl der Bedingungsgleichungen eine sehr grofse, so wird die Arbeit bei der Bildung der Produkte $[aa]$, $[ab] \ldots$ eine ganz erhebliche. Man kann, ohne die Genauigkeit wesentlich zu beeinträchtigen, die Arbeit bedeutend vermindern, wenn man die die einzelnen Bedingungsgleichungen gebenden Beobachtungen zu Gruppen zusammenfafst.

Die Zusammenfassung in Gruppen ist aber nicht ganz gleichgültig. Angenommen, man hätte zur Bestimmung einer Formel für die Abhängigkeit der Barometerlesungen von der Höhe über dem Erdboden 20 Lesungen gemacht, von denen die Beobachtungen in den Höhen 100, 150, 200, 250 m, dann 500, 550, 600, 650 m, sodann 900, 950, 1000, 1050 m, weiter 1400, 1450, 1500, 1550 m und endlich 1800, 1850, 1900, 2000 m gemacht sind, so werden sich hieraus naturgemäfs fünf Gruppen bilden lassen. Ebenso, wenn man zum Zwecke einer Bahnbestimmung Rektascensionen und Deklinationen am 2., 3., 4., dann am 8., 10., 11., 12., endlich am 17., 18., 19. und 20. des Monates gemacht hätte. In allen Fällen wird sich die beobachtete Gröfse als eine Funktion einer anderen, des Argumentes (im ersten Falle der Höhe, im zweiten Falle der Zeit) darstellen lassen, in der Form:

(1) $$u = a + b(t-t_0) + c(t-t_0)^2 + \cdots$$

Bei der Zusammenfassung in Gruppen würde es sich nun

darum handeln, aus den Beobachtungen einer Gruppe die Koeffizienten a, b, c, ... und dann zu einem gewissen t den zugehörigen Wert von u zu rechnen. Ein solcher aus einer Gruppe abgeleiteter Wert von u, der zu einem gegebenen t gehört, nennt man einen Normalort.

Die Ableitung der Koeffizienten a, b, c, ... wird unter Umständen zur Bestimmung des einem gegebenen t entsprechenden u nicht erfordert, und man kann mit Umgehung der Kenntnis dieser Koeffizienten den Normalort erhalten.

Mögen daher den Werten

$$t_1, t_2, t_3, \ldots t_n$$

die Werte

$$u_1, u_2, u_3, \ldots u_n$$

entsprechen; dann hat man die Gleichungen:

(2)
$$u_1 = a + b(t_1 - t_0) + c(t_1 - t_0)^2 + \cdots$$
$$u_2 = a + b(t_2 - t_0) + c(t_2 - t_0)^2 + \cdots$$
$$\cdots\cdots\cdots\cdots\cdots\cdots\cdots\cdots\cdots$$
$$u_n = a + b(t_n - t_0) + c(t_n - t_0)^2 + \cdots$$

Beschränkt man sich beim Zusammenfassen der Beobachtungen auf nahe bei einander liegende, so kann man sich in der Formel (1) auf die ersten drei Glieder beschränken, und die dritten Potenzen von $(t - t_0)$ weglassen. Allerdings ist der Begriff „nahe bei einander liegende Beobachtungen" etwas unbestimmt, und es bleibt immerhin mehr oder weniger dem Ermessen, dem richtigen Takte überlassen, hierbei die richtige Grenze zu ziehen. Hat man die a, b, c, ... bestimmt, so kann man sich allerdings a posteriori überzeugen, ob die Beobachtungen hinreichend gut dargestellt werden; diese Probe wird aber meist nicht gemacht werden können, da man ja die Koeffizienten nicht bestimmen will.

Eine gewisse Direktive ist gegeben, wenn, wie in den obigen beiden Beispielen, natürliche Gruppen durch entsprechende Zwischenräume getrennt sind; im allgemeinen aber wird man von Fall zu Fall eine Entscheidung zu treffen haben, wobei der Gang der Funktion selbst nicht zu übersehen ist. In Fällen, wo man von vornherein nach Maſsgabe der Kenntnis des Problems einen linearen Gang der Funktion zu erwarten hat, wird man nur die ersten

Anwendung auf die Naturgesetze. Ausgleichungsrechnung. 357

zwei Glieder benötigen; man hat drei Glieder nötig, wenn die Voraussetzung des linearen Ganges nicht zutrifft u. s. w.

188. Man hat nun aber die Aufgabe zu lösen, den Normalort, d. i. einen zu einem gewissen t gehörigen Wert von u zu suchen, ohne die a, b, c zu bestimmen.

Da die Zahl der Gleichungen gröfser ist als die Zahl der unbekannten Koeffizienten, so wird man zunächst a, b, c nach der Methode der kleinsten Quadrate suchen. Man erhält die folgenden Normalgleichungen:

(1)
$$na + \Sigma_1 b + \Sigma_2 c = \alpha$$
$$\Sigma_1 a + \Sigma_2 b + \Sigma_3 c = \beta$$
$$\Sigma_2 a + \Sigma_3 b + \Sigma_4 c = \gamma,$$

wobei

(2)
$$\sum_{i=1}^{n}(t_i - t_0)^\lambda = \Sigma_\lambda$$

$$\sum_{i=1}^{n} u_i = \alpha; \quad \sum_{i=1}^{n} u_i(t_i - t_0) = \beta; \quad \sum_{i=1}^{n} u_i(t - t_0)^2 = \gamma$$

gesetzt ist. Hieraus erhält man:

$$D = \begin{vmatrix} n & \Sigma_1 & \Sigma_2 \\ \Sigma_1 & \Sigma_2 & \Sigma_3 \\ \Sigma_2 & \Sigma_3 & \Sigma_4 \end{vmatrix}$$

$$a = \frac{1}{D}\begin{vmatrix} \alpha & \Sigma_1 & \Sigma_2 \\ \beta & \Sigma_2 & \Sigma_3 \\ \gamma & \Sigma_3 & \Sigma_4 \end{vmatrix}; \quad b = \frac{1}{D}\begin{vmatrix} n & \alpha & \Sigma_2 \\ \Sigma_1 & \beta & \Sigma_3 \\ \Sigma_2 & \gamma & \Sigma_4 \end{vmatrix}; \quad c = \frac{1}{D}\begin{vmatrix} n & \Sigma_1 & \alpha \\ \Sigma_1 & \Sigma_2 & \beta \\ \Sigma_2 & \Sigma_3 & \gamma \end{vmatrix}$$

oder entwickelt[*]:

$$D = n(\Sigma_2 \Sigma_4 - \Sigma_3^2) - \Sigma_2^3 + \Sigma_1(2\Sigma_2 \Sigma_3 - \Sigma_1 \Sigma_4)$$

$$a = \frac{1}{D}[\alpha(\Sigma_2 \Sigma_4 - \Sigma_3^2) + \beta \Sigma_2 \Sigma_3 - \gamma \Sigma_2^2 - \Sigma_1(\beta \Sigma_4 - \gamma \Sigma_3)]$$

(3)
$$b = \frac{1}{D}[n(\beta \Sigma_4 - \gamma \Sigma_3) + \Sigma_2(\alpha \Sigma_3 - \beta \Sigma_2) + \Sigma_1(\gamma \Sigma_2 - \alpha \Sigma_4)]$$

$$c = \frac{1}{D}[n\gamma \Sigma_2 - \alpha \Sigma_2^2 - \beta n \Sigma_3 + \Sigma_1(\alpha \Sigma_3 + \beta \Sigma_2 - \gamma \Sigma_1)].$$

---

[*] Aus einem später ersichtlichen Grunde wurden die Glieder mit dem Koeffizienten Σ_1 abgetrennt.

VI. Kapitel.

Für $t = t_0$ ist $u = a$, d. h. a ist der dem Argumente $t = t_0$ entsprechende Wert von u, und ohne daſs die Kenntnis von b, c erforderlich wäre, giebt daher der Wert a sofort den zu dem Argumente t_0 gehörigen Normalort, wobei a, β, γ, Σ_1, Σ_2, Σ_3, Σ_4 durch die Gleichungen (2) bestimmt sind.

t_0 war bisher ganz beliebig gewählt; die Formeln werden wesentlich einfacher, wenn man t_0 so wählt, daſs

$$\Sigma_1 = (t_1 - t_0) + (t_2 - t_0) + (t_3 - t_0) + \cdots + (t_n - t_0) = 0$$

wird; dann wird

(4) $$t_0 = \frac{t_1 + t_2 + t_3 + \cdots + t_n}{n},$$

d. h. der Normalort bezieht sich auf das Mittel der den einzelnen Beobachtungen entsprechenden Argumente (bei Bahnbestimmungen auf die Mitte der Zeit). Dann wird

(5)
$$D = n(\Sigma_2 \Sigma_4 - \Sigma_3^2) - \Sigma_2^3$$
$$a = \frac{1}{D}[a(\Sigma_2 \Sigma_4 - \Sigma_3^2) + \beta \Sigma_2 \Sigma_3 - \gamma \Sigma_2^2]$$
$$c = \frac{1}{D}[n\gamma \Sigma_2 - a\Sigma_2^2 - \beta n \Sigma_3].$$

b wird nicht weiter benötigt. Ist die Reihe der u-Werte eine solche, daſs $c = 0$ angenommen werden kann, d. h. kann man sich bei der Bildung eines Normalortes auf die ersten beiden Glieder beschränken, so wird die Berechnung desselben sehr einfach. Die Bedingung, daſs $c = 0$ angenommen werden darf, ist

(6) $$n\gamma \Sigma_2 - a\Sigma_2^2 - \beta n \Sigma_3 = 0.$$

Substituiert man den hieraus folgenden Wert

$$\gamma \Sigma_2 - \beta \Sigma_3 = \frac{a \Sigma_2^2}{n}$$

in den Ausdruck für a, so folgt:

$$a = \frac{1}{nD}[na(\Sigma_2 \Sigma_4 - \Sigma_3^2) - a\Sigma_2^3]$$
$$= \frac{1}{nD} \cdot a[n(\Sigma_2 \Sigma_4 - \Sigma_3^2) - \Sigma_2^3]$$

Anwendung auf die Naturgesetze. Ausgleichungsrechnung.

oder einfach:

(7) $$a = \frac{a}{n} = \frac{\Sigma u_i}{n},$$

wie auch aus den Bedingungsgleichungen

$$na + \Sigma_1 b = \sum_{i=1}^{n} u_i$$

$$\Sigma_1 a + \Sigma_2 b = \sum_{i=1}^{n} u_i (t_i - t_0)$$

für $\Sigma_1 = 0$ unter der Voraussetzung $c = 0$ folgt.

Die Bedingung dafür, daſs das arithmetische Mittel aus den Beobachtungen als Normalort anzusehen ist, ist $c = 0$; der Normalort gilt dann für das Mittel der Argumente. Es ist nun noch der Einfluſs zu untersuchen, welchen Abweichungen von diesen Bedingungen auf den Normalort haben.

Erstens kann es nämlich vorkommen, daſs die Bedingung $c = 0$ nicht erfüllt ist; ferner wird man, z. B. bei Bahnbestimmungen, mitunter in die Lage kommen, die Zeit des Normalortes anders zu wählen. Man sucht nicht die Rektascensionen und Deklinationen, sondern die „Ephemeridenkorrektionen"; statt der Mitte der Zeit wählt man dann die nächstgelegene Mitternacht; mitunter ist das Mittel der Zeiten für die Rektascensionen und Deklinationen auch nicht identisch. Jedenfalls wird aber in diesen Fällen Σ_1 sehr klein sein, und man hat nun den Wert a, d. h. den Wert von u für $t = t_0$ zu suchen unter der Voraussetzung, daſs c und Σ_1 nicht null sind. Man hat nun aus der ersten Gleichung (1):

(8) $$a = \frac{a}{n} - \frac{1}{n} (\Sigma_1 b + \Sigma_2 c).$$

b und c sind nach (3) zu berechnen. Die Benutzung der Formel (8) an Stelle der ersten Formel (3) hat aber den Vorteil, daſs man a möglichst scharf berechnen muſs, während für die Substitution in (8) b und c nur genähert bestimmt zu werden brauchen. Da Σ_1 sehr klein ist, so kann Σ_1^2 vernachlässigt werden, und man hat:

$$b = \frac{1}{D} [n(\beta \Sigma_4 - \gamma \Sigma_3) + \Sigma_2 (\alpha \Sigma_3 - \beta \Sigma_2)]$$

$$c = \frac{1}{D} [n \gamma \Sigma_2 - \alpha \Sigma_2^2 - \beta n \Sigma_3 + \Sigma_1 (\alpha \Sigma_3 + \beta \Sigma_2)].$$

VI. Kapitel.

Hierbei ist weiter noch zu beachten, daſs Σ_3 als die Summe der ungeraden Potenzen von $(t_i - t_0)$ ebenfalls eine mäſsige Gröſse ist, deren Produkt mit Σ_1 vernachlässigt werden kann, so daſs schlieſslich:

$$b = \frac{\beta}{D} [n\Sigma_4 - \Sigma_2^2]$$

$$c = \frac{1}{D} [n\gamma\Sigma_2 - a\Sigma_2^2 - \beta(n\Sigma_3 - \Sigma_1\Sigma_2)]$$

wird. In den meisten Fällen wird man die Berücksichtigung dieser Korrektionen umgehen können.

189. Die Bestimmung einer oder mehrerer Unbekannten kann einer besonderen Unsicherheit unterliegen; dies ist z. B. der Fall bei der Bestimmung des Uhrganges oder der Azimutänderung bei Beobachtungen am Meridiankreise, wenn diese nur einen kurzen Zeitraum umfassen; die Bestimmung der Knotenlänge einer Bahn, wenn die Neigung nur sehr klein ist; die Bestimmung der Lage des Perihels, wenn die Excentricität der Bahn sehr gering ist u. s. w. Selbstverständlich wird diese Unsicherheit dann auch die anderen Unbekannten beeinflussen, denn man erhält ja nur zusammengehörige Wertesysteme. Ist nicht von vornherein bekannt, daſs und welcher Wert unsicher erhalten wird, so wird es sich im Verlaufe der Rechnung zeigen, indem die Koeffizienten dieser Unbekannten sehr klein werden. Um sich hiervon zu befreien oder doch wenigstens den Einfluſs kennen zu lernen, welchen diese Unbekannten auf die Resultate haben, wird man die Ausgleichung wiederholen, indem man alle Unbekannten als Funktionen dieser nur unsicher zu erhaltenden ausdrückt. Seien diese Unbekannten u, w, so werden die Normalgleichungen:

$$[aa]x + [ab]y + [ac]z + \ldots = [an] - [al]u - [am]w$$
$$[ab]x + [bb]y + [bc]z + \ldots = [bn] - [bl]u - [bm]w$$
(1) $$[ac]x + [bc]y + [cc]z + \ldots = [cn] - [cl]u - [cm]w$$
$$\cdots \cdots \cdots \cdots \cdots \cdots \cdots \cdots \cdots \cdots$$

während die Normalgleichungen für die Unbekannten u, w weggelassen werden. Die Auflösung dieser Gleichungen unterliegt keiner Schwierigkeit; man erhält:

Anwendung auf die Naturgesetze.   Ausgleichungsrechnung.   361

$$D \cdot x = A_{11}[an] + A_{12}[bn] + A_{13}[cn] + \ldots$$
$$- \{ A_{11}[al] + A_{12}[bl] + A_{13}[cl] \ldots \} u -$$
$$- \{ A_{11}[am] + A_{12}[bm] + A_{13}[cm] \ldots \} w$$

$$D \cdot y = A_{12}[an] + A_{22}[bn] + A_{23}[cn] + \ldots$$
(2) $$\qquad - \{ A_{12}[al] + A_{22}[bl] + A_{23}[cl] \ldots \} u -$$
$$- \{ A_{12}[am] + A_{22}[bm] + A_{23}[cm] \ldots \} w$$

$$D \cdot z = A_{13}[an] + A_{23}[bn] + A_{33}[cn] + \ldots$$
$$- \{ A_{13}[al] + A_{23}[bl] + A_{33}[cl] \ldots \} u -$$
$$- \{ A_{13}[am] + A_{23}[bm] + A_{33}[cm] \ldots \} w$$

. . . .
. . . .

wobei D und die A_{ik} jetzt die Determinante bezw. deren Minoren aus den $(r-2)^2$ Elementen der Koeffizienten der $r-2$ Unbekannten $x, y, z, \ldots$ sind. Substituiert man diese Werte in die Bedingungsgleichungen, so erhält man wieder m (gleich der ursprünglichen Anzahl) Bedingungsgleichungen zwischen den beiden Unbekannten u, w (bezw. den besonders hervorgehobenen Unbekannten). Nun können drei Fälle eintreten:

1) Die Koeffizienten der Unbekannten sind nahe proportional; dann kann nur $u \pm w$, nicht aber jede einzelne der Unbekannten bestimmt werden; dieser Fall kann aber nur eintreten, wenn bereits in den ursprünglichen Bedingungsgleichungen nahe Proportionalität der Koeffizienten vorhanden war.

2) Die Koeffizienten sind so klein, daſs an eine Bestimmung der Unbekannten nicht gedacht werden kann; sie repräsentieren sich unter der Form $\frac{0}{0}$, wobei formal auch die Unbekannten sehr klein: $\frac{0}{n}$ oder sehr groſs: $\frac{n}{0}$ erscheinen können, wenn durch die Unsicherheit der Rechnung der Nenner oder der Zähler scheinbar überwiegt. Dann wird man sich für u, w auf anderem Wege Werte zu verschaffen suchen (z. B. für den Uhrgang, die Azimutänderungen u. s. w.) oder aber man wird die besten bekannten Werte, eventuell

die angenommenen Näherungen selbst (also die Korrektionen Null) als die wahrscheinlichsten Werte der Unbekannten ansehen. Substituiert man diese Werte in die Gleichungen (2), so erhält man dann die Werte der Unbekannten $x, y, z, \ldots$

3) Die Koeffizienten der Unbekannten u, w in den zu deren Bestimmung dienenden Gleichungen sind ausreichend grofs und sicher; dann wird die bei der ersten Ausgleichung erhaltene Unsicherheit nur eine Folge der vielen Zwischenoperationen sein, und man erhält für u, w nunmehr hinreichend sichere Werte (Auflösung durch Aufstellung der betreffenden zwei, eventuell natürlich mehr Normalgleichungen), und dann wird schliefslich aus (2) wieder $x, y, z, \ldots$ erhalten.

In manchen, allerdings nicht häufigen Fällen wird man für die ausgeschalteten Unbekannten überhaupt keine Annahme machen können. Eines der wichtigsten Beispiele ist hierfür die Bestimmung der Aberrations- und Nutationskonstanten gleichzeitig mit den Parallaxen der beobachteten Sterne; die letzteren zu erhalten, gehört noch heute zu den schwierigsten Beobachtungen. Aus den zur Bestimmung der Aberrations- und Nutationskonstanten angestellten Beobachtungen können dieselben nur mit ungleich gröfserer Ungenauigkeit erhalten werden. In diesem Falle geben die Gleichungen (2) den Einflufs, welchen die nicht bestimmte Unbekannte auf die übrigen ausübt; setzt man für u, w die möglichen Grenzen, so erhält man auch für $x, y, z, \ldots$ die diesen Unbekannten möglichen, aus der Unkenntnis der u, w resultierenden Unsicherheiten.

190. Beispiel. Bei der Auflösung der Normalgleichungen des § 176 fand sich, dafs in der Bestimmung der Unbekannten v eine erhebliche Unsicherheit ergiebt; für die Unterdeterminanten wurde dann die Reihenfolge der Quotienten in der Art angesetzt, dafs die Unterdeterminanten der linken unteren Ecke erhalten wurden, wie aus dem auf Seite 363 befindlichen Schema sofort ersichtlich ist.

Die Unterdeterminanten der Koeffizienten werden dann in der der Reihenfolge der Koeffizienten auf Seite 364 entsprechenden Ordnung:

Anwendung auf die Naturgesetze. Ausgleichungsrechnung. 363

	+ 2,46945 0,392600	+ 0,02273 8,356599	− 0,41280 9,„615740	+ 2,43582 0,386645	+ 3,06779 0,486826
$\log \mu_{12} = 9,697986$	+ 1,23193 0,090586	− 0,01755 + 0,01134	− 0,21306 − 0,20593	+ 2,37734 + 1,21515	+ 2,43582 + 1,53043
$\log \mu_{13} = 9,„399020$	− 0,61890 9,„791620	+ 2,63790 − 0,00570	+ 3,13938 + 0,10346	− 0,21306 − 0,61047	− 0,41280 − 0,76886
$\log \mu_{14} = 7,818788$	+ 0,01627 8,211388	− 2,67214 + 0,00015	+ 2,63790 − 0,00272	− 0,01755 + 0,01605	+ 0,02273 + 0,02021
$\log \mu_{15} = 0,114044$	+ 3,21103 0,506644	+ 0,01627 + 0,02956	− 0,61890 − 0,53676	+ 1,23193 + 3,16730	+ 2,46945 + 3,98905
		− 0,02889 + 2,64360 + 2,67199 − 0,01329	− 0,00713 + 3,03592 + 2,64062 − 0,08214	+ 1,16219 + 0,39741 − 0,03360 − 1,93537	+ 0,90539 + 0,35606 + 0,00252 − 1,51960
		8,„460748 0,422196 0,426834 8,„123525	7,„853090 0,482290 0,421706 8,„914555	0,065277 9,599239 8,„526339 0,„286764	9,956836 9,551523 7,401401 0,„181729

0,82445*	0,$_n$71688	9,$_n$40728	9,25658	0,$_n$50305
0,$_n$71688	0,61107	9,$_n$29550	9,$_n$14264	0,39432
9,$_n$40728	9,29550	8,93418	8,$_n$91497	9,13880
9,25658	9,$_n$14264	8,$_n$91497	8,95895	9,$_n$00800
0,$_n$50305	0,39432	9,13880	9,$_n$00800	0,18601*

wobei aber die beiden mit * bezeichneten Minoren nicht erhalten werden; die drei mittleren Zeilen geben jedoch die Determinante der Koeffizienten der 5 Unbekannten x, y, z, t, u gleich $+ 0,03118$, mit welchem Werte die beiden Koeffizienten ebenfalls folgen; die Gleichungssysteme (2), (2′) geben Proben für die Richtigkeit der Rechnung. Dann folgt:

$$u = + 0,9449 - 0,6376\,v$$
$$t = - 0,1928 + 0,0131\,v$$
$$z = + 0,1440 - 0,0126\,v$$
$$y = + 0,0165 + 0,3567\,v$$
$$x = - 0,9131 + 0,4635\,v$$

Setzt man diese Werte in die Bedingungsgleichungen ein, so bleiben die Fehler:

$$- 0,0024 + 0,0038\,v$$
$$+ 0,0097 - 0,0046\,v$$
$$- 0,0164 + 0,0004\,v$$
$$+ 0,0038 + 0,0002\,v$$
$$- 0,0364 - 0,0035\,v$$
$$- 0,0126 + 0,0020\,v$$
$$+ 0,0323 + 0,0004\,v$$
$$- 0,0256 - 0,0014\,v$$

Diese Werte gleich Null gesetzt, würden aber einen Wert von v ergeben, der wol nur als ein blofses Rechnungsresultat anzusehen wäre, ohne dafs seine Richtigkeit, wie der blofse Anblick der Gleichungen zeigt, verbürgt werden könnte, so dafs $v = 0$ gesetzt wurde, was mit um so gröfserer Berechtigung geschehen konnte, als $\varDelta\mu = \dfrac{v}{741}$ ist. Hiermit folgen dann die Korrektionen:

Anwendung auf die Naturgesetze. Ausgleichungsrechnung.

$\log \varDelta L' = 1{,}3493$ $\qquad \log \varDelta \varPhi = 1_n 1199$

$\log \sin i' \varDelta \varOmega' = 0{,}7138$ $\qquad \log \varDelta \varPsi = 9{,}5217$

$\log \varDelta i' = 0_n 8737$ $\qquad \varDelta \mu = 0.$

Die Auflösung nach der Gaußschen Methode wird hiernach leicht ersehen; der Vorgang ist genau derselbe, nur wird man bei der Berechnung des Schemas die klein gedruckten Ausdrücke infolge der Symmetrie der Determinante weglassen und die Rechnung so weit fortführen, bis nur eine Unbekannte bleibt. Das Resultat (bei Berücksichtigung aller 6 Unbekannten) giebt die Eliminationsgleichungen:

$+ 3{,}06779\,x + 2{,}43582\,y - 0{,}41280\,z + 0{,}02273\,t + 2{,}46945\,u$
$\qquad - 0{,}72180\,v = - 0{,}49139$

$+ 0{,}44329\,y + 0{,}11470\,z - 0{,}03560\,t - 0{,}72883\,u - 0{,}62088\,v$
$\qquad = - 0{,}65802$

$+ 3{,}05416\,z + 2{,}65017\,t - 0{,}09804\,u - 0{,}05888\,v = - 0{,}16398$

$\qquad + 0{,}36943\,t + 0{,}02452\,u + 0{,}01077\,v = + 0{,}04804$

$\qquad\qquad + 0{,}02017\,u + 0{,}01286\,v = + 0{,}01906$

während die letzte Gleichung

$\qquad + 0{,}00006\,v = - 0{,}00010$

nicht berücksichtigt werden kann, indem eine sichere Bestimmung von v aus derselben nicht erwartet werden kann.

191. Ausgleichung bedingter Beobachtungen.[*]
Es seien die Unbekannten $X, Y, Z, \ldots$ aus den Gleichungen

(1) $\qquad V = f(X, Y, Z, \ldots)$

zu ermitteln, wobei die $X, Y, Z, \ldots$ jedoch nicht voneinander unabhängig sind, sondern gewissen theoretischen Bedingungen unterworfen sind, die strenge erfüllt werden müssen. Diese seien durch die Bedingungsgleichungen

---

[*] Die Durchführung dieser Aufgabe wird hier in derselben Ausdehnung gegeben, wie ich sie zum erstenmal in dem „Handwörterbuch der Astronomie", herausgegeben von W. Valentiner (Encyklopädie der Naturwissenschaften, Trewendt, Breslau) publiziert habe.

VI. Kapitel.

$$\varphi(X, Y, Z, \ldots) = 0$$
(2) $$\psi(X, Y, Z, \ldots) = 0$$
$$\chi(X, Y, Z, \ldots) = 0$$
. . . .

ausgedrückt. Der natürlichste Weg scheint nun allerdings derjenige zu sein, aus diesen Bedingungsgleichungen so viele Unbekannte zu bestimmen, als Bedingungsgleichungen gegeben sind, welche sich demnach als Funktionen der übrigen darstellen lassen, diese in die Gleichungen (1) zu substituieren, wodurch die noch übrigbleibenden Unbekannten voneinander unabhängig sind, und die Aufgabe auf die frühere reduziert erscheint. Die Auflösung wird aber in dieser Form unmöglich, wenn die Bedingungsgleichungen nicht leicht lösbar (z. B. transcendent) sind. Einfacher wird es daher, die sämtlichen Unbekannten beizubehalten. Der hierbei einzuschlagende Weg ist der folgende: V ist in den Gleichungen (1) eine beobachtete Gröfse; seien $V_1, V_2, V_3, \ldots$ die einzelnen Beobachtungen, $m_1, m_2, m_3, \ldots$ die Werte der Funktionen f für die angenommenen genäherten Werte $x_0, y_0, z_0, \ldots$

(3) $\quad V_1 - m_1 = n_1; \quad V_2 - m_2 = n_2; \quad V_3 - m_3 = n_3 \ldots$

und
$$X = x_0 + x, \ Y = y_0 + y, \ Z = z_0 + z, \ldots,$$
so hat man die Bestimmungsgleichungen für die $x, y, z, \ldots$ in der linearen Form:

$$n_1 = a_1 x + b_1 y + c_1 z + \ldots$$
(3a) $$n_2 = a_2 x + b_2 y + c_2 z + \ldots$$
$$n_3 = a_3 x + b_3 y + c_3 z + \ldots$$
. . . .

und die Fehler dieser Bestimmungsgleichungen, wenn $x, y, z, \ldots$ die wahrscheinlichsten Werte bedeuten:

$$v_1 = a_1 x + b_1 y + c_1 z + \ldots - n_1$$
(4) $$v_2 = a_2 x + b_2 y + c_2 z + \ldots - n_2$$
$$v_3 = a_3 x + b_3 y + c_3 z + \ldots - n_3$$
. . . .

Anwendung auf die Naturgesetze. Ausgleichungsrechnung.

Sind die Gleichungen auf die Fehlereinheit reduziert, so wird die Summe der Fehlerquadrate:

$$\Sigma = [vv]$$

zu einem Minimum zu machen sein, wozu erforderlich ist, daſs

(5) $\quad \dfrac{1}{2} \dfrac{\partial \Sigma}{\partial x} dx + \dfrac{1}{2} \dfrac{\partial \Sigma}{\partial y} dy + \dfrac{1}{2} \dfrac{\partial \Sigma}{\partial z} dz + \ldots = 0$

wird. Da nun aber hier die Unbekannten nicht voneinander unabhängig sind, so sind nicht alle einzelnen Koeffizienten, d. h. nicht alle einzelnen Differentialquotienten, gleich Null zu setzen, da noch gewisse Beziehungen zwischen den Differentialien bestehen, die man durch Differentiation der Bedingungsgleichungen erhält. Man hat aus (2), indem

ist: $\quad dX = dx, \quad dY = dy, \quad dZ = dz, \ldots$

(6) $\quad \begin{aligned} & \dfrac{\partial \varphi}{\partial X} dx + \dfrac{\partial \varphi}{\partial Y} dy + \dfrac{\partial \varphi}{\partial Z} dz + \ldots = 0 \\ & \dfrac{\partial \psi}{\partial X} dx + \dfrac{\partial \psi}{\partial Y} dy + \dfrac{\partial \psi}{\partial Z} dz + \ldots = 0 \\ & \dfrac{\partial \chi}{\partial X} dx + \dfrac{\partial \chi}{\partial Y} dy + \dfrac{\partial \chi}{\partial Z} dz + \ldots = 0 \end{aligned}$

. . . .

Sind s Bedingungsgleichungen, so sind s Unbekannte zu eliminieren; multipliziert man zu diesem Behufe die Gleichungen (6) mit den unbestimmten Koeffizienten K_1, K_2, K_3, ..., und addiert die so multiplizierten Gleichungen zu (5), so erhält man:

(5a) $\quad \begin{aligned} & \left(\dfrac{1}{2} \dfrac{\partial \Sigma}{\partial x} + K_1 \dfrac{\partial \varphi}{\partial X} + K_2 \dfrac{\partial \psi}{\partial X} + \ldots \right) dx + \\ & + \left(\dfrac{1}{2} \dfrac{\partial \Sigma}{\partial y} + K_1 \dfrac{\partial \varphi}{\partial Y} + K_2 \dfrac{\partial \psi}{\partial Y} + \ldots \right) dy + \\ & + \left(\dfrac{1}{2} \dfrac{\partial \Sigma}{\partial z} + K_1 \dfrac{\partial \varphi}{\partial Z} + K_2 \dfrac{\partial \psi}{\partial Z} + \ldots \right) dz + \ldots = 0. \end{aligned}$

Ist nun r die Zahl der Unbekannten und s die Zahl der Bedingungsgleichungen, so sind s von den Koeffizienten

VI. Kapitel.

gleich Null zu setzen, hiernach $K_1, K_2, \ldots K_s$ zu bestimmen, diese Werte in die $r-s$ übrigen Koeffizienten zu substituieren, welche dann voneinander unabhängig werden und daher für sich verschwinden müssen. Hieraus ist ersichtlich, dafs man alle r Koeffizienten gleich Null zu setzen hat und somit die folgenden r Gleichungen erhält:

$$(7) \quad \begin{aligned} \frac{1}{2}\frac{\partial \Sigma}{\partial x} + K_1 \frac{\partial \varphi}{\partial x} + K_2 \frac{\partial \psi}{\partial x} + K_3 \frac{\partial \chi}{\partial x} + \ldots &= 0 \\ \frac{1}{2}\frac{\partial \Sigma}{\partial y} + K_1 \frac{\partial \varphi}{\partial y} + K_2 \frac{\partial \psi}{\partial y} + K_3 \frac{\partial \chi}{\partial y} + \ldots &= 0 \\ \frac{1}{2}\frac{\partial \Sigma}{\partial z} + K_1 \frac{\partial \varphi}{\partial z} + K_2 \frac{\partial \psi}{\partial z} + K_3 \frac{\partial \chi}{\partial z} + \ldots &= 0 \\ \cdots \cdots \cdots \cdots \cdots \cdots \cdots \cdots \cdots & \end{aligned}$$

in denen $\frac{\partial \varphi}{\partial x}, \frac{\partial \varphi}{\partial y}, \ldots \frac{\partial \psi}{\partial x}, \ldots$ an Stelle von $\frac{\partial \varphi}{\partial X}, \frac{\partial \varphi}{\partial Y}, \ldots \frac{\partial \psi}{\partial X}, \ldots$ gesetzt wurde, da $\frac{\partial \varphi}{\partial x} = \frac{\partial \varphi}{\partial X}, \frac{\partial \varphi}{\partial y} = \frac{\partial \varphi}{\partial Y}, \ldots \frac{\partial \psi}{\partial x} = \frac{\partial \psi}{\partial X}, \ldots$ ist. Die r Gleichungen (7) im Vereine mit den s Bedingungsgleichungen (2) geben $(r+s)$ Gleichungen zur Bestimmung der $(r+s)$ Unbekannten $x, y, z, \ldots, K_1, K_2, \ldots$

192. Auch in dieser Form bedarf man der Zuziehung der Bedingungsgleichungen (2); um diese unter allen Umständen, auch wenn sie algebraisch von höherem Grade oder transcendent wären, leicht benutzen zu können, wird es notwendig, auch sie durch die angenommenen Näherungen x_0, $y_0, z_0, \ldots$ linear zu machen. Sei also:

$$(1) \quad \begin{aligned} \varphi(x_0, y_0, z_0, \ldots) &= \varphi_0; \left(\frac{\partial \varphi}{\partial x}\right)_0 = \varphi_1; \left(\frac{\partial \varphi}{\partial y}\right)_0 = \varphi_2; \left(\frac{\partial \varphi}{\partial z}\right)_0 = \varphi_3; \ldots \\ \psi(x_0, y_0, z_0, \ldots) &= \psi_0; \left(\frac{\partial \psi}{\partial x}\right)_0 = \psi_1; \left(\frac{\partial \psi}{\partial y}\right)_0 = \psi_2; \left(\frac{\partial \psi}{\partial z}\right)_0 = \psi_3; \ldots \\ \chi(x_0, y_0, z_0, \ldots) &= \chi_0; \left(\frac{\partial \chi}{\partial x}\right)_0 = \chi_1; \left(\frac{\partial \chi}{\partial y}\right)_0 = \chi_2; \left(\frac{\partial \chi}{\partial z}\right)_0 = \chi_3; \ldots \end{aligned}$$

Anwendung auf die Naturgesetze. Ausgleichungsrechnung.

so erhält man für dieselben die geforderte lineare Form zwischen den Unbekannten $x, y, z, \ldots$:

(2)
$$\varphi(X, Y, Z, \ldots) = \varphi_0 + \varphi_1 x + \varphi_2 y + \varphi_3 z + \ldots = 0$$
$$\psi(X, Y, Z, \ldots) = \psi_0 + \psi_1 x + \psi_2 y + \psi_3 z + \ldots = 0$$
$$\chi(X, Y, Z, \ldots) = \chi_0 + \chi_1 x + \chi_2 y + \chi_3 z + \ldots = 0$$
. . . .

Die in den Gleichungen (7) des vorigen Paragraphen auftretenden Differentialquotienten $\frac{\partial \varphi}{\partial x}, \frac{\partial \varphi}{\partial y}, \frac{\partial \varphi}{\partial z}, \ldots \frac{\partial \psi}{\partial x}, \ldots$, welche an Stelle der Differentialquotienten $\frac{\partial \varphi}{\partial X}, \frac{\partial \varphi}{\partial Y}, \ldots \frac{\partial \psi}{\partial X}, \ldots$ mit Rücksicht auf die Gleichungen (2) eingeführt wurden, sind nunmehr unmittelbar durch die Koeffizienten der Unbekannten in (2) ausdrückbar, und da nach (5) § 174

$$\frac{1}{2} \frac{\partial \Sigma}{\partial x} = [av]; \quad \frac{1}{2} \frac{\partial \Sigma}{\partial y} = [bv]; \quad \frac{1}{2} \frac{\partial \Sigma}{\partial z} = [cv] \ldots$$

ist, so erhält man:

(3)
$$[av] + K_1 \varphi_1 + K_2 \psi_1 + K_3 \chi_1 + \ldots = 0$$
$$[bv] + K_1 \varphi_2 + K_2 \psi_2 + K_3 \chi_2 + \ldots = 0$$
$$[cv] + K_1 \varphi_3 + K_2 \psi_3 + K_3 \chi_3 + \ldots = 0$$
. . . .

Setzt man hier die v aus (4) des vorigen Paragraphen ein, so folgt:

$$[aa]x + [ab]y + [ac]z + \ldots = [an] - K_1 \varphi_1 - K_2 \psi_1 - K_3 \chi_1$$
$$[ab]x + [bb]y + [bc]z + \ldots = [bn] - K_1 \varphi_2 - K_2 \psi_2 - K_3 \chi_2$$
$$[ac]x + [bc]y + [cc]z + \ldots = [cn] - K_1 \varphi_3 - K_2 \psi_3 - K_3 \chi_3$$
. . . .

193. Die Lösung der Aufgabe liegt in den $r + s$ Gleichungen (2) und (4) des vorigen Paragraphen, welche die $r + s$ Unbekannten $x, y, z, \ldots, K_1, K_2, K_3, \ldots$ enthalten. Die Gleichungen (2) enthalten nur die $x, y, z, \ldots$, allein die Zahl der Unbekannten muſs gröſser sein, als die Zahl der Bedingungen, da ja die Unbekannten nicht aus diesen,

VI. Kapitel.

sondern durch Beobachtungen zu bestimmen sind; es würden also aus den Gleichungen (2), wie schon erwähnt, immer eine Reihe der Unbekannten $x, y, z, \ldots$ als Funktionen der übrigen auftreten, und hierdurch, da die Wahl der zu eliminierenden Unbekannten willkürlich ist, eine allgemeine Lösung in dieser Form wol erhalten werden, aber eine Lösung in nicht symmetrischer und nicht übersichtlicher Weise. Die Gleichungen (4) hingegen enthalten nebst allen $x, y, z, \ldots$ noch die $K_1, K_2, \ldots$, sind also wesentlich komplizierter; dennoch läfst sich, wenn man von diesen ausgeht, eine symmetrische und leicht übersichtliche Form der Lösungen geben, wobei man noch den Vorteil erreicht, die Operationen in zwei gesondert zu behandelnde Gruppen zu teilen. Stellt man nämlich aus (4) die r Unbekannten $x, y, z, \ldots$ als Funktionen der $K_1, K_2, K_3, \ldots$ dar, wobei die Lösung mittels derselben Determinanten wie früher erreicht wird, also mittels der Determinante D der $[aa], [ab], \ldots$, $[bb], \ldots$ und den Unterdeterminanten A_{ik} derselben, so wird

(1)
$$D \cdot x = A_{11}[an] + A_{12}[bn] + A_{13}[cn] + \cdots \\ \qquad - K_1 \Phi_1 - K_2 \Psi_1 - K_3 X_1 - \cdots$$
$$D \cdot y = A_{21}[an] + A_{22}[bn] + A_{23}[cn] + \cdots \\ \qquad - K_1 \Phi_2 - K_2 \Psi_2 - K_3 X_2 - \cdots$$
$$D \cdot z = A_{31}[an] + A_{32}[bn] + A_{33}[cn] + \cdots \\ \qquad - K_1 \Phi_3 - K_2 \Psi_3 - K_3 X_3 - \cdots$$
$$\cdots \cdots \cdots \cdots \cdots \cdots \cdots$$

wobei

(2)
$$\Phi_1 = A_{11}\varphi_1 + A_{12}\varphi_2 + A_{13}\varphi_3 + \cdots$$
$$\Phi_2 = A_{21}\varphi_1 + A_{22}\varphi_2 + A_{23}\varphi_3 + \cdots$$
$$\Phi_3 = A_{31}\varphi_1 + A_{32}\varphi_2 + A_{33}\varphi_3 + \cdots$$
$$\cdots \cdots \cdots \cdots \cdots \cdots$$
$$\Psi_1 = A_{11}\psi_1 + A_{12}\psi_2 + A_{13}\psi_3 + \cdots$$
$$\Psi_2 = A_{21}\psi_1 + A_{22}\psi_2 + A_{23}\psi_3 + \cdots$$
$$\Psi_3 = A_{31}\psi_1 + A_{32}\psi_2 + A_{33}\psi_3 + \cdots$$
$$\cdots \cdots \cdots \cdots \cdots \cdots$$
$$X_1 = A_{11}\chi_1 + A_{12}\chi_2 + A_{13}\chi_3 + \cdots$$
$$X_2 = A_{21}\chi_1 + A_{22}\chi_2 + A_{23}\chi_3 + \cdots$$
$$X_3 = A_{31}\chi_1 + A_{32}\chi_2 + A_{33}\chi_3 + \cdots$$
$$\cdots \cdots \cdots \cdots \cdots \cdots$$

Anwendung auf die Naturgesetze. Ausgleichungsrechnung. 371

ist. Die Ausdrücke (2) haben eine einfache analytische Bedeutung. Geht man von den quadratischen Formen

(3)
$$\Phi = (A_1\varphi_1 + A_2\varphi_2 + A_3\varphi_3 + \ldots)^2 = A_\varphi^2$$
$$\Psi = (A_1\psi_1 + A_2\psi_2 + A_3\psi_3 + \ldots)^2 = A_\psi^2$$
$$X = (A_1\chi_1 + A_2\chi_2 + A_3\chi_3 + \ldots)^2 = A_\chi^2$$

. . . .

aus, wobei für dieselben die übliche symbolische Bezeichnung gewählt wird, so daſs in den Produkten und Quadraten überall $A_i A_k$ durch $A_{i,k}$ zu ersetzen ist,*) so sieht man, daſs die Ausdrücke Φ_1, Φ_2, ... Ψ_1, ... die ersten Polaren dieser quadratischen Formen sind; d. h. es ist:

$$\Phi_1 = \frac{\partial \Phi}{\partial \varphi_1} = A_1 A_\varphi$$

$$\Phi_2 = \frac{\partial \Phi}{\partial \varphi_2} = A_2 A_\varphi$$

. . . .

$$\Psi_1 = \frac{\partial \Psi}{\partial \varphi_1} = A_1 A_\psi$$

. . . .

Setzt man die Gleichungen (1) in die Gleichungen (2) des vorigen Paragraphen ein, so erhält man:

$$D \cdot \varphi_0 + \Phi_1 [an] + \Phi_2 [bn] + \Phi_3 [cn] + \ldots$$
$$= K_1 \{\Phi_1\varphi_1 + \Phi_2\varphi_2 + \Phi_3\varphi_3 + \ldots\}$$
$$= K_2 \{\Psi_1\varphi_1 + \Psi_2\varphi_2 + \Psi_3\varphi_3 + \ldots\}$$
$$= K_3 \{X_1\varphi_1 + X_2\varphi_2 + X_3\varphi_3 + \ldots\}$$

$$D \cdot \psi_0 + \Psi_1 [an] + \Psi_2 [bn] + \Psi_3 [cn] + \ldots$$
(4)
$$+ K_1 \{\Phi_1\psi_1 + \Phi_2\psi_2 + \Phi_3\psi_3 + \ldots\}$$
$$+ K_2 \{\Psi_1\psi_1 + \Psi_2\psi_2 + \Psi_3\psi_3 + \ldots\}$$
$$+ K_3 \{X_1\psi_1 + X_2\psi_2 + X_3\psi_3 + \ldots\}$$

$$D \cdot \chi_0 + X_1 [an] + X_2 [bn] + X_3 [cn] + \ldots$$
$$+ K_1 \{\Phi_1\chi_1 + \Phi_2\chi_2 + \Phi_3\chi_3 + \ldots\} + \ldots$$
$$+ K_2 \{\Psi_1\chi_1 + \Psi_2\chi_2 + \Psi_3\chi_3 + \ldots\} + \ldots$$
$$+ K_3 \{X_1\chi_1 + X_2\chi_2 + X_3\chi_3 + \ldots\} + \ldots$$

---

*) Es ist z. B.: $A_\varphi A_\psi = (A_1\varphi_1 + A_2\varphi_2 + A_3\varphi_3 + \ldots)(A_1\psi_1 + A_2\psi_2 + A_3\psi_3 + \ldots) = A_1 A_1 \varphi_1\psi_1 + A_1 A_2 (\varphi_1\psi_2 + \varphi_2\psi_1) + \ldots$
$= A_{11}\varphi_1\psi_1 + A_{12}(\varphi_1\psi_2 + \varphi_2\psi_1) + \ldots$

VI. Kapitel.

Die Koeffizienten der K in den Gleichungen (4) sind die Überschiebungen der hier auftretenden quadratischen Formen übereinander, also in der erwähnten symbolischen Schreibweise:

(4a)
$$D \cdot \varphi_0 + A_1 A_\varphi [an] + A_2 A_\varphi [bn] + \ldots$$
$$= K_1 A_\varphi^2 + K_2 A_\varphi A_\psi + K_3 A_\varphi A_\chi + \ldots$$
$$D \cdot \psi_0 + B_1 B_\psi [an] + B_2 B_\psi [bn] + \ldots$$
$$= K_1 B_\varphi B_\psi + K_2 B_\psi^2 + K_3 B_\psi B_\chi + \ldots$$
$$D \cdot \chi_0 + C_1 C_\chi [an] + C_2 C_\chi [bn] + \ldots$$
$$= K_1 C_\varphi C_\chi + K_2 C_\psi C_\chi + K_3 C_\chi^2 + \ldots$$
$$\cdot\ \cdot\ \cdot\ \cdot\ \cdot\ \cdot\ \cdot\ \cdot\ \cdot\ \cdot\ \cdot\ \cdot\ \cdot$$

wobei in den verschiedenen Zeilen verschiedene Buchstaben $A, B, C, \ldots$ zu wählen sind, damit bei den auszuführenden Operationen Zweideutigkeiten vermieden werden, indem z. B. $A_i A_k A_l A_m$ ebensowol $A_{ik} A_{lm}$ als $A_{il} A_{km}$ oder $A_{im} A_{kl}$ bedeuten kann, während $A_i A_k B_l B_m = A_{ik} B_{lm} = A_{ik} A_{lm}$ und nichts anderes bedeuten kann. Zum Schlusse hat man überall $B_{ik}, C_{ik}, \ldots$ durch A_{ik} zu ersetzen.

(4) oder (4a) sind s Gleichungen, welche nunmehr nur die s Unbekannten $K_1, K_2, \ldots$ enthalten; sind diese ermittelt, so giebt ihre Substitution in (1) sofort die Werte der Unbekannten $x, y, z, \ldots$

Die Determinante der Gleichungen (4) ist das Produkt der beiden Matrizen

$$\vartheta = \begin{vmatrix} \Phi_1 \Phi_2 \Phi_3 \ldots \\ \Psi_1 \Psi_2 \Psi_3 \ldots \\ X_1 X_2 X_3 \ldots \\ \cdot\ \cdot\ \cdot\ \cdot \\ \cdot\ \cdot\ \cdot\ \cdot \end{vmatrix} \begin{vmatrix} \varphi_1 \varphi_2 \varphi_3 \ldots \\ \psi_1 \psi_2 \psi_3 \ldots \\ \chi_1 \chi_2 \chi_3 \ldots \\ \cdot\ \cdot\ \cdot\ \cdot \end{vmatrix}$$

welche je r Kolumnen und s Zeilen haben. ϑ besteht daher aus $\binom{r}{s}$ Summanden, von denen jeder das Produkt zweier

Anwendung auf die Naturgesetze. Ausgleichungsrechnung. 373

Determinanten s^{ter} Ordnung ist, die eine der ersten, die zweite der zweiten Matrix entnommen, und zwar denselben Kolumnen. Könnte man $\varphi_0, \psi_0, \chi_0, \ldots$ gleich null wählen, so wären die Zähler der Unbekannten in derselben Weise darstellbar, indem nur an Stelle einer Zeile der zweiten Matrix die Summen $[an], [bn], \ldots$ treten. Es wird:

$$K_1 = \frac{\vartheta_1}{\vartheta}; \quad K_2 = \frac{\vartheta_2}{\vartheta}; \quad K_3 = \frac{\vartheta_3}{\vartheta} \ldots,$$

wobei

$$\vartheta_1 = \begin{vmatrix} \Phi_1 \Phi_2 \Phi_3 \ldots \\ \Psi_1 \Psi_2 \Psi_3 \ldots \\ X_1 X_2 X_3 \ldots \\ \cdot \cdot \cdot \cdot \end{vmatrix} \begin{vmatrix} [an] \, [bn] \, [cn] \ldots \\ \psi_1 \quad \psi_2 \quad \psi_3 \ldots \\ \chi_1 \quad \chi_2 \quad \chi_3 \ldots \\ \cdot \cdot \cdot \cdot \cdot \end{vmatrix}$$

$$\vartheta_2 = \begin{vmatrix} \Phi_1 \Phi_2 \Phi_3 \ldots \\ \Psi_1 \Psi_2 \Psi_3 \ldots \\ X_1 X_2 X_3 \ldots \\ \cdot \cdot \cdot \cdot \end{vmatrix} \begin{vmatrix} \varphi_1 \quad \varphi_2 \quad \varphi_3 \ldots \\ [an] \, [bn] \, [cn] \ldots \\ \chi_1 \quad \chi_2 \quad \chi_3 \ldots \\ \cdot \cdot \cdot \cdot \cdot \end{vmatrix}$$

$$\vartheta_3 = \begin{vmatrix} \Phi_1 \Phi_2 \Phi_3 \ldots \\ \Psi_1 \Psi_2 \Psi_3 \ldots \\ X_1 X_2 X_3 \ldots \\ \cdot \cdot \cdot \cdot \end{vmatrix} \begin{vmatrix} \varphi_1 \quad \varphi_2 \quad \varphi_3 \ldots \\ \psi_1 \quad \psi_2 \quad \psi_3 \ldots \\ [an] \, [bn] \, [cn] \ldots \\ \cdot \cdot \cdot \cdot \cdot \end{vmatrix}$$

so daſs die $\binom{r}{s}$ Determinanten der ersten Matrix dieselben bleiben. $\varphi_0, \psi_0, \chi_0, \ldots$ kann man aber jederzeit gleich Null setzen, wenn man nur für die Näherungen $x_0, y_0, z_0, \ldots$ eines der unendlich vielen Lösungssysteme setzt, welche die Gleichungen (2) § 191 erfüllen.

Eine andere Form der Darstellung, welche bei theoretischen Untersuchungen mit Vorteil angewendet werden kann, erhält man aus (4a). Es wird, wie man sofort sieht:

$$\vartheta = A_\varphi B_\psi C_\chi \ldots \begin{vmatrix} A_\varphi & A_\psi & A_\chi & \ldots \\ B_\varphi & B_\psi & B_\chi & \ldots \\ C_\varphi & C_\psi & C_\chi & \ldots \\ \cdot & \cdot & \cdot & \cdot \end{vmatrix}$$

$$\vartheta_1 = A_\varphi B_\psi C_\chi \ldots \begin{vmatrix} A_1\,[an] & A_2\,[bn] & A_3\,[cn] & \ldots \\ B_\varphi & B_\psi & B_\chi & \ldots \\ C_\varphi & C_\psi & C_\chi & \ldots \\ \cdot & \cdot & \cdot & \cdot \end{vmatrix}$$

$$\vartheta_2 = A_\varphi B_\psi C_\chi \ldots \begin{vmatrix} A_\varphi & A_\psi & A_\chi & \ldots \\ B_1\,[an] & B_2\,[bn] & B_3\,[cn] & \ldots \\ C_\varphi & C_\psi & C_\chi & \ldots \\ \cdot & \cdot & \cdot & \cdot \end{vmatrix}$$

Selbstverständlich aber kann man den (symbolischen) Faktor $A_\varphi B_\psi C_\chi \ldots$ im Zähler und Nenner der Ausdrücke für $K_1, K_2 \ldots$ nicht weglassen.

194. Beispiel. Es sollen die Unbekannten aus direkten Beobachtungen gefunden werden, wenn zwischen den letzteren Bedingungsgleichungen bestehen.

Dieses ist der in der Praxis am häufigsten vorkommende Fall aus welchem auch die Aufgabe entsprang: Bestimmt sind durch Beobachtungen (eine geodätische Vermessung) die Winkel eines Dreiecksnetzes, zwischen denen aber gewisse Bedingungsgleichungen bestehen und zwar: 1) Die Winkelsumme eines Dreieckes oder Vieleckes muß eine bestimmte sein und 2) Der sogenannte „Horizontabschluß", d. i. die Winkel um einen Punkt herum, müssen die Summe 360° geben. Während diese theoretisch geforderten Bedingungen streng zu erfüllen sind, geben die Beobachtungen für die Winkel

$$X = V_1; \quad Y = V_2; \quad Z = V_3; \ldots$$

und die beobachteten Werte $V_1, V_2, V_3, \ldots$, welche mit Beobachtungsfehlern behaftet sind, können sofort als Näherungen angesehen werden, so daß

(1) $\qquad m_1 = V_1; \quad m_2 = V_2; \quad m_3 = V_3; \ldots$

Anwendung auf die Naturgesetze. Ausgleichungsrechnung. 375

ist. Es werden daher die absoluten Glieder der Gleichungen (3a) § 191 wegen (3) § 191 gleich Null; also:

$$n_1 = n_2 = n_3 = \ldots = 0,$$

und die in diesen Gleichungen auftretenden $x, y, z, \ldots$ sind die an die Näherungen $V_1, V_2, V_3, \ldots$ anzubringenden Korrektionen. Die Gleichungen wurden bisher stets auf die Gewichtseinheit reduziert gedacht; dies muſs also hier vor allem geschehen. Sind $p_1, p_2, p_3, \ldots$ die Gewichte von $V_1, V_2, V_3, \ldots$, so werden daher die der Ausgleichung zu Grunde zu legenden Gleichungen

(2) $\quad \sqrt{p_1} \cdot x = 0; \quad \sqrt{p_2} \cdot y = 0; \quad \sqrt{p_3} \cdot z = 0; \ldots$

Wären keine Bedingungsgleichungen gegeben, so wären $x = 0, y = 0, z = 0$ bereits die wahrscheinlichsten Werte der Korrektionen. Wenn aber die angenommenen Näherungen (1) die Bedingungsgleichungen

(3) $\quad \varphi(X, Y, Z, \ldots) = 0; \quad \psi(X, Y, Z, \ldots) = 0; \ldots$

nicht erfüllen, so werden $\varphi_0, \psi_0, \chi_0, \ldots$ nicht Null sein, und die wahrscheinlichsten Werte der $x, y, z, \ldots$ sind nicht mehr Null, sondern müssen so bestimmt werden, daſs die Gleichungen (3) erfüllt werden. Man hat daher:

(4) $\quad \begin{aligned} &a_1 = \sqrt{p_1}; \quad b_1 = 0; \quad c_1 = 0; \ldots \\ &a_2 = 0; \quad b_2 = \sqrt{p_2}; \quad c_2 = 0; \ldots \\ &a_3 = 0; \quad b_3 = 0; \quad c_3 = \sqrt{p_3}; \ldots \end{aligned}$

(5) $\quad \begin{aligned} &[aa] = p_1; \quad [ab] = 0; \quad [ac] = 0; \ldots \\ &[ab] = 0; \quad [bb] = p_2; \quad [bc] = 0; \ldots \\ &[ac] = 0; \quad [bc] = 0; \quad [cc] = p_3; \ldots \end{aligned}$

Die Determinante der $[aa], [ab], \ldots$ ist gleich $D = p_1 p_2 p_3 \ldots$, daher die durch diese Determinante dividierten Unterdeterminanten:

VI. Kapitel.

$$(6)\quad\begin{aligned}&\frac{A_{11}}{D}=\frac{1}{p_1};\quad\frac{A_{12}}{D}=0;\quad\frac{A_{13}}{D}=0;\quad\ldots\\&\frac{A_{21}}{D}=0;\quad\frac{A_{22}}{D}=\frac{1}{p_2};\quad\frac{A_{23}}{D}=0;\quad\ldots\\&\frac{A_{31}}{D}=0;\quad\frac{A_{32}}{D}=0;\quad\frac{A_{33}}{D}=\frac{1}{p_3};\quad\ldots\\&\ldots\ldots\ldots\ldots\ldots\ldots\ldots\end{aligned}$$

Hiermit werden die durch (2) § 193 bestimmten Hilfskoeffizienten:

$$(7)\quad\begin{aligned}\Phi_1&=\frac{\varphi_1}{p_1}D;\quad\Psi_1=\frac{\psi_1}{p_1}D;\quad X_1=\frac{\chi_1}{p_1}D;\quad\ldots\\\Phi_2&=\frac{\varphi_2}{p_2}D;\quad\Psi_2=\frac{\psi_2}{p_2}D;\quad X_2=\frac{\chi_2}{p_2}D;\quad\ldots\\\Phi_3&=\frac{\varphi_3}{p_3}D;\quad\Psi_3=\frac{\psi_3}{p_3}D;\quad X_3=\frac{\chi_3}{p_3}D;\quad\ldots\\&\ldots\ldots\ldots\ldots\ldots\ldots\ldots\end{aligned}$$

und die Gleichungen (4) § 193 zur Bestimmung der K werden:

$$(8)\quad\begin{aligned}K_1\left[\frac{\varphi\varphi}{p}\right]+K_2\left[\frac{\varphi\psi}{p}\right]+K_3\left[\frac{\varphi\chi}{p}\right]+\ldots&=\varphi_0\\K_1\left[\frac{\varphi\psi}{p}\right]+K_2\left[\frac{\psi\psi}{p}\right]+K_3\left[\frac{\psi\chi}{p}\right]+\ldots&=\psi_0\\K_1\left[\frac{\varphi\chi}{p}\right]+K_2\left[\frac{\psi\chi}{p}\right]+K_3\left[\frac{\chi\chi}{p}\right]+\ldots&=\chi_0\\\ldots\ldots\ldots\ldots\ldots\ldots\ldots\ldots\end{aligned}$$

wobei:

$$(9)\quad\begin{aligned}\left[\frac{\varphi\varphi}{p}\right]&=\frac{\varphi_1^2}{p_1}+\frac{\varphi_2^2}{p_2}+\frac{\varphi_3^2}{p_3}+\ldots\\\left[\frac{\varphi\psi}{p}\right]&=\frac{\varphi_1\psi_1}{p_1}+\frac{\varphi_2\psi_2}{p_2}+\frac{\varphi_3\psi_3}{p_3}+\ldots\\\left[\frac{\varphi\chi}{p}\right]&=\frac{\varphi_1\chi_1}{p_1}+\frac{\varphi_2\chi_2}{p_2}+\frac{\varphi_3\chi_3}{p_3}+\ldots\\&\ldots\ldots\ldots\ldots\ldots\ldots\ldots\end{aligned}$$

Anwendung auf die Naturgesetze. Ausgleichungsrechnung.

ist. Die Gleichungen (8) sind die Gleichungen, welche Gauſs für die Bestimmung der K, der von ihm so genannten Korrelaten, aufgestellt hat. Sind die K bestimmt, so folgen die Unbekannten $x, y, z, \ldots$ aus den Gleichungen (1) § 193, welche hier wegen $[an] = [bn] = [cn] = \ldots = 0$ die Form annehmen:

(10)
$$p_1 x = - K_1 \varphi_1 - K_2 \psi_1 - K_3 \chi_1 \ldots$$
$$p_2 y = - K_1 \varphi_2 - K_2 \psi_2 - K_3 \chi_2 \ldots$$
$$p_3 z = - K_1 \varphi_3 - K_2 \psi_3 - K_3 \chi_3 \ldots$$
$$\ldots \ldots \ldots \ldots \ldots \ldots$$

wobei die $\varphi_1, \varphi_2, \ldots \psi_1, \ldots$ die Koeffizienten der Bedingungsgleichungen (2) § 192 sind, welche in diesem Falle ursprünglich bereits linear sind. Eine der Bedingungsgleichungen betreffe z. B. die Winkelsumme eines Dreieckes, deren Winkel X, Y, Z sind; dieselbe wird:

$$X + Y + Z = 180^0 + \varepsilon,$$

wobei ε den sphärischen Excess bedeutet, da man es mit Dreiecken auf der Kugel zu thun hat. Die Näherungen V_1, V_2, V_3 sind aus den Messungen bekannt, infolge der Fehler aber ist ihre Summe

$$V_1 + V_2 + V_3 = 180^0 + n$$

von $180^0 + \varepsilon$ verschieden, und da $X = V_1 + x$, $Y = V_2 + y$, $Z = V_3 + z$ sein wird, so ist die Bedingungsgleichung:

$$x + y + z = \varepsilon - n,$$

somit: $\varphi_1 = 1, \varphi_2 = 1, \varphi_3 = 1$. Sind die Korrektionen $x, y, z, \ldots$ bestimmt, so folgt schlieſslich:

$$X = V_1 + x; \quad Y = V_2 + y; \quad Z = V_3 + z; \ldots$$

Mortalitätstabelle.

m	A_m	B_m	C_m	v	x	M	$\log A_m$
0	10000	1493	1493	0,04	42,2	38,97	4,00000
1	8507	579	681	0,10	51,3.	44,72	3,92978
2	7928	297	375	0,18	53,4	46,95	3,89916
3	7631	188	246	0,27	53,9	47,76	3,88258
4	7443	130	175	0,38	53,7	47,95	3,87175
5	7313	117	160	0,41	53,4	47,79	3,86410
6	7196	87	121	0,54	52,9	47,56	3,85709
7	7109	63	89	0,74	52,2	47,14	3,85181
8	7046	55	78	0,84	51,5	46,56	3,84797
9	6991	50	71	0,93	50,8	45,92	3,84454
10	6941	52	75	0,88	50,0	45,25	3,84142
11	6889	47	68	0,97	49,2	44,58	3,83816
12	6842	45	66	1,00	48,4	43,88	3,83518
13	6797	47	69	0,95	47,6	43,17	3,83232
14	6750	49	72	0,91	46,8	42,76	3,82930
15	6701	54	80	0,82	46,0	41,77	3,82614
16	6647	55	83	0,79	45,3	41,11	3,82263
17	6592	57	86	0,76	44,5	40,45	3,81902
18	6535	59	90	0,73	43,7	39,79	3,81525
19	6476	61	94	0,70	42,9	39,15	3,81131
20	6415	63	98	0,67	42,2	38,52	3,80720
21	6352.	64	101	0,66	41,4	37,90	3,80291
22	6288	65	103	0,64	40,7	37,28	3,79851
23	6223	65	104	0,63	39,9	36,66	3,79400
24	6158	64	104	0,64	39,2	36,05	3,78944
25	6094	63	103	0,64	38,5	35,42	8,78490
26	6031	63	104	0,63	37,7	34,78	3,78039
27	5968	62	104	0,64	36,9	34,15	3,77583
28	5906	62	105	0,63	36,1	33,50	3,77129

Mortalitätstabelle.

m	A_m	B_m	C_m	v	x	M	$\log A_m$
29	5844	61	104	0,63	35,4	32,85	3,76671
30	5783	61	105	0,63	34,6	32,19	3,76215
31	5722	60	105	0,63	33,9	31,53	3,75755
32	5662	61	108	0,61	33,1	30,86	3,75297
33	5601	60	107	0,62	32,3	30,19	3,74827
34	5541	62	112	0,59	31,5	29,51	3,74359
35	5479	61	111	0,59	30,7	28,84	3,73870
36	5418	63	116	0,57	30,0	28,16	3,73384
37	5355	63	118	0,56	29,2	27,48	3,72876
38	5292	66	125	0,53	28,4	26,80	3,72362
39	5226	67	128	0,51	27,6	26,14	3,71817
40	5159	71	138	0,48	26,9	25,47	3,71257
41	5088	72	142	0,47	26,1	24,82	3,70655
42	5016	73	146	0,45	25,4	24,17	3,70036
43	4943	71	144	0,46	24,7	23,52	3,69399
44	4872	70	144	0,46	23,9	22,85	3,68771
45	4802	66	137	0,48	23,1	22,18	3,68142
46	4736	68	144	0,46	22,3	21,48	3,67541
47	4668	68	146	0,45	21,6	20,59	3,66913
48	4600	73	159	0,42	20,8	20,06	3,66276
49	4527	77	170	0,39	20,0	19,40	3,65581
50	4450	82	184	0,36	19,2	18,73	3,64836
51	4368	87	199	0,33	18,5	18,07	3,64028
52	4281	90	210	0,31	17,8	17,43	3,63155
53	4191	95	227	0,29	17,1	16,79	3,62232
54	4096	94	229	0,29	16,3	16,17	3,61236
55	4002	99	247	0,27	15,6	15,54	3,60228
56	3903	103	264	0,25	14,9	14,92	3,59140
57	3800	106	279	0,24	14,2	14,31	3,57978
58	3694	110	298	0,22	13,5	13,71	3,56750
59	3584	114	318	0,21	12,8	13,11	3,55437

Mortalitätstabelle.

m	A_m	B_m	C_m	v	x	M	$\log A_m$
60	3470	118	340	0,19	12,1	12,53	3,54033
61	3352	122	364	0,18	11,5	11,95	3,52530
62	3230	127	393	0,17	10,8	11,38	3,50920
63	3103	130	419	0,16	10,1	10,83	3,49178
64	2973	134	451	0,15	9,5	10,28	3,47319
65	2839	137	483	0,14	8,9	9,74	3,45317
66	2702	140	518	0,13	8,3	9,21	3,43169
67	2562	145	566	0,12	7,7	8,69	3,40858
68	2417	155	641	0,10	7,2	8,18	3,38328
69	2262	161	712	0,09	6,6	7,71	3,35449
70	2101	172	819	0,08	6,1	7,26	3,32243
71	1929	175	907	0,07	5,7	6,86	3,28533
72	1754	175	998	0,07	5,3	6,49	3,24403
73	1579	172	1089	0,06	4,9	6,16	3,19838
74	1407	166	1180	0,06	4,6	5,85	3,14829
75	1241	163	1313	0,05	4,3	5,57	3,09377
76	1078	154	1429	0,05	4,1	5,33	3,03262
77	924	144	1558	0,04	4,0	5,14	2,96567
78	780	126	1615	0,04	3,9	4,99	2,89209
79	654	109	1667	0,04	3,9	4,86	2,81558
80	545	87	1596	0,04	3,8	4,73	2,73640
81	458	74	1616	0,04	3,7	4,54	2,66087
82	384	64	1667	0,04	3,6	4,32	2,58433
83	320	56	1750	0,04	3,3	4,08	2,50505
84	264	49	1856	0,04	3,0	3,84	2,42160
85	215	44	2046	0,03	2,8	3,60	2,33244
86	171	37	2164	0,03	2,6	3,40	2,23300
87	134	32	2388	0,03	2,4	3,19	2,12710
88	102	26	2549	0,03	2,3	3,05	2,00860
89	76	20	2632	0,03	2,3	2,92	1,88081
90	56	15	2679	0,02	2,2	2,78	1,74819

Mortalitätstabelle.

m	A_m	B_m	C_m	v	x	M	$\log A_m$
91	41	11	2683	0,02	2,0	2,62	1,61278
92	30	9	3000	0,02	1,9	2,40	1,47712
93	21	7	3333	0,02	1,9	2,21	1,32222
94	14	5	3571	0,02	1,8	2,07	1,14613
95	9	3	3333	0,02	1,6	1,94	0,95424
96	6	2	3333	0,02	1,3	1,66	0,77815
97	4	2	5000	0,01	1,0	1,25	0,60206
98	2	1	5000	0,01	1,0	1,00	0,30103
99	1	1	10000	0,01		0,50	0,00000
100	0	0					